핀테크와 블록체인의 미래

핀테크와 블록체인의 미래

초판 1쇄 발행 | 2024년 8월 14일

지은이 | 김선미 · 길재식
펴낸이 | 박영욱
펴낸곳 | 북오션

주 소 | 서울시 마포구 월드컵로 14길 62 북오션빌딩
이메일 | bookocean@naver.com
네이버포스트 | post.naver.com/bookocean
페이스북 | facebook.com/bookocean.book
인스타그램 | instagram.com/bookocean777
유튜브 | 쏠쏠TV · 쏠쏠라이프TV
전 화 | 편집문의: 02-325-9172 영업문의: 02-322-6709
팩 스 | 02-3143-3964

출판신고번호 | 제 2007-000197호

ISBN 978-89-6799-837-0 (93500)

FINTECH

핀테크는 어떻게 디지털 혁명을 가져왔나

핀테크와 블록체인의 미래

김선미·길재식 지음

BLOCKCHAIN

북오션

머리말

핀테크와 블록체인이 국내 금융 산업에 도입된 지 10여 년이 지났습니다. 정부와 민간 기업의 주도로 다양한 핀테크 생태계가 구축되었고, 인공지능, 빅데이터, IoT, 모바일 기술을 활용한 혁신적 서비스들이 등장했습니다. 결제, 송금, 자산관리 및 인증 분야에서 큰 발전이 있었으며, 핀테크 기술은 이제 일반화되었습니다. 현재, 이 기술이 정점을 찍었는지, 계속 진화할 것인지에 대한 논의가 활발히 이루어지고 있습니다. 대표적인 성공 사례로 모바일 결제 시스템을 들 수 있습니다. 애플 페이, 구글 페이, 삼성 페이 같은 서비스는 스마트폰만으로 소비자들이 간편하게 결제할 수 있게 했습니다. 그러나 이는 신용카드나 현금 사용을 줄이고 결제 속도와 편의성을 향상시켰지만, 보안 문제와 개인정보 보호 문제를 야기하고 있습니다. 블록체인 기술을 활용한 크로스보더 송금 서비스는 비용이 저렴하고 실시간 송금이 가능하지만, 확장성 문제, 가상자산의 가격 변동성, 불법 자금 세탁, 각국 정부의 규제 등 여러 문제에 직면해 있습니다. 로보 어드바이저는 AI를 활용해 투자자에게 맞춤형 포트폴리오를 제공하며 저비용으로 고품질의 자산 관리 서비스를 제공합니다. 그러나 AI 기반 시스템은 시장 변동성을 완전히 예측하지 못하며, 일부 고객은 대면 상담을 선호합니다. 생체 인식 기술은 높은 보안을 제공하지만, 해킹과 데이터 유출 시 수정 불가 등의 문제가 있습니다. 핀테크 기술은 큰 성장을 이루었지만 여전히 CBDC 도입, AI와 머신러닝 기술의 발전, 블록체인 기술의 확장성과 보안 문제 해결 등의 많은 과제가 남아 있습니다. 핀테크는 여전히 진화 중이며, 그 연구개발을 통한 잠재력은 무궁무진합니다.

본서는 핀테크와 블록체인 기술의 원리, 정부 규제와 지원, 민간 기업의 기술 혁신 및 시장 변동에 대한 이슈들을 다룹니다. 필자들은 핀테크와 블록체인에 대한 정부 정책 및 시장 변화 전망을 금융계와 언론 매체에 기고해 왔습니다. 이 내용을 본서에 포함해 독자에게 현장감 있는 지식과 인사이트를 전달하고자 합니다. 핀테크에 비해 블록체인은 발전 속도와 확산이 더디며, 가상자산으로 인식되어 규제가 심합니다. 이는 건전한 블록체인 생태계 조성의 큰 걸림돌이 되고 있습니다. 핀테크와 블록체인에 관한 서적은 많지만, 기술 및 활용 방안을 균형 있게 다룬 서적은 드뭅니다. 본서는 핀테크와 블록체인의 전문 기술과 원리를 심층적으로 설명하고, 활용 사례를 통해 현장감 있는 지식을 전달하고자 했습니다. 특히 핀테크의 지속적 발전을 위해 블록체인과의 연결 방안을 고찰하고, 기술적 한계를 극복하기 위한 방안을 제안했습니다.

핀테크는 금융 서비스의 일종으로 엄격한 금융법과 규제를 받고 있습니다. 현재 핀테크와 블록체인을 적용한 토큰 증권 제도 도입을 위한 입법 활동이 진행 중이며, 이는 제도권 내에서 핀테크와 블록체인 기술의 성공적인 첫 융합 사례가 될 것으로 전망됩니다. 본서는 STO, RWA 등 블록체인 기반 차세대 핀테크의 현황과 추세를 분석해 미래 핀테크 산업을 쉽게 조망할 수 있도록 했습니다. 핀테크와 블록체인은 혁신을 주도하며 많은 성과를 이루었고, 이제 새로운 도전과 기회를 마주하고 있습니다. 두 기술의 융합은 새로운 금융 생태계를 만드는 중요한 열쇠가 될 것입니다. 이 책을 통해 독자들이 핀테크와 블록체인의 현재와 미래를 깊이 있게 이해하고, 변화에 대비할 통찰을 얻기를 바랍니다. 핀테크와 블록체인은 이미 우리의 생활 속에 깊숙이 스며들었으며, 그 진화는 계속될 것입니다. 이 책이 그 여정을 함께하는 동반자가 되기를 희망합니다.

끝으로, 핀테크와 블록체인에 대한 저자의 전문지식, 실무와 교육 경험을 믿고 과감히 출판을 허락해 주신 출판사 박영욱 대표님, 꼼꼼하게 편집을 해 주신 편집장님, 핀테크와 블록체인에 대한 전문지식과 현장감 있는 집필을 자문해 주신 동국대학교 핀테크블록체인학과 이원부 교수님, 그리고 방대한 자료 수집과 원고 정리를 도와준 동국대학교 핀테크블록체인학과 박사과정 김재민 조교에게 심심한 감사를 드립니다.

2024년 7월 남산을 바라보며 동국대학교 경영관에서

저자 김선미, 길재식 씀

목차

1장

블록체인의 현재와 미래

_김선미

I 블록체인 기술의 진화와 활용

2장

핀테크 산업의 혁신 패러다임

_길재식

I 핀테크 산업의 이해

II 핀테크 산업 부문별 산업 현황 및 변화

III 핀테크 산업 발전을 위한 결언

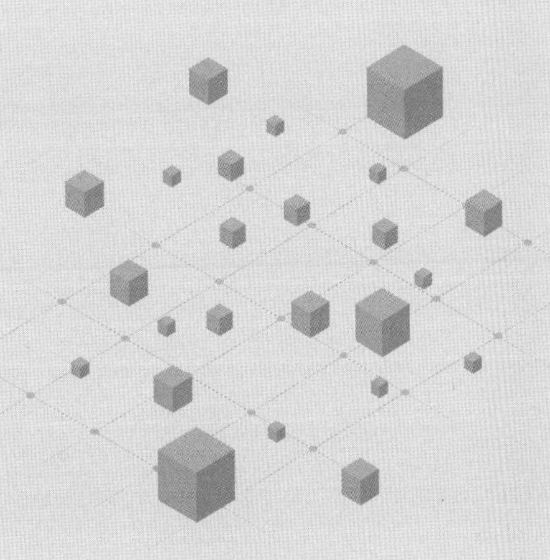

1장

블록체인의 현재와 미래

_김선미

I

블록체인 기술의 진화와 활용

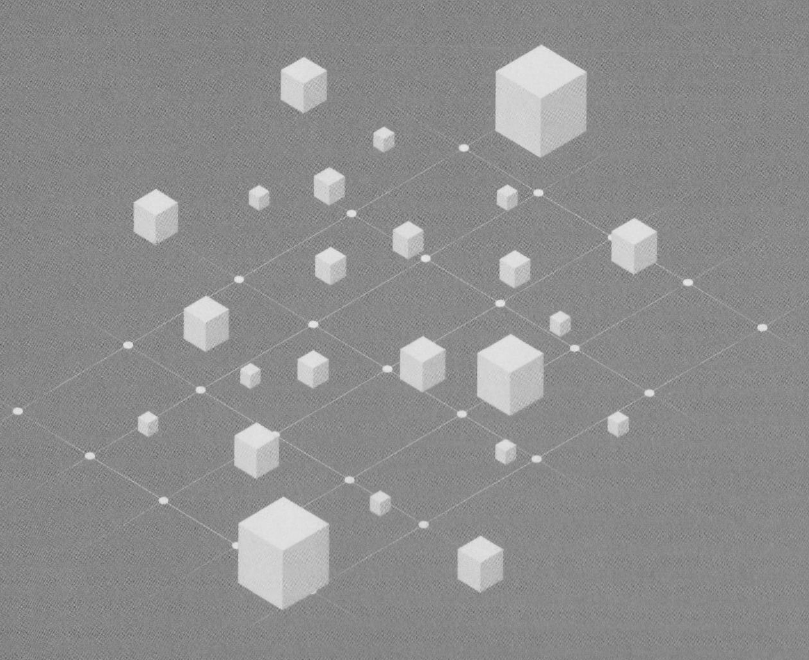

01 블록체인의 탄생: 블록체인은 일시적 유행의 산물인가?

블록체인 기술은 2008년 미국 금융 위기의 여파로 전 세계적으로 금융시스템과 정부 기관들이 패닉에 빠졌던 시기에 등장했다. 이 위기는 현대 글로벌 금융시스템에 전대미문의 극심한 충격을 주었던 사건으로, '대공황 이후 가장 심각한 경제 위기'로 평가받는다. 위기의 시작은 2007년 미국의 서브프라임 모기지 시장의 붕괴에서 비롯되었다. 이 시장은 신용등급이 낮은 고객에게 부동산 구매를 위한 대출을 제공했는데, 부동산 가격이 하락하면서 담보자산의 가격보다 대출금 액수가 커져 대출금 회수가 어려워졌다. 많은 미국인이 자신의 재정 능력을 초과하는 주택 구매를 위해 서브프라임 모기지(신용 등급이 낮은 사람들을 대상으로 한 고위험 모기지)를 이용했다. 초기에는 낮은 이자율이었지만, 후에 급격히 상승하면서 대출 상환 실패가 증가했다. 많은 금융기관이 복잡한 금융 파생상품에 투자했고, 이들 상품은 서브프라임 모기지와 연동되어 연쇄적 부도 위기에 봉착했다. 시장 상황이 악화되면서 금융상품의 가치가 폭락하고, 부동산 가격도 급격히 하락하면서 모기지 대출이 집값보다 많아지는 '언더워터' 현상이 발생했다. 이로 인해 많은 사람과 금융기관이 모기지 대출을 기피하게 되었으며, 이의 여파로 여러 금융기관이 부도 처리되었다. 특히 글로벌 4위 금융기관인 미국 리먼 브라더스의 파산은 전 세계 금융시장에 충격을 주었다.

[표 01] **서브프라임 사태 진행과정**(출처: 신한은행 금융토픽. 2008.08)

시기	내용	대표적 피해 금융기관
1차 불안(07.2~3)	서브프라임 모기지 연체율 증가로 인한 모기지 대출회사 부실	New Century Financial, HSBC
2차 불안(07.6~8)	모기지 관련 채권(MBS, CDO)의 가치 하락으로 금융회사 손실확대	헤지펀드
3차 불안(07.10~11)	SIV(Structured Investment Vehicles)의 유동성 위기	Citigroup
4차 불안(08.1~2)	모노라인(채권보증회사)의 부실 심화 및 신용등급 하향	MBIA
5차 불안(08.3~4)	서브프라임 외 모기지 채권의 가격하락에 따른 마진콜 급증	Bear Stearns, Calyle Capital
6차 불안(08.6~현재)	투자은행과 모노라인의 신용등급 연쇄 하향으로 신용위기 재부상	Lehman Brothers 위기설

위기는 미국을 넘어 유럽, 아시아 등 전 세계로 확산되었다. 수많은 기업이 파산했고 실업률이 급등했다. 미국을 비롯한 여러 국가에서 대규모 경기 부양책과 금융 안정화 정책을 시행했다. 중앙은행은 금리를 인하하고 시장에 유동성을 공급하는 조치를 취했다.

[표 02] 미국 FRB 기준금리 변화추이

(출처: 보험연구원 보고서 과거 금융위기 사례분석을 통한 최근 글로벌 금융위기 전망 2010)

(단위: %)

일시	2006년	2007년			2008년						
	6/29	9/18	10/31	12/11	1/23	1/31	3/18	4/30	10/8	10/29	12/16
기준금리	5.25	4.75	4.50	4.25	3.50	3.00	2.25	2.00	1.50	1.00	0.25

2008년 금융위기는 1944년 브레튼우즈 체제 이후 미국을 비롯한 각국 중앙은행을 중심으로 무소불위의 파워를 자랑하던 중앙집중식 글로벌 금융시스템의 취약성을 드러내며, 금융 규제 강화와 경제 정책 재검토의 필요성을 촉발했다. 이 위기는 경제학과 금융 업계에 여러 중요한 교훈을 남겼다.

비트코인 및 블록체인 기술은 금융위기 직후인 2009년에 사토시 나카모토(Satoshi Nakamoto)라는 익명의 개발자(또는 개발자 그룹)에 의해 처음 소개되었다. 이 시점은 매우 상징적인데, 금융위기가 중앙집중식 금융시스템의 실패를 드러낸 바로 그때였다. 2008년 금융위기는 중앙집중식 금융기관과 정부의 역할에 대한 광범위한 불신을 촉발했다. 많은 사람이 이 기관들이 통화 시스템을 적절히 관리하고 위기를 피하는 데 실패했다고 느꼈다. 비트코인 및 블록체인은 중앙은행이나 금융기관 없이 금융 거래를 가능하게 하는 분산적 화폐 관리 방안을 제시했다. 화폐 발행과 유통을 중앙은행이나 정부에 맡기지 말고 화폐 사용자들의 합의에 따라 운영되는 민주적 금융 대안을 발표했다.

블록체인 기술은 분산 네트워크 시스템에서 모든 화폐를 규약에 의해 사용자들의 합의로 발행(채굴)하며, 모든 금융 거래를 분산원장에 공개적으로 기록하고 관리한다. 한 번 기록된 데이터는 누구도 쉽게 변경할 수 없으며, 화폐 관리 및 유통을 위해 중앙은행의 간섭을 원천적으로 배제한다.

[그림 01] **분산원장**(출처: 한국정보통신기술협회 정보통신용어사전 분산원장 기술)
https://terms.tta.or.kr/dictionary/dictionaryView.do?word_seq=171390-3

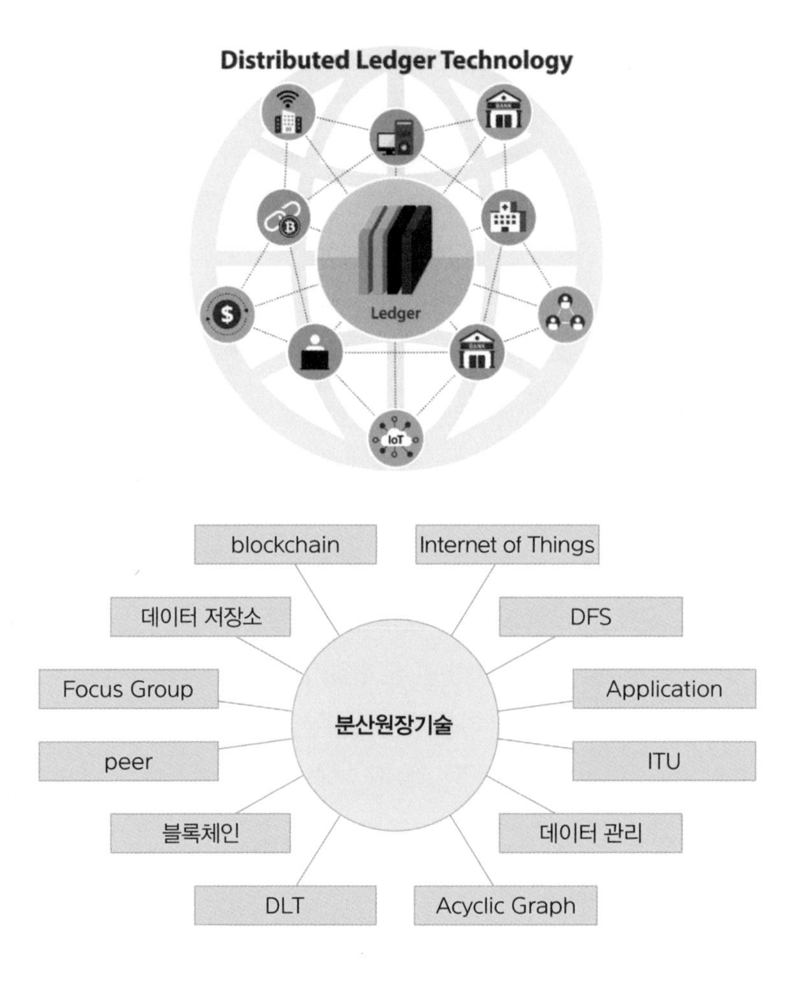

금융위기 이후, 많은 사람들이 경제 활동에서 정부와 대형 금융기관의 역할을 줄이고자 하는 새로운 방법을 모색했다. 비트코인과 블록체인은 이러한 요구에 부응하는 혁신적 금융 기술로, 사용자들의 합의에 따른 화폐 관리와 개인 간 직접적인 거래를 통해 중앙 권력의 필요성을 최소화했다.

블록체인 기술은 금융 서비스의 민주화를 약속하며, 누구나 접근할 수 있는 투명하고 신뢰할 수 있는 시스템을 제공한다. 현재 전 세계적으로 수많은 스타트업과 기업, 심지어 정부까지도 이 기술을 채택하거나 실험하고 있다. 결론적으로, 2008년 금융위기는 중앙은행을 배제하는 새로운 화폐 금융 생태계를 조성하는 블록체인 기술의 출현을 촉진하는 촉매제 역할을 했으며, 이 기술이 등장한 시기와 배경은 중앙집중식 금융시스템의 한계를 넘어서려는 노력을 반영한다. 블록체인 기술의 창시자인 사토시 나카모토는 중앙집중식인 금융기관의 개입 없이도 개인 간에 신뢰할 수 있는 거래를 가능하게 하는 분산 금융의 원조인 비트코인을 처음으로 소개했다. 이 기술은 분산원장과 정보 공유 및 사용자 간 합의에 의한 화폐운용으로 투명하고 변경 불가능한 금융 거래 기록을 기반으로 한다. 중앙 기관의 개입 없이 금융 거래의 정확성을 보증할 수 있으며, 낮은 수수료와 실시간 거래 완결 등이 혁신 금융시스템의 장점이다.

블록체인은 인터넷상의 거래 데이터의 투명성, 무결성, 보안성을 혁신적으로 향상시킨다. 이는 인터넷 시대의 고도화에 따라 폭발적으로 증가하는 거래자 간 비대면 거래의 신뢰성 문제를 해결할 수 있다. 비대면 KYC 등 기존 인증 기술들과 연동되어 더욱 안전하고 효율적인 거래 및 데이터의 신뢰성을 확보할 수 있다. 블록체인은 금융 거래 기록이 저장된 블록들이 시간 순서대로 체인 형태로 연결되며, 한 번 블록에 기록된 데이터는 임의로 변경하거나 조작이 거의 불가능하다. 해싱을 이용한 블록 간 연결, 블록의 생성에 대한 참여자 간 합의 기술과 발전된 암호화 기술들이 이를 가능하게 한다. 기록된 데이터의 위변조 불가능성은 블록체인의 가장 큰 장점이자 특징이며, 이전의 어떤 보안기술보다 거래의 신뢰성을 극대화하고 사기를 방지하는 데 크게 기여한다. 또한 블록체인은 중앙집중식이 아닌 분산 네트워크로 운영되어, 단일 지점 또는 노드의 작동 중지로 인한 전체 시스템의 중지

(셧다운) 우려가 없다. 언제든지 인근 노드의 기록을 복사하여 네트워크 중단 없이 작업 진행이 가능하기 때문이다. 모든 거래 기록은 네트워크 참여자에게 공개되고 최고 수준의 투명성을 제공한다. 사용자는 자신의 거래를 직접 관리할 수 있으며, 어떠한 중개자도 필요로 하지 않는다. 이처럼, 블록체인은 기존 금융시스템과 대조적인 자율적이고 투명한 거래 방식을 제공함으로써 현재 디지털 경제의 중요한 모멘텀을 제공하고 있다.

블록체인은 어떻게 발전해 왔나, 누가 어떤 기술을 개발했는가?

블록체인의 개발은 1970년대 초반부터 시작되었다. 블록체인의 이론적 기초는 1970년대 이후 개발된 암호화 이론과 혁신적 데이터 구조 기술에 있다. 특히, 1970년대에 개발된 공개 키 암호화 기법은 오늘날 블록체인 시스템에서 사용되는 디지털 서명에 필수적이다. 공개키 암호화(public key cryptography)는 데이터 보안과 암호화 통신 분야에서 매우 중요한 기술이다. 이 암호화 방식은 각 사용자가 공개키와 개인키라는 두 가지 키를 가지는 것을 기반으로 한다. 공개키는 누구나 접근할 수 있도록 공개되며, 데이터를 암호화하는 데 사용된다. 개인키는 사용자만이 소유하고 보호하는 키로, 암호화된 데이터를 복호화하는 데 사용된다. 공개키 암호화의 개념은 1976년 화이트필드 디피(Whitfield Diffie)와 마틴 헬먼(Martin Hellman)에 의해 처음으로 소개되었다. 이들은 「새로운 방향의 암호 시스템과 그 용도(New Directions in Cryptography)」라는 논문에서 공개키 암호화 방식을 제안했다. 이 아이디어는 암호화 분야에 혁명을 일으켜, 통신의 비밀성을 유지하면서 키 분배 문제를 해결하는 효과적인 방법을 제공했다. 공개키 암호화의 개발 배경에는 몇 가지 중요한 요소가 있다. 전통적인 대칭키 암호화 시스템에서는 통신하는 모든 당사자가 같은 키를 공유해야 했으며, 이 공유 키를 안전하게 배포하는 것은 매우 어려운 문제였다. 공개키 암호화는 이 문제를 해결하고자 고안되었으며, 각 사용자가 서로 다른 키를 가질 수 있도록 했다. 1970년대에 디지털 통신이 급속도로 발전하면서, 이러한 환경에서 안전한 통신을 보장할 수 있는 새로운 암호화 기술이 필요해졌다. 공개키 암호화의 개발은 수학, 특히 수론과 복잡도 이론의 발전에 크게 의존했다. 이러한 수학적 이론은 암호화와 복호화 과정에서 중요한 역할을 한다. 공개키 암호화는 디지털 서명, 안전한 통신, 데이터 보호 등 여러 분야에서 광범위하게 사용된다. 특히, 인터넷 보안과 전자상거래에서 사용자의 개인정보를 보호하고, 데이터의 무결성을 확보하는 데 필수적인 기술이다. 공개키 인프라(PKI)의 기초가 되며, SSL/TLS와 같은 보안 프로토콜의 핵심 구성 요소이다. SSL(Secure Sockets Layer)과 TLS(Transport Layer Security)은 인터넷에서 데이터를 안전하게 전송하기 위한 대표적인 암호화 프로토콜이다. 이들은 특히 웹 브라우징, 이메일, 인스턴트 메시징 등에서 사용되어 데이터의 기밀성과 무결성을 보장한다. SSL은 1990년대 초에 넷스케이프(Netscape)에 의해 처음 개발되었고, 이후 보안 강화를 위해 TLS로 발전했다. TLS는 SSL의 후속 버전으로, 더욱 강화된 보안 기능을 제공한다. 이 프로토콜들은 서버와 클라이언트 간의 통신을 암호화하여 중간자 공격으로부터 보호하고, 통신하는 양쪽의 신원을 확인할 수 있는 방법을 제공한다.

1991년에는 블록체인의 핵심 기술 중 하나인 문서 타임스탬핑 기술이 개발되었다. 타임스탬핑은 디지털 문서나 데이터에 일정 시점을 기록하는 기술로, 문서가 생성되거나 특정 상태에 있었음을 증명하고, 특정 시점 이후에 문서가 변경되지 않았음을 보증하는 데 중요하다. 타임스탬프는 디지털 서명 기술과 결합하여 사용되며, 법적 문서, 소프트웨어 배포, 전자 거래 등 여러 분야에서 활용된다. 디지털 기술의 발전으로 대량의 디지털 데이터와 문서가 생성되면서, 이들 데이터의 생성 시점과 변경 사항을 추적하고 기록할 필요가 생겼다. 이는 특히 법적 문서 처리나 중요한 거래 기록에서 중요하다. 많은 법률 및 규제가 디지털 데이터의 생성 시점과 무결성을 증명할 수 있는 명확한 기록을 요구하기 때문에 타임스탬핑 기술은 이러한 법적 요구를 충족시키는 효과적인 방법을 제공한다. 또한 전자상거래가 발전함에 따라, 거래 시점을 정확하게 기록하고, 계약이 체결된 시간을 증명할 수 있는 기술이 필요해졌다. 타임스탬핑 기술의 발달은 디지털 컴퓨팅 기술의 성장과 맞물려 있으며, 공식적인 타임스탬핑 방법은 1980년대 후반부터 연구되기 시작했다. 1991년에 스튜어트 하버(Stuart Haber)와 스콧 스토네타(Scott Stornetta)가 디지털 문서에 시간 정보를 신뢰성 있게 첨부하는 방법을 개발함으로써 타임스탬핑 기술의 중요한 발전이 이루어졌다. 이들의 연구는 정보보안 분야에서 중요한 기술적 발전으로 여겨지며, 이후 전자상거래, 디지털 서명, 그리고 다양한 법적 문서 처리에 필수적인 기술로 자리 잡게 되었다. 이 기술은 디지털 시대에 데이터의 무결성과 신뢰성을 보장하는 중요한 도구로 발전하였고, 법적으로도 인정받는 증거 수단으로 활용되고 있다.

1992년에는 여러 디지털 문서를 하나의 블록으로 수집하고 검증할 수 있는 효율성 높은 머클 트리 방법이 개발되었다. 머클 트리(Merkle Tree), 또는 해시 트리는 1979년에 랄프 머클(Ralph Merkle)에 의해 개발된 데이터 구조 기술이다. 머클 트리는 그의 이름을 따서 명명되었다. 머클 트리의 개발 목적은 데이터 무결성 검증과 효율적인 데이터 검색을 목표로 하였으며, 분산 시스템에서 데이터가 변경되지 않았음을 효과적으로 검증할 수 있는 방법을 제공한다. 머클 트리는 각 데이터 블록에 대한 해시들을 이용하여 단일 해시 값, 즉 루트 해시를 생성하는 방식으로 작동한다. 이 구조는 데이터 블록이 변경되었을 때, 전체 데이터 세트를 다시 검증하지 않고도 변경된 부분만 빠르게 확인할 수 있게 해준다. 머클 트리는 각 데이터 조각의 해시를 이용하여 트리의 상위 노드로 갈수록 이 해시들을 합쳐 최종적으로 루트 해시를 형성한다. 이 루트 해시는 트리에 포함된 모든 데이터의 무결성을 대표한다. 머클 트리의 구조 덕분에, 데이터의 일부만을 확인하더라도 전체 데이터의 무결성을 간접적으로 검증할 수 있다. 이는 특히 대용량 데이터를 다루는 분산 시스템에서 중요한 이점을 제공한다. 머클 트리는 블록체인 기술에서 핵심적인 역할을 하며, 각 블록 내의 모든 트랜잭션의 무결성을 보증하는 데 사용된다. 블록체인의 각 블록 헤더는 머클 루트를 포함하고 있으며, 이를 통해 블록 내의 트랜잭션이 변경되지 않았음을 자체적으로 증명할 수 있다. 머클의 발명은 디지털 보안, 특히 분산 데이터의 무결성을 유지하는 분야에서 중요한 기여를 하였고, 현대의 여러 기술적 구현에 광범위하게 활용되고 있다.

1990년대 중반 이후, 블록체인 산업계에서는 분산화된 화폐 금융시스템을 만들기 위한 움직임이 커졌다. 디지캐시(DigiCash)와 같은 혁신 금융기업이 설립되어, 디지털 화폐의 개발과 분산화에 대한 논의가 시작되었다. 이는 중앙집중식 화폐 금융의 통제와 실패를 피하고자 하는 관심이 커지고 있음을 보여주었다. 디지캐시는 디지털 결제의 선구자였던 네덜란드 암스테르담에 기반을 둔 회사로, 1989년에 암호학자이자 컴퓨터 과학자인 데이비드 차움(David Chaum)에 의해 설립되었다. 디지캐시는 디지털 통화의 개념을 소개하고 실제로 구현한 초기 회사 중 하나였다. 이 회사의 목표는 온라인상에서 거래의 익명성과 보안을 보장하는 새로운 전자 현금 시스템을 만드는 것이었다. 디지캐시는 차움이 개발한 '블라인드 서명(Blind Signature)' 기술을 사용해 거래 참여자의 프라이버시를 보호하고, 은행이나 다른 기관이 거래 내역을 추적하지 못하도록 설계되었다. 이러한 방식은 오늘날의 가상자산과 유사한 측면을 가지고 있었으며, 디지캐시의 전자 현금은 여러 은행에서 발행할 수 있도록 설계되어 있었다. 그러나 디지캐시는 은행들의 저조한 관심과 인프라의 한계로 인해 상용화에 어려움을 겪었고, 결국 1998년에 파산을 선언했다. 비록 성공적인 비즈니스로 자리 잡지 못했지만, 디지캐시가 도입한 개념은 현재의 가상자산과 전자결제 시스템에 큰 영향을 주었으며, 차움은 디지털 화폐의 선구자 중 하나로 인식되고 있다. 이 기술은 이후 수많은 가상자산 탄생의 기술적 기반이 되었다.

2004년, 비트코인의 선구자 중 한 명인 암호학자 할 핀니(Hal Finney)는 작업증명에 기반한 기념비적인 토큰 발행 기법인 Reusable Proof of Work(RPOW)를 개발했다. 할 핀니는 컴퓨터 과학자이자 암호학 전문가로, PGP(Pretty Good Privacy) 소프트웨어의 초기 개발자 중 한 명이다. PGP는 전자적으로 보안된 통신과 데이터 파일을 보호하는 데 사용되는 암호화 소프트웨어이다. 할 핀니는 비트코인의 창시자인 사토시 나카모토와 직접적으로 교류했으며, 비트코인 소프트웨어의 최초 테스터 중 한 명으로 2009년 사토시 나카모토로부터 최초의 비트코인 거래를 실행한 인물로도 유명하다. 이 거래는 비트코인의 실제 가치 교환을 시연하는 중요한 이벤트였다. 핀니의 RPOW 시스템은 디지털자산의 가치를 보존하면서 사용자 간 이를 안전하게 전송할 수 있는 시스템을 제공했다. RPOW 시스템은 초기의 PoW 개념을 기반으로 하며, PoW는 사용자가 컴퓨터의 계산 능력을 사용하여 복잡한 수학 문제를 해결함으로써 거래의 유효성을 사용자 간 합의로 증명하는 방식이다. 이 과정은 많은 에너지와 시간을 필요로 하며, 생성된 PoW 토큰은 합의를 통해 가치가 입증된다. 핀니의 혁신적인 아이디어는 생성된 PoW를 재사용이 가능하게 만드는 것이었다. RPOW 시스템은 높은 수준의 보안을 제공하며, 토큰은 하드웨어 기반의 보안 모듈 내에서 생성되고 관리되어, 손상되거나 위조되지 않도록 보호된다. RPOW는 비트코인과 같은 후속 디지털 화폐 개발에 중요한 영향을 미쳤다. 비트코인의 작업증명(PoW) 알고리즘은 RPOW에서 제시된 아이디어를 발전시켜, 네트워크 전체의 합의를 이루고 모든 거래를 검증하는 데 사용된다. RPOW가 제시한 재사용 가능한 작업증명의 개념은 디지털 화폐의 분산된 보안 메커니즘을 강화하는 데 기여했다. RPOW 시스템은 디지털 화폐의 초기 실험 중 하나로서, 비트코인과 같은 더욱 발전된 가상자산 기술로 이어지는 발판을 마련했다.

2008년에 역사적인 비트코인 백서가 공표되었다. 익명의 개인 또는 그룹인 사토시 나카모토가 《Bitcoin: A Peer-to-Peer Electronic Cash System》이라는 제목의 비트코인 백서를 발표하여 개인 간 신뢰나 중앙 권한 없이도 비대면으로 금융 거래를 할 수 있는 분산형 프로토콜을 소개했다. 이 백서는 해싱, 디지털 서명, 피어 네트워크, 작업증명 등 기존의 여러 암호화 및 시스템 아이디어를 결합하여 새로운 디지털 화폐 시스템을 만들었다. 2009년 1월 사토시 나카모토가 비트코인의 제네시스 블록을 채굴하면서 비트코인이 시장에 출시되었다. 비트코인은 신뢰할 수 있는 권한 없이도 금융 거래자 간 이중 지출 문제를 해결할 수 있는 최초의 가상자산이 되었다. 이는 블록체인 기술의 시작을 알리는 역사적인 순간이었다. 비트코인은 세계 최초의 탈중앙화된 디지털 화폐로, 사토시 나카모토가 2009년에 비트코인 네트워크를 가동하면서 시스템을 실제로 구현했다. 비트코인은 은행이나 정부와 같은 중앙 기관의 개입 없이 운영되며, 개인 간 거래는 분산된 네트워크에서 검증되고, 블록체인이라는 분산원장을 사용하여 거래 내역이 지속적으로 기록된다. 블록체인은 일련의 블록으로 구성된 분산원장으로, 각 블록에는 이전 블록의 암호화된 해싱 주소 및 거래 내역이 담겨 있다. 이를 통해 거래의 연결성과 투명성을 보장한다. 비트코인에서는 거래가 유효하다는 것을 증명하고 새로운 블록을 생성하기 위해, 작업증명(Proof of Work, PoW) 기반의 마이닝(채굴) 기법을 도입했다. 블록체인의 채굴이란 새로운 거래를 정하고 블록을 생성하여 블록체인에 추가하는 과정을 의미한다. 채굴자는 복잡한 수학 문제를 제일 먼저 해결하여 이를 다른 채굴자들로부터 검증을 받은 후 새로운 블록을 만들고, 대가로 비트코인 보상을 받는다. 먼저 여러 사용자가 블록체인 네트워크에서 비트코인을 전송하여 거래가 발생한다. 각 채굴자는 약 10분간의 거래를 모아 새로운 블록을 생성한다. 우선 채굴자는 이 블록을 블록체인에 추가하기 위해 복잡한 수학 문제를 풀어야 한다. 이 문제는 특정한 해시 값을 찾는 것이다. 채굴자가 문제를 풀면, 그 블록은 블록체인 네트워크 전체에 전파되고, 다른 채굴자들은 그 블록의 유효성을 검증한다. 검증이 완료되면, 그 블록은 블록체인에 추가되고, 해시 값을 찾은 채굴자는 비트코인으로 보상을 받는다. 이러한 채굴 과정을 통해 거래가 검증되고 블록체인이 지속적으로 업그레이드된다. 초기 채굴 보상은 블록당 50비트코인(BTC)이었다. 당시 블록을 생성할 때마다 채굴자는 50BTC를 보상으로 받았다. 비트코인 네트워크는 약 4년(21만 블록)마다 채굴 보상이 절반으로 줄어드는 반감기(halving) 이벤트가 발생한다. 반감기에 의해, 비트코인의 채굴 속도가 줄어들게 된다. 2024년 현재 블록당 보상은 3.125BTC(네 번째 반감기)로 예상된다. 총 발행량인 2,100만 BTC가 완전히 채굴될 때까지 비트코인 보상은 지속된다.

비트코인은 원천적으로 인플레이션을 방지하고 디지털 화폐로서 가치를 보존하도록 설계되었다. 비트코인 거래는 공개 원장을 통해 추적할 수 있으며, 사용자는 지갑 주소를 통해 익명으로 거래할 수 있다. 또한 소수점 8자리까지 나눌 수 있으며, 가장 작은 단위를 '사토시'라고 부른다. 비트코인은 시간이 지나면서 가상자산 시장의 선두 주자로 자리매김했으며, 현재 수많은 비트코인 관련 서비스와 인프라가 구축되어 있다. 금융시장의 탈중앙화, 개인 자산 관리, 디지털 거래의 미래에 대한 중요한 시사점을 제공하고 있다. 비트코인은 가상자산의 대장주로서 최초의 탈중앙화된 가상자산으로 이후 개발된 알트코인들에 기술적 영감을 주었다. 블록체인 기술과 작업증명(PoW) 방식, 탈중앙화 개념 등은 비트코인에서 시작되어 다른 가상자산으로 확산되었다. '알트코인'은 비트코인 이후에 만들어진 모든 가상자산을 포괄하는 용어로, 이더리움(Ethereum), 라이트코인(Litecoin), 리플(Ripple), 에이다(ADA) 등 다양한 블록체인 프로젝트를 지원하는 코인들을 포함한다. 대부분의 알트코인들은 비트코인에서 발견된 제한 사항을 개선하거나, 새로운 기능을 추가하려는 목적으로 개발되었다. 예를 들어, 이더리움은 스마트 컨트랙트(Smart Contract)를 지원해 분산 애플리케이션을 만들 수 있는 블록체인 플랫폼을 제공한다.

비트코인은 가상자산 시장에서 가장 영향력 있는 디지털자산이다. 비트코인의 가치 변동은 알트코인 가격에도 큰 영향을 미치며, 일반적으로 비트코인의 가격이 상승하면 다른 가상자산 가격도 상승하는 경향이 있다. 알트코인들은 각각의 고유한 특징과 목표가 있어, 사용자에게 많은 선택권을 제공하고 특정 문제를 해결하는 혁신적인 블록체인 기술을 실험할 기회를 제공한다. 비트코인과 알트코인은 서로 영향을 주고받으며 발전하고 있으며, 비트코인의 안정성과 시장 규모는 전체 가상자산 시장의 기반을 형성하는 반면, 알트코인은 비트코인이 다루지 않는 다양한 기능과 개선 사항을 제공해 전체 생태계를 풍요롭게 만든다.

비트코인의 성공은 2011년 라이트코인과 같은 대안 가상자산, 즉 알트코인의 개발로 이어졌다. 이들은 기존 해싱 알고리즘보다 더 빠른 거래 처리 시간을 구현하고자 했다. 라이트코인(Litecoin)은 찰리 리(Charlie Lee)가 개발한 가상자산으로, 비트코인의 코드베이스를 기반으로 만들어졌지만 몇 가지 기술적인 차이가 있다. 라이트코인은 블록 생성 주기를 비트코인의 10분보다 짧은 2.5분으로 설정해 거래 속도를 향상시켰다. 이로 인해 네트워크에서 거래가 더 빠르게 처리된다. 비트코인이 작업증명(Proof of Work) 알고리즘으로 SHA-256을 사용하는 반면, 라이트코인은 스크립트(Scrypt)라는 알고리즘을 사용한다. 이 알고리즘은 개인용 컴퓨터에서도 가상자산 마이닝이 가능하게 설계되었다. 라이트코인은 비트코인의 2,100만 개보다 많은 8,400만 개의 코인을 발행하도록 설계되었다. 빠른 거래 속도와 낮은 수수료 덕분에 일상적인 소액 결제와 거래에 적합한 가상자산으로 간주된다. 라이트코인은 '디지털 실버'로 불리며, 비트코인을 보완하는 알트코인으로 인식되고 있다. '디지털 실버'라는 용어는 비트코인이 '디지털 골드'로 불리는 것과 유사하다. 비트코인이 전자적인 금과 같은 속성을 가지며, 가치 저장 수단으로 널리 인정받는 것처럼, 라이트코인은 그보다 접근성이 높고 사용하기 쉬워 일상적인 거래에 적합하다는 점에서 실제 은과 비교된다. 금과 은은 오랜 역사를 통해 각각 가치 저장 수단과 산업용 소재 또는 일상적인 교환 수단으로 사용되어 왔다. 마찬가지로 비트코인은 그 가치 때문에 대규모 투자자들에게 매력적인 자산으로 간주되며, 라이트코인은 더 빠른 거래 처리 시간과 낮은 수수료로 인해 비교적 소규모 거래에 더 적합한 가상자산으로 자리잡고 있다.

2014년에는 러시아의 비탈릭 부테린(Vitalik Buterin)이 이더리움(Ethereum) 플랫폼을 소개했다. 이더리움은 탈중앙화 애플리케이션(Decentralized Application, DApp)을 구축하고 스마트 컨트랙트를 실행할 수 있는 블록체인 기술이다. 탈중앙화 애플리케이션(DApp)은 블록체인 기술을 활용하여 중앙 권한 없이 작동되는 프로그램을 의미한다. 이더리움과 솔라나(Solana) 같은 블록체인 플랫폼은 스마트 컨트랙트를 통해 작동된다. 프로그래밍된 코드를 통해 자체적으로 운영 규칙을 실행하며, 발행한 가상자산이나 토큰으로 수수료가 지불된다. 거래 데이터는 블록체인에 기록되기 때문에 투명성과 보안이 높으며, 제 3자의 승인 없이도 비대면으로 사용자 간 신뢰할 수 있는 거래가 가능하다. 스마트 컨트랙트(Smart Contract)는 블록체인 기술을 이용하여 사전에 정해진 조건이 충족되면 자동으로 실행되는 디지털 프로그램이다. 스마트 컨트랙트는 거래 비용을 낮추고 실행 과정을 투명하게 만들며, 사기와 같은 위험을 줄일 수 있다. 스마트 컨트랙트는 블록체인을 기관이나 기업 활동을 자동화하는 수단으로 확장시켰으며, 이는 비트코인과 이더리움 같은 가상자산들이 다양한 프로젝트에 확대 사용되는 모멘텀을 제공했다. 이더리움 플랫폼은 ETH라는 자체 가상자산을 사용한다. 비트코인이 주로 디지털 통화 거래에 중점을 둔 반면, 이더리움은 프로그래밍 가능한 블록체인을 통해 다양한 탈중앙화 애플리케이션(DApp) 개발을 지원하는 것이 특징이다.

2015년에는 기업들이 마케팅이나 경영활동을 혁신하기 위한 수단으로 블록체인 도입을 확대하기 시작하며 블록체인 2.0이라는 개념이 등장했다. 블록체인 2.0은 기존 블록체인 1.0의 단순한 디지털 화폐 거래를 넘어 다양한 응용 프로그램과 계약을 처리할 수 있도록 확장된 블록체인 기술을 의미한다. 블록체인 1.0은 주로 비트코인과 같은 가상자산의 거래에 중점을 두었지만, 블록체인 2.0은 스마트 컨트랙트와 분산 애플리케이션(DApps) 등을 중심으로 산업 혁신을 선도하는 수단으로 확대되었다. 이더리움은 블록체인 2.0의 대표적인 기술로, 스마트 컨트랙트를 실행할 수 있는 플랫폼을 제공하여 다양한 DApp을 개발할 수 있다. 이더리움은 자체 프로그래밍 언어인 솔리디티(Solidity)를 통해 스마트 컨트랙트를 작성하고 실행하며, 다양한 용도로 이용되는 분산 애플리케이션을 개발할 수 있는 기능을 제공한다. DApp은 탈중앙화된 구조로 투명성과 보안성이 높고, 검열 저항성이 강하다. 데이터와 애플리케이션 로직이 중앙 서버가 아닌 블록체인 네트워크에 분산되어 저장되고 실행되므로 단일 실패 지점이 없다. 스마트 컨트랙트는 블록체인에 기록되어 모든 참여자에게 투명하게 공개되며, 대부분의 DApp은 오픈소스 프로젝트로 개발되어 보안성과 신뢰성이 높다. DApp은 자체 토큰을 발행하여 애플리케이션 내에서 사용하거나, 사용자에게 보상을 제공할 수 있으며, 토큰 이코노미를 지원하는 주요 수단이 된다. 유니스왑(Uniswap), 메이커다오(MakerDAO) 같은 탈중앙화 금융(DeFi) 애플리케이션은 중앙화된 금융기관 없이 사용자들이 토큰으로 대출, 차입, 거래 등 다양한 금융 서비스를 이용할 수 있다. 크립토키티 (CryptoKitties), 엑시 인피니티(Axie Infinity) 같은 애플리케이션은 토큰으로 아이템이나 캐릭터를 거래하고 소유할 수 있게 한다. 스팀잇(Steemit), 비트클라우트(BitClout) 같은 소셜 네트워크는 사용자들이 블록체인 네트워크에 콘텐츠를 제공하면 탈중앙화된 방식으로 이를 게시하고 토큰으로 보상한다. 오픈씨(OpenSea), 라리블(Rarible) 같은 디지털화된 자산(NFT)과 상품을 거래할 수 있는 탈중앙화 토큰 마켓플레이스도 있다. DApp의 장점은 모든 거래와 활동이 블록체인에 기록되어 누구나 확인할 수 있으며, 탈중앙화된 네트워크 구조로 인해 해킹이나 데이터 유출 위험이 낮고 중개자 없이도 신뢰할 수 있는 거래와 계약이 가능하다. 그러나 블록체인 네트워크의 특성상 거래 속도가 느릴 수 있으며, 블록체인과 스마트 컨트랙트의 개념이 복잡하여 개발과 사용이 어려울 수 있다. 또한 탈중앙화된 특성으로 인해 경우에 따라 기존의 법적 규제나 정책과 충돌할 수 있다.

2020년 이후, 스마트 컨트랙트를 기반으로 하는 블록체인 2.0 기술은 블록체인 활용 범위를 크게 넓혔으며, 현재 다양한 산업 분야에서 혁신적인 변화를 이끌고 있다. 블록체인은 가상자산 거래를 통한 단순한 가치 이동 수단을 넘어, 계약, 금융시스템, 공급망, 데이터 관리 등의 영역에서 혁신을 추진하는 수단인 블록체인 3.0으로 급속히 진화하고 있다.

03 중앙집중식 금융이 분산화 금융(DeFi) 시스템으로 진정 탈바꿈할 수 있을까?

중앙집중식 금융시스템을 분산원장 금융으로 전환하면, 금융 서비스의 다양성, 투명성, 보안성, 효율성을 획기적으로 높일 수 있다. 그러나 분산 금융(DeFi)으로의 전환에는 여러 가지 어려움이 따른다. 우선, 블록체인 기술은 기존의 금융시스템에 비해 매우 복잡하여 이를 이해하고 구현하는 데 높은 기술력이 필요하다. 스마트 컨트랙트의 작성과 검증, 블록체인 네트워크의 관리는 전문 지식을 요구한다. 많은 국가에서 블록체인과 관련된 규제가 아직 확립되지 않았기 때문에 규제 불확실성이 기업과 개인의 DeFi 참여를 주저하게 만든다. 또한, 블록체인 기술의 보안 문제로 인해 스마트 컨트랙트의 취약점이나 해킹 위험이 존재한다. 현재 DeFi 플랫폼은 일반 사용자가 쉽게 접근하고 사용할 수 있는 수준이 아니어서 복잡한 인터페이스와 기술적 용어는 비기술적 사용자에게 큰 장애물이 된다.

기업과 정부는 블록체인 기술에 대한 교육 프로그램을 강화하고, 개발자들이 쉽게 접근할 수 있는 개발 도구와 인프라를 제공해야 한다. 정부는 명확한 규제 프레임워크를 제시하여 블록체인 기술과 DeFi 산업이 성장할 수 있는 환경을 조성해야 한다. 스마트 컨트랙트의 보안을 강화하기 위해 보안 감사와 코드 검토를 의무화하고, 해킹에 대비한 보험 상품을 개발하며 더 직관적이고 사용하기 쉬운 인터페이스를 제공해야 한다. 전환의 성공 사례로는 이더리움 블록체인을 기반으로 한 스테이블 코인 DAI를 통해 변동성이 낮은 금융 자산을 제공하는 MakerDAO와 사용자들이 중개인 없이 직접 거래할 수 있도록 하는 이더리움 기반의 분산형 거래소 Uniswap 등이 있다.

효과적인 금융시스템 전환을 위한 기술적 절차는 다음과 같다. 우선 기존의 금융 서비스와 시스템의 집중화 상태를 평가하고, 블록체인 전환의 전략적 이점을 분석한다. 기존 시스템의 문제점과 블록체인 도입으로 해결할 수 있는 부분을 파악한다. 분산원장 블록체인 시스템 도입의 구체적인 목표를 설정한다. 예를 들어, 신상품 개발, 거래 투명성 강화, 비용 절감, 보안성 향상 등 각 목표에 대한 성과 지표(KPI)를 정의한다. 적절한 블록체인 모델을 선정한다. 퍼블릭 블록체인(예: 이더리움) 또는 프라이빗 블록체인(예: 하이퍼렛저) 중 선택할 수 있다. 만약 스마트 컨트랙트 기능이 필요하다면 스마트 컨트랙트 플랫폼을 포함한 블록체인을 고려해야 한다.

[표 03] 블록체인의 종류와 특징(출처: 보험연구원 블록체인의 이해. 2018)

구분	Public Blockchain	Consortium Blockchain	Private Blockchain
관리자	모든 거래 참여자	컨소시엄에 소속된 참여자	한 중앙 기관이 모든 권한 보유
거버넌스	한번 정해진 법칙을 바꾸기 매우 어려움	컨소시엄 참여자들의 합의에 따라 법칙을 바꿀 수 있음	중앙 기관의 의사결정에 따라 용이하게 법칙을 바꿀 수 있음
거래속도	네트워크 확장이 어렵고 거래 속도가 느림	네트워크 확장이 쉽고 거래 속도가 빠름	네트워크 확장이 매우 쉽고 거래 속도가 빠름
데이터 접근	누구나 접근 가능	허가 받은 사용자만 접근 가능	허가 받은 사용자만 접근 가능
식별성	익명성	식별 가능	식별 가능

다음으로 기술적 인프라를 설계 및 구축한다. 블록체인 도입 분야를 설정하고, 이에 따른 업무 재정립과 설계 및 장단기 개발 계획을 작성한다. 실무적으로 도입 기관 내 블록체인 노드를 설정하고, 필요한 경우 데이터 센터를 업그레이드하거나 클라우드 인프라를 활용한다. 보안 인프라를 강화하여 블록체인 네트워크의 안전성을 보장한다. 분산원장 기술을 적용한 파일럿 프로젝트를 소규모로 시행하여 기술적 타당성을 검증한다. 예를 들어, 특정 금융상품의 거래 기록을 블록체인에 저장하고 추적하는 파일럿 프로젝트를 진행한다. 파일럿 프로젝트의 결과를 분석하고, 참여자들로부터 피드백을 수집한다. 기술적 문제나 운영상의 어려움을 파악하고 개선하며 중장기적이고 일관적인 전환 계획을 진행한다.

분산원장 금융으로의 전환은 단계적으로 실시하는 것이 안전하다. 블록체인 기술 도입의 우선순위를 정하고, 영향이 큰 분야부터 단계적으로 전환한다. 예를 들어, 결제 시스템, 거래 추적, KYC/AML(고객 확인/자금 세탁 방지) 절차 등 핵심 업무를 중심으로 분야를 선정한다. 이를 바탕으로 블록체인 기반 시스템과 기존 중앙집중식 시스템을 원활하게 통합하는 방안을 수립한다. 두 시스템 간 데이터 호환성을 확보하고, API와 인터페이스를 개발하여 원활한 데이터 교환을 보장한다. 성공적인 초기 도입 후, 점진적으로 블록체인 기술 적용 범위를 확대한다. 지속적으로 성과를 모니터링하고, 필요한 조정을 통해 최적화를 진행한다. 또한 블록체인 도입 관련 법규와 규제를 필히 준수해야 한다. 이는 특히 라이센스와 소비자 보호를 위한 금융 규제를 기반으로 하는 금융 분야에서 중요하다. 규제 당국과 협력하여 블록체인 도입의 법적 측면을 명확히 하고, 필요한 경우 규제샌드박스를 활용한다. 스마트 컨트랙트와 분산원장을 기반으로 한 법적 프레임워크를 개발하여 거래의 법적 효력을 보장한다. 법적 분쟁 발생 시 블록체인 기록의 증거력을 인정받을 수 있도록 준비한다. 더불어 직원과 고객을 대상으로 블록체인 기술에 대한 교육 프로그램을 운영한다. 기술적 이해를 돕고, 새로운 시스템 사용에 익숙해지도록 지원한다. 이는 조직 내에서 혁신적인 기술 도입에 대한 저항을 최소화하고, 변화를 수용하는 문화를 조성하는 데 중요하다. 블록체인의 장점과 전환의 필요성을 강조하여 조직 전체의 공감을 이끌어낸다. 블록체인 시스템의 성능과 보안을 실시간으로 모니터링하여 잠재적 위협과 문제를 신속하게 식별하고 대응한다. 마지막으로 블록체인 기술의 발전과 함께 시스템을 지속적으로 개선한다. 최신 기술과 솔루션을 도입하여 시스템의 효율성과 보안성을 향상시킨다.

중앙집중식 금융시스템을 블록체인 기반 분산원장 금융시스템으로 전환하는 것은 복잡한 과정이지만, 그 이점은 매우 크다. 투명성, 보안성, 효율성 측면에서의 개선은 금융시스템의 혁신을 이끌 수 있다. 이를 위해 체계적인 계획 수립과 단계적 접근, 규제 준수, 기술적 준비, 교육 및 문화 변화가 필요하다. 지속적인 모니터링과 개선을 통해 블록체인 기반의 금융시스템을 성공적으로 도입하고 운영할 수 있다.

04 블록체인의 기본원리와 핵심 기술, 그리고 진화

1) 분산원장

블록체인의 원리는 분산 네트워크를 통한 데이터 관리에 있다. 이 기술은 네트워크 구성원 간 데이터가 동일하게 분산되어 저장되는 디지털 장부, 즉 분산원장을 근간으로 한다. 분산원장은 여러 대의 컴퓨터(노드)에 분산 저장되며, 각 노드는 모든 거래 기록의 사본을 보유하고 있다. 새로운 거래가 발생하면, 이 거래는 블록이라는 단위로 묶여 블록체인에 추가된다. 모든 노드는 블록의 유효성을 확인한 후 블록을 장부에 추가하며, 이 과정에서 암호화 기술과 합의 알고리즘이 사용된다. 블록은 거래 데이터를 저장하는 단위이며, 각 블록에는 여러 거래가 포함될 수 있다. 체인은 블록들이 시간 순서대로 연결된 형태로, 각 블록은 이전 블록과 암호화 해시로 연결되어 있다.

[그림 02] **블록체인 기술에서의 해시함수 적용 예시**

(출처: 보험연구원 블록체인의 이해. 2018)

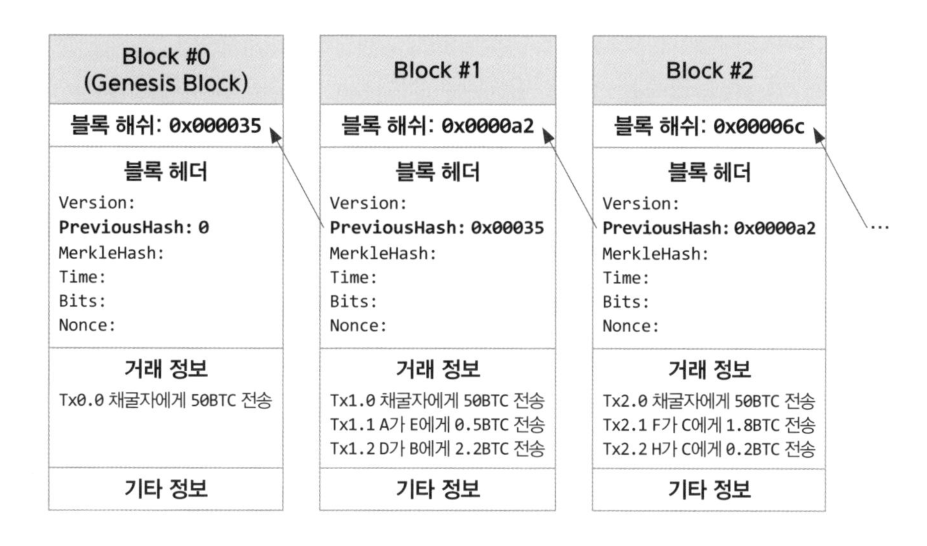

[그림 03] **블록체인 분산원장**(출처: CIO Korea 블록체인의 5가지 문제점. 2017)

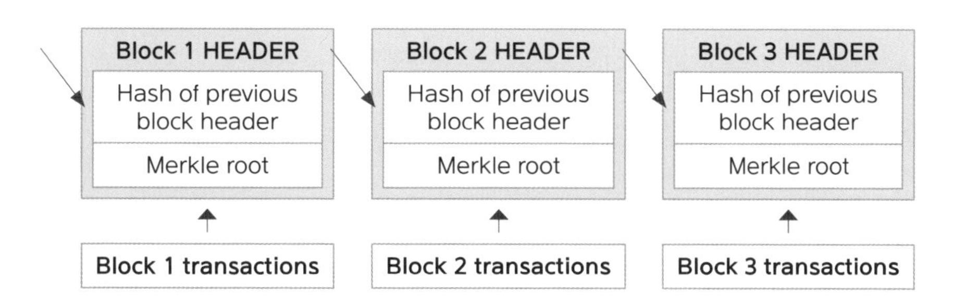

네트워크 참여자 간 합의와 채굴보상을 위해 작업증명(Proof of Work)이나 지분 증명(Proof of Stake)등의 방법이 있다. 이를 비트코인을 이용해 예시하면 다음과 같다. 앨리스가 밥에게 비트코인을 보내기로 결정하면, 앨리스는 자신의 비트코인 지갑에서 밥의 지갑 주소로 1비트코인을 보내는 거래를 생성한다. 이 거래는 블록체인 네트워크에 전파되며, 네트워크의 모든 노드가 이 거래를 받게 된다. 채굴자(마이너)는 여러 거래를 모아 새로운 블록을 생성한다. 이 과정에서 채굴자는 거래의 유효성을 확인하고, 작업증명(Proof of Work) 알고리즘을 통해 블록을 생성한다. 생성된 블록은 네트워크의 다른 노드에 전파되며, 모든 노드는 이 블록의 유효성을 확인한다. 유효성이 확인된 블록은 블록체인에 추가된다. 앨리스의 거래가 포함된 블록은 이제 블록체인의 일부가 되어, 밥의 지갑에 1비트코인이 추가된다. 이 거래는 블록체인에 기록되어 영구적으로 보존된다.

이와 같은 방법으로 블록체인은 거래를 안전하게 기록하고 분산 네트워크를 통해 투명하게 관리하는 기술이다. 각 거래는 블록에 포함되고, 이러한 블록들은 암호화된 체인 형태로 연결되어 변경이 불가능한 거래 기록을 만든다. 이는 보안과 투명성 측면에서 큰 이점을 제공한다.

2) 합의 알고리즘

블록체인 기술의 기본 원리 중 하나는 합의 알고리즘이다. 이는 네트워크상의 모든 참여자가 데이터의 유효성을 확인하고 동의하는 과정을 자동화하는 메커니즘으로, 블록체인의 탈중앙화된 특성과 보안을 유지하는 데 필수적인 역할을 한다.

주요 합의 알고리즘의 원리와 특성은 다음과 같다. 먼저 Proof of Work(PoW)이다. 이 방법은 가장 먼저 개발된 합의 알고리즘으로, 비트코인에서 처음 사용되었다. PoW에서 채굴자는 블록을 생성하고 합의를 얻기 위해 특정 해싱 값을 찾는 복잡한 수학 문제를 해결하는 경쟁을 벌인다. 문제를 먼저 해결한 참여자가 새로운 블록을 체인에 추가할 권리와 함께 보상을 받는다. PoW 합의 알고리즘 덕분에 블록체인 네트워크는 높은 보안성을 유지하며, 문제 해결이 어려워 외부 공격이나 조작도 어렵다. 그러나 PoW는 많은 전력을 소모하고, 시간이 많이 걸리는 단점이 있다. 이로 인해 환경적 문제와 처리 속도 저하가 발생할 수 있다.

[그림 04] **비트코인 POW**(출처: research gate suman ghimire)
https://www.researchgate.net/figure/Proof-of-Work-Flowchart_fig6_331040157

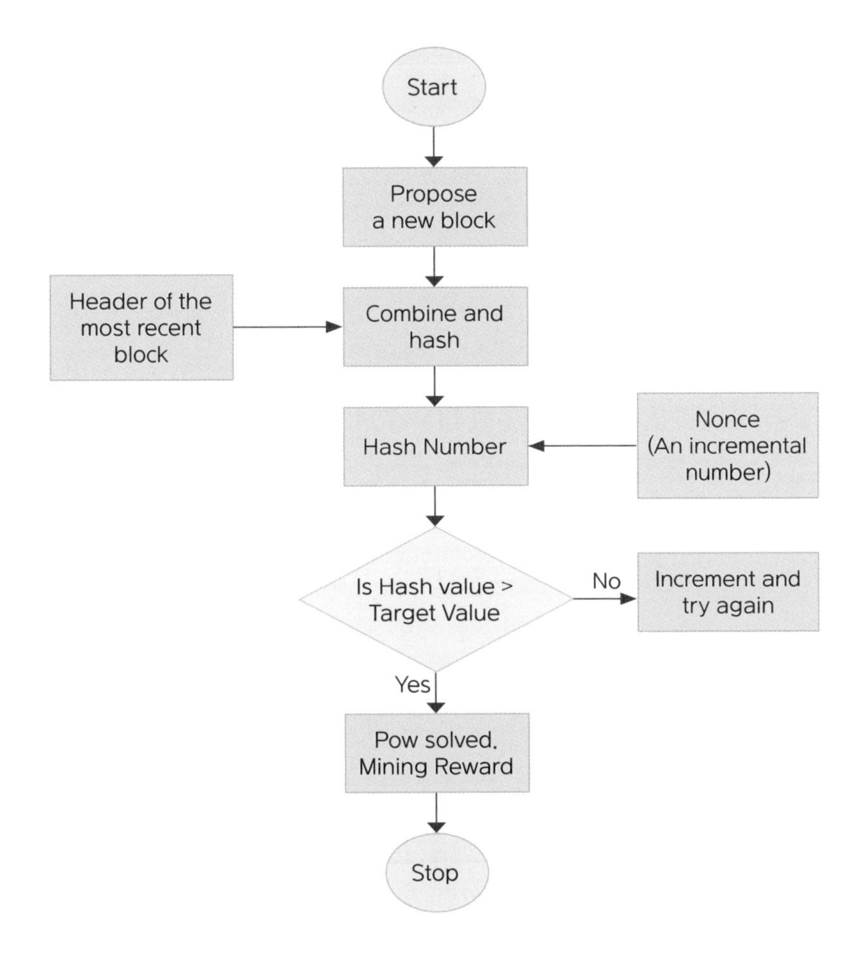

이를 개선하기 위해 개발된 합의 알고리즘이 Proof of Stake(PoS)이다. PoS

에서는 참여자가 보유한 통화의 양, 즉 '지분'에 따라 다음 블록을 생성할 권리가 주어진다. 지분이 많을수록 블록을 생성할 가능성이 높아지며, 무작위성과 지분의 조합을 통해 다음 블록 생성자가 선택된다. PoW에 비해 훨씬 적은 에너지를 소모하며, 통화 지분을 많이 보유하도록 하여 네트워크 참여를 장려한다. 그러나 'Nothing at Stake' 문제가 발생할 수 있으며, 부유한 참여자가 네트워크를 지배할 가능성도 있다.

다음으로 Delegated Proof of Stake(DPoS) 합의 알고리즘이다. 이 방법에서는 토큰 보유자가 대표자들을 투표로 선출하고, 대표자들이 네트워크의 합의와 거버넌스를 주도한다. 빠른 거래 처리와 효율적인 합의 달성을 목표로 하며, 네트워크 참여자들이 대표를 선택하기 때문에 더 민주적인 구조를 가질 수 있다. 그러나 중앙집중화의 위험이 있으며, 소수의 대표자가 네트워크를 지배할 가능성이 있다.

마지막으로 Proof of Authority(PoA) 합의 방법이 있다. 이 방법에서는 사전에 승인된 권한을 가진 노드만이 거래를 검증하고 블록을 생성할 수 있다. PoA는 신뢰할 수 있는 개인이나 조직에 의존하며, 빠른 거래 처리 속도와 낮은 에너지 소비가 가능하다. 그러나 완전한 탈중앙화를 구현하지 못하며, 특정 노드에 대한 의존도가 높을 수 있다.

블록체인 합의 알고리즘의 지속적 개발은 다음과 같은 장점을 가져올 것으로 예상된다. 발전된 합의 알고리즘은 블록체인 네트워크의 거래 처리 속도를 높이고, 네트워크의 확장성을 개선할 수 있다. 에너지 소비를 줄이는 합의 알고리즘은 블록체인 기술의 환경적 영향을 감소시킬 수 있다. 네트워크의 보안을 강화하고, 해킹 및 조작을 방지하는 데 도움이 된다. 다양한 알고리즘의 특징을 감안하여 금융, 의료, 공급망 관리, 정부 서비스 등 다양한 영역에서 블록체인 적용이 확대될 수 있다. 합의 알고리즘은 블록체인 기술의 핵심이며, 지속적인 연구와 개발을 통해 그 효율성과 보안성이 계속 향상될 것으로 기대된다.

[표 04] **컨센서스 알고리즘**(출처: 본문 내용 직접 요약)

항목	설명	장점	단점
Proof of Work (PoW)	복잡한 수학 문제를 해결하여 블록을 생성하고 보상을 받는 방식	높은 보안성	높은 전력 소모, 처리 속도 저하, 환경적 문제
Proof of Stake (PoS)	보유한 지분에 따라 블록을 생성하는 방식	적은 에너지 소모, 네트워크 참여 장려	'Nothing at Stake' 문제, 부유한 참여자의 지배 가능성
Delegated Proof of Stake (DPoS)	토큰 보유자가 대표자를 투표로 선출하고 대표자가 네트워크 합의를 주도하는 방식	빠른 거래 처리, 효율적인 합의, 민주적인 구조	중앙집중화 위험, 소수 대표자의 지배 가능성
Proof of Authority (PoA)	사전에 승인된 노드만이 거래를 검증하고 블록을 생성하는 방식	빠른 거래 처리 속도, 낮은 에너지 소비	완전한 탈중앙화 불가, 특정 노드 의존도 높음

3) 스마트 컨트랙트와 스케일링

스마트 컨트랙트는 블록체인 플랫폼에서 특정 거래 조건이 충족될 때 사전에 정의된 이벤트를 자동으로 실행하는 컴퓨터 프로그램이다. 예를 들어, 특정 금액의 돈이 어떤 계정으로 이체되면, 사전에 설정된 계약에 의해 거래자 개입 없이 자동으로 물건이 소유자에게 전달된다. 이러한 방식은 은행과 같은 중개인의 필요성을 줄이고, 거래 비용을 절감하며, 거래의 신속성과 투명성을 높인다.

블록체인에서 스마트 컨트랙트와 관련하여 스케일링 문제가 중요한 이슈로 부상하고 있다. 스케일링이란 블록체인 네트워크의 처리 용량을 늘려 더 많은 트랜잭션을 빠르고 효율적으로 처리할 수 있게 하는 기술적 조치들을 말한다. 예를 들어, 블록체인 시스템은 한 번에 처리할 수 있는 트랜잭션 수가 제한적인데, 스케일링 기술을 통해 이 한계를 넘어 많은 트랜잭션을 신속하게 처리할 수 있도록 개선된다.

[그림 05] 스마트 컨트랙트 프로세스

(출처: 자본시장연구원 스마트 컨트랙트에 기반한 Defi의 활용 가능성 2021)
https://www.kcmi.re.kr/report/report_view?report_no=1257

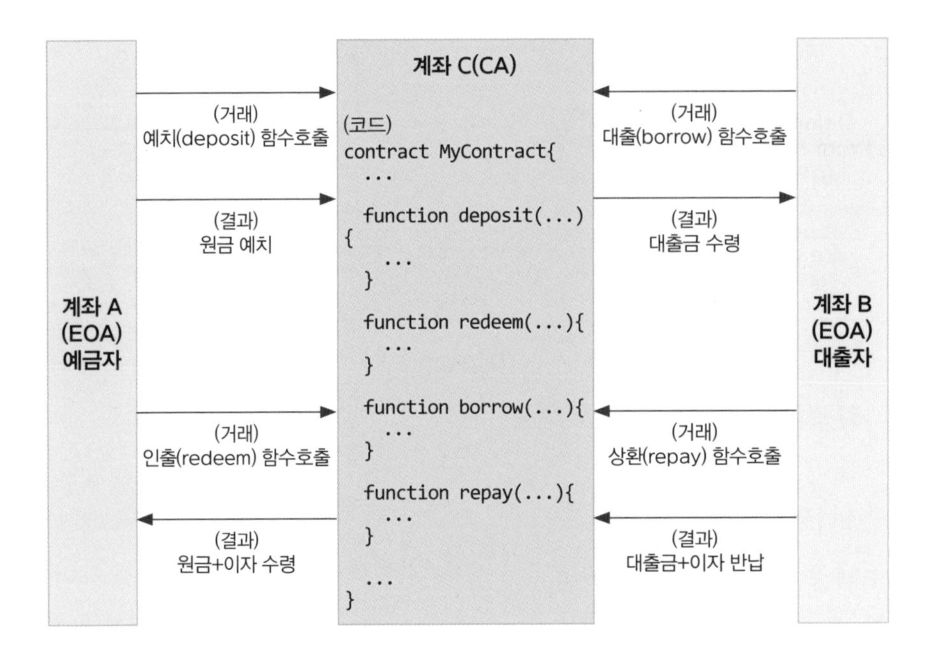

현재 대중적으로 널리 사용되는 퍼블릭 블록체인은 몇 가지 스케일링 문제에 직면해 있다. 이는 블록체인이 많은 사용자와 트랜잭션을 처리할 수 있도록 확장하는 능력에 제한이 있다는 것을 의미한다. 블록체인의 스케일링 문제 중 하나는 처리량 제한이다. 가장 많이 이용되는 비트코인과 이더리움 메인넷은 거래 처리량이 극히 제한적이다. 예를 들어, 비트코인은 초당 약 7

개의 거래를 처리할 수 있으며, 이더리움은 약 15개의 거래를 처리할 수 있다. 이는 많은 사용자가 필요로 하는 대형 애플리케이션 실행에는 부족한 수준이다. 또한, 네트워크 사용이 증가함에 따라 트랜잭션을 빠르게 처리하기 위해 사용자들은 높은 수수료를 지불해야 한다. 이는 특히 네트워크가 혼잡할 때 거래비용이 급증하는 원인이 된다. 블록의 크기가 제한적이기 때문에, 블록체인에 거래가 포함되기까지 시간이 걸릴 수 있으며, 이는 긴급한 거래를 처리해야 할 때 문제가 될 수 있다.

라이트닝 네트워크는 비트코인의 두 번째 레이어 솔루션으로, 일부 트랜잭션을 블록체인 외부에서 수행함으로써 네트워크 내의 거래처리량을 증가시킬 수 있다. 사용자들이 개별적인 지불 채널을 만들어 네트워크 내에서 수많은 소액 거래를 빠르고 저렴하게 처리할 수 있게 한다. 샤딩은 이더리움 네트워크를 여러 개의 작은 부분으로 나누어 각 부분이 트랜잭션을 병렬로 처리할 수 있게 하는 데이터베이스 분할 기술이다. 플라즈마는 블록체인의 여러 '자식 체인'이 메인 이더리움 체인과 상호 작용하면서 대규모로 트랜잭션을 처리할 수 있도록 한다. 코스모스와 폴카닷(Polkadot)은 여러 블록체인 간의 상호운용성을 가능하게 하는 프로젝트로, 각각의 독립된 블록체인이 거래와 데이터를 서로 손쉽게 교환할 수 있도록 함으로써 네트워크 전반의 효율성을 개선한다.

이러한 스케일링 솔루션들은 블록체인 기술의 한계를 극복하고, 넓은 범위의 애플리케이션과 대규모 사용자들을 수용할 수 있도록 돕는다. 각각의 솔루션이 블록체인의 특정 문제를 해결하기 위해 개발되고 있지만, 아직 완전한 방법은 개발되지 않았다.

05 블록체인의 미래(I), 가치와 한계

블록체인 기술은 최근 몇 년간 지속적으로 발전해 왔으며, 특히 가상자산과 가상자산 중심의 분산화 금융 거래와 투자에서 혁신적인 역할을 하고 있다. 최근에는 블록체인이 금융 산업을 넘어 정부와 산업계로 도입 영역을 확장하고 있다.

IBM의 하이퍼렛저와 R3의 코다와 같은 기업용 블록체인이 산업계에 도입되고 있으며, 특히 공급망 관리, 자산 추적, 데이터 보안 영역에서 활성화되고 있다. 블록체인을 활용한 디지털 신원 인증 및 데이터 무결성 개선 프로젝트도 진행 중이다. 디지털 신원 인증 기술은 개인의 신원을 디지털화하여 이를 자기 주도로 안전하게 관리할 수 있게 해주며, 데이터 프라이버시와 보안을 강화하는 데 중요한 역할을 한다. 각국 중앙은행이 자국 디지털 통화(Central Bank Digital Currency, CBDC)를 시범적으로 개발하고 있으며, 이를 실증적으로 검증하고 있다. 이외에도 의료 기록의 투명성과 보안성 강화, 효과적인 에너지 관리, 토지 소유권 증명과 거래 간소화 및 투명한 선거 관리를 위한 정부 행정에 블록체인이 적용될 것으로 기대된다.

분산화 금융(DeFi)은 전통 금융 서비스의 탈중앙화 버전을 제공하며, 은행 등의 금융기관 개입 없이도 개인들이 가상자산 대출, 예금, 적금 및 커스터디 거래를 비대면으로 할 수 있는 서비스를 제공한다. 이는 소비자들의 금융 접근성을 높이며, 은행 계좌가 없는 금융 약자나 외국인 거주자에게 혜택을 제공하여 상생금융을 지원할 것으로 기대된다. 블록체인은 제품의 생산부터 최종 소비자까지의 모든 과정을 투명하게 추적할 수 있어 공급망 관리를 혁신할 수 있다. 이는 제품의 실시간 진위 파악과 품질 보장에 도움을 준다.

블록체인은 기술적이나 제도적 면에서 완성품이 아닌 계속 진화 중인 반제품이다. 특히 시급히 해결되어야 할 블록체인의 기술적 문제점은 서비스 확장성 및 거래 처리 속도 개선이다. 기존 대부분의 블록체인 네트워크는 초당 처리할 수 있는 거래 수(TPS)가 제한적이다. 예를 들어, 비트코인은 초당 7건, 이더리움은 15건 정도의 거래만 처리할 수 있다. 이는 블록체인 확대에 따른 실시간 거래 처리에 큰 장애가 되며, 특히 네트워크가 과부하되면 거래 처리 속도가 더욱 느려질 수 있다. 이는 실시간 처리가 중요한 분산화 애플리케이션(dApp) 실행에 큰 제약이 된다. 또한 비트코인과 같은 작업증명(Proof of Work) 방식의 블록체인은 많은 에너지를 소비한다. 이는 환경 문제와 높은 기회비용을 초래한다. 네트워크 사용이 증가하면 거래 수수료가 높아지며, 소규모 거래나 마이크로 트랜잭션에 불리하다.

현재 블록체인과 가상자산은 많은 국가에서 명확한 규제 프레임워크가 없어 규제의 불확실성이 존재한다. 이는 블록체인과 가상자산에 대한 기업과 사용자의 안정적인 수용을 저해하는 요인이 된다. 블록체인 기술은 아직 일반 사용자가 접근하기 어려운 부분이 많다. 지갑 관리, 개인 키 보안 등 사용자가 직접 관리해야 할 부분이 많아 진입 장벽이 높다. 또한 서로 다른 블록체인 간의 상호운용성 부족은 시스템 통합과 데이터 교환을 어렵게 한다. 이는 특히 네트워크 간 다양한 상호 연동성이 필요한 글로벌 환경에서 블록체인 프로젝트의 효율적인 협업을 저해한다.

[표 05] 블록체인 기술의 문제점

(출처: 한국전자통신연구원 블록체인 기술의 영향과 문제점 및 시사점 2017)

구분	블록체인 기술의 문제점
불법 거래	• 도박, 마약, 무기 등의 암시장 거래, 불법 상속과 증여 탈세, 비자금, 범죄자금으로 악용 • 불법 거래한 가상화폐 자체의 전자지갑 주소에 대한 익명성은 보장되지만 거래내역은 분산원장에 기록되므로 현금화할 때 사용자 추적 가능
화폐 위상	• 비트코인 등 가상화폐가 실물경제에 영향을 줄만큼 확대되었으나 가치산정과 거래기준에 대한 국제적 규범은 미비 • 금융과 자산의 거래를 관리하기 위해 반허가 및 허가형 블록체인 프로토콜이 공존
인증 거래	• 이더리움 등 스마트 컨트랙트에 타임스탬프가 포함되니 블록체인 기술이 응용되어 소유권 증명, 자동차/주택/부동산 계약, 저작권 인증 등에 활용 • 사적 디지털 인증의 법적 효력과 종이로 된 권리증서의 공존으로 실제 소유에 대한 혼란
용량 확장	• 거래가 폭발적으로 증가하면서 이로 인한 거래지연 등 문제가 봉착하여 현재 1MB를 향후 2MB, 8MB, 36MB로 확장시켜야 한다고 주장 • 용량을 확장하면 거래수수료 감소 및 거래경쟁 격화와 채굴의 중앙화 현상 초래

자료: 임명환, 블록체인 기술의 활용과 전망, ETRI, 2016.5.31

결론적으로, 블록체인은 금융을 포함한 다양한 산업 영역에서 경영 혁신을 견인하는 강력한 기술적 잠재력을 가지고 있다. 하지만 블록체인의 한계도 분명하다. 확장성, 에너지 효율성, 사용자 경험, 규제 명확화 등 여러 난제를 신속히 해결해야 블록체인이 더 널리 채택되고 일상생활 속에서 중요한 역할을 할 수 있을 것이다.

06 블록체인의 미래(II), 청사진과 흑사진

블록체인의 미래는 기술 발전과 사회적, 경제적 요인에 따라 다양한 시나리오를 가질 수 있다. 이를 긍정적인 전망과 부정적인 전망으로 나누어 설명하고, 핵심 기관과 주요 프로젝트들도 소개하겠다.

긍정적인 전망에서는, 블록체인이 다양한 산업에서 채택됨에 따라 데이터 투명성과 보안성, 효율성이 크게 향상될 것이다. 금융, 물류, 의료 등 여러 분야에서 블록체인 기술이 도입되어 신뢰할 수 있는 데이터 관리와 거래 시스템이 구축될 것이다. 또한 스마트 컨트랙트를 통해 자동화된 거래와 계약 이행이 가능해지며, 이는 업무상 비용 절감과 프로세스 간소화를 가져올 것이다. 블록체인의 탈중앙화 특성은 중개자의 필요성을 줄이고, 개인과 기업이 직접 거래할 수 있는 환경을 조성할 것이다. 부정적인 전망을 살펴보면, 블록체인이 직면한 규제와 보안 문제는 여전히 큰 과제로 남아있을 것이다. 정부와 규제 기관의 대응이 늦어질 경우 블록체인의 확산이 지연될 수 있다. 또한 해킹과 같은 보안 위협이 지속적으로 발생할 가능성이 있으며, 이는 블록체인 기술에 대한 신뢰성을 저하시키는 요인이 될 수 있다. 에너지 소비

문제 또한 블록체인의 확장에 장애물이 될 수 있다. 많은 블록체인 네트워크가 높은 에너지 소비를 요구하기 때문에, 지속 가능성에 대한 우려가 제기되고 있다.

현재 블록체인 기술의 발전을 이끄는 주요 기관으로는 IBM, 마이크로소프트, 이더리움 재단 등이 있다. 이들 기관은 블록체인 기술의 상용화를 위해 다양한 프로젝트를 추진하고 있다. IBM은 공급망 관리 솔루션을 개발하여 물류 산업에서의 투명성을 높이고 있으며, 마이크로소프트는 Azure 블록체인 클라우드 서비스를 통해 기업들이 블록체인 애플리케이션을 쉽게 개발할 수 있도록 지원하고 있다. 이더리움 재단은 스마트 컨트랙트와 분산 애플리케이션(DApp)의 지속적 업그레이드를 추진할 것으로 예상된다. 블록체인의 미래는 이러한 긍정적, 부정적 전망과 더불어 다양한 요인들에 의해 영향을 받을 것이다. 많은 관련 기관과 다양한 프로젝트들이 이러한 도전 과제를 극복하고 기술을 발전시키기 위해 노력하고 있다.

블록체인은 디지털 경제의 중추 기술로서, 중개자 없이 분산 금융(DeFi) 서비스를 제공할 수 있게 하여 사용자들의 금융 서비스 접근성을 높이고 거래 비용을 획기적으로 절감할 수 있다. 정부와 공공기관은 블록체인을 이용해 행정 업무를 혁신할 수 있다. 또한 의료산업 분야에서는 환자 진료 데이터를 안전하고 신뢰할 수 있는 블록체인 기술로 관리하여 서비스의 신뢰성과 품질을 향상시킬 수 있다. NFT와 같은 대체불가 토큰을 통해 예술, 음악, 게임과 같은 지적 자산을 디지털화하여 새로운 수익 기회를 창출할 수 있다. 블록체인은 공급망의 투명성을 높이고, 국제 간 참여기관의 업무와 데이터 추적 가능성을 강화하여 제품의 유통력과 신뢰성을 증대시킬 수 있다. 블록체인은 ESG 경영의 핵심인 자선 기부금 관리를 투명하게 함으로써 기부자들의 신뢰를 얻을 수 있고, 이를 통해 사회사업 확대의 모멘텀이 될 것이다. 또한 특정 목적을 위해 자율적으로 운영되는 탈중앙화 자율 조직인 DAO는 대주주에 의한 수직적 경영이 아닌 참여자들의 동등한 권리를 기반으로 하는 민주적인 수평 경영 문화를 주도할 것으로 기대된다.

블록체인은 이미 설명한 바대로, 거래 처리 속도와 확장성에서 한계를 보이고 있다. 이를 극복하지 못할 경우 실용적 채택이 어려울 수 있다. 또한 스마트 컨트랙트의 코드 결함이나 해킹으로 인한 손실이 발생할 수 있으며, 이에 대한 적절한 감리 기능과 원상 복구 기능 등의 기술 개발이 시급하다. 블록체인이 발전함에 따라 각국 정부의 규제가 강화될 가능성이 있으며, 이는 과도한 규제 준수 요구로 인해 기업들의 선순환적인 기술 발전을 저해할 수 있다. 더불어 분산 원장 공유로 인한 프라이버시 문제가 발생하고 있으며, 블록체인의 투명성과 개인정보보호와의 충돌이 불가피하여 자의적인 타협안이 제안될 수 있다. 이는 블록체인 개발의 원리와 원칙을 저해할 우려가 있다. 비트코인과 같은 PoW 기반의 작업증명은 비효율성의 비난에 직면하고 있고, 막대한 전력을 소비하여 인류의 미래 생태 환경에 부정적인 영향을 미칠 수 있다. 아직 대부분의 대중과 기업이 블록체인의 개발 동인과 잠재력을 충분히 이해하지 못하고 있어, 이를 조만간 해소하지 못할 경우 블록체인 기술의 보급과 활용이 제한될 수 있다. 더구나 무소불위의 거대 산업인 금융기관과 신생 빅테크 기업과의 구조적 충돌로 인해 블록체인 채택과 발전이 저해될 수 있다.

미래 블록체인을 견인할 주요 기관 및 예상되는 프로젝트는 다음과 같다. 먼저 스마트 컨트랙트와 탈중앙화 애플리케이션(dApp) 플랫폼 개발을 주도하는 이더리움 재단이다. DeFi와 NFT 생태계를 지속적으로 선도하며 블록체인의 미래를 기술적으로 견인할 것으로 기대된다. 다음은 IBM으로, 블록체인 기술을 활용한 기업용 엔터프라이즈 블록체인 플랫폼과 솔루션을 개발하고 있다. 특히 공급망 관리, DeFi 금융 서비스 등 다양한 블록체인 사업에서 공통으로 활용 가능한 BaaS(Blockchain As A Service) 플랫폼 개발을 주도할 것으로 예상된다. 리눅스 재단도 Hyperledger를 기반으로 기업용 오픈소스 블록체인 플랫폼과 솔루션을 계속 연구 개발 중이다. IBM과 리눅스 재단을 제외한 주요 BaaS 제공업체에는 Microsoft Azure, Amazon Web Services(AWS), Oracle Blockchain 등이 있다. Microsoft Azure Blockchain은 기업들이 블록체인 네트워크를 손쉽게 구축하고 관리할 수 있도록 지원하는 클라우드 기반 서비스다. Azure Blockchain은 다양한 프로토콜을 지원하며, Hyperledger Fabric 및 Corda와 같은 인기 있는 블록체인 프레임워크를 사용할 수 있다. Azure의 주요 장점 중 하나는 기존의 Microsoft 제품군과의 통합이다. 예를 들어, Azure Blockchain은 Microsoft Office 365 및 Dynamics 365와 통합되어 블록체인 데이터를 비즈니스 애플리케이션에서 직접 활용할 수 있다. 또한 Azure는 강력한 보안 및 규정 준수 기능을 제공하여 기업이 안전하고 법적으로 문제없는 환경에서 블록체인을 사용할 수 있도록 돕는다.

AWS Blockchain은 Amazon의 클라우드 컴퓨팅 서비스로, Hyperledger Fabric과 Ethereum을 포함한 다양한 블록체인 프레임워크를 지원한다. AWS는 블록체인 네트워크를 신속하게 구축하고 관리할 수 있는 도구와 서비스를 제공하여, 기업들이 복잡한 인프라를 구축하지 않고도 블록체인을 활용할 수 있게 한다. AWS는 특히 확장성과 유연성에서 강점을 보이며, 사용자가 필요에 따라 리소스를 조정할 수 있도록 지원하고, 글로벌 인프라를 통해 기업들은 전 세계적으로 블록체인 네트워크를 배포하고 운영할 수 있다. AWS는 다양한 보안 인증 기술을 보유하고 있어 금융, 의료, 정부 등 민감한 데이터를 다루는 산업에서 신뢰할 수 있는 서비스를 제공한다. Oracle은 클라우드 서비스를 기반으로 하는 BaaS 플랫폼과 Hyperledger Fabric을 통합적으로 사용하여 기업들이 효과적으로 블록체인 네트워크를 구축하고 운영할 수 있도록 지원한다. 기존의 Oracle 데이터베이스 및 애플리케이션과의 통합을 강력히 지원하며, 이를 통해 기업들은 블록체인 데이터를 기존 시스템과 원활하게 연결하여 사용할 수 있다. 손쉽게 블록체인 애플리케이션을 개발하고 배포할 수 있도록 다양한 개발 도구와 템플릿을 제공하며 높은 보안성과 성능을 제공하고 자동화된 모니터링 및 관리 도구를 통해 운영의 효율성을 극대화한다.

2019년 페이스북 주도로 시작된 디지털 화폐 프로젝트인 Libra(Diem)는 안정적이고 접근 가능한 글로벌 통화 및 금융 인프라를 구축하려 한다. Libra는 전통적인 화폐와 달리 블록체인 기술을 기반으로 하며, 다양한 법정화폐와 자산으로 뒷받침되는 스테이블 코인 형태로 설계되었다. 이를 통해 화폐 가치의 변동성을 최소화하고, 특히 금융 서비스 접근이 어려운 지역의 사용자들에게도 안정적인 결제 및 송금 수단을 제공하려 한다. 리브라 프로젝트는 디엠(Diem)으로 이름을 변경하였으며, 글로벌 규제 당국의 우려와 요구에 대응하기 위해 많은 조정을 거쳤으나 결국 사업이 중단되었다.

Hedera Hashgraph는 고속 거래 처리와 낮은 수수료를 제공하는 블록체인 플랫폼으로, 다양한 산업에서 채택을 모색하는 중이다. Hedera Hashgraph는 분산형 공공 네트워크로서 블록체인과 유사한 기능을 제공하지만, 고유의 해시그래프 합의 알고리즘을 사용하여 더욱 빠르고 효율적인 거래 처리를 목표로 한다. 이 기술은 기존의 블록체인과 비교하여 높은 거래 속도와 낮은 수수료, 그리고 강력한 보안을 제공하는 것이 특징이다. 분산형 애플리케이션(DApps)과 스마트 컨트랙트를 지원하며, 플랫폼의 거버넌스는 IBM, 구글, 보잉 등 다양한 글로벌 기업으로 구성된 거버넌스 위원회에 의해 관리된다. 이러한 구조는 네트워크의 안정성과 공정성을 강화하는 데 기여할 것으로 기대된다.

각국 중앙은행이 발행하는 디지털 화폐인 Central Bank Digital Currencies(CBDCs) 프로젝트도 지속적으로 진행될 것이다. CBDCs는 기존 화폐 시스템을 보완하고 디지털 금융 혁신을 지원할 것으로 예상된다. 중앙은행이 발행하는 디지털 형태의 법정 통화로서, 기존의 물리적 화폐를 대체하거나 보완하는 역할을 하며 블록체인 또는 기타 분산 원장 기술을 활용하여 발행된다. 거래의 효율성과 보안을 강화하고, 금융 포괄성을 증진시키는 것을 목표로 한다. 이를 통해 실시간으로 통화 공급을 관리하고, 불법 활동을 억제하며, 금융시스템의 안정성을 높일 수 있을 것으로 기대된다. 여러 국가에서 CBDC 파일럿 프로그램이 진행 중이며, 중국의 디지털 위안화(DCEP)와 스웨덴의 e-크로나 등이 대표적인 사례다. 그러나 CBDC에 대한 우려는 주로 프라이버시 침해, 사이버 보안 위험, 그리고 기존 금융시스템의 불안정성을 야기할 가능성에 집중된다. 모든 거래를 중앙은행의 디지털 장부에 기록할 경우 개인의 금융 거래가 실시간으로 추적될 수 있어 프라이버시가 침해될 우려가 있다. 또한 디지털 통화 시스템은 사이버 공격의 손쉬운 표적이 될 수 있으며, 해킹이나 시스템 오류로 인해 막대한 손실이 발생할 수 있다. CBDC 도입으로 상업 은행의 역할이 축소되거나 예금의 급격한 이동이 발생할 경우, 금융시스템의 안정성에 부정적인 영향을 미칠 수 있다.

결론적으로 블록체인의 미래는 기술적 진보, 규제 환경, 사회적 수용성 등 다양한 요소에 따라 결정될 것이다. 민관이 합동으로 기술적 문제를 해결하고 투명성과 신뢰성을 높이며 규제와 협력하는 노력이 필요하다. 블록체인 네트워크는 엄청난 전력을 소모하여 환경에 부정적인 영향을 미칠 수 있고, 블록체인 기술의 탈중앙화 특성으로 인해 법적 규제와 관리가 어려워 불법 거래와 자금 세탁의 위험이 증가할 수 있다. 블록체인의 불변성은 잘못된 거래나 해킹으로 인한 손실을 복구하기 어렵게 만들며, 기술적 복잡성으로 인해 일반 사용자가 접근하기 힘든 장벽이 존재한다. 아직 블록체인 프로젝트의 다수는 초기 단계에 있어 기술적 성숙도가 낮고, 시장에서의 실질적 활용이 제한적이라는 점도 큰 우려점으로 지적된다.

07 디지털 혁명의 견인차, 블록체인

21세기 디지털 혁명은 인터넷, 모바일 기술, 생성형 인공지능, 블록체인 등 첨단 기술의 발전으로 인한 경제적, 사회적 변화를 의미한다. 정보와 데이터의 접근성 증가, 새로운 비즈니스 모델의 창출, 효율성과 생산성의 향상을 통해 생활 전반에 걸쳐 혁신을 가져왔다. 예를 들어, 전자상거래와 소셜 미디어의 확산은 소비자 행동과 기업의 마케팅 전략을 크게 변화시켰다. 그러나 디지털 혁명은 몇 가지 한계도 지니고 있다. 개인정보보호와 사이버 보안 문제는 디지털 기술 사용의 부작용으로 부각되며, 기술 비대칭은 사회적 불평등을 심화시킬 수 있다. 또한, 빠른 기술 변화에 따른 법적 및 규제적 대응의 미비도 제기된다. 더불어 중앙집중식 관리로 인한 통제 및 감시 가능성 강화 등의 우려가 있다. 이러한 한계를 극복하기 위한 대안으로서 블록체인 기술이 주목받고 있다.

블록체인은 디지털 혁명의 견인차로서 그 유용성과 한계가 명확하다. 먼저 유용성부터 살펴보면, 블록체인은 탈중앙화된 데이터 관리 시스템을 통해 데이터 투명성과 무결성을 보장한다. 기존 중앙집중식 모델에서는 데이터 관리의 신뢰성과 보안에 문제가 생길 수 있지만, 블록체인은 분산 원장 기술을 통해 이러한 문제를 해결한다. 모든 참여자가 동일한 데이터 사본을 가지고 있어 데이터 조작이 어렵고, 실시간으로 업데이트되며, 신뢰할 수 있는 기록을 유지한다. 예를 들어, 비트코인 네트워크는 중앙 기관 없이도 전 세계에서 안전하게 거래를 처리할 수 있는 능력을 보여주었다. 블록체인은 스마트 컨트랙트와 밀접한 연관이 있다. 디지털 거래의 투명성과 효율성을 높이며, 중개자 없이도 신뢰할 수 있는 거래를 가능하게 한다. 공급망 관리에서 스마트 컨트랙트는 물품 이동을 자동으로 추적하고 결제 과정을 혁신적으로 간소화할 수 있다.

그러나 코드의 오류나 취약점은 심각한 보안 문제를 초래할 수 있으며, 한 번 실행된 계약은 변경이 불가능해 잘못된 조건으로 인한 손실을 복구하기 어렵게 만든다. 또한, 법적 규제와 준거성 문제는 스마트 컨트랙트가 실제 법적 분쟁에서 어떻게 다루어질지에 대한 불확실성을 증가시킨다. 스마트 컨트랙트는 디지털 혁명의 중요한 구성 요소로서 유용성을 지니지만, 기술적 및 법적 한계를 극복하기 위한 지속적인 연구와 개선이 필요하다. 다만, 현재 스마트 컨트랙트는 공급망 관리, 부동산 거래, 보험 청구 등 다양한 분야에서 혁신을 가져오고 있어 도입의 활성화가 예상된다. 이미 에스토니아는 정부 행정 서비스에 스마트 컨트랙트 기술을 도입하여 업무의 효율성과 투명성을 크게 향상시켰으며, 비용 절감과 프로세스 효율성을 크게 증대시킨 경험이 있다.

블록체인은 디지털 산업혁명에서 혁신을 주도하며, 그 잠재력을 실제 사례를 통해 보여주고 있다. 첫 번째 사례로 IBM의 푸드 트러스트(Food Trust) 네트워크가 있다. 이 프로젝트는 식품 공급망의 투명성과 안전성을 높이기 위해 블록체인 기술을 활용하여 식품의 생산, 유통, 판매 과정을 기록하고 추적할 수 있게 한다. 이는 식품 안전 문제를 신속하게 해결하고 소비자의 신뢰를 증대시키는 데 기여한다. 두 번째로, 마이크로소프트의 Azure 블록체인 서비스는 기업들이 쉽게 블록체인 애플리케이션을 개발할 수 있도록 지원한다. 이 서비스는 금융, 물류, 제조 등 다양한 분야에서 블록체인 기술의 도입을 촉진하고 있다. 세 번째 사례는 이더리움 기반의 스마트 컨트랙트다. 스마트 컨트랙트를 이용하여 금융업계에서는 대출과 보험 계약을 자동화하며 중개 비용을 절감하고 거래 속도를 높인다. Axa Insurance의 Fizzy 플랫폼은 항공편 지연에 따른 보험금을 자동으로 지급하는 스마트 컨트랙트를 활용한다. 네 번째 사례로, 월마트는 블록체인을 통해 농산물의 공급망을 관리하고 있다. 월마트는 블록체인을 사용하여 농산물의 생산지, 수확 날짜, 유통 과정을 기록하고 추적함으로써, 식품 안전성을 높이고 리콜 절차를 간소화하고 있다. 마지막으로, 에버레저는 다이아몬드와 같은 고가의 자산의 출처를 추적하기 위해 블록체인 기술을 사용하고 있다. 이 회사는 각 다이아몬드의 고유한 특성을 블록체인에 기록하여, 소비자와 판매자 모두에게 다이아몬드의 출처와 소유권을 투명하게 제공한다. 이러한 사례들은 블록체인이 다양한 산업에서 어떻게 디지털 혁신을 이끌고 있는지 보여준다. 블록체인은 투명성, 보안성, 효율성을 제공하여 산업 전반에 걸쳐 신뢰할 수 있는 데이터 관리와 거래 시스템을 구축하는 데 기여하고 있다.

블록체인의 진화: 블록체인 1.0, 2.0 및 3.0

1) 블록체인 1.0 & 2.0

블록체인 1.0과 2.0은 블록체인 기술의 발전 단계를 나타내는 용어이다. 블록체인 1.0은 주로 가상자산과 그 거래에 초점을 맞춘 초기 단계의 블록체인 기술을 말한다. 이 단계의 대표적인 예는 비트코인이다. 비트코인은 디지털 화폐로서, 분산된 원장 기술을 사용하여 사용자 간에 직접적인 금융 거래를 가능하게 한다. 이 기술은 중앙집중식 기관 없이도 투명하고 검증 가능한 거래를 보장하는 데 초점을 맞춘다.

블록체인 2.0은 블록체인 기술이 가상자산을 넘어서 더 복잡한 금융 거래와 스마트 컨트랙트를 포함하여 다양한 응용 프로그램을 지원하는 단계이다. 이러한 발전은 주로 이더리움과 같은 플랫폼을 통해 이루어졌다. 이더리움은 사용자가 프로그래밍이 가능한 스마트 컨트랙트를 생성하고 실행할 수 있는 기능을 제공함으로써 블록체인 기술을 한 단계 더 발전시켰다. 이를 통해 사용자들은 단순한 금융 거래를 넘어서, 복잡한 조건과 규칙을 가진 다양한 계약을 블록체인상에서 자동으로 실행할 수 있게 되었다. 이는 블록체인의 활용 범위를 크게 확장시켰다. 블록체인 1.0이 주로 비트코인과 같은 디지털 통화 거래에 중점을 두었다면, 블록체인 2.0은 이를 넘어 스마트 컨트랙트와 분산 애플리케이션(DApps)을 기반으로 하는 경영 혁신 플랫폼을 제공한다.

스마트 컨트랙트는 블록체인상에서 코딩된 계약 조건이 충족되면 자동으로 실행되며, 이를 통해 중개자 없이도 거래를 관리할 수 있다. 이더리움이 대표적인 예로, 스마트 컨트랙트 기능을 지원하는 최초의 블록체인 플랫폼이다. 또한 블록체인 2.0은 자산을 디지털 토큰으로 표현하여 블록체인에서 거래할 수 있게 한다. 이는 부동산, 주식, 예술품 등 다양한 자산을 블록체인에서 토큰화하여 보다 쉽게 거래하고 소유권을 분할할 수 있게 한다. 또한, 네트워크의 성능과 속도를 개선하여 대규모 애플리케이션을 지원할 수 있게 하며, 여러 블록체인 네트워크 간의 상호운용성을 향상시키기 위한 기술을 포함한다. 이는 서로 다른 블록체인 네트워크가 상호 작용하고 데이터를 교환할 수 있도록 한다. 이더리움 외에도 하이퍼렛저(Hyperledger), EOS, 트론(Tron) 등이 대표적인 블록체인 2.0 플랫폼으로 꼽힌다.

블록체인 2.0은 탈중앙화 애플리케이션(DApp)의 개발을 지원한다. 탈중앙화 애플리케이션(DApp)은 블록체인 네트워크 위에서 실행되는 애플리케이션으로, 중앙 서버 없이 분산된 네트워크에서 운영된다. DApp은 스마트 컨트랙트를 기반으로 하며, 이는 블록체인상에서 자동으로 실행되는 코드이다. 이러한 구조는 투명성과 보안성을 높이고, 중개자의 필요성을 줄이는 데 기여한다. DApp은 이더리움 블록체인에서 주로 개발되지만, 다른 블록체인 플랫폼에서도 운영될 수 있다. DApp은 여러 사용자 간의 직접적인 상호작용을 가능하게 하여, 신뢰할 수 있는 환경에서 거래를 수행할 수 있도록 한다. 이러한 특성은 금융, 게임, 소셜 네트워크, 공급망 관리 등 다양한 분야에서 활용된다.

실제 사례로는 인기 있는 DApp인 'Uniswap'이 있다. Uniswap은 탈중앙화된 가상자산 거래소로, 사용자가 중앙 서버 없이 가상자산을 교환할 수 있게 한다. 이 플랫폼은 유동성 풀을 이용하여, 사용자가 제공한 유동성을 기반으로 거래를 진행한다. 이는 중앙화 거래소와 달리 해킹의 위험이 적고, 거래 과정이 투명하다. 또 다른 예로 'CryptoKitties'라는 게임이 있다. 이 게임에서는 사용자가 디지털 고양이를 수집, 교배, 거래할 수 있으며, 각 고양이는 블록체인상에 고유하게 기록된다. MakerDAO는 탈중앙화된 스테이블 코인 DAI를 발행하는 플랫폼으로, 사용자들은 이더리움을 담보로 DAI를 생성할 수 있으며, 이를 통해 탈중앙화된 대출 및 예금 서비스를 제공한다. Axie Infinity는 블록체인 기반의 게임으로, 사용자가 디지털 애완동물인 Axie를 수집, 사육, 거래할 수 있다. NFT(대체 불가능 토큰)을 사용하여 각 Axie의 소유권을 증명한다. Decentraland는 사용자들이 가상 부동산을 구매하고 개발할 수 있는 가상 현실 플랫폼이다. 사용자는 LAND라는 토큰을 구매하여 자신만의 가상 세계를 만들고 탐험할 수 있다. Steemit은 블록체인 기반의 소셜 미디어 플랫폼으로, 사용자들이 콘텐츠를 작성하고 공유하며 보상을 받을 수 있다. 콘텐츠에 대한 보상은 Steem 토큰으로 지급된다. Audius는 탈중앙화된 음악 스트리밍 플랫폼으로, 아티스트와 팬들이 직접 연결될 수 있도록 한다. 중개자를 배제하고, 아티스트가 더 많은 수익을 얻을 수 있도록 한다. VeChain은 공급망 관리에 초점을 맞춘 블록체인 플랫폼으로, 제품의 출처와 이동 경로를 투명하게 추적할 수 있게 한다. 다양한 산업에서 제품의 진위성과 품질을 보증하는 데 사용된다. Filecoin은 탈중앙화된 파일 저장 네트워크로, 사용자들이 여유 저장 공간을 제공하고, 필요에 따라 파일을 저장할 수 있다. 저장 공간을 제공한 사용자에게는 Filecoin 토큰으로 보상이 주어진다. 이는 디지털자산의 소유권을 명확하게 증명할 수 있게 해주며, 블록체인 기술의 창의적인 활용을 보여준다. 이러한 DApp들은 블록체인의 잠재력을 실현하며, 중앙화된 시스템의 한계를 극복하는 데 중요한 역할을 하고 있다.

2) 블록체인 3.0

블록체인 기술의 발전은 여러 세대로 나뉘며, 각 세대마다 특정한 기술적 진보와 적용 범위의 확장이 이루어졌다. 블록체인 1.0에서 3.0으로 이어지는 과정을 통해, 블록체인은 단순한 디지털 화폐 시스템에서 범용 분산형 플랫폼으로 진화했다.

블록체인 1.0은 디지털 화폐를 통한 금융 거래를 지원한다. 탈중앙화된 금융 거래의 실현, 익명성 보장, 빠르고 저렴한 거래 수행이 특징이며 대표적으로 비트코인이 있다. 비트코인은 디지털 화폐로서, 분산된 원장 기술을 사용하여 사용자 간에 직접적인 금융 거래를 가능하게 한다. 이 기술은 중앙집중식 기관 없이도 투명하고 검증가능한 거래를 보장하는 데 초점을 맞춘다.

블록체인 2.0은 스마트 컨트랙트와 분산 애플리케이션(DApps) 기술로 대표되며, 주로 이더리움을 포함한 플랫폼에서 구현된다. 이더리움은 사용자가 프로그래밍이 가능한 스마트 컨트랙트를 생성하고 실행할 수 있는 기능을 제공함으로써 블록체인 기술을 한 단계 더 발전시켰다. 이를 통해 사용자들은 단순한 금융 거래를 넘어서, 복잡한 조건과 규칙을 가진 다양한 계약을 블록체인상에서 자동으로 실행할 수 있게 되었다. 블록체인 2.0은 금융 거래를 넘어서 다양한 분야에서의 자동화된 계약과 응용 프로그램의 실행을 지원한다.

블록체인 3.0은 범용 분산 플랫폼으로, 블록체인 기술을 금융 및 거래를 넘어서 거의 모든 산업에 적용할 수 있는 범용적인 솔루션으로 확장시켰다. 기업용 솔루션과 사회적, 경제적 문제 해결을 위한 분산 네트워크 구축이 활발하게 진행되고 있다. 향상된 확장성, 상호운용성, 사용자 친화성 및 실용적인 응용 프로그램을 중심으로 설계된다. 블록체인 1.0과 2.0에서는 트랜잭션 처리 속도가 느리고, 네트워크가 커질수록 성능이 저하되는 문제(확장성 문제)가 존재한다. 블록체인 3.0은 샤딩(Sharding), 레이어 2 솔루션, 새로운 합의 알고리즘 등 다양한 기술을 도입하여 네트워크의 확장성을 크게 향상시킨다. 또한, 블록체인 3.0은 여러 블록체인 네트워크 간의 원활한 상호운용성을 제공하여 블록체인 생태계 전반에서 데이터와 자산의 이동을 가능하게 한다.

블록체인 3.0의 대표적 플랫폼으로 EOS, 카르다노(Cardano), 폴카닷(Polkadot) 등이 있다. EOS는 블록체인의 확장성 문제를 해결하기 위해 고안된 플랫폼으로 수백만 TPS(Transactions Per Second) 처리 능력을 목표로 한다. 카르다노(Cardano)는 과학적 철학에 기반을 둔 다층 구조를 특징으로 하며, 보다 지속 가능하고 확장 가능한 블록체인 개발에 중점을 둔다. 지분 증명(Proof of Stake, PoS) 합의 알고리즘을 사용하며, 학술적 연구와 피어 리뷰를 기반으로 개발된 플랫폼으로 안전하고 확장 가능한 스마트 컨트랙트 플랫폼을 제공한다. 폴카닷은 다양한 블록체인이 서로 상호 작용할 수 있도록 설계된 프로토콜로, '파라체인'을 통해 다른 블록체인과의 연결을 가능하게 한다. 이 플랫폼은 서로 다른 블록체인 네트워크 간의 상호운용을 지원하여 데이터와 자산의 자유로운 이동을 지원한다. 질리카(Zilliqa)는 샤딩 기술을 도입하여 네트워크의 확장성을 극대화한 플랫폼으로, 대규모 탈중앙화 애플리케이션을 지원할 수 있는 높은 처리 능력을 제공한다.

블록체인 3.0은 기존 블록체인의 한계를 극복하고, 더욱 확장 가능하고 상호운용성이 뛰어나며, 에너지 효율적인 네트워크 구축을 지원한다. 이를 통해 블록체인 기술이 대규모로 적용될 수 있도록 하며, 일상 생활에서의 사용을 촉진한다.

블록체인 1.0, 2.0, 3.0 간의 차이점을 요약하면 다음과 같다. 1.0은 순수 금융 거래에 국한된 반면, 2.0은 스마트 컨트랙트와 DApps를 통해 다양한 분야로 확장되었고, 3.0은 사회적 및 경제적 문제 해결을 위한 범용 플랫폼으로 진화하였다. 1.0은 비교적 단순한 트랜잭션과 암호화 기술에 의존했지만, 2.0은 프로그래밍 가능한 계약을, 3.0은 높은 처리량, 확장성 및 상호운용성을 제공하는 고도화된 메커니즘을 도입하였다. 초기 단계의 블록체인이 주로 금융 서비스에 중점을 뒀다면, 3.0은 건강 관리, 부동산, 정부 운영 등과 같은 광범위한 산업으로 확장되어 사회 전반에 걸쳐 영향을 미치고 있다.

블록체인 3.0은 그 전임 기술들의 한계를 극복하고, 더욱 다양한 적용 가능성을 탐색하면서 블록체인의 미래를 재정의하고 있다. 이러한 진화는 블록체인 기술이 단순한 디지털 화폐 시스템을 넘어 현대 사회의 많은 문제를 해결할 수 있는 강력한 도구로 자리잡게 할 것이다.

[표 06] **블록체인 1.0~3.0**(출처: 본문 내용 직접 요약)

버전	특징	상세
블록체인 1.0	정의	가상자산과 그 거래에 초점을 맞춘 초기 단계의 블록체인 기술.
	대표 예	비트코인
블록체인 2.0	정의	가상자산을 넘어서 더 복잡한 금융 거래와 스마트 컨트랙트를 포함하는 단계.
	대표 예	이더리움, 하이퍼렛저, EOS, 트론
	스마트 컨트랙트	블록체인상에서 코딩된 계약 조건이 충족되면 자동으로 실행되는 계약.
	탈중앙화 애플리케이션(DApp)	블록체인 네트워크 위에서 실행되는 애플리케이션으로 중앙 서버 없이 분산된 네트워크에서 운영됨.
	DApp 사례	Uniswap, CryptoKitties, MakerDAO, Axie Infinity, Decentraland, Steemit, Audius, VeChain, Filecoin
블록체인 3.0	정의	범용 분산 플랫폼으로 모든 산업에 적용할 수 있는 범용적인 솔루션으로 확장.
	향상된 확장성	샤딩, 레이어 2 솔루션, 새로운 합의 알고리즘 등 도입.
	상호운용성	여러 블록체인 네트워크 간의 원활한 상호운용성 제공.
	대표 플랫폼	EOS, Cardano, Polkadot, Zilliqa
	특징	높은 처리량, 확장성 및 상호운용성을 제공. 에너지 효율적인 네트워크 구축.
기술적 차이	- 1.0은 순수 금융 거래, 2.0은 스마트 컨트랙트와 DApps, 3.0은 범용 플랫폼. - 3.0은 높은 처리량, 확장성 및 상호운용성을 제공.	

스마트 컨트랙트와 하드포크, 비트캐시

스마트 컨트랙트는 블록체인 기술을 사용하여 프로그램된 거래 조건이 충족될 때 자동으로 실행된다. 이는 계약 당사자 간에 미리 코딩된 조건에 따라 거래가 자동으로 실행됨을 의미한다. 스마트 컨트랙트가 필요한 이유는 여러 가지가 있다. 거래 조건이 충족되면 계약이 자동으로 실행되므로, 복잡한 수동 처리 과정을 제거할 수 있다. 계약 조건이 블록체인에 기록되므로 변경할 수 없고 모든 당사자에게 투명하다. 블록체인의 분산된 특성 때문에 스마트 컨트랙트는 보안 위협에 대해 더욱 강력한 보호를 제공한다. 중개인 없이 직접 거래가 가능하므로 거래 비용과 시간이 절약된다. 스마트 컨트랙트의 규칙은 일반적으로 계약의 참여자나 서비스를 제공하는 기업에 의해 작성된다. 예를 들어, 부동산 구매 계약의 경우 부동산 회사와 구매자가 조건을 설정하고 이를 스마트 컨트랙트로 프로그래밍할 수 있다. 대부분의 경우, 스마트 컨트랙트는 합의에 의해 생성되지 않고, 계약을 구성하는 당사자들에 의해 설정된다. 그러나 블록체인 네트워크상에서 해당 계약의 실행은 네트워크 참여자들의 합의에 의해 검증된다.

스마트 컨트랙트의 단점 중 하나는 잘못된 컨트랙트를 수정하는 것이 매우 어렵다는 점이다. 한 번 배포된 후에는 코드를 변경할 수 없기 때문이다. DAO(Distributed Autonomous Organization)의 경우, 코드의 취약점으로 인해 대규모 자금이 도난당한 적이 있다. 이 문제를 해결하기 위해 이더리움 커뮤니티는 네트워크를 하드포크(hard fork)하여 피해자들에게 자금을 반환했다.

하드포크(Hard Fork)는 블록체인 기술에서 사용되는 용어로, 기존 블록체인 프로토콜의 규칙이나 소프트웨어 변화로 인해 새로운 체인이 기존 체인과 완전히 분리되어 새로운 경로를 따르게 되는 것을 말한다. 이때 새로운 체인과 기존 체인은 호환되지 않는다. 하드포크는 기존 블록체인의 규칙이나 알고리즘을 변경할 때 발생한다. 이 변경은 새로운 규칙에 동의하지 않는 노드들과 호환되지 않기 때문에, 기존 체인과 새 체인이 나뉘게 된다. 하드포크가 발생하면 기존 블록체인에서 새로운 블록체인으로 분리되어, 두 개의 서로 다른 체인이 존재하게 된다. 각 체인은 서로 다른 데이터를 가지고 독립적으로 운영된다. 하드포크는 종종 커뮤니티 내에서 의견 차이나 비전의 차이로 인해 발생하며, 사용자, 개발자, 채굴자 등 블록체인 네트워크의 참여자들 사이에 분열을 일으킬 수 있다. 하드포크를 통해 새로운 기능이나 개선사항을 도입할 수 있다. 이는 기존 시스템에서는 구현할 수 없었던 새로운 기능을 추가하거나 보안 문제를 해결하는 데 도움을 줄 수 있다. 예를 들어, 비트코인의 경우 2017년에 거래 속도와 비용 문제를 해결하기 위해 진행된 하드포크로 인해 비트코인 캐시(BCH)가 새롭게 생성되었다. 이는 비트코인 네트워크와 호환되지 않는 새로운 체인으로 발전하였다.

비트코인 캐시(BCH)는 비트코인(BTC)과 몇 가지 주요 차이점을 가지고 있다. 이 차이점들은 주로 블록 크기, 거래 속도, 거래 비용, 그리고 기본 철학에 대한 접근 방식에서 비롯된다. 비트코인 캐시의 가장 큰 차이점 중 하나는 블록 크기의 증가이다. 비트코인의 블록 크기는 1MB로 제한되어 있지만,

비트코인 캐시는 처음에 8MB로 시작하여 이후 여러 차례의 업데이트를 거쳐 최대 32MB까지 확장되었다. 더 큰 블록 크기는 더 많은 거래를 한 블록에 포함시킬 수 있게 해주어, 더 높은 거래 처리량을 가능하게 한다. 비트코인 캐시의 블록 크기 증가는 거래 처리 속도를 향상시켰다. 더 많은 거래를 빠르게 처리할 수 있게 되면서 네트워크의 혼잡이 줄어들고, 결과적으로 거래 비용도 낮아졌다. 반면 비트코인은 블록 크기가 상대적으로 작기 때문에 네트워크가 혼잡할 때 거래 처리 시간이 길어지고 수수료가 상승할 수 있다.

큰 블록 크기는 더 많은 저장 공간과 처리 능력을 요구하므로, 일부에서는 이것이 네트워크의 탈중앙화에 부정적인 영향을 미칠 수 있다고 주장한다. 더 강력한 하드웨어가 필요한 경우, 채굴이 더 적은 수의 참여자에 의해 독점될 가능성이 높아진다. 반면, 비트코인은 더 많은 사용자가 채굴에 참여할 수 있도록 더 작은 블록 크기를 유지하려고 한다. 비트코인 캐시는 '전자 현금'으로서의 비트코인의 원래 비전을 좀 더 충실히 따르고자 하는 목표로 시작되었다. 즉, 일상 거래에서의 사용을 용이하게 하고자 하는 목표를 가지고 있다. 반면, 비트코인은 점차 '가치의 저장 수단'으로서의 역할을 강화해나가고 있다.

비트코인 캐시의 거래 처리 속도 개선은 일반적으로 성공적이라고 할 수 있다. 더 큰 블록 크기 덕분에 블록당 거래 수가 증가하고 거래 확인 시간이 단축되었다. 그러나 이것이 비트코인 캐시를 더 우월한 코인으로 만드는 것은 아니며, 각각의 코인은 다른 사용 사례와 커뮤니티의 필요를 충족시키기 위해 존재한다.

스마트 컨트랙트와 하드포크, 그리고 비트코인 캐시는 블록체인 기술의 다양한 가능성과 도전 과제를 보여준다. 이러한 기술적 진보는 블록체인의 활용 범위를 확장시키고, 보다 효율적이고 신뢰할 수 있는 시스템을 구축하는 데 기여하고 있다.

10 스마트 컨트랙트의 구성요인 및 구조 - 블록헤더, 트랜잭션 카운터, 트랜잭션 파트

스마트 컨트랙트가 포함된 블록은 다음과 같은 요소를 포함한다. 먼저 블록 헤더가 있으며 이에는 컨트랙트 버전, 이전 블록 해시, 머클 루트, 타임스탬프, 난이도 목표, 논스 번호 등이 포함된다. 다음으로 트랜잭션 카운터가 있으며 블록 내 트랜잭션의 수를 저장한다. 마지막으로 트랜잭션 파트에서는 실제 거래 데이터, 즉 스마트 컨트랙트에 포함된 스마트 컨트랙트 정보를 저장한다. 이러한 구성 요소들을 이해하기 위해 각 요소를 예시와 함께 자세히 살펴보겠다.

먼저 비트코인 블록 헤더(Block Header)에 기록되는 내용이다.

블록 헤더 예시

√버전: 2 → 비트코인 네트워크의 버전 2를 사용하여 블록이 생성됐음을 의미한다.

√이전 블록 해시(Previous Block Hash): 0000000000000000076··· → 이 값은 이전 블록의 식별자로, 블록 간의 연속성을 보장한다.

√머클 루트(Merkle Root): 3a3eda··· → 이 해시는 블록에 포함된 트랜잭션의 해시를 요약한 것으로, 블록 내의 트랜잭션이 변경되지 않았음을 보증한다.

√ 타임스탬프(Timestamp): 1651249305 → 블록이 생성된 유닉스 시간을 의미한다.

난이도 목표(Difficulty Target): 0x1b0404cb → 블록을 채굴하기 위해 필요한 난이도 수준을 나타낸다.

√ 논스(Nonce): 2504433986 → 채굴자가 블록을 유효한 것으로 만들기 위해 조정한 값이다.

상기 내용 중 논스(Nonce)는 "Number used once"의 줄임말로, 일반적으로 암호화와 블록체인 기술에서 사용된다. 블록체인 네트워크에서 논스는 새로운 블록을 생성할 때 중요한 역할을 한다. 특히 Proof of Work(PoW) 합의 메커니즘을 사용하는 블록체인, 예를 들어 비트코인에서 논스는 채굴 과정에서 핵심적인 요소이다. 채굴자는 블록의 유효성을 검증하고 네트워크에 추가하기 위해 특정한 조건을 만족하는 해시 값을 찾아야 한다. 이 조건은 대개 특정 수의 연속된 0으로 시작하는 해시 값이어야 한다. 채굴자는 논스 값을 조정하며, 이 변경을 통해 블록 헤더의 해시 값을 계속해서 새롭게 계산한다. 논스 값이 변경될 때마다 해시 값도 다르게 나오며, 채굴자는 이를 반복하면서 요구 조건에 부합하는 해시 값을 찾는다. 상기 예에서 논스 값은 2504433986이다. 채굴자가 이 논스 값을 블록 헤더에 포함시켜 해시 계산을 수행했을 때, 네트워크가 설정한 난이도 조건에 부합하는 해시 값이 생성되었다는 의미이다. 이는 채굴자가 무작위로 또는 계획적으로 논스 값을 조정하며, 필요한 조건을 만족하는 해시 값을 성공적으로 찾아냈다는 것을 보여준다. 만약 논스가 없다면, 악의적인 사용자가 기존 블록을 변경하고 네트워크를 속여 자신의 거래를 반복해서 기록할 수 있게 된다. 하지만 논스 덕분에 블록을 조작하려면 해당 블록뿐만 아니라 모든 후속 블록의 논스를 다시 계산해야 하므로, 이는 계산상 매우 비현실적이다. 이러한 방식으로 블록체인은 변경 불가능성을 유지한다. 따라서 논스는 블록체인 네트워크에서 중요한 안전 조치로 작용하며, 채굴 과정에서의 핵심적인 요소로 기능한다.

다음으로 트랜잭션 카운터(Transaction Counter)에 포함되는 내용이다.

√트랜잭션 수: 2042 → 이 블록은 2042개의 트랜잭션을 포함하고 있다는 의미이다.

트랜잭션 카운터는 블록체인의 특정 블록에 포함된 트랜잭션의 총 수를 나타내는 값이다. 트랜잭션 카운터가 2042라는 것은 그 블록에 2042개의 트랜잭션이 포함되어 있다는 의미이다. 이 정보는 블록의 구조를 해석하고 검증하는 데 필요하며, 각 트랜잭션을 올바르게 처리하고 기록하는 데 중요한 역할을 한다. 트랜잭션 카운터는 블록체인 네트워크의 투명성과 무결성을 유지하는 데 기여한다.

마지막으로 트랜잭션 파트를 예시하겠다:

트랜잭션 예시

√입력(Inputs) 해시: a3f258…

인덱스: 0 → 이전 트랜잭션의 출력 중 첫 번째를 사용함 서명: 3045022100… → 트랜잭션을 실행할 권한이 있음을 증명하는 디지털 서명

√출력(Outputs):

수량: 0.015 BTC → 새로운 수령인에게 전송될 비트코인 양

수령인 주소: 1BoatSLRHtKNngkdXEeobR76b53LETtpyT

해시 값은 블록체인에서 데이터를 유일하고 변경 불가능한 고정 길이의 값으로 변환하는 과정을 의미한다. 이는 데이터 무결성을 보장하고 블록체인의 안전성을 강화하는 데 중요한 역할을 한다. 해시 값은 블록체인의 다양

한 요소에 사용되며, 특히 트랜잭션과 블록을 식별하고 연결하는 데 쓰인다. 해시 값은 일반적으로 SHA-256(비트코인에서 사용)과 같은 암호화 해시 함수를 통해 생성된다. 이 함수는 어떠한 길이의 입력 데이터를 받아 고정된 길이의 해시 값을 출력한다. SHA-256 해시 함수는 256비트의 해시 값을 생성한다. 이 256비트는 바이트로 환산하면 32바이트이다. 따라서 SHA-256은 32바이트의 출력을 제공한다. 상기 해시 값 'a3f258…'은 16진법, 즉 헥사데시멀(hexadecimal)을 사용하여 표현된 것이다. 16진법은 0-9까지의 숫자와 A-F의 문자를 사용하여, 각 자리가 16가지 가능성을 나타낼 수 있다. 이는 컴퓨터에서 바이너리 데이터(2진 데이터)를 사람이 읽고 쓰기 더 용이하게 만들기 위해 사용되는 방식이다. 예를 들어, SHA-256 해시 함수의 결과인 256비트를 16진수로 표현하면 64자리의 16진수가 된다. 이는 각 16진수 자리가 4비트의 값을 나타내기 때문이다. 따라서 'a3f258…' 형식의 해시 값은 원래 이진 데이터를 16진법으로 변환한 결과이다. 해시 함수는 다음과 같은 중요한 특성을 가지고 있다. 동일한 입력에 대해 항상 동일한 해시 값을 생성한다. 서로 다른 두 개의 입력 값은 거의 확실하게 서로 다른 해시 값을 가진다. 해시 값에서 원래의 입력 데이터를 복구하는 것은 계산상 불가능에 가깝다. 두 개의 다른 입력이 동일한 해시 값을 생성하는 것을 찾는 것은 매우 어렵다. 해시 값은 트랜잭션의 유일한 식별자로 작용하며, 블록 내에서 이 트랜잭션을 참조하거나 검증할 때 사용된다. 또한 이 해시는 머클 트리 구성에도 사용되어, 블록의 무결성 검증에 필수적인 역할을 한다. 블록체인의 보안과 효율성을 유지하기 위해, 해시 값은 블록체인의 모든 레벨에서 중요한 기술적 요소로 활용된다. 이를 통해 블록체인 네트워크는 데이터의 변경 또는 조작 없이 안전하고 투명한 거래 기록을 유지할 수 있다. 다음은 입력파트에 예시된 인덱스와 서명이다.

입력 예시

√인덱스: 0 → 이전 트랜잭션의 출력 중 첫 번째를 사용함

√서명: 3045022100… → 트랜잭션을 실행할 권한이 있음을 증명하는 디지털 서명

"인덱스"와 "서명"은 트랜잭션 파트의 입력 부분에서 중요한 역할을 한다. 인덱스는 입력이 소비하려는 이전 트랜잭션을 식별한다. 이는 참조된 이전 트랜잭션의 출력 중 어느 하나를 사용할 것인지를 지정한다. 인덱스 '0'은 이전 트랜잭션의 첫 번째 출력을 사용하겠다는 것을 의미한다. 이 출력은 특정 양의 가상자산을 포함하고 있으며, 이제 그 자금이 새로운 트랜잭션에서 사용될 것임을 나타낸다. 디지털 서명은 트랜잭션의 입력 부분에서 매우 중요한 요소로, 다음 두 가지 주요 기능을 수행한다. 먼저 인증이다. 디지털 서명은 트랜잭션을 생성한 사람이 실제로 해당 자금을 소유하고 있음을 증명한다. 이는 서명이 트랜잭션 데이터와 개인 키를 사용하여 생성되기 때문이다. 누구나 공개 키를 사용하여 서명을 검증할 수 있으며, 이는 서명자가 개인 키를 소유하고 있음을 확인시켜 준다. 다음은 무결성이다. 디지털 서명은 트랜잭션이 네트워크를 통해 전송되는 동안 변경되지 않았음을 보장한다. 만약 트랜잭션 데이터가 변경된다면, 서명은 더 이상 유효하지 않게 된다. 이는 데이터의 무결성을 확인하는 데 중요한 역할을 한다. 예를 들어, 앨리스가 밥에게 비트코인을 보내는 트랜잭션을 만들 때, 그녀는 이전에 받은 트랜잭션 중 하나에서 자금을 끌어와야 한다. 이전 트랜잭션의 해시와 함께 사용할 출력의 인덱스(여기서는 '0', 즉 첫 번째 출력)를 지정한다. 앨리스는 그녀의 개인 키를 사용하여 전체 트랜잭션에 대한 서명을 생성하고, 이 서명은 트랜잭션의 유효성을 검증하는 데 사용된다. 이 과정을 통해 트랜잭션은 앨리스에게서 밥으로 자금이 옮겨짐을 안전하고 신뢰할 수 있게 만든다.

트랜잭션 파트의 출력(Outputs) 부분은 트랜잭션이 생성하는 새로운 자금의 배분을 정의한다. 출력은 다음과 같은 정보를 포함한다:

출력 예시

√수량: 0.015 BTC → 새로운 수령인에게 전송될 비트코인 양

√수령인 주소: 1BoatSLRHtKNngkdXEeobR76b53LETtpyT → 비트코인을 받을 주소

수량은 트랜잭션을 통해 이동되는 가상자산의 양을 나타낸다. "수량: 0.015BTC"는 0.015 비트코인이 새로운 수령인에게 전송될 것임을 의미한다. 주소는 비트코인이 전송될 대상의 가상자산 주소이다. 이 주소는 해당 트랜잭션에서 자금을 받을 권리가 있는 사람이나 조직을 식별한다. 트랜잭션 출력은 특정 수량의 비트코인이 새로운 수령인의 주소로 전송될 것임을 명시한다. 이는 비트코인 네트워크에서 자금 이동을 기록하는 방법으로 사용된다.

상기 설명한 스마트 컨트랙트의 구성요인 및 구조에 대한 예들은 블록체인의 기본적인 요소가 어떻게 트랜잭션의 무결성을 보증하고, 네트워크의 보안을 유지하는 데 기여하는지 보여준다. 각 요소는 네트워크 전체의 기능과 긴밀히 연결되어 있으며, 블록체인 기술의 투명성과 안정성을 제공하는 핵심적인 역할을 한다.

11 엔터프라이즈 블록체인 – 하이퍼렛저

하이퍼렛저(Hyperledger)는 다양한 블록체인 기반 프로젝트와 툴을 개발하기 위해 리눅스 재단에서 주도하는 오픈 소스 협업 프로젝트이다. 이 플랫폼은 주로 기업용 블록체인 솔루션을 개발하는 데 초점을 맞추고 있으며, 개인정보보호, 신뢰성, 성능 등 기업 환경에서 필요한 요구 사항을 충족시키는 데 중점을 둔다. 기업용 블록체인 플랫폼인 하이퍼렛저 패브릭(Hyperledger Fabric)은 금융, 보건, 공급망 등 다양한 산업에서 실제 비즈니스 문제를 해결하는 데 사용된다. 이 프로젝트는 모듈식 아키텍처를 통해 고도의 보안, 확장성 및 성능을 제공한다. IBM은 하이퍼렛저 패브릭을 기반으로 여러 기업용 블록체인 솔루션을 개발하였다.

Hyperledger는 다양한 블록체인 프레임워크, 도구, 라이브러리 등을 포함하는 우산 프로젝트이다. 주요 Hyperledger 프로젝트에는 Hyperledger Fabric, Hyperledger Sawtooth, Hyperledger Iroha, Hyperledger Besu, Hyperledger Indy, Hyperledger Burrow가 있다. 이 중 기업들이 많이 도입하는 하이퍼렛저 소투스(Hyperledger Sawtooth)는 다양한 컨센서스 메커니즘을 지

원하며, 기업들이 맞춤형 블록체인 애플리케이션을 개발할 수 있도록 돕는다. IoT, 금융 서비스, 제조업 등 다양한 분야에서 활용될 수 있으며, 예를 들어, 인텔은 소투스를 사용하여 보다 효율적인 공급망 관리 시스템을 구축하는 데 기여하고 있다.

하이퍼렛저 인디(Hyperledger Indy)는 디지털 신원을 관리하는 데 특화된 프로젝트로, 사용자가 자신의 개인 신원 정보를 안전하게 관리하고, 이를 검증 가능하게 만든다. 이 기술은 정부나 은행과 같은 기관에서 사용자의 신원을 확인할 필요가 있을 때 유용하게 사용된다. 하이퍼렛저는 그 외에도 하이퍼렛저 베수(Hyperledger Besu), 하이퍼렛저 버로우(Hyperledger Burrow) 등 여러 다른 툴과 프레임워크들이 서로 연동하여 상승효과를 내도록 지원하고 있다.

Hyperledger Fabric 프레임워크를 기반으로 개발된 엔터프라이즈 블록체인 사례로는 TradeLens가 있다. TradeLens는 하이퍼렛저를 기반으로 개발된 물류 및 공급망 관리를 획기적으로 개선하는 플랫폼이다. 글로벌 무역과 물류 산업을 위한 블록체인 기반 플랫폼으로, IBM과 글로벌 해운회사인 Maersk에 의해 공동 개발되었다. 이 플랫폼의 주요 목적은 국제 무역의 효율성을 증가시키고, 공급망 관리의 투명성을 높이며, 참여자 간의 신뢰를 구축하는 것이다.

TradeLens는 여러 하부 프로젝트와 기술 플랫폼을 연계하여 운영되며, 이러한 연계를 통해 물류 및 공급망 관리의 디지털화를 가속화한다. 물류 네트워크의 모든 참여자가 실시간으로 정보를 공유할 수 있도록 지원한다. 이를 통해 수출입 업체, 운송 회사, 세관 당국, 기타 서비스 제공자들이 각각의 화물 및 컨테이너 상태에 대한 업데이트를 즉시 받아볼 수 있다. 전통적인 무역 문서 처리 작업을 디지털화하여, 종이 기반의 문서 흐름을 줄이고, 문서 처리 시간과 비용을 절감한다. 이 시스템은 선하증권, 수입 면허증, 세관 신고서 등 다양한 무역 관련 문서를 처리할 수 있다.

TradeLens는 다양한 외부 애플리케이션과 통합할 수 있는 API를 제공한다. 이를 통해 사용자는 기존 IT 시스템과 TradeLens를 손쉽게 연동할 수 있으며, 맞춤형 솔루션을 구축할 수 있다. 블록체인의 불변성, 보안성 및 탈중앙화 특성을 활용하여 데이터의 신뢰성과 투명성을 보장한다. 컨테이너 및 선박과 같은 물리적 자산에 IoT 센서를 부착하고, 이를 통해 데이터를 실시간으로 수집하며 자산의 위치, 상태, 환경 조건 등을 모니터링한다. TradeLens는 국제 무역 규정을 준수하며 세관 및 규제 기관과 연결되어 상품의 통관 등과 하역 및 배송 등과 같은 무역 데이터에 접근하여 필요한 검사 및 승인을 더욱 빠르게 처리할 수 있도록 한다.

IBM과 Maersk가 주도하는 이 플랫폼은 물류 산업의 디지털전환을 촉진하며, 효율성과 투명성을 대폭 향상시키고 있다. 무역의 복잡성을 감소시키고, 비용을 절감하며, 전반적인 무역 환경을 보다 신속하고 안전하게 만드는 데 기여하고 있다.

12 블록체인의 새로운 도전, 크로스체인

블록체인 네트워크 간 또는 블록체인과 외부 오프라인 시스템 간의 상호 운용성을 향상시키기 위한 크로스체인 기술이 지속적으로 개발되고 있다. 블록체인상호연동성은 블록체인 기술의 실용적이고 효율적인 활용을 위해 매우 중요하다. 이는 블록체인 시스템 간의 데이터 일관성을 유지하는 데 기반을 둔다. 여러 블록체인에서 동일한 데이터를 처리하는 경우, 모든 시스템이 동일한 정보를 갖도록 보장해야 한다. 이를 통해 데이터의 무결성을 유지할 수 있다.

기업이나 정부 기관은 다양한 블록체인 및 오프라인 시스템을 사용한다. 상호연동성을 통해 이러한 시스템 간에 데이터를 통합하고, 일관된 데이터 흐름을 유지할 수 있어야 한다. 이는 데이터 분석 및 의사결정의 정확성을 높이는 데 도움이 된다. 또한 블록체인 간 상호연동성은 자동화된 스마트 컨트랙트를 통해 다양한 시스템 간의 프로세스를 효율적으로 관리할 수 있게 한다. 예를 들어, 공급망 관리에서 여러 단계의 참여자들이 각기 다른 블록체인 네트워크를 사용할 때, 상호연동성을 통해 프로세스를 자동화하고 중복작업을 줄일 수 있다. 더불어 중복된 데이터 입력과 검증 과정을 줄일 수 있어 운영 비용이 절감된다. 블록체인 간의 원활한 데이터 교환은 중개자 없이도 직접적인 거래를 가능하게 하여 비용을 절감한다.

상호연동성은 블록체인 네트워크가 확장성을 갖도록 한다. 단일 블록체인 네트워크의 용량이나 처리 속도에 제한이 있는 경우, 여러 블록체인을 상호 연결하여 확장성을 높일 수 있다. 또한 다양한 블록체인 기술과 오프라인 시스템을 결합하여 사용할 수 있는 유연성을 제공한다. 이는 특정 블록체인의 기술적 한계를 보완하고, 각 시스템의 강점을 최대로 활용할 수 있게 한다. 여러 블록체인 간 상호연동성을 통해 데이터의 보안을 강화할 수 있다. 분산된 네트워크 구조와 다중 검증 메커니즘을 통해 보안성을 높일 수 있으며, 한 시스템에서의 보안 위협이 다른 시스템으로 확산되는 것을 방지할 수 있다.

상호연동성은 다양한 참여자들 간의 신뢰를 높이는 데 기여한다. 서로 다른 블록체인 시스템 간의 원활한 데이터 교환은 모든 참여자가 동일한 정보를 신뢰할 수 있게 하며 새로운 비즈니스 모델과 서비스를 개발할 수 있다. 예를 들어, 금융 서비스와 물류 서비스가 상호 연결되어 새로운 형태의 서비스 제공이 가능해진다. 또한 다양한 조직 간의 협력도 촉진한다. 이는 공공과 민간 부문 간의 협력, 국제적인 거래와 협력을 강화하는 데 중요한 역할을 한다. 블록체인 간 또는 외부 오프라인 시스템 간의 상호연동성은 데이터의 일관성 유지, 효율성 및 비용 절감, 확장성 및 유연성, 보안 및 신뢰성 강화, 혁신 및 협력 촉진 등 다양한 측면에서 중요한 역할을 한다. 이러한 상호연동성을 통해 블록체인 기술의 잠재력을 최대한 활용할 수 있으며, 다양한 산업과 분야에서 더 큰 가치를 창출할 수 있다.

크로스체인을 통해 다양한 블록체인 네트워크 간에 자산과 데이터를 원활하게 공유하기 위해 사용자는 하나의 네트워크에서 다른 네트워크로 자산이나 데이터를 안전하게 전송할 수 있어야 한다. 여기에는 몇 가지 주요 프로젝트와 기술이 있으며, 그중에서도 오라클 등과 같은 중개시스템(미들웨어)의 역할이 중요하다. 블록체인 오라클(Blockchain Oracle)은 블록체인 외부의 데이터를 블록체인 네트워크로 가져오는 역할을 하는 서비스이다. 블록체인은 본질적으로 외부 세계와 단절된 시스템이기 때문에, 외부 데이터를 가져와 스마트 컨트랙트나 블록체인 애플리케이션에서 사용할 수 있도록 하는 중간 역할이 필요하다. 오라클은 이러한 데이터를 안전하게 블록체인에 전달하는 역할을 한다.

체인링크(Chainlink)는 가장 잘 알려진 블록체인 오라클 프로젝트 중 하나이다. 체인링크는 분산형 오라클 네트워크를 통해 블록체인 스마트 컨트랙트가 외부 데이터에 접근할 수 있도록 한다. 이를 통해 스마트 컨트랙트는 금융시장 데이터, 사물인터넷(IoT) 데이터, 웹 API 데이터 등 다양한 외부 정보를 활용할 수 있게 된다. 체인링크의 네트워크는 다양한 데이터 소스와 API를 연결하여 신뢰할 수 있는 데이터를 블록체인에 제공함으로써 스마트 컨트랙트의 기능성과 유용성을 크게 확장시킨다.

체인링크의 주요 특징은 단일 실패 지점을 방지하기 위해 분산된 오라클 네트워크를 사용하며 데이터의 신뢰성을 보장하기 위해 다양한 보안 메커니즘을 적용한다. 다양한 블록체인 플랫폼과 호환되며, 여러 종류의 데이터를 지원한다. 현재 체인링크는 다양한 블록체인 프로젝트에서 널리 사용되고 있으며, 스마트 컨트랙트의 실용성을 높이는 중요한 역할을 하고 있다.

블록체인상호연동성 향상을 위한 크로스체인 기술을 살펴보면, 현재 폴카닷은 여러 체인 간의 상호운용성을 지원하는 가장 범용적으로 사용되는 프로토콜이다. 폴카닷의 핵심 기능 중 하나는 파라체인이라고 하는 다양한 블록체인이 폴카닷의 주 체인인 릴레이 체인에 연결되어 서로 통신할 수 있다는 것이다. 이를 통해 다양한 블록체인이 자산과 데이터를 공유하고, 트랜잭션을 처리할 수 있다. 코스모스는 '인터체인 블록체인 커뮤니케이션 프로토콜(ICBC)'을 통해 다른 블록체인 네트워크와의 통신을 가능하게 하는 플랫폼이다. 코스모스의 목표는 서로 다른 블록체인이 자유롭게 정보를 교환하고 트랜잭션을 처리할 수 있도록 하는 것이다.

크로스체인 기술은 블록체인의 새로운 도전이자 기회로, 상호연동성을 통해 블록체인 기술의 잠재력을 최대한으로 발휘하게 한다. 이를 통해 다양한 산업과 분야에서 혁신적인 변화를 이끌어낼 수 있으며, 블록체인의 실용적이고 효율적인 활용이 가능해진다.

13 블록체인 확장의 핵심, 오라클(Oracle)

블록체인 오라클(Blockchain Oracle)은 블록체인 외부의 데이터를 블록체인 내부로 가져오는 역할을 하는 서비스 또는 시스템이다. 블록체인은 그 자체로 신뢰성과 변조 불가능성을 보장하지만, 외부 세계의 데이터를 직접적으로 접근하거나 검증할 수는 없다. 이러한 한계를 해결하기 위해 블록체인 오라클이 사용된다. 대표적인 오라클 기술 기업인 체인링크(Chainlink)는 블록체인과 실제 세계 데이터를 연결하는 분산형 오라클 네트워크를 개발했다. 체인링크의 오라클은 다양한 데이터 소스로부터 정보를 수집하고 이를 블록체인 스마트 컨트랙트와 연결해 준다. 이 기술은 크로스체인 기능성을 갖춘 프로젝트에서 매우 중요한 역할을 한다. 오라클은 블록체인 외부의 데이터를 블록체인 네트워크 내부로 가져오는 역할을 한다. 크로스체인 프로젝트에서 오라클은 다양한 체인의 상태나 조건을 실시간으로 확인하고, 그에 따른 스마트 컨트랙트의 실행을 도울 수 있다. 이는 특히 금융, 보험, 물류 등 다양한 산업에서 중요하게 사용된다. 이러한 프로젝트와 기술은 블록체인의 범위를 확장하고, 더 많은 산업과 활동에 블록체인 기술을 적용할 수 있는 길을 열어준다. 크로스체인 솔루션은 블록체인의 섬을 연결하여 전체적인 네트워크의 유용성을 증대시키는 중요한 기술이다.

기본적으로 블록체인은 자체적으로 폐쇄적이며 외부 세계의 데이터에 직접 접근할 수 없는 구조를 가지고 있다. 오라클은 이러한 제한을 극복하고 블록체인 스마트 컨트랙트가 실세계의 데이터와 상호 작용할 수 있도록 도와주는 중요한 기능을 수행한다. 스마트 컨트랙트는 블록체인상에서 자동으로 실행되는 계약으로, 특정 조건이 충족될 때 계약 내용이 실행된다. 하지만 많은 조건들이 외부 세계의 데이터에 의존하게 된다. 예를 들어, 농작물 보험 관련 스마트 컨트랙트가 있다면, 해당 계약은 기상 조건에 따라 보험금을 지급하는 조건을 포함할 수 있다. 이런 데이터는 블록체인 외부에 존재하므로, 오라클 없이는 스마트 컨트랙트가 이 데이터를 직접적으로 읽을 수 없다. 오라클은 외부 데이터를 수집하고, 그 데이터를 블록체인이 이해할 수 있는 형태로 변환한 후, 스마트 컨트랙트에 전달한다. 이 과정에서 오라클은 데이터의 신뢰성과 보안을 유지해야 하며, 때로는 데이터 소스의 신뢰도를 평가하거나 여러 소스를 통합해 데이터의 정확성을 보장하기도 한다.

오라클은 외부 데이터를 가져오기 때문에 '오라클 문제'라고 불리는 보안 문제를 내포하고 있다. 데이터의 정확성과 소스의 신뢰성이 스마트 컨트랙트의 성능과 안정성에 직접적인 영향을 미치기 때문에, 오라클 시스템의 보안과 신뢰성 확보가 매우 중요하다. 오라클은 블록체인 기술을 다양한 산업과 실제 응용 분야에 연결하는 핵심 요소로, 이를 통해 스마트 컨트랙트의 활용 범위와 기능이 대폭 확장될 수 있다.

체인링크는 스마트 컨트랙트가 외부 데이터를 안전하게 받아올 수 있게 해주는 서비스이다. 예를 들어, 보험 계약이 날씨 데이터를 필요로 한다면, 체인링크는 신뢰할 수 있는 날씨 정보를 스마트 컨트랙트에 제공하는 역할을 한다. 이렇게 함으로써 스마트 컨트랙트가 정확한 외부 정보를 기반으로 작동할 수 있게 한다. Band Protocol은 블록체인 애플리케이션이 외부 데이터를 받아올 수 있도록 하는 또 다른 오라클 서비스이다. 예를 들어, 스포츠 베팅 애플리케이션이 경기 결과를 필요로 한다면, Band Protocol은 신뢰할 수 있는 경기 결과 데이터를 블록체인에 제공하여 베팅 결과를 정확히 계산할 수 있도록 도와준다. API3는 기존의 웹 API 제공자들이 블록체인과 연결될 수 있도록 하는 서비스이다. 예를 들어, 항공사 API를 통해 항공편 정보가 필요한 여행 보험 계약이 있다고 가정하면, API3는 항공사 API를 블록체인과 연결하여 스마트 컨트랙트가 항공편 정보를 실시간으로 받아올 수 있게 해준다. DIA(Decentralized Information Asset)는 금융 데이터를 제공하는 오라클 서비스이다. 예를 들어, 가상자산 거래 플랫폼이 정확한 가격 데이터를 필요로 한다면, DIA는 여러 출처에서 데이터를 수집하여 신뢰할 수 있는 가격 정보를 제공함으로써 거래의 정확성을 높여준다.

현재 출시된 오라클 프로젝트들은 블록체인 서비스에서 스마트 컨트랙트가 외부 데이터를 안전하고 신뢰할 수 있게 사용할 수 있도록 도와주는 역할을 한다. 이를 통해 블록체인 애플리케이션의 기능성을 크게 확장할 수 있다.

[그림 06] 블록체인 오라클(출처: 업비트 투자자보호센터)
https://m.upbitcare.com/academy/advice/470

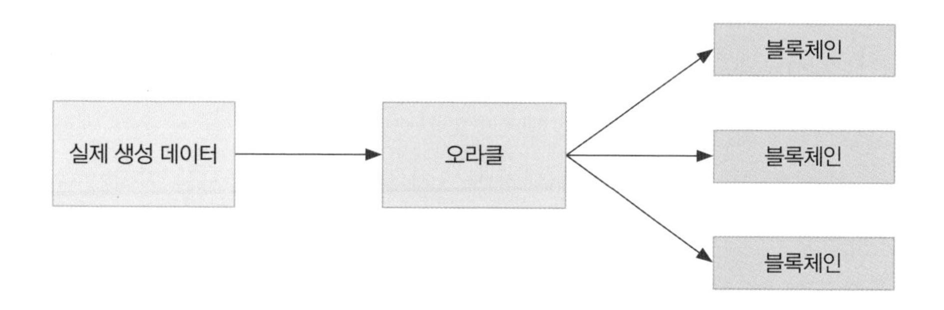

차세대 인터넷 웹 3.0과 블록체인

웹 3.0은 현재의 인터넷인 웹 2.0의 다음 단계로, 블록체인 기술을 포함한 여러 혁신적인 기술들을 활용하여 탈중앙화된 인터넷 환경을 구축하는 것을 목표로 한다. 웹 3.0의 주요 특징은 다음과 같다. 중앙 서버 없이 데이터와 애플리케이션이 인터넷에 분산된 여러 네트워크에 저장되고 운영된다. 사용자들이 자신의 데이터를 소유하고 직접 제어할 수 있으며, 데이터는 사용자가 허락한 경우에만 접근할 수 있다. 블록체인 기술을 통해 모든 거래와 상호작용이 투명하고 변경 불가능하게 기록된다. 블록체인 기반 토큰을 통해 디지털자산을 거래하거나 소유할 수 있다. 블록체인 위에서 자동으로 실행되는 스마트 컨트랙트로, 신뢰할 수 있는 프로세스를 제공한다. 블록체인은 웹 3.0의 핵심 기술 중 하나로, 탈중앙화와 신뢰성을 제공하는 중요한 역할을 한다. 블록체인은 데이터가 여러 노드에 분산 저장되며, 모든 거래가 암호화되어 변경 불가능하게 기록된다. 이를 통해 중앙 기관 없이도 신뢰할 수 있는 시스템을 구축할 수 있다.

블록체인은 웹 3.0의 기초 인프라를 제공하며, 다양한 DApps과 DeFi(탈중앙화 금융) 서비스의 기반이 된다. 이더리움(Ethereum)은 웹 3.0의 대표적인 사례로, 스마트 컨트랙트 기능을 제공하는 분산형 블록체인 플랫폼이다. 이더리움은 2015년에 비탈릭 부테린(Vitalik Buterin)과 그의 팀에 의해 개발되었으며, 현재 널리 사용되는 블록체인 플랫폼 중 하나이다. 스마트 컨트랙트는 블록체인상에서 자동으로 실행되는 계약이다. 코드로 작성되며 특정 조건이 충족되면 자동으로 실행된다. 스마트 컨트랙트로 이더리움은 웹 3.0에서, 중앙화된 중개자 없이도 금융 계약을 신뢰할 수 있게 하며, 계약의 자동화와 투명성을 보장한다. 탈중앙화 애플리케이션(DApps)은 중앙 서버가 아닌 분산형 네트워크에서 실행되는 애플리케이션으로 웹 3.0을 실현하는 데 필요한 대표적 기술이다. 중앙화된 서버에 의존하지 않고 블록체인상에서 애플리케이션을 실행하여 보안성과 투명성을 높인다. ERC-20은 이더리움 블록체인에서 상호 교환 가능한(fungible) 토큰을 만들기 위한 표준이다. 대부분의 ICO(Initial Coin Offerings)가 이 표준을 따른다. ERC-721은 상호 교환 불가능한(Non-fungible) 토큰을 만들기 위한 표준으로, 디지털자산과 같은 고유한 아이템을 표현할 수 있어 NFT(Non-Fungible Token) 시장의 기반이 된다. 이런 프로토콜들은 블록체인과 가상자산을 기반으로 하는 웹 3.0 구현의 핵심 기술이다.

탈중앙화 금융(DeFi)은 전통 금융시스템의 기능을 블록체인 위에 구현했다. 이더리움은 DeFi 애플리케이션의 기반 플랫폼으로, 탈중앙화된 대출, 차입, 스테이킹, 거래 등을 스마트 컨트랙트로 지원한다. 예를 들어, Uniswap과 같은 탈중앙화 거래소(DEX)는 이더리움 기반으로 운영되며, 사용자들이 중앙화된 중개자 없이 가상자산을 거래할 수 있게 하는 웹 3.0의 핵심 플랫폼이다. 또한 NFT는 고유한 디지털자산을 대표하는 토큰으로, 웹 3.0의 대표적 디지털자산이며 예술 작품, 음악, 게임 아이템 등 다양한 형태로 존재할 수 있다. 이더리움은 NFT 시장을 구축하는 핵심 플랫폼으로, OpenSea,

Rarible 등의 NFT 마켓플레이스가 이더리움 위에서 운영된다. 이를 통해 디지털자산의 소유권을 안전하게 거래할 수 있다. DAO(탈중앙화 자율 조직)는 블록체인 기술을 사용하여 분산된 방식으로 기업을 운영할 수 있는 웹 3.0의 대표적 플랫폼이다. 이더리움은 DAO의 주요 기반으로, 투명한 의사 결정과 자율적인 운영을 가능하게 한다. 예를 들어, MakerDAO는 탈중앙화된 스테이블 코인인 DAI를 관리하며, 이더리움 기반 스마트 컨트랙트를 통해 자율적으로 기업을 운영한다.

Uniswap은 이더리움 위에서 운영되는 탈중앙화 거래소(DEX)의 대표적인 사례이다. 사용자들이 중앙화된 중개자 없이 가상자산을 거래할 수 있게 해준다. 다음은 Uniswap의 작동 방식과 주요 특징이다. Uniswap은 자동화된 시장 메이커(AMM) 방식을 사용하여 주문서 없이 자동으로 거래를 매칭한다. 유동성 풀에 가상자산을 예치하면 거래가 자동으로 이루어진다. 이는 거래 속도와 효율성을 높이며, 거래 수수료를 줄인다. 유동성 제공자(Liquidity Providers)를 통해 사용자는 자신이 소유한 가상자산을 유동성 풀에 예치하고, 이에 대한 보상으로 거래 수수료의 일부를 받는다. 유동성 제공자는 Uniswap의 유동성을 유지하는 데 중요한 역할을 하며, 이를 통해 사용자들은 언제든지 원활하게 거래할 수 있다. Uniswap의 각 거래에는 소액의 수수료가 부과되며, 이는 유동성 제공자에게 인센티브를 제공하여 유동성을 유지하게 한다. 이더리움의 스마트 컨트랙트와 탈중앙화 원칙을 활용하여 중앙화된 거래소의 단점을 극복하고, 보다 투명하고 신뢰할 수 있는 거래 환경을 제공한다. 이더리움은 웹 3.0의 핵심 플랫폼으로서 스마트 컨트랙트, DApps, DeFi, NFT, DAO 등 다양한 혁신적인 애플리케이션을 지원한다. 이더리움을 통해 사용자들은 중앙화된 중개자 없이 신뢰할 수 있는 서비스를 이용할 수 있으며, 디지털자산의 소유권과 거래를 안전하게 관리할 수 있다. 이러한 혁신은 웹 3.0의 비전을 실현하는 데 중요한 역할을 하고 있다.

이더리움 이외의 웹 3.0 사례를 살펴보면, 폴카닷(Polkadot)은 여러 블록체인 네트워크를 연결하여 상호운용성을 제공하는 웹 3.0 플랫폼이다. 서로 다른 블록체인들이 데이터를 교환하고 함께 작동할 수 있게 하여 웹 간 통합을 촉진한다. 체인링크는 스마트 컨트랙트가 외부 데이터를 안전하게 사용할 수 있도록 하는 분산형 오라클 네트워크이다. 블록체인과 외부 데이터 소스를 연결하여 스마트 컨트랙트가 더 유용한 데이터를 사용할 수 있게 한다. 파일코인(Filecoin)은 탈중앙화된 파일 저장 네트워크로, 사용자들이 데이터를 분산 저장하고, 필요할 때 데이터를 검색할 수 있게 한다. 탈중앙화된 데이터 저장소를 제공하여 웹 3.0의 데이터 소유권과 보안성을 강화한다. 웹 3.0은 탈중앙화, 데이터 소유권, 신뢰와 투명성, 디지털자산, 스마트 컨트랙트 등을 특징으로 하는 차세대 인터넷이다. 블록체인은 웹 3.0의 핵심 기술로서 이러한 특징을 실현하는 데 중요한 역할을 한다. 주요 웹 3.0 프로젝트들인 이더리움(Ethereum), 폴카닷(Polkadot), 체인링크(Chainlink), 파일코인(Filecoin), 유니스왑(Uniswap) 등이 이러한 변화를 이끌고 있다. 이들 프로젝트는 웹 3.0의 비전을 실현하기 위해 블록체인 기술을 활용하여 다양한 혁신적인 서비스를 제공하고 있다.

15 블록체인 발전의 변곡점: ICO(Initial Coin Offering)의 명멸

2017년경 새로운 형태의 자금 조달 방법인 ICO(Initial Coin Offering)가 등장하면서 대중의 블록체인에 대한 관심이 폭발적으로 증가하기 시작했다. 이 시기는 다양한 금융 서비스를 위해 블록체인을 활용하는 분산 금융(DeFi) 운동이 시작된 때이기도 하다. 이더리움과 같은 공개 금융기관 이외의 블록체인에서 운영되는 대출, 파생 상품, 보험 상품 프로젝트 등에 ICO가 적용되기 시작했다.

ICO는 기업이 블록체인 프로젝트를 진행하기 위해 필요 자금을 대중으로부터 비트코인이나 이더리움 같은 가상자산으로 미리 조달하는 방식이다. 이는 주식 시장의 IPO(Initial Public Offering)와 유사하게, ICO 프로젝트 팀이 토큰을 발행하고 투자자들에게 판매하여 초기 자금을 모은다. 그러나 ICO는 엄격한 자본시장법의 저촉을 받는 IPO와 달리 초기에는 별다른 당국의 규제가 없었다. 이러한 이유로 ICO는 블록체인 기술의 발전과 함께 2017년과 2018년에 많은 주목을 받았다.

[그래프 01] **2018년 ICO 추세**(출처: 한국금융연구원 홍기훈 ICO의 이해 2018. 12)

[그래프 I-1] 2018년 상위 10위 ICO

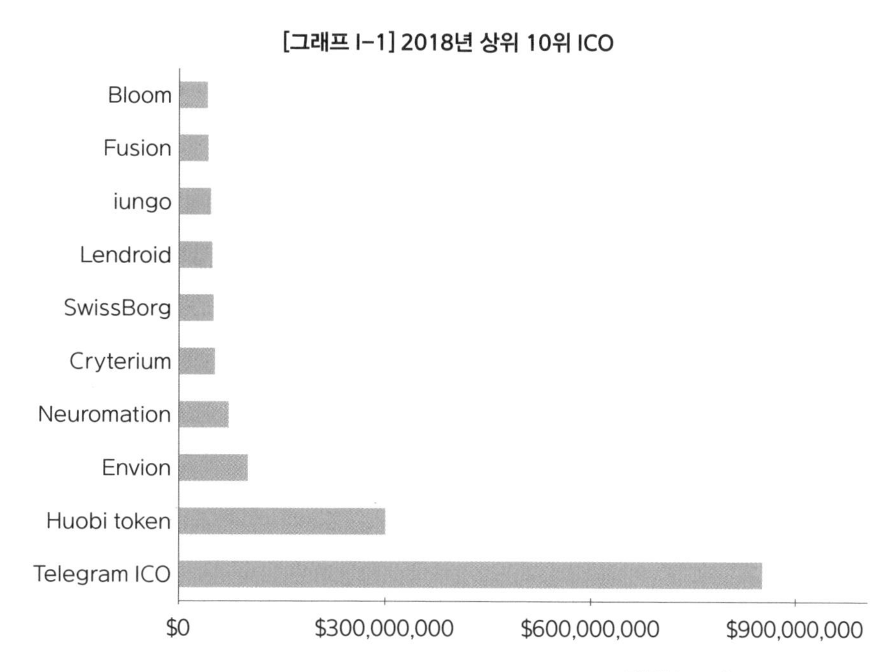

자료: icotokeennews.com

[그래프 I-2] ICO by Category 2017

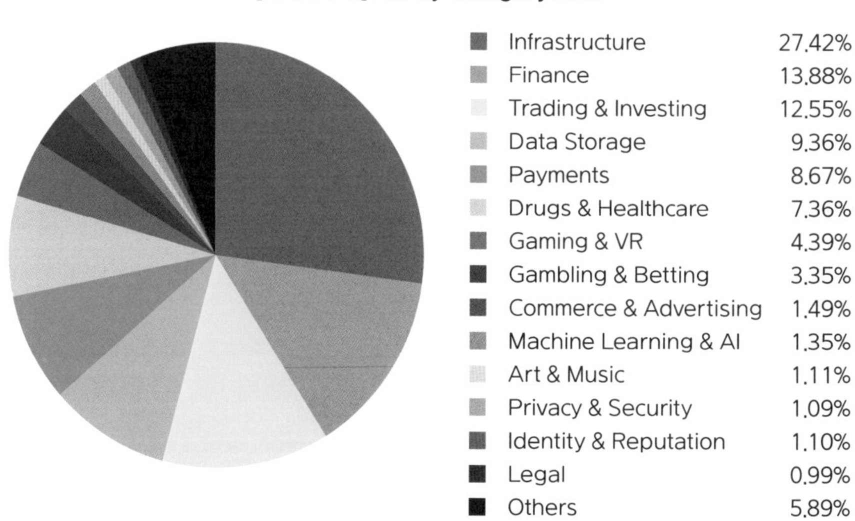

자료: icobazaar.com

ICO의 절차는 다음과 같다. 먼저 프로젝트 팀은 ICO 백서를 작성하여 프로젝트의 목적, 기술적 세부사항, 팀 구성, 자금 사용 계획, 로드맵 등을 상세히 설명한다. 백서는 투자자들이 프로젝트의 가능성을 평가하는 중요한 자료이다. 백서 작성이 끝나면, 스마트 컨트랙트를 통해 블록체인상에서 새로운 토큰을 생성한다. 스마트 컨트랙트는 투자자들이 토큰을 구매하는 과정을 자동화하고 투명하게 관리한다. 프로젝트 팀은 ICO를 홍보하기 위해 다양한 마케팅 활동을 진행한다. 홈페이지 홍보, 소셜 미디어, 가상자산 포럼, 밋업 이벤트 등을 통해 투자자들의 관심을 끌고 신뢰를 쌓는다. 토큰이 생성되면 일정 기간 동안 토큰을 판매한다. 투자자들은 비트코인(BTC), 이더리움(ETH) 등 주요 가상자산을 사용해 토큰을 구매할 수 있다. 판매 기간 동안 목표 금액에 도달하면 ICO가 성공적으로 종료된다. 조달된 자금은 프로젝트 개발, 마케팅, 운영 등에 사용된다. 프로젝트 팀은 로드맵에 따라 개발을 진행하고, 투자자들에게 진행 상황을 정기적으로 보고한다.

대표적인 ICO 사례로는 다음과 같다. 이더리움 재단(Ethereum Foundation)은 2014년에 ICO를 통해 약 1800만 달러를 모금했다. 이더리움은 스마트 컨트랙트와 탈중앙화 애플리케이션(DApp)을 지원하는 블록체인 플랫폼으로, 현재 가장 인기 있는 블록체인 중 하나이다. 블록원(Block.one)은 2017년에 EOS 프로젝트 ICO를 통해 약 40억 달러를 모금했다. EOS.IO 소프트웨어는 고성능 탈중앙화 애플리케이션을 위한 블록체인 인프라를 제공하며, 높은 처리 속도와 유연성을 자랑한다. 테조스 재단(Tezos Foundation)은 2017년에 ICO를 통해 약 2억 3200만 달러를 모금했다. 테조스는 자체적인 온체인 거버넌스 시스템을 통해 프로토콜 업그레이드를 지원하는 블록체인 플랫폼이다. 프로토콜 랩스(Protocol Labs)의 파일코인은 2017년에 ICO를 통해 약 2억 5700만 달러를 모금했다. 파일코인은 분산 파일 저장 네트워크로, 사용자들이 여유 저장 공간을 제공하고 필요에 따라 파일을 저장할 수 있다. IOTA 재

[그림 07] **중앙화와 탈중앙화**(출처: 업비트투자자보호센터 디앱이란 무엇인가? 2022)
https://upbitcare.com/academy/education/blockchain/239

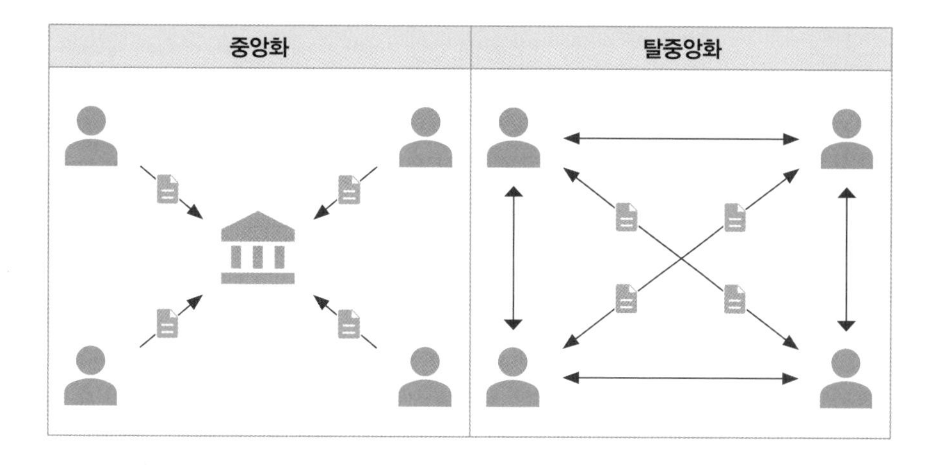

[그림 08] **App과 DApp**(출처: Medium Shaan Ray What is a DAPP? 2018)
https://towardsdatascience.com/what-is-a-dapp-a455ac5f7def

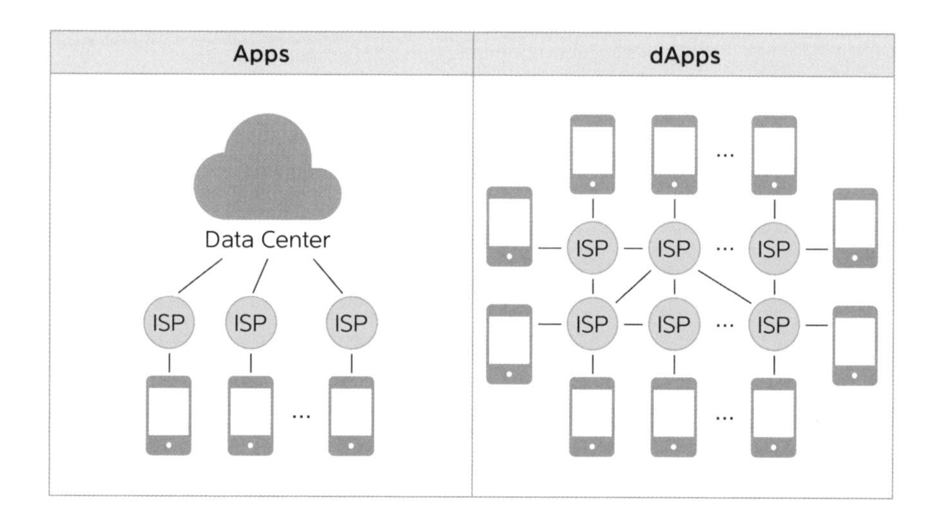

단은 2015년에 ICO를 통해 약 50만 달러를 모금했다. IOTA는 사물 인터넷(IoT) 환경에서의 거래를 지원하기 위해 설계된 블록체인 없이 작동하는 분산원장 기술(Tangle)을 사용한다.

ICO는 전 세계의 투자자들로부터 빠르게 자금을 모을 수 있다. 전통적인 금융기관을 거치지 않고 직접 자금을 조달할 수 있으며 초기 단계의 혁신적인 프로젝트에 투자할 수 있는 기회를 제공한다. 그러나 많은 나라에서 ICO에 대한 명확한 규제가 없으며, 이는 투자자 보호에 대한 문제를 일으킬 수 있다. 일부 ICO는 사기성 프로젝트일 수 있으며, 투자자들은 신중하게 평가해야 한다. 또한 ICO를 통해 발행되는 토큰의 가치는 매우 변동성이 클 수 있으며, 투자자들에게 큰 손실을 초래할 수 있다.

ICO는 혁신적인 블록체인 프로젝트가 자금을 모으고 성장할 수 있는 중요한 방법 중 하나이다. 그러나 투자자들은 프로젝트의 신뢰성과 가능성을 철저히 평가하고 신중하게 투자 결정을 내려야 한다.

16 금융생태계가 경천동지한다: 분산화 금융 DeFi의 출현

블록체인은 단순한 디지털 코인이나 가상자산으로 시작해 이제 글로벌 금융시스템 전반을 혁신할 수 있는 포괄적인 기술 플랫폼으로 발전했다. 이 기술은 계속해서 발전하고 있으며, 다양한 산업에서 새로운 변화를 이끌 것으로 예상된다. 특히 2020년 이후 이더리움 기반의 DeFi(탈중앙화 금융) 프로젝트가 폭발적으로 증가하면서, 블록체인 기술이 가상자산 거래 일변도를 벗어나 금융 서비스 전 분야에서 실제 사용 사례를 창출하기 시작했다.

DeFi, 또는 'Decentralized Finance'(탈중앙화 금융)는 전통적인 금융시스템의 기능을 블록체인 기술을 이용해 재구성하는 개념이다. DeFi는 은행이나 기타 금융 중개기관 없이도 금융 서비스를 이용할 수 있게 하는 탈중앙화된 네트워크를 통해 이루어진다.

이더리움은 DeFi 애플리케이션 개발에 가장 널리 사용되는 플랫폼 중 하나이다. DeFi는 중앙집중형 기관 없이 작동한다. 대신 스마트 컨트랙트가 금융 규칙을 실행하고, 트랜잭션은 블록체인상에서 투명하게 처리된다. 누구나 DeFi 플랫폼에 접근할 수 있으며, 사용자는 은행 계좌가 없거나 신용 기록이 부족한 상태에서도 서비스를 이용할 수 있다. 다양한 DeFi 애플리케이션이 서로 호환될 수 있도록 설계되어 있어, 사용자는 여러 서비스를 조합하여 사용할 수 있다. 모든 트랜잭션과 계약 조건이 블록체인에 공개되므로, 높은 수준의 투명성을 보장받을 수 있다.

DeFi의 주요 구성 요소인 스테이블 코인은 가치가 주요 통화(예: USD)에 고정되어 있어 가상자산 가격 변동성을 최소화하는 통화이다. 예를 들어, USDC와 DAI는 가장 널리 사용되는 스테이블 코인이다. 사용자는 자신의 가상자산을 담보로 제공하고 대출을 받을 수 있다. 예를 들어, 에이브(Aave)와 컴파운드(Compound)는 이더리움 기반의 대출 서비스를 제공한다. DeFi의 핵심 플랫폼인 분산 거래소(DEX)는 중앙집중형 거래소와 달리, 사용자가 직접 가상자산을 교환할 수 있게 하며, 유동성 공급자는 풀에 자산을 예치하여 수수료를 벌 수 있다. 예를 들어, 유니스왑(Uniswap)과 스시스왑(SushiSwap)은 인기 있는 DEX이다. 사용자가 유동성 풀에 자산을 예치하면 거래 수수료의 일부를 보상으로 받는다. 이를 통해 프로토콜은 필요한 유동성을 확보하고, 사용자는 수익을 얻을 수 있다. 스마트 컨트랙트의 실패나 기타 금융 리스크를 보호하기 위한 DeFi 보험 서비스도 있다. 예를 들어, 넥서스 뮤추얼(Nexus Mutual)은 이러한 종류의 보험을 제공한다.

그러나 DeFi는 여전히 발전 중인 기술이며, 여러 리스크와 도전 과제를 안고 있다. 이에는 기술적 결함, 시장 변동성, 규제의 불확실성, 스마트 컨트랙트의 보안 문제 등이 포함된다. 따라서 투자와 참여 전 충분한 조사와 이해가 필요하다. 이러한 DeFi 생태계는 기존 금융시스템에 대한 강력한 대안을 제시하며, 금융의 미래에 혁신적인 변화를 가져올 수 있는 잠재력을 지니고 있다. 이는 전통적인 금융시스템과는 독립적으로 운영될 수 있는 새로운 금융시스템의 가능성을 열었다. 이더리움은 DeFi 응용 프로그램의 가장 인기 있는 플랫폼이 되었으며, 유니스왑(Uniswap), 에이브(Aave), 컴파운드

(Compound)와 같은 프로젝트는 수십억 달러 규모의 자산을 관리하게 되었다.

2024년 현재, DeFi 시장은 빠르게 성장하고 있다. 2022년에는 시장 규모가 약 136억 1천만 달러로 추정되었으며, 2030년까지 약 2311억 9천만 달러에 이를 것으로 예상된다. 연평균 성장률(CAGR)은 46%에 달한다. 반면, 전통 금융시장은 훨씬 더 크다. 은행, 자산 관리, 보험 및 금융 자문을 포함한 글로벌 전통 금융 서비스 시장의 가치는 수조 달러에 달한다. 예를 들어, 글로벌 은행 산업만 해도 최근 추정치에 따르면 134조 달러 이상의 가치가 있다. 자산 관리 산업의 관리 자산(AUM)은 약 103조 달러에 이르며, 글로벌 보험 시장 규모는 약 5조 5천억 달러로 추정된다.

DeFi는 투명성 증대, 비용 절감 및 금융 포용성 증대와 같은 독특한 이점을 제공하며, 특히 은행 서비스가 부족한 인구에게 유용하다. 이는 DeFi의 채택과 미래 성장을 촉진하고 있다. DeFi는 큰 가능성을 지니고 있지만, 규제 불확실성, 상호운용성 문제 및 보안 문제와 같은 도전 과제에 직면해 있으며, 이는 확장과 수용에 영향을 미칠 수 있다. DeFi의 현재 시장 규모는 전통 금융 부문에 비해 작지만, 향후 금융 산업을 재편할 수 있는 혁신 요소로 자리 잡아가고 있다.

[표 07] **DeFi와 전통 금융 서비스**(출처: 업비트 투자자보호센터 DeFi란 무엇인가? 2022)

https://upbitcare.com/academy/education/blockchain/333

구분	DeFi	전통적인 금융서비스
자금 사용에 대한 권한	개인	금융서비스 회사
자금 사용 내용에 대한 조회	• 개인이 직접 조회하고 관리함	• 신뢰할 만한 금융회사에 의탁함
자금 송금의 범위 및 시간	• 국내, 국외 제한없이 빠르게 송금 가능함	• 국내의 경우 빠르게 송금이 가능함 • 해외의 경우 절차 복잡하고 오랜 시간 걸림
서비스 이용에 대한 자격	• 모든 사람들에게 열려 있음 • 국가, 인종 등의 차별이 없음	• 국가마다 상이함 • 모든 사람들에게 열려 있지 않음
투명성	• 모든 거래내역이 모든 이들에게 공개됨 • 서비스가 코드로 만들어져 있으며 오픈소스로 공개되어 있음	• 사용자들에게 공개되어 있으며 서비스 회사간 정보를 공유함 • 오픈소스 등으로 모든 이들에게 열려 있는 서비스는 아님
위험성	• 오픈소스이고 해킹의 위험이 존재함 • 아직은 초기시장이라 다양한 리스크에 노출되어 있음	• 국가에 따라서 상이함 • 해당 금융서비스 회사에 따라서 파산 시 일부 자금에 대해서 국가가 보장해주는 경우가 있음

17 NFT(Non-Fungible Token)

2021년 대체불가토큰 NFT가 출현하여 유명인들을 중심으로 대체불가 토큰이 대중적으로 큰 인기를 끌기 시작했다. NFT(Non-Fungible Token)는 블록체인 기술을 이용하여 디지털자산의 소유권을 증명하는 디지털 증서이다. 예술, 음악, 비디오, 게임 아이템 등 다양한 디지털 콘텐츠가 NFT로 발행될 수 있다. 최근 몇 년 동안 많은 유명 인사들이 NFT를 발행하거나 거래에 참여하면서 큰 주목을 받았다. 디지털 아티스트 Beeple은 2021년 3월, NFT 작품인 'Everydays: The First 5000 Days'를 경매에서 약 6900만 달러에 판매했다. 이는 NFT 시장에서 가장 큰 거래 중 하나로, NFT의 대중화에 큰 기여를 했다. 가수 그라임스는 자신의 디지털 아트와 음악을 포함한 NFT 컬렉션을 2021년 3월 경매에서 약 600만 달러에 판매했다. 그녀는 자신이 창작한 다양한 디지털 콘텐츠를 NFT 형태로 제공하여 팬들과 직접적인 연결을 만들었다. 타코 벨은 자사 브랜드를 홍보하기 위해 'Taco Art' NFT 컬렉션을 발행했다. 이 컬렉션은 발매 즉시 매진되었으며, 수익금은 타코 벨 재단을 통해 자선 단체에 기부되었다. 축구 선수 리오넬 메시도 자신의 NFT 컬렉션을 발행했다. 이 컬렉션은 메시의 경력 하이라이트와 개인적인 순간들을 디지털 아트로 표현한 것으로, 많은 팬들로부터 큰 호응을 얻었다. 릴 디키(Lil Dicky)는 자신의 애니메이션 시리즈 'Dave'의 장면을 NFT로 발행했다. 이는 TV 콘텐츠와 NFT의 결합을 시도한 사례로 주목받았다. 유명 인사들의 참여로 인해 NFT 시장은 더 많은 주목을 받게 되었고, 이는 NFT에 대한 대중의 인식을 높이는 데 큰 역할을 했다. 유명 인사들은 자신의 팬들과 더 직접적으로 소통하고, 창작물에 대한 새로운 수익 창출 방식을 모색할 수 있게 되었다.

상기 이외에 대표적인 NFT(Non-Fungible Token) 프로젝트와 그 특징들을 추가적으로 소개하면 다음과 같다. 라바랩스(Larva Labs)가 창작한 크립토펑크(CryptoPunks)는 1만 개의 고유한 24×24 픽셀 아트 이미지로 구성되어 있으며, 각 이미지는 서로 다른 특징과 속성을 가지고 있다. 초기 NFT 프로젝트 중 하나로, NFT 컬렉션의 대중화를 이끌었다. 일부 크립토펑크는 수백만 달러에 거래되었으며, 특히 희귀 속성을 가진 펑크(Punks)가 높은 가치를 인정받는다. 1만 개의 크립토펑크 중 일부는 특별히 희귀한 속성을 가지고 있으며, 이러한 희귀성은 거래 가격에 큰 영향을 미친다. 예를 들어, 외계인, 좀비, 원숭이와 같은 특수 캐릭터는 매우 높은 가치를 지닌다. 처음에는 무료로 배포되었으며, 초기 사용자들은 이더리움 지갑을 통해 크립토펑크를 무료로 청구할 수 있었다. 현재는 희귀성과 인기로 인해 높은 가격에 거래되고 있다. 크립토펑크는 디지털 아트 및 NFT 시장의 대중화에 큰 기여를 했다. 많은 예술가와 창작자들이 이 프로젝트를 통해 NFT의 가능성을 인식하게 되었다. 2021년 3월, 크립토펑크 #7804와 #3100이 각각 약 760만 달러에 판매되었다. 이 두 펑크는 외계인 속성을 가지고 있어 특히 희귀하다.

[그림 09] **Crypto Punks**(출처: 크립토펑크 홈페이지)
https://cryptopunks.app

다음으로 유가랩스(Yuga Labs)가 창작한 게으른 원숭이 요트 클럽(Bored Ape Yacht Club, BAYC) NFT가 있다. 1만 개의 고유한 만화 스타일의 원숭이 이미지로 구성되어 있으며, 각각의 원숭이는 다양한 배경, 옷, 액세서리 등으로 커스터마이즈되어 있다. BAYC 소유자는 특별한 이벤트와 클럽 멤버십에 접근할 수 있는 혜택을 받는다. 여러 유명 인사들이 BAYC NFT를 구입하여 소유하고 있으며, 이는 BAYC의 인기를 더욱 높였다.

스카이 마비스(Sky Mavis)가 창작한 액시 인피니티(Axie Infinity)는 액시(Axie)라는 디지털 생물을 수집, 육성, 전투에 사용하는 블록체인 기반 게임이다. 각 액시는 NFT로 발행되어 있으며, 게임 내에서 거래, 교배, 전투에 사용된다. 액시 인피니티는 P2E(Play-to-Earn) 모델로 큰 인기를 끌고 있다. 플레이어들이 액시를 통해 수익을 올리고 있으며, 특히 필리핀과 같은 국가에서 인기가 높다.

다양한 아티스트들이 참여하여 창작한 아트 블록(Art Blocks)는 온체인 생성 아트 프로젝트로, 아티스트들이 코드를 작성하여 랜덤하게 생성되는 예술 작품을 만들 수 있다. 각 작품은 유일무이하며, 생성 과정에서 다양한 변수가 반영된다. 드미트리 체르니악(Dmitri Cherniak)의 'Ringers' 시리즈와 같은 작품들이 고가에 거래되었다. 이외에도 다양한 NFT 프로젝트들이 계속 해서 등장하고 있으며, 각 프로젝트는 고유한 창의성과 가치를 지니고 있다. NFT 시장은 빠르게 변화하고 있으며, 새로운 트렌드와 기술이 계속해서 추가되고 있다.

NFT(Non-Fungible Token)와 전통적인 가상자산(Fungible Token)의 주요 차이점은 다음과 같다. NFT는 비대체성, 비록 같은 블록체인 네크워크에서 채굴(민팅)되었더라도 각 토큰이 고유한 특성을 가지고 있어 서로 대체할 수 없다. 예를 들어, 하나의 NFT는 특정 디지털 아트 작품을 나타내며, 다른 NFT와 동일하지 않다. 반면 가상자산은 대체 가능성, 즉 각각의 토큰이 동일한 가치를 가지고 있어 서로 교환할 수 있다. 예를 들어, 비트코인 하나는 다른 비트코인 하나와 동일한 가치와 특성을 가진다. NFT는 주로 디지털자산의 소유권을 증명하는 데 사용된다. 디지털 예술, 수집품, 게임 아이템, 음악 등 다양한 디지털자산이 NFT로 발행된다. 다른 가상자산들은 주로 가치의 저장, 거래 수단, 가치 전송 수단으로 사용된다. 비트코인, 이더리움, 라이트코인 등은 거래와 결제의 수단으로 널리 사용되고 있다. NFT는 주로 이더리움 블록체인에서 ERC-721, ERC-1155 표준을 사용하여 발행된다. 이러한 표준은 각 토큰의 고유성을 보장한다. 가상자산은 ERC-20과 같은 표준을 사용하며, 동일한 표준 내의 모든 토큰은 동일한 속성을 가진다. NFT는 OpenSea, Rarible, Foundation 등과 같은 특화된 NFT 마켓플레이스에서 거래된다. 반면 가상자산들은 Binance, Coinbase, Kraken 등의 가상자산 거래소에서 거래된다.

향후 NFT 시장은 계속해서 성장할 것으로 예상된다. 디지털 예술, 음악, 게임 등의 다양한 산업에서 NFT를 활용한 새로운 비즈니스 모델이 등장하고 있다. 더욱이 NFT는 메타버스와의 결합을 통해 가상 부동산, 가상 아이템 등의 소유권 증명으로 사용될 수 있으며, 이는 NFT의 수요를 더욱 증가시킬 것이다. 현재 참여 규모는 많이 줄었지만, 여전히 유명 인사들과 기업들이 NFT 시장에 참여하고 있으며, 이는 대중의 관심을 끌고 시장의 신뢰성을 높이는 데 기여하고 있다. NFT의 기술적인 측면에서도 많은 발전이 예상된다. 특히, 더 나은 확장성과 낮은 수수료를 제공하는 새로운 블록체인 플랫폼들이 등장할 것이다. 이더리움 2.0의 출시와 같은 업그레이드는 NFT 거래의 효율성을 높일 것으로 기대된다. NFT와 가상자산 시장이 성장함에 따라, 이에 대한 규제와 법적 프레임워크가 더욱 명확해질 것이다. 이는 시장의 안정성을 높이고 투자자 보호를 강화할 수 있다. 현재의 PoW(Proof of Work) 기반 블록체인의 환경적 영향을 줄이기 위한 노력이 계속될 것이다. 에너지 효율이 높은 PoS(Proof of Stake) 및 기타 친환경 합의 알고리즘의 도입이 증가할 것이다. NFT와 가상자산은 각각 고유한 특성과 사용 목적을 가지고 있으며, 빠르게 변화하는 기술 및 시장 환경에 따라 그 활용도가 더욱 다양해지고 있다. 향후 발전 전망은 기술적 혁신, 규제의 진화, 그리고 시장 참여자의 다양성에 따라 크게 달라질 것이다. 그러나 NFT 시장에는 여전히 많은 논란과 도전 과제가 있다. 일부에서는 NFT의 환경적 영향, 시장의 투기성, 그리고 저작권 및 소유권 문제 등을 지적하고 있다. 그럼에도 불구하고, NFT는 디지털 경제에서 중요한 요소로 자리 잡고 있으며, 유명 인사들의 참여는 이러한 트렌드를 가속화할 것으로 예상된다.

NFT 발행 및 거래를 위해 다양한 플랫폼이 등장하고 있다. 현재 가장 크고 인기 있는 NFT 플랫폼은 OpenSea로서 다양한 종류의 NFT를 실시간으로 사고 팔 수 있다. 예술작품부터 가상 부동산, 수집품까지 다양한 카테고리의 NFT를 거래할 수 있다. 사용자는 자신의 NFT를 만들어 판매할 수도 있고, 다른 사람들이 만든 NFT를 구매할 수도 있다. OpenSea 이외에 주목을 받고 있는 플랫폼들도 존재한다. Rarible은 사용자가 NFT를 생성하고 판매할 수 있는 분산형 플랫폼이다. 자체 토큰인 RARI를 사용하여 커뮤니티

거버넌스와 보상 시스템을 제공한다. 슈퍼레어(SuperRare)는 디지털 아트 작품을 위한 고급 시장으로, 예술가들이 그들의 독특한 작품을 판매할 수 있는 공간을 제공한다. 슈퍼레어는 예술의 질에 중점을 두고 있다. 파운데이션(Foundation)은 창작자와 수집가를 연결하는 창의적인 프로젝트와 예술 작품의 경매를 중심으로 한 플랫폼이다. 예술가들이 자신의 작품을 통해 큰 수익을 올릴 수 있도록 지원한다. 조라(Zora)는 완전히 분산되어 운영되는 NFT 플랫폼으로, 창작자가 자신의 디지털상품에 대한 지속적인 시장 기여를 받을 수 있도록 설계되었다. 민터블(Mintable)은 사용자가 쉽게 NFT를 만들고 판매할 수 있는 플랫폼이다. 이 플랫폼은 가스비 없이 NFT를 생성할 수 있는 옵션을 제공하는데, 이로 인해 이더리움 블록체인상의 거래비용을 절감할 수 있다.

NFT 플랫폼은 각각 고유의 특성과 장점을 가지고 있어, 사용자의 필요와 선호에 따라 선택할 수 있다. NFT 마켓플레이스를 선택할 때는 해당 플랫폼의 수수료, 사용 용이성, 지원되는 자산 유형, 커뮤니티 활동 등을 고려하는 것이 중요하다. NFT 시장은 아직 초기 단계에 있어 다양한 발전 가능성을 가지고 있으며, 향후 기술과 예술, 게임, 수집품 등 여러 분야에서의 혁신적인 변화를 이끌어 갈 것으로 기대된다.

[그림 10] **주요 NFT 거래소(Opensea, Rarible, SuperRare)**

(출처: 각 기업 홈페이지 캡쳐)

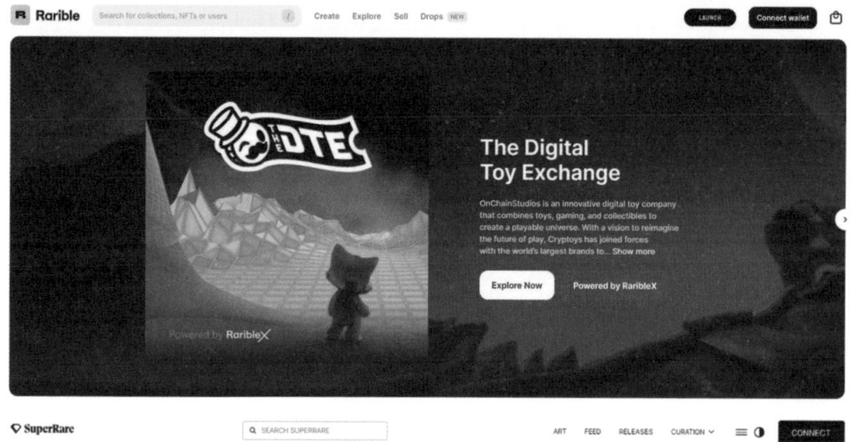

18 STO 및 RWA

증권 토큰 공개(STO)는 블록체인 기술을 이용하여 자산을 디지털 방식으로 토큰화하고, 이를 통해 자금을 조달하는 방식이다. STO는 전통적인 증권 발행과 유사하지만, 블록체인을 통해 더 효율적이고 투명하게 관리된다. 증권 토큰은 주식, 채권, 부동산, 상품 등 실제 자산에 대한 소유권을 나타내며, 이를 통해 투자자에게 법적 권리를 제공한다. 이는 회사 전체의 가치를 대상으로 발행되는 기존 주식과 큰 차이가 있다. STO는 기존 증권법을 준수해야 하므로, 투자자 보호와 투명성이 보장된다. 자산을 디지털 토큰으로 변환하여 거래할 수 있어 유동성을 증가시키고, 소액 투자도 가능하게 한다. 블록체인 기술을 이용하여 거래 내역이 투명하게 공개되며 중개자를 줄이고, 자동화된 스마트 컨트랙트를 통해 거래를 효율적으로 처리할 수 있다.

tZERO는 Overstock.com의 자회사로, 블록체인 기반의 토큰 거래 플랫폼을 제공한다. tZERO는 다양한 증권 토큰을 상장하고 거래할 수 있는 인프라를 구축하였다. 규제 준수를 보장하며, 주식, 채권 등 다양한 자산을 토큰화하여 거래할 수 있다. 폴리매스(Polymath)는 증권 토큰을 발행하고 관리하는 플랫폼을 제공한다. 폴리매스는 사용자가 규제 준수 증권 토큰을 쉽게 발행할 수 있도록 지원한다.

현실 세계 자산(RWA)은 블록체인을 통해 디지털 토큰으로 전환된 실제 물리적 자산을 의미한다. RWA는 부동산, 금, 예술품, 자동차 등 다양한 자산을 포함하며, 이를 토큰화함으로써 더 쉽게 거래하고 유동성을 증가시킬 수 있다. 블록체인을 통해 자산의 소유권과 거래 내역이 투명하게 관리되며 누구나 소액으로도 자산에 투자할 수 있게 되어, 투자 기회가 확장된다.

리얼티(RealT)는 부동산 자산을 토큰화하여 투자자들이 소액으로 부동산에 투자할 수 있게 하는 플랫폼이다. 투자자는 부동산의 소유권을 나타내는 토큰을 보유하게 되며, 임대 수익을 받을 수 있다. 신세틱스(Synthetix)는 다양한 현실 세계 자산을 토큰화하여 거래할 수 있는 탈중앙화 금융(DeFi) 플랫폼이다. 신세틱스는 금, 은, 주식 등 다양한 자산의 파생상품을 제공한다.

STO와 RWA의 결합은 전통적인 자산을 디지털 토큰으로 변환하여 거래할 수 있게 함으로써, 투자자에게 더 많은 기회를 제공한다. 예를 들어, 부동산 개발 프로젝트는 STO를 통해 자금을 조달할 수 있으며, 투자자는 부동산 자산을 나타내는 증권 토큰을 보유하게 된다. 이는 투자자에게 실제 자산에 대한 소유권을 제공하며, 자산의 유동성을 증가시킨다. 다만 RWA는 STO가 증권법에 따른 엄격한 규제를 받는 증권임에 비해 아직 당국의 구체적 규제나 조치가 없는 토큰으로 ICO 등을 통한 발행과 유통이 자유롭다.

증권 토큰 공개와 현실 세계 자산의 토큰화는 금융 생태계에 혁신적인 변화를 가져오고 있다. STO는 전통적인 금융상품의 디지털전환을 통해 자본시장의 효율성과 투명성을 높이며, RWA는 물리적 자산의 유동성을 높여 투자 기회를 확대한다. 이 두 기술의 결합은 미래의 금융시스템이 더욱 접근 가능하고 포괄적이며 효율적으로 발전할 수 있는 가능성을 열어주고 있다.

19 비트코인과 함께하는 블록체인 산업

비즈니스 인텔리전스 회사인 마이크로스트레티지(MicroStrategy)는 약 174,530개의 비트코인을 보유하고 있으며, 이는 수십억 달러에 해당하는 금액이다. 이 회사는 비트코인을 주요 재무 전략의 일부로 채택하여 대표적인 기업 투자자로 자리매김했다. 전기차 제조업체인 테슬라(Tesla)는 2021년에 비트코인 15억 달러어치를 구입했으며, 2024년 3월 기준 11,510BTC를 보유하고 있다. 테슬라는 비트코인을 유동성을 증명하는 수단으로 활용했다고 밝혔다. 갤럭시 디지털 홀딩스(Galaxy Digital Holdings)는 블록체인과 가상자산 분야에서 활동하는 금융 서비스 회사로, 다양한 가상자산 관련 서비스를 제공한다. 이 회사는 15,000개 이상의 비트코인을 보유하고 있으며, 가상자산 투자 및 자문 서비스를 제공하는 주요 기관 중 하나이다. 그레이스케일 인베스트먼트(Grayscale Investments, GBTC)는 비트코인을 보유한 주요 기관 중 하나로, 비트코인 및 다른 디지털자산에 대한 대규모 투자를 통해 주목할 만한 기업이다. 그레이스케일 인베스트먼트는 많은 비트코인을 보유하고 있으며, 이는 개별 투자자들이 인덱스펀드 등을 통해 비트코인 시장에 간접적으로 참여할 수 있는 방법을 제공한다. 최근에는 미국 증권거래위원회(SEC)로부터 비트코인을 실물선물거래에 합법적으로 편입한다는 결정을 통해, 기관은 물론 개인들에게도 더욱 활발하게 가상자산 펀드 매니징 사업을 추진할 수 있게 되었다.

[표 08] **비트코인 보유 기업(2024. 02. 20 기준)**
(출처: CoinGecko(accessed Feb 20, 2024))

기업	국적	보유 비트코인 수	추정 가치 (USD)
MicroStrategy	미국	174,530	$9.0B
Galaxy	미국	17,518	$912M
Marathon	미국	13,716	$714M
Tesla	미국	10,500	$547M
Hut 8	캐나다	9,366	$488M
Coinbase	미국	9,181	$478M
Block	미국	8,027	$418M
Riot	미국	7,327	$381M
Hive	캐나다	2,596	$135M
CleanSpark	미국	2,575	$134M
Nexon	일본	1,717	$89M
Exodus	미국	1,651	$86M

비트코인은 가장 많이 사용되는 퍼블릭 네트워크로서 다양한 프로젝트에 활용되고 있으며, 가상자산 시장을 주도하고 있다. 2008년 사토시 나카모토에 의해 처음 소개된 비트코인은 중앙 권한 없이 거래를 기록하고 검증하는 분산형 시스템을 제안했다. 이 기술은 거래의 투명성과 보안성을 높여주며, 이중 지불 문제를 해결하고 중개자의 필요성을 제거한다. 비트코인의 성공

은 블록체인 기술의 가능성을 입증하며, 다른 가상자산과 다양한 블록체인 기반 애플리케이션의 개발을 촉진했다. 예를 들어, 라이트코인과 비트코인 캐시와 같은 알트코인은 비트코인의 기술을 기반으로 개발되었으며, 각각의 프로젝트는 다양한 개선과 새로운 기능을 추가하여 블록체인 생태계를 확장하고 있다.

현재 가상자산 시장에서 비트코인은 선두주자로서 시장의 방향을 설정하고, 투자자들의 관심을 끌고 있다. 이는 이더리움, 리플, 라이트코인 등 수많은 알트코인의 탄생을 촉발시켰으며, 이러한 알트코인의 가격 등락에도 큰 영향을 미치고 있다. 특히, 미국 증권거래위원회(SEC)가 비트코인을 선물환 투자 펀드로 지정한 것은 블록체인이 제도권으로 편입되는 신호탄이 되었다. 이는 비트코인의 광범위한 채택을 증명하고, 전 세계적으로 규제와 정책 논의를 촉진하는 계기가 되었다. 비트코인의 이러한 역할은 다양한 블록체인 프로젝트에 영감을 주고 있으며, 예를 들어 IBM의 푸드 트러스트(Food Trust) 네트워크는 블록체인 기술을 사용하여 식품 공급망의 투명성과 안전성을 높이고 있다. 이처럼 비트코인은 블록체인 산업의 발전을 견인하는 중요한 역할을 하며, 디지털 혁명의 중심에 서 있다.

20 가상자산, 가격급변의 동인은 무엇인가?

비트코인의 가격 변동 역사를 간략히 살펴보면 다음과 같다. 2009년 비트코인이 처음 발행되었을 때는 거의 가치가 없었다. 2010년 비트코인은 처음으로 거래되기 시작했고, 1만 비트코인으로 피자 두 판을 구매한 유명한 사건이 발생했다. 2013년에는 비트코인이 1천 달러를 넘어서기 시작했다. 2017년 말 비트코인은 2만 달러에 육박하는 사상 최고치를 경신한 후 급락했다. 2018년과 2019년 동안 비트코인은 대체로 3천 달러에서 1만 달러 사이에서 거래되었다. 2020년 코로나19 대유행 기간 동안 비트코인은 연말까지 2만 달러를 다시 돌파하며 상승세를 보였다. 2021년 4월 비트코인은 6만 4천 달러 이상으로 사상 최고치를 기록했다가 몇 차례 조정을 겪으며 변동성이 계속되었다.

2022년 금융시장의 불확실성과 여러 거시 경제 요인으로 인해 비트코인은 2만 달러 이하로 떨어지기도 했다. 최근 비트코인의 가격 변동은 몇 가지 중요한 사건들에 의해 영향을 받았다. 2024년 4월 비트코인의 네 번째 반감이 완료되었으며, 이는 보상이 블록당 3.125BTC로 감소됨을 의미한다. 반감

이후 가격 움직임은 크게 드라마틱하지 않았으며, 가상자산 시장의 성숙도가 이전보다 훨씬 높아진 것으로 평가된다. 또한, 시장 감정, 규제 동향, 글로벌 사건들이 비트코인 가격에 영향을 미칠 수 있다. 2024년 7월 현재 비트코인의 가격은 약 6만 2천 달러이며, 비트코인 시장은 전반적으로 변동성이 큰 특징을 보여 왔다.

가상자산 가격 변동의 주요 원인은 여러 가지 요인에 의해 영향을 받는다. 이러한 요인들은 전통적인 금융시장의 동인과 유사할 수 있지만, 가상자산 특유의 요소들도 존재한다. 가상자산의 가격은 기본적으로 시장의 수요와 공급에 의해 결정된다. 투자자와 사용자가 코인에 대한 수요를 증가시키면 가격이 상승하고, 반대로 수요가 감소하면 가격이 하락한다. 새로운 코인의 발행(예: 채굴) 또한 공급에 영향을 미쳐 가격에 변동을 일으킬 수 있다. 정부의 정책이나 법률 변경은 가상자산 시장에 큰 영향을 미칠 수 있다. 어떤 국가에서 가상자산의 사용을 금지하거나 제한하는 법률을 시행할 경우, 가격이 급락할 수 있다. 반대로 가상자산의 사용을 합법화하거나 지원하는 규제는 가격을 상승시킬 수 있다.

블록체인 기술의 발전과 그에 따른 네트워크의 보안 강화 또는 약화는 직접적으로 가격에 영향을 미친다. 예를 들어, 스케일링 개선, 거래 속도 증가, 하드 포크, 소프트 포크 등은 모두 투자자의 신뢰와 관심을 증가시켜 가격에 긍정적 혹은 부정적 영향을 미칠 수 있다. 가상자산 시장은 비교적 새롭고 규제가 덜한 부분이 있기 때문에, 시장 조작의 가능성이 높다. 특정 집단이나 개인이 대량 매수 또는 매도를 통해 가격을 인위적으로 조작할 수 있다. 이러한 행위는 가격의 급격한 변동을 초래할 수 있다. 대형 기관 투자자들의 가상자산 시장 참여는 시장에 큰 영향을 미친다. 예를 들어, 대형 투자 기업이 비트코인에 대량 투자를 하게 되면, 그 수요 증가로 인해 가격이 상승할 수 있다. 반대로 기관 투자자들이 가상자산을 매도할 경우, 가격은 급락할

[그래프 02] **bitcoin 가격 그래프**(출처: 코인마켓캡)
https://coinmarketcap.com/currencies/bitcoin

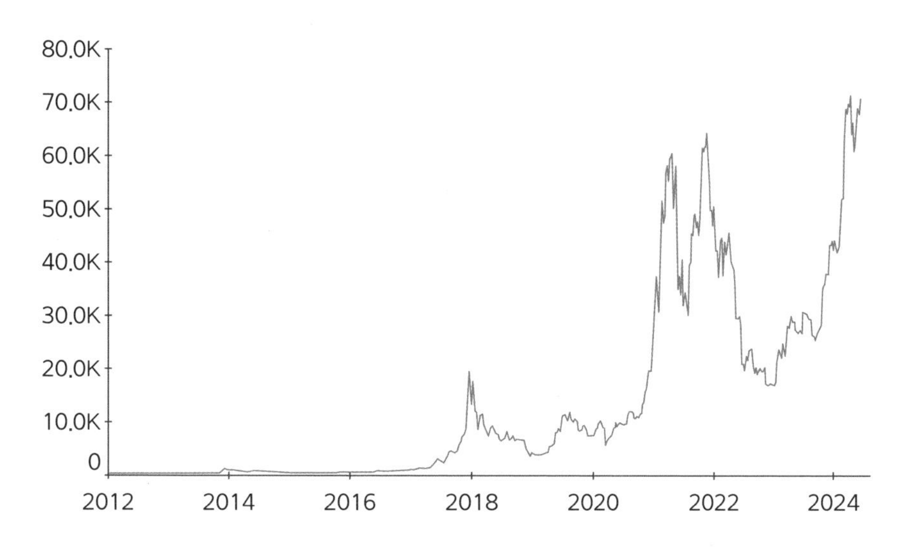

수 있다.

미디어 보도와 일반 대중의 인식도 가상자산 가격에 중요한 역할을 한다. 긍정적인 뉴스나 유명 인사들의 지지는 가격을 상승시킬 수 있으며, 부정적인 보도나 사건(예: 보안 사고, 해킹)은 가격을 떨어뜨릴 수 있다. 이러한 다양한 요인들은 상호 연결되어 있으며, 종종 복합적으로 작용하여 가상자산의 가격 변동을 초래한다. 이는 가상자산 시장이 다른 전통적 금융시장과 비교하여 더 불안정하고 예측하기 어려울 수 있음을 의미한다. 비트코인의 가격은 여러 외부 요인, 시장 심리, 금융 규제 변화, 기술 발전 등에 따라 큰 변동성을 보여왔다. 따라서 투자 시 이러한 요인들을 고려하는 것이 중요하다. 현재 비트코인의 정확한 가격이나 최신 가격 동향을 알고 싶다면, 실시간 가상자산 가격 정보를 제공하는 웹사이트를 방문하는 것이 좋다.

디지털 금융 혁명의 시발점: 블록체인이 금융업에 미치는 영향

블록체인 기술은 디지털 금융 혁명의 중심에 서 있으며, 금융업에 혁신적인 영향을 미치고 있다. 이 기술은 금융 거래의 투명성, 보안, 효율성을 극대화하며, 중개자 없이도 거래를 실행할 수 있는 가능성을 열었다. 이는 일상생활에서의 금융 활동에 근본적인 변화를 가져왔으며, 특히 개인과 소기업에게 더 많은 기회를 제공하고 있다.

금융의 역사와 디지털 혁신, 그리고 블록체인 기술 간의 연결 고리는 매우 흥미로운 주제이다. 이 세 분야는 시간이 흐르면서 상호 작용하며, 현대 금융시스템에 혁명적인 변화를 가져왔다. 다음은 이러한 각 단계와 관련된 주요 기관 및 프로젝트를 포함한 개요이다.

전통적인 금융시스템의 발전은 수천 년에 걸쳐 이루어졌다. 고대의 물물교환 시스템에서 시작하여, 금과 은과 같은 귀중한 금속을 사용하는 화폐 체계로 발전했다. 20세기에 들어서는 중앙은행이 화폐 발행의 중심 역할을 하게 되었고, 이는 현대 금융의 기반이 되었다. 20세기에 들어 디지털 기술의 등장은 금융 서비스의 접근성과 효율성을 크게 향상시켰다. 1970년대의 전자 금융 거래 개발과 함께, 인터넷의 보급은 1990년대와 2000년대에 온라인 뱅킹과 결제 시스템을 확대하였다. 페이팔(PayPal)과 같은 기업들은 온라인 결제를 쉽게 만들어 전 세계적으로 디지털 거래가 확산될 수 있는 토대를 마련했다.

2008년, 비트코인과 함께 처음으로 등장한 블록체인 기술은 분산원장 기술을 사용하여 금융 거래의 투명성과 보안을 한 단계 끌어올렸다. 이 기술은 중앙집중식 기관 없이도 금융 거래의 신뢰성을 보장할 수 있게 하며, 금융 서비스의 비용을 낮추고 접근성을 높이는 데 큰 역할을 했다. 리플은 국제 송금 시장에서 블록체인 기술을 활용하여 거래 시간을 단축시키고 비용을 절감하는 솔루션을 제공한다. 이 프로젝트는 전 세계 은행과 금융기관들과 협력하여, 빠르고 저렴한 국제 거래를 가능하게 한다.

스마트 컨트랙트를 도입함으로써, 이더리움은 사용자가 복잡한 금융 거래를 프로그래밍하고 자동화할 수 있도록 했다. 이더리움 플랫폼은 다양한 금융 애플리케이션과 서비스의 개발을 촉진했다. DeFi(탈중앙화 금융)는 전통적인 금융 중개자 없이 금융 서비스를 제공하는 블록체인 기반의 프로토콜이다. 이 섹터에서는 다양한 금융 서비스를 제공하며, 이는 투명하고 신뢰할 수 있는 금융시스템을 구축하는 데 기여하고 있다.

블록체인과 비트코인에 대한 각국 정부의 정책은 금융 혁신에 중대한 영향을 미치고 있다. 예를 들어, 미국과 유럽은 블록체인 기술을 통한 금융 혁신을 적극적으로 장려하고 있으며, 적절한 규제를 통해 기술의 발전을 돕고 있다. 반면에, 중국 같은 국가들은 금융 안정성을 위해 비교적 엄격한 규제를 유지하고 있다. 이러한 다양한 접근 방식은 각국의 경제적, 정치적 상황에 따라 크게 달라질 수 있다.

이러한 금융의 역사, 디지털 혁신, 그리고 블록체인 기술의 진화는 서로 깊게 연결되어 있으며, 각 단계는 다음 단계의 혁신을 위한 기반을 마련한다.

미래에는 이 세 요소가 더욱 통합되어 금융 서비스가 전 세계적으로 더욱 접근하기 쉽고 효율적이며 투명하게 변할 것이다.

블록체인이 금융업에 미치는 혁신적 영향을 실질적 성공 사례와 함께 경험적으로 살펴보겠다. 먼저 전통적인 금융시스템에 대한 블록체인 기반의 대안으로, 스마트 컨트랙트를 사용하여 은행이나 다른 금융기관 없이도 금융 서비스를 효과적으로 제공한다. 메이커다오(MakerDAO)는 이더리움 블록체인을 사용하여 DAI라는 스테이블 코인을 제공하며, 사용자는 자신의 가상자산을 담보로 DAI를 대출받을 수 있다. 이는 전통적인 신용 평가나 중앙기관의 승인 없이 이루어진다.

블록체인을 이용한 국제 송금은 거래비용을 크게 절감하고, 거래 속도를 획기적으로 향상시켰다. 리플(Ripple)은 국제 송금을 위한 전문적인 블록체인 솔루션을 제공하며, 전 세계 은행과 금융기관들과 파트너십을 맺고 있다. 리플 네트워크를 통한 거래는 몇 초 내에 완료되며, 전통적인 은행 시스템을 사용할 때보다 수수료가 현저히 낮다.

최근 실물 자산을 디지털 토큰으로 변환하여 블록체인상에서 쉽게 거래할 수 있도록 하는 기술과 서비스들이 개발되고 있다. 티제로(tZERO)는 부동산, 예술 작품 등 다양한 자산을 토큰화하여 더 넓은 투자자 기반에 거래할 수 있도록 만들었다. 이 플랫폼을 통해 투자자들은 전통적인 금융시장에서 접근하기 어려운 자산에 손쉽게 투자할 수 있다.

블록체인의 불변성은 금융 거래의 기록을 안전하게 보관하며, 누구나 검증할 수 있도록 한다. BBVA는 블록체인을 활용하여 국제 거래의 상태를 실시간으로 기록하고 감사할 수 있는 시스템을 개발했다. 이로 인해 거래 과정의 투명성이 증대되고, 사기 위험이 감소했다.

블록체인 기술은 금융 거래의 접근성을 높이고, 더 많은 사람들이 금융 서비스를 이용할 수 있도록 만든다. 예를 들어, 개발도상국의 많은 사람들이

은행 계좌를 갖지 못하는 상황에서, 블록체인 기반 모바일 지갑은 이들에게 금융 서비스를 제공하는 수단이 될 수 있다. 이는 비즈니스 기회를 확장하고, 경제적 자립을 가능하게 한다.

블록체인 기술을 적용한 혁신적 금융 솔루션은 일상 생활 속에서의 금융 거래를 더욱 신속하고, 비용 효율적이며, 안전하게 만든다. 이러한 기술의 지속적인 발전은 글로벌 금융시스템을 더욱 포용적이고 접근성 높은 방향으로 변화시키고 있다.

22 메타버스와 블록체인

메타버스는 가상현실(VR)과 증강현실(AR)을 포함한 3D 가상 세계로, 사용자가 디지털 환경에서 상호작용하고 경험을 공유할 수 있는 공간이다. 메타버스는 현실 세계와 디지털 세계의 경계를 허물며, 사용자에게 몰입감 있는 경험을 제공한다. 고도의 그래픽과 인터페이스를 통해 사용자에게 현실과 유사한 경험을 제공한다. 사용자는 아바타를 통해 가상 세계에서 다른 사용자와 상호작용할 수 있다. 메타버스는 지속적으로 존재하며, 사용자가 접속하지 않아도 가상 세계는 계속해서 발전한다. 가상 세계 내에서 경제 활동이 가능하며, 가상 재화와 서비스가 거래된다. 메타버스는 게임 산업에서 큰 인기를 끌고 있으며, 사용자는 가상 세계에서 다양한 게임을 즐길 수 있다. 가상 교실이나 훈련 시뮬레이션을 통해 교육의 질과 접근성을 높인다. 사용자들은 메타버스에서 모임, 행사, 회의 등을 통해 사회적 활동을 할 수 있다. 가상 회의, 쇼핑, 광고 등 다양한 비즈니스 활동이 메타버스에서 이루어질 수 있다.

블록체인과 메타버스는 서로 보완적인 기술로, 블록체인은 메타버스의 경제 및 금융시스템을 지원할 수 있다. 예를 들어, 블록체인 기술을 통해 메타버스 내에서의 거래를 안전하고 투명하게 관리할 수 있으며, NFT(대체 불가능 토큰)를 사용하여 디지털자산의 소유권을 증명할 수 있다. 이러한 융합은 메타버스 내에서의 신뢰성을 높이고, 사용자에게 더 많은 가능성을 제공한다. 블록체인 기반의 경제 시스템을 통해 메타버스는 더욱 발전할 가능성이 크다.

디센트럴랜드(Decentraland)는 이더리움 블록체인 기반의 가상 세계로, 사용자가 랜드를 구매하고 개발하며 다양한 콘텐츠를 제작할 수 있다. 더 샌드박스(The Sandbox)는 사용자가 가상 세계에서 게임을 만들고 자산을 거래할 수 있는 블록체인 기반의 플랫폼이다. NFT를 활용하여 자산의 소유권을 증명한다. 솜니움 스페이스(Somnium Space)는 몰입형 가상 현실 메타버스 플랫폼으로, 사용자가 아바타를 통해 상호작용하고 다양한 경험을 할 수 있다. 블록체인 기술을 통해 소유권을 관리한다. 크립토복셀스는 이더리움 블록체인 기반의 가상 세계로, 사용자가 랜드를 구매하고 건축하며 디지털 아트를 전시할 수 있는 공간을 제공한다. 앞에서 언급한 액시 인피니티(Axie Infinity)는 블록체인 기반의 게임으로, 사용자가 액시라는 디지털 생물을 수집하고 전투에 참여하며 거래할 수 있다. NFT와 블록체인을 활용하여 소유권을 관리한다.

메타버스와 블록체인의 결합은 디지털 세계에서의 경험을 더욱 풍부하고 실질적으로 만들어 준다. 이는 새로운 경제 모델과 비즈니스 기회를 창출하며, 사용자에게는 더 큰 자율성과 소유권을 제공한다. 이러한 기술적 진보는 미래의 디지털 환경을 더욱 혁신적이고 포용적으로 만들 것이다.

23 IoT와 블록체인의 융합

블록체인과 사물인터넷(IoT)은 서로 보완적인 기술로, 이들의 융합은 데이터의 보안, 투명성, 신뢰성을 크게 향상시킬 수 있다. IoT 기기는 방대한 양의 데이터를 생성하고 이를 다양한 시스템과 공유해야 하는데, 이 과정에서 보안과 데이터 무결성 문제를 해결하는 데 블록체인이 중요한 역할을 할 수 있다. 블록체인은 변경 불가능한 분산원장을 사용하여 IoT 기기가 생성하는 데이터를 안전하게 저장하며, 이를 통해 데이터의 무결성과 신뢰성을 보장한다. 또한, 블록체인은 각 기기의 데이터를 암호화하고 분산 저장함으로써 보안을 강화하고 해킹에 대한 취약성을 줄인다. 중앙 서버 없이 IoT 기기 간의 직접적인 상호작용을 가능하게 하여 중앙 서버에 대한 의존도를 줄이며, 스마트 컨트랙트를 사용하여 IoT 기기 간의 자동화된 거래와 상호작용을 구현할 수 있어 운영 효율성을 높이고 비용을 절감할 수 있다.

IBM은 블록체인 기술을 활용하여 IoT 데이터의 보안과 신뢰성을 강화하는 솔루션을 개발하고 있다. IBM의 Watson IoT 플랫폼은 블록체인과 통합되어 IoT 기기 간의 안전한 데이터 공유를 가능하게 한다. 로테르담 항만청은 IBM Watson IoT 플랫폼을 사용하여 유럽 최대의 항구를 디지털화하는 프로젝트를 진행 중이며, 이 프로젝트는 모든 IoT 관련 케이스를 이 플랫폼에 통합하여 2030년까지 자율 항해가 가능한 선박 운항을 목표로 한다. 이 시스템은 센서 데이터를 수집하고 스마트 알고리즘과 스트리밍 분석을 통해 데이터를 분석하고 사용자에게 제공하며, 정보를 생성한다. 또 다른 사례로는 KONE이 IBM Watson IoT 플랫폼을 사용하여 전 세계 건물과 도시의 수백만 개의 엘리베이터, 에스컬레이터, 문 및 회전식 문을 원격으로 모니터링하고 최적화하는 방법이 있다. 이 시스템은 장비에 내장된 센서에서 발생하는 방대한 양의 데이터를 분석하여 문제를 식별하고 예측하며, 다운타임을 최소화하고 사용자 경험을 개인화하는 데 도움을 준다. 이러한 사례들은 IBM Watson IoT 플랫폼이 다양한 산업에서 혁신적인 변화를 가져오는 방식을 보여준다.

IOTA는 인터넷 환경에서 디바이스 간의 트랜잭션을 촉진하기 위해 설계된 분산원장 기술(DLT)이다. 전통적인 블록체인 기술과 달리, IOTA는 '탱글(Tangle)'이라고 불리는 방향성 비순환 그래프(DAG)를 사용하여 트랜잭션을 저장하고 검증한다. 이 구조는 트랜잭션을 병렬로 처리할 수 있게 하여 네트워크 확장성과 속도를 향상시킨다. IOTA의 가장 큰 특징 중 하나는 수수료가 없다는 점이다. 사용자가 트랜잭션을 보낼 때, 두 개의 다른 트랜잭션을 검증함으로써 네트워크에 기여한다. 이 시스템은 마이크로 페이먼트를 가능하게 하며, 낮은 에너지 요구 사항으로 IoT 디바이스에 이상적인 환경을 제공한다. IOTA는 현재 2.0 버전으로 업데이트를 계획 중이며, 이는 네트워크의 완전한 분산화를 목표로 하고 있다. 이 업데이트는 중앙집중식 조정자를 제거하고, 검증자 노드의 위원회가 네트워크 합의를 이끌어 갈 예정이다. IOTA는 스마트 컨트랙트와 데이터 보안, 신원 확인 시스템 등을 포함하여 다양한 애플리케이션을 지원하는 확장 가능한 플랫폼을 제공하고 있다.

IOTA는 다양한 혁신적인 실제 시나리오에서 그 유용성과 다양성을 입증하고 있다. 타이페이는 도시를 스마트 시티로 변모시키기 위해 IOTA 재단과 협력하고 있으며, 공기 질 모니터링 및 디지털 시민 카드 사용 등을 포함한 프로젝트를 진행 중이다. 이 프로젝트는 신원 도용 및 사기를 방지하는데 도움을 준다. 네덜란드의 ElaadNL은 IOTA를 사용하여 전기 자동차용 스마트 충전소의 첫 번째 실무 프로토타입을 개발했다. 이 기술을 통해 차량의 독립적인 충전 및 방전이 가능하며, 에너지 사용을 최적화하고 보다 효율적인 전력망에 기여할 수 있다. IOTA는 공급망에서 투명성과 추적성을 향상시키며, 생산부터 소매에 이르기까지 상품의 흐름을 실시간으로 모니터링하고 관리할 수 있게 해준다. 코로나19 팬데믹 동안 지브라 테크놀로지(Zebra Technologies)는 건강 자격증명을 위한 안전하고 검증 가능한 인프라를 만들기 위해 IOTA와 협력했다. 이 시스템은 개인의 백신 접종 상태나 코로나19 검사 결과를 검증하여 유럽 연합 내에서 안전하고 효율적인 여행을 촉진한다. IOTA는 순환 경제에서 제품의 디지털 트윈을 생성하는 데 사용되며, 제조에서 사용 종료까지 제품의 수명 주기를 추적하는 데 도움을 준다. 이 시스템을 통해 기업과 소비자는 제품의 진품 여부와 재활용 이력을 검증할 수 있으며, 환경 지속 가능성을 촉진한다.

헬륨 시스템(Helium Systems Inc.)은 분산형 무선 네트워크를 구축하는 프로젝트로, IoT 기기의 연결성과 데이터 전송을 지원한다. 헬륨(Helium) 블록체인은 네트워크 참여자들이 무선 네트워크를 제공하고 가상자산으로 보상받는 구조를 갖추고 있다. 이 네트워크는 Proof of Coverage(PoC)라는 작업증명 알고리즘을 사용하여 핫스팟이 그들의 위치와 제공하는 무선 커버리지를 정직하게 보고하는지 확인한다. 헬륨(Helium) 네트워크는 세계에서 가장 큰 탈중앙화된 무선 네트워크로 성장했으며, 2023년 4월 솔라나(Solana) 플랫폼으로 이전하여 네트워크 운영을 확장하고 있다. 스마트 농업, 환경 모니터링 등 다양한 IoT 응용 분야에서 사용되고 있다.

크로니클드(Chronicled)는 블록체인과 IoT를 결합하여 공급망과 자산 관리 솔루션을 제공하는 기업이다. 이 회사는 IoT 기기를 통해 수집된 데이터를 블록체인에 기록하여 데이터의 투명성과 신뢰성을 보장한다. 제약 공급망에서 약물의 진위 여부를 검증하고 추적하는 데 블록체인과 IoT를 사용하고 있다. 크로니클드는 2014년에 설립된 기술 회사로, 블록체인과 사물 인터넷(IoT) 기술을 활용하여 보안이 강화된 스마트 공급망 솔루션을 제공한다. 이 회사는 생명 과학 산업 내에서 블록체인을 기반으로 한 네트워크를 통해 신뢰성 있는 자동화 솔루션을 개발하고 있으며, 실시간 거래 파트너 정렬, 업계 데이터 통합, 계약 커뮤니케이션의 효율성 향상 등을 목표로 한다.

이들 프로젝트와 기관은 블록체인과 IoT의 잠재력을 극대화하여 다양한 산업 분야에서 혁신을 이루고 있다. 이들의 통합은 데이터의 신뢰성과 보안을 높이고, 효율적인 경영 지원을 가능하게 한다. 블록체인과 IoT의 융합은 미래의 디지털 경제를 더욱 안전하고 신뢰성 있게 만들 것이며, 다양한 산업에서 혁신적인 변화를 이끌어낼 것이다.

[표 09] **블록체인 IoT 적용 사례**(출처: 본문 내용 직접 요약)

항목	특징	주요 사례 및 프로젝트
IBM Watson IoT 플랫폼	IoT 데이터의 안전한 공유, 문제 식별 및 예측, 다운타임 최소화, 사용자 경험 개인화	• 로테르담 항만청: 자율 항해 선박 운항 목표(2030년) • KONE: 엘리베이터, 에스컬레이터, 회전식 문 원격 모니터링 및 최적화
IOTA	네트워크 확장성 및 속도 향상, 수수료 없음, 낮은 에너지 요구 사항 초기 개발 단계에서의 기술적 문제, 중앙집중식 조정자의 존재(향후 제거 예정)	• 타이페이: 스마트 시티 프로젝트 • ElaadNL: 전기 자동차용 스마트 충전소 • Zebra Technologies: 코로나19 건강 자격증명
Helium Systems Inc.	탈중앙화된 무선 네트워크, IoT 기기의 연결성 및 데이터 전송 지원	스마트 농업, 환경 모니터링 등 다양한 IoT 응용 분야
Chronicled	데이터 투명성 및 신뢰성 보장, 실시간 거래 파트너 정렬, 업계 데이터 통합, 계약 커뮤니케이션 효율성 향상 초기 구축 비용, 블록체인과 IoT 기술의 복잡성	제약 공급망에서 약물의 진위 여부 검증 및 추적

24 블록체인 공급망 관리

공급망 관리(Supply Chain Management, SCM)는 원재료의 획득에서 최종 소비자에게 제품을 전달하기까지의 모든 과정을 효율적으로 계획, 실행 및 제어하는 경영활동이다. 이 과정에는 생산, 재고 관리, 운송, 물류, 유통 등 다양한 요소가 포함되며, 전체 시스템의 최적화를 목표로 한다. 글로벌화의 진전에 따라 공급망은 다양한 지역과 서로 다른 국가의 업체들로 구성되어 있어 복잡성이 증가했다. 이로 인해 공급망의 각 단계에서 발생할 수 있는 문제를 예측하고 대응하는 것이 더욱 어렵다. 공급망의 여러 단계와 관련된 데이터가 일관되지 않거나 불투명할 경우, 전체 과정의 효율성과 신뢰성이 저하될 수 있다. 이는 물류 비용, 재고 유지 비용, 운송비 등의 증가로 이어지며, 기업의 총 운영 비용에 큰 영향을 미친다. 자연재해, 정치적 불안정, 공급업체의 파산 등 예기치 않은 사건으로 인해 공급망이 중단될 위험도 항상 존재한다. 이러한 리스크를 관리하는 것은 매우 중요하다. 또한 소비자 수요의 급격한 변동은 재고 관리와 생산 계획에 큰 어려움을 초래한다. 과잉 생산이나 재고 부족 상황을 방지하기 위해 정확한 수요 예측이 필요하다.

코로나19 팬데믹은 글로벌 공급망에 심각한 영향을 미쳤다. 공장 폐쇄, 물류 지연, 공급 부족 등이 발생하여 공급망의 중요성과 취약성이 부각되었다. 최근 디지털 기술의 발전으로 인해 공급망 관리가 더욱 자동화되고 효율적으로 변화하고 있다. IoT(사물 인터넷), AI(인공지능), 빅데이터 분석 등이 공급망의 최적화를 돕고 있다. 환경 문제에 대한 관심이 증가하면서 지속 가능한 공급망 관리가 중요한 이슈로 떠오르고 있다. 탄소 배출을 줄이고, 재활용 가능 자재를 사용하며, 친환경적인 운송 수단을 채택하는 등의 노력이 이루어지고 있다.

블록체인은 공급망 관리의 효율성을 높이고 투명성을 강화하는 핵심 기술로 주목받고 있다. 블록체인은 탈중앙화된 분산원장 기술로, 거래 데이터를 안전하게 기록하고 공유할 수 있다. 블록체인은 모든 거래와 이동을 변경할 수 없는 방식으로 기록하므로, 제품의 출처와 이동 경로를 투명하게 추적할 수 있다. 이는 위조 및 사기의 위험을 줄이고 신뢰성을 높인다. 블록체인을 통해 모든 공급망 참여자가 실시간으로 데이터를 공유할 수 있다. 이는 의사결정 과정을 가속화하고, 불필요한 중개자를 제거하여 비용을 절감한다. 블록체인의 스마트 컨트랙트 기능은 자동으로 계약 조건을 이행하고 거래를 처리할 수 있다. 이는 거래 속도를 높이고, 인적 오류를 줄이며, 계약 이행의 신뢰성을 보장한다. 블록체인의 데이터 무결성과 투명성은 리스크 관리에 도움을 준다. 예를 들어, 공급망의 어느 단계에서 문제가 발생했는지를 빠르게 파악하고 대응할 수 있다. 블록체인은 공급망 관리의 여러 문제를 해결할 수 있는 강력한 도구로, 향후 공급망의 효율성과 신뢰성을 크게 향상시킬 잠재력을 가지고 있다.

블록체인을 적용한 공급망 관리의 사례를 살펴보면 다음과 같다. 프로비넌스(Provenance)는 블록체인을 사용하여 제품의 출처를 투명하게 공개하는 플랫폼이다. 이 플랫폼은 생산부터 최종 소비까지 제품의 여정을 추적하여 소비자에게 신뢰할 수 있는 정보를 제공한다. 프로비넌스는 식품, 의류, 화장품 등 다양한 산업에서 신뢰도 높은 공급망 관리 수단으로 사용되고 있으며, 제품의 윤리적 생산과 지속 가능성을 보장한다. 에버렛저(Everledger)는 블록체인 기술을 통해 고가 자산의 출처와 소유권을 추적하는 플랫폼이다. 주로 다이아몬드, 와인, 예술품 등의 산업에 사용된다. 에버렛저는 다이아몬드의 출처를 추적하여 불법 다이아몬드 거래를 방지하고, 와인의 진위 여부를 검증하는 데 사용된다.

IBM 푸드 트러스트(Food Trust)는 블록체인과 IoT를 결합하여 식품의 원산지 추적과 진품 여부 등을 실시간으로 추적할 수 있어 공급망 관리의 투명성을 높이고 있다. IBM 푸드 트러스트(Food Trust)는 블록체인 기반의 협업 네트워크로, 식품 공급망 전반에 걸친 가시성과 책임성을 강화한다. 농업 종사자, 가공업자, 도매업자, 유통업자, 제조업자, 소매업자 등 다양한 참여자들이 연결되어 식품의 출처, 거래 데이터, 처리 세부사항 등을 포함한 변경 불가능하고 공유된 기록을 통해 서로 협력한다. 이 플랫폼은 식품의 안전과 품질 관리를 향상시키는 데 중점을 두며, 식품의 추적 가능성, 신뢰도 및 지속 가능성을 개선하려는 목표를 가지고 있다. 예를 들어, 식품 안전 문제가 보고될 경우, 해당 문제에 대해 즉시 조치를 취해야 하는 당사자가 명확해진다. 또한, 식품의 원산지와 상태를 실시간으로 추적하여 식품 안전 관리를 개선할 수 있다. 블록체인과 IoT 기술을 활용하여 식품이 공급망을 통과하는 동안 처리되는 방식에 대한 통찰력을 제공한다. 이를 통해 식품의 원산지 증명 및 지속 가능한 관행을 증명하는 데 필요한 문서와 인증서를 관리할 수 있으며, 공급망 참여자 간의 효율적인 커뮤니케이션을 가능하게 한다. 또한, 식품의 품질을 보증하고 환경적, 사회적 영향을 고려하여 책임감 있게 생산된 영양가 있는 식품을 제공하려는 기업에 이상적인 솔루션을 제공한다. 이 플랫폼은 글로벌 식품 수요가 증가함에 따라 지속 가능한 식품 생산 방식을 촉진하고, 식품 폐기를 줄이며, 식품 안전을 개선하는 데 기여할 수 있다.

[그림 11] **IBM Food Trust**(출처: IBM Food Trust homepage)
https://www.ibm.com/kr-ko/products/supply-chain-intelligence-suite/food-trust

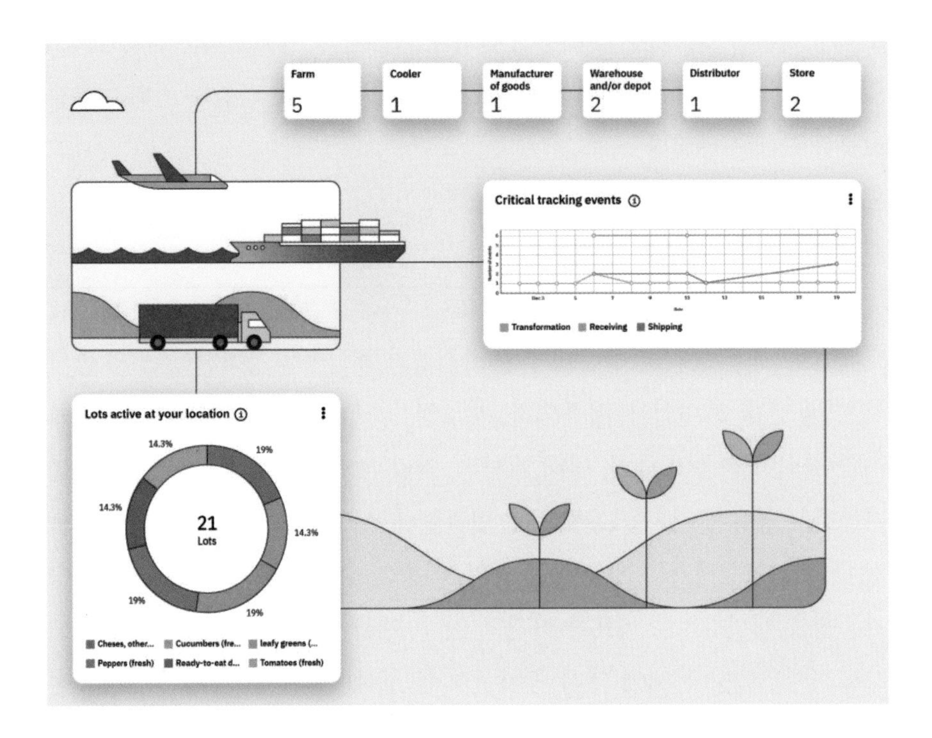

비체인(VeChain) 재단의 비체인은 2015년에 설립된 블록체인 기반 플랫폼으로, 주로 공급망 관리 및 비즈니스 프로세스 투명성 향상에 초점을 맞추고 있다. 이 플랫폼은 기업이 공급망 전반에 걸쳐 제품의 이동과 인증을 실시간으로 추적할 수 있도록 지원한다. 비체인은 자체 블록체인을 사용하며, 스마트 컨트랙트 기능을 통해 다양한 산업의 요구사항을 충족시키는 데 도움을 준다. 비체인의 경제 모델은 두 가지 토큰 시스템, VET와 VTHO를 사용한다. VET는 플랫폼의 주요 통화로서 가치 이전에 사용되며, VTHO는 네트워크에서 트랜잭션 수수료를 지불하는 데 사용된다. 비체인은 기업 사용자에게 매력적인 선택이 되기 위해 강력한 보안, 높은 확장성 및 비용 효율성을 제공하며, 이 기술은 식품 안전, 의약품 추적 및 고급 제품 인증과 같은 다양한 용도로 활용될 수 있다. 비체인은 지속 가능성 및 환경 보호와 같은 글로벌 문제를 해결하기 위한 투명하고 신뢰할 수 있는 데이터 제공에 중점을 두고 있다. 또한 럭셔리 브랜드와 협력하여 제품의 진위 여부를 확인하고 공급망의 투명성을 높이는 프로젝트를 진행하고 있다.

[그림 12] **Vechain**(출처: cryptonews)
https://cryptonews.com/coins/vechain

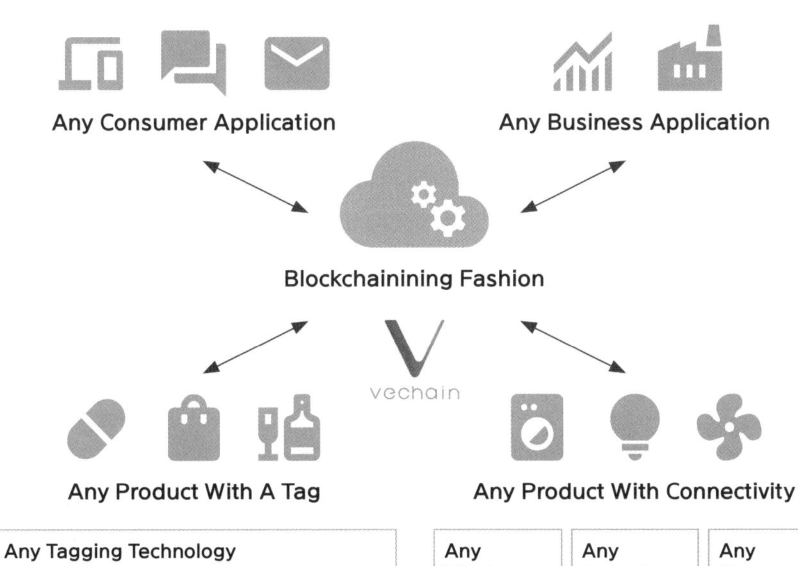

Any Tagging Technology	Any Wireless Radio	Any Embedded Tech	Any Messaging Protocol
RFID	ZigBee	Marvell	CoAP
NFC	Wifi	Broadcom	MQTT
Barcode	BLE	TI	WebSockets
Smart Packaging Sensors	Cellular	ARM	REST/HTTP
QR Code	802.15.4	Intel	
EPC		Freescale	
Beacons		Arduino	
Image recognition			

이처럼 블록체인은 공급망 관리의 혁신적인 도구로서, 다양한 산업에서 그 유용성과 잠재력을 입증하고 있다. 블록체인 기술의 발전과 함께 공급망 관리의 투명성, 효율성, 신뢰성은 한층 더 강화될 것으로 기대된다.

블록체인과 디지털 아이덴티티(신원증명)

블록체인을 이용한 분산형 신원증명(DID, Decentralized Identity)은 개인의 신원 데이터를 자기주도로 안전하게 보호하고 관리하는 기술이다. DID는 중앙 기관 없이 사용자가 자신의 신원을 관리할 수 있게 해주며, 블록체인 기술은 이러한 DID 시스템의 신뢰성, 투명성, 보안을 보장하는 데 중요한 기반을 제공한다. DID는 데이터가 변경 불가능하게 분산원장에 기록되므로, 신원 정보의 무결성과 신뢰성을 보장한다. 이는 개인의 신원 데이터가 조작되거나 위조되는 것을 방지한다. 블록체인에 기록된 신원 정보는 투명하게 관리되며, 필요한 경우 누구나 검증할 수 있다. 이는 신원 확인의 신뢰성을 높인다. 블록체인은 강력한 암호화 기술을 사용하여 신원 정보를 보호하며 해킹과 같은 보안 위협으로부터 데이터를 안전하게 보호한다.

블록체인 기반 DID 시스템은 다양한 서비스와 애플리케이션에서 사용될 수 있도록 네트워크 간 상호운용성을 제공한다. 이는 사용자가 다양한 플랫폼에서 동일한 신원 정보를 사용할 수 있게 한다. Microsoft ION은 비트코인 블록체인을 기반으로 하는 DID 플랫폼으로 분산형 신원 관리 시스템을

[그림 13] **탈중앙화 신원증명 기본 모델**

(출처: 한국정보통신기술협회 탈중앙화 신원증명 기술 동향 2022)

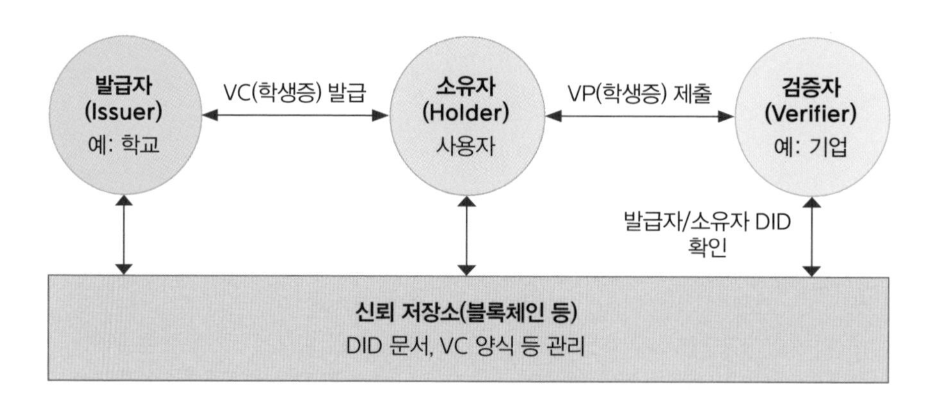

제공하며, W3C DID 표준을 따른다. 유포트(uPort)는 이더리움 블록체인을 기반으로 하는 DID 플랫폼이다. 사용자는 유포트를 통해 자신의 신원 정보를 관리하고 공유할 수 있다. 사용자 친화적인 인터페이스와 다양한 애플리케이션과의 통합을 제공한다. 셀프키(SelfKey)는 사용자가 자신의 신원 정보를 직접 관리할 수 있는 블록체인 기반 신원 인증 플랫폼이다. 셀프키는 신원 정보의 보안과 프라이버시를 중시하며, 다양한 서비스와 상호운용이 가능하다. 다양한 금융 서비스 제공업체와 협력하여 신원 인증 솔루션을 제공한다. 에버님(Evernym)은 분산형 신원증명(DID) 솔루션을 제공하는 기업으로, 서브린(Sovrin) 네트워크를 기반으로 운영된다. 서브린의 솔루션은 사용자가 자신의 신원 정보를 안전하게 관리하고 공유할 수 있게 한다. 서브린은 항공사, 금융기관 등 다양한 산업에서 신원 인증 솔루션을 제공하고 있다. 서브린 재단은 신뢰할 수 있는 분산형 신원증명(DID) 시스템을 제공하는 비영리 단체이다. 서브린 네트워크는 블록체인 기술을 기반으로 하여 개인과 조직이 자신의 신원 정보를 안전하게 관리하고 공유할 수 있게 한다. 서브린은 다양한 기업과 협력하여 신원 인증 솔루션을 제공하고 있다. 분산형 신원

증명(DID, Decentralized Identity)을 구현하기 위해서는, 사용자를 포함한 다양한 참여기관 확보와 이들 간 역할 정립이 필요하다. 이에는 우선 각종 자격증명(VC, Verifiable Credential) 발급 기관 및 검증 기관이 포함된다. DID 발행 절차를 단계별로 설명하면, 우선 사용자는 공개 키-비밀 키 쌍을 생성하고, DID 문서를 작성한다. 사용자는 모바일 앱이나 웹 애플리케이션을 통해 쉽게 DID를 생성할 수 있다. 사용자는 생성한 DID 문서를 블록체인 네트워크에 등록한다. 이를 통해 DID와 연결된 정보가 분산원장에 저장된다. DID 문서가 블록체인에 등록되면, 이 정보는 누구나 검증할 수 있는 상태가 된다. 신뢰할 수 있는 기관(예: 정부 기관, 교육 기관, 금융기관 등)이 사용자의 신원을 확인하고, 자격 증명(VC)을 발급한다. 사용자의 DID를 확인하고, 신원 정보를 포함한 자격 증명을 발급한다. 이 자격 증명은 디지털 서명되어 사용자의 디지털 월렛에 저장된다. 대학이 졸업 증명서를 발급하거나 은행이 계좌 개설을 인증하는 경우이다. 사용자는 발급된 자격 증명을 자신의 디지털 월렛에 저장한다. 이 월렛은 모바일 앱이나 웹 애플리케이션 형태로 제공될 수 있다. 사용자가 다양한 자격 증명을 안전하게 저장하고 관리할 수 있는 도구이다. 사용자가 특정 서비스에 접근하거나 거래를 수행할 때, 서비스 제공자는 사용자의 자격 증명을 검증한다. 서비스 제공자는 인증기관에 사용자의 자격 증명을 요청하고, 인증기관은 이를 블록체인 네트워크를 통해 검증한다. 사용자가 제공한 개인키와 공개키를 사용하여 자격 증명의 무결성과 유효성을 확인한다.

DID의 출발점이자 핵심인 DID(Decentralized Identifier Document) 문서에 대해 상세히 알아보자. DID 문서는 블록체인 기술을 기반으로 한 분산 식별자(DID, Decentralized Identifier)를 관리하고 검증하기 위한 데이터 구조이다. 주로 개인, 조직, 사물 등의 식별자와 해당 식별자에 대한 관련 메타데이터, 공개 키, 서비스 엔드포인트 등을 포함한다. 이를 통해 신뢰할 수 있는 분산형 신원 인증을 가능하게 한다. DID 문서의 주요 구성 요소인 식별자(DID, Decentralized Identifier)는 특정 주체(사용자, 조직, 장치 등)를 고유하게 식별하는 문자열이다. 예를 들어, did:example:123456789abcdefghi와 같은 형식을 가질 수 있다. 다음으로 DID 컨텍스트(@context)는 JSON-LD(Context of JSON for Linked Data)를 사용하여 데이터의 의미를 정의한다. 이는 DID 문서의 구조와 사용 방법을 명확하게 하기 위함이다. 이어 DID 문서에는 DID 소유자의 신원을 증명하기 위한 공개 키 정보가 포함된다. 이를 통해 서명된 데이터의 진위 여부를 검증할 수 있다. 그리고 DID 문서는 DID와 관련된 다양한 서비스 엔드포인트를 포함할 수 있다. 예를 들어, 메시징 서비스, 인증 서비스, 데이터 스토리지 서비스 등이 있다. 또한 DID 문서에는 DID 소유자가 신원을 증명하는 데 사용할 수 있는 다양한 인증 방법이 포함된다. 예를 들어, 서명, 생체 인식, 비밀 질문 등이 있을 수 있다. DID는 블록체인이나 다른 분산원장에 의해 생성되고 등록된다. 이는 중앙 기관의 개입 없이 분산된 방식으로 이루어진다. DID 소유자는 자신의 DID에 대한 메타데이터와 관련 정보를 포함한 DID 문서를 작성한다. 이 문서는 블록체인에 저장되거나 링크될 수 있다.

DID 해석을 통해 해당 DID와 연결된 DID 문서를 검색하고, 공개 키와 서비스 엔드포인트 등의 정보를 얻을 수 있다. 이는 블록체인에서 직접 조회하거나 DID 레지스트리 서비스를 통해 이루어질 수 있다. DID 문서에 포함된 공개 키를 사용하여 DID 소유자가 서명한 데이터를 검증할 수 있다. 이를 통해 신뢰할 수 있는 신원 인증이 가능해진다. 블록체인은 DID와 같은 분산 신원 관리 시스템을 지원하는 핵심 기술이다. 블록체인은 변경 불가능한 데이터 저장소로서 DID 문서의 무결성과 신뢰성을 보장한다. 블록체인의 투명성과 보안성은 DID 시스템의 핵심 요소로, 사용자가 자신의 신원을 안전하게 관리하고 제어할 수 있도록 한다. DID는 탈중앙화된 신원 인증을 통해 사용자에게 더 많은 프라이버시와 데이터 제어권을 제공하는 중요한 기술이다. 블록체인과 결합하여 보다 안전하고 신뢰할 수 있는 디지털 신원 관리를 가능하게 한다. DID와 VC(Verifiable Credential) 기술은 개인의 신원 관리 방식을 혁신하고 있다. 예를 들면 지자체나 의료기관 등의 중앙 기관 인증 없이 신원을 자기주도로 자율적으로 관리할 수 있게 하며, 데이터의 무결성과 보안을 강화한다. DID와 VC의 도입이 확산됨에 따라, 글로벌 신원 관리 시스템이 구축될 가능성이 높아지고 있다. DID 시스템은 특히 금융, 의료, 정부 서비스 등에서 사용될 때 큰 잠재력을 지니고 있다. 블록체인과 DID의 결합은 신원 관리의 새로운 패러다임을 제시하며, 데이터의 투명성과 보안을 강화하고 사용자에게 더 많은 자율성을 제공한다.

DID(Decentralized Identifier) 생태계에는 다양한 참여기관이 있으며, 각 기관은 특정 역할을 담당하여 DID 시스템의 운영과 발전에 기여한다. 주요 참여기관과 그 역할은 다음과 같다. W3C(World Wide Web Consortium)는 DID 표준을 개발하고 유지하는 기관이다. W3C의 DID Working Group은 DID Core Specification을 작성하고 DID 문서의 형식과 해석 방법을 정의한다. 블록체인 네트워크 운영자는 DID를 발행하고 관리하는 데 사용되는 블록체인 네트워크를 운영한다. 예를 들어, 이더리움, 하이퍼렛저 인디(Hyperledger Indy), 서브린(Sovrin) 등 다양한 블록체인이 DID를 지원한다. DID 레지스트리는 DID와 DID 문서를 저장하고 조회할 수 있는 레지스트리를 운영한다. 이는 블록체인에 직접 저장되거나, 블록체인에 링크된 분산 데이터 저장소에 저장될 수 있다. 인증 기관(Identity Providers)은 DID 소유자의 신원을 검증하고, 관련 정보를 발행한다. 이들은 DID 문서에 포함된 공개 키와 서비스 엔드포인트를 검증할 책임이 있다. 서비스 제공자는 DID를 활용하여 다양한 서비스(예: 로그인, 신원 인증, 데이터 공유)를 제공한다. 서비스 제공자는 DID를 통해 사용자의 신원을 확인하고 서비스를 제공할 수 있다. 사용자(End Users)는

DID를 소유하고 관리하며, 자신의 신원을 증명하고 다양한 서비스를 이용한다. 사용자는 DID 문서의 공개 키와 서비스 엔드포인트를 활용하여 신원을 인증받을 수 있다. DID 인증 절차를 예시를 통해 상세하게 설명한다. 사용자가 온라인 서비스에 로그인하고자 하는 경우를 가정한다. 우선 사용자는 DID 관리 소프트웨어(예: DID 지갑)를 사용하여 DID를 생성한다. 이때, 사용자의 DID와 이에 대응하는 공개 키 및 비밀 키가 생성된다. 예시 DID: did:example:123456789abcdefghi 다음으로 사용자는 자신의 DID와 관련된 DID 문서를 작성하여 블록체인에 등록한다. DID 문서에는 공개 키, 서비스 엔드포인트 등이 포함된다.

사용자는 로그인하고자 하는 서비스 제공자에게 자신의 DID를 제공한다. 서비스 제공자는 사용자의 DID를 블록체인 또는 DID 레지스트리를 통해 조회하여 DID 문서를 가져온다. DID 문서의 공개 키를 사용하여 사용자가 제공한 데이터(예: 서명된 인증 요청)의 진위 여부를 검증한다. 사용자는 자신의 DID와 관련된 비밀 키를 사용하여 서비스 제공자가 보낸 인증 요청에 서명한다. 이 서명은 사용자의 DID 문서에 있는 공개 키로 검증할 수 있다.

서비스 제공자는 사용자가 보낸 서명 데이터를 DID 문서의 공개 키로 검증하여 서명이 유효한지 확인한다. 서명이 유효하다면, 서비스 제공자는 사용자를 인증하고 로그인 절차를 완료한다. DID와 관련된 기관과 절차는 신뢰할 수 있는 분산 신원 인증을 가능하게 하여 사용자에게 더 많은 프라이버시와 데이터 제어권을 제공한다. 블록체인 기술은 이러한 시스템의 근간을 이루어 투명하고 안전한 인증을 지원한다.

26 정부 행정혁신과 블록체인

최근 각국 정부가 블록체인 기술을 도입하여 행정의 투명성을 높이고, 효율성을 개선하며, 부패를 줄이는 방법을 모색하고 있다. 블록체인을 이용한 행정혁신은 행정 및 민원 데이터를 변경할 수 없도록 하여 모든 거래와 기록이 투명하게 유지된다. 이는 부패 방지와 행정 과정의 신뢰성을 높이는 데 기여한다. 또한 누구나 블록체인에 저장된 행정 정보를 검증할 수 있어 정보의 신뢰도를 보장한다. 블록체인은 중앙집중식 데이터베이스와 달리 분산원장을 사용하여 해킹이나 행정 데이터 손실 위험을 줄인다. 행정 데이터가 암호화되어 저장되므로 데이터 유출의 위험이 감소한다. 특히 스마트 컨트랙트를 통해 자동으로 실행되는 행정 및 민원처리 프로세스를 설정할 수 있어 행정 업무의 효율성을 높이다. 행정 처리의 수많은 중간 단계를 없애거나 줄여 처리 속도가 빨라지고 비용이 절감된다. 블록체인에 저장된 행정 데이터는 변조가 불가능하여 신뢰성을 높인다. 이는 행정 기록의 정합성을 유지하는 데 유리한다. 시민들이 행정 정보에 쉽게 접근할 수 있게 되어 정부의 투명성을 높이고 시민 참여를 촉진한다.

행정업무에 블록체인 기술을 도입하고 유지하는 데 높은 비용과 전문 인력이 필요하다. 공무원과 일반 시민 모두 블록체인 기술에 대한 이해도가 낮을 수 있어 초기 도입 시 어려움이 있을 수 있다. 블록체인은 거래를 검증하는 데 시간이 걸릴 수 있어 대규모 행정 데이터 처리에 한계가 있을 수 있다. 블록체인 네트워크의 용량이 제한적일 수 있어 대규모 데이터 저장에 어려움이 있을 수 있다. 블록체인 기술과 이를 이용한 행정절차 간 관련된 법적 규제와 정책이 아직 명확하지 않은 경우가 많아 도입 과정에서 불확실성이 존재한다. 블록체인은 데이터의 투명성과 익명성을 강조하지만, 이는 분산 원장을 기반으로 한 블록체인 특성상 개인정보보호 측면에서 문제가 될 수 있다.

특히 작업증명(Proof of Work) 방식을 사용하는 블록체인인 경우 많은 전력 에너지를 소비하여 환경적인 문제를 야기할 수 있다. 또한 가장 심각한 문제 중 하나는, 블록체인에 저장되는 초기 행정 데이터가 잘못 기록되면 이후의 모든 데이터가 잘못될 수 있다. 따라서 초기 데이터의 신뢰성이 매우 중요하며 이의 정합성을 확보하기 위한 오프라인 시스템의 준비가 필수적이다. 따라서 블록체인을 이용한 행정혁신은 투명성, 보안성, 효율성, 신뢰성 등 여러 장점을 제공할 수 있지만, 기술적 복잡성, 확장성 문제, 법적 규제, 에너지 소비 등의 단점도 함께 고려해야 한다. 블록체인 장단점을 종합적으로 평가하고, 구체적인 행정 업무에 적합한 방식으로 활용하는 단계적 및 사안별 접근이 중요하다

블록체인을 적용한 행정 서비스 프로젝트 사례를 살펴보면, 2008년 에스토니아가 시민의 건강 데이터와 부동산 등록 정보를 관리하기 위해 국가 차원에서 블록체인 솔루션을 선도적으로 채택하기 시작했다. 에스토니아는 블록체인 기술을 국가 운영의 여러 분야에 통합하는 선구적인 국가 중 하나로, 이러한 기술을 활용하여 공공 서비스의 효율성과 투명성을 크게 향상시켰

다. 2008년에 에스토니아 정보 시스템 관리국(RIA)이 주관한 X-Road 프로젝트는 국가의 다양한 데이터베이스와 시스템을 연결하여 정보 공유를 가능하게 하는 플랫폼을 구축하는 것이 목표였다. 중앙 서버 없이도 데이터를 안전하게 전송할 수 있는 기반을 마련했으며, 블록체인 기술의 도입을 준비하는 첫 단계였다. 2012년에 블록체인 기술을 본격적으로 도입했으며 에스토니아 정부는 이를 통해 데이터의 무결성을 보장하고, 해킹 및 데이터 위변조를 방지하기 위해 블록체인을 적극적으로 활용하기 시작했다. 블록체인 기술은 주로 건강 기록, 법원 기록, 그리고 국가적 중요 데이터를 보호하는 데 사용되었다.

[그림 14] 에스토니아 X-road

(출처: medium Arif Mustafa Digital Government: Design, Development, and Evolution of Estonia's X-Road.)
https://arifmustafa.medium.com/digital-government-design-and-development-and-evolution-of-estonias-x-road-78d4dc01e01f

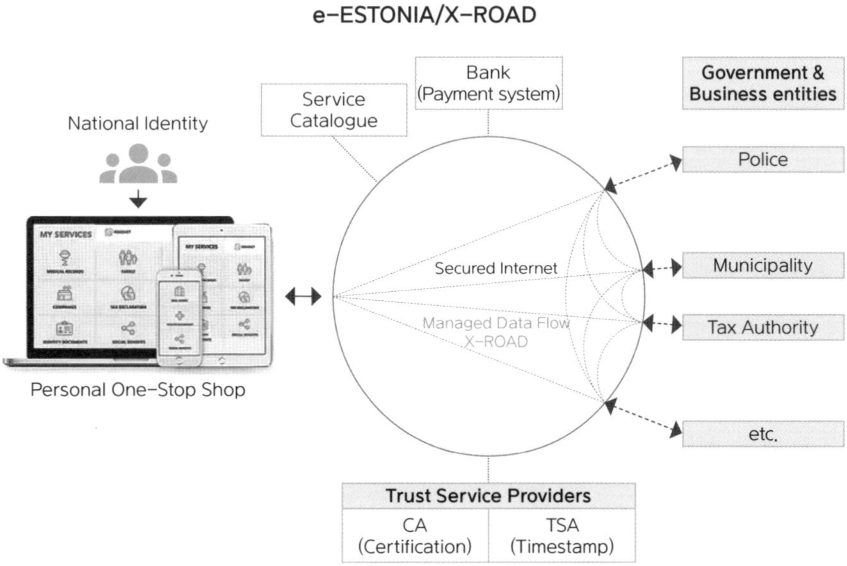

2014년에는 에스토니아 내무부가 주도한 e-Residency 프로그램을 도입하여 전 세계 사람들이 에스토니아의 디지털 서비스를 이용할 수 있도록 하는 글로벌 프로그램으로, 블록체인 기술을 활용해 디지털 신원 인증과 보안성을 강화했다. 이를 통해 전 세계인들이 전자 서명, 은행 계좌 개설, 비즈니스 운영 등 다양한 서비스를 제공받을 수 있다. 2016년에는 KSI(Keyless Signature Infrastructure) 블록체인 기술을 도입하여 정부 시스템 전반에 걸쳐 데이터 무결성과 보안을 보장하는 데 사용되었다. 이를 통해 데이터의 타임스탬프를 생성하고, 데이터 변경을 방지하여 높은 신뢰성을 확보했다. 2017년에 전자 건강 기록 시스템에 블록체인 기술을 적용했다. 이는 보건부가 주관하여 구축한 시민의 건강 기록을 안전하게 저장하고 관리하는 시스템으로, 시민은 물론 정부와 의료진이 필요한 정보를 신속하게 접근할 수 있도록 했다. 블록체인을 통해 건강 기록의 변경 내역을 투명하게 추적할 수 있게 되었다. 2018년에는 정부 클라우드 시스템을 구축하였으며 클라우드 환경에서 행정 데이터를 안전하게 저장하고 처리하여 행정 업무를 더욱 효율적으로 수행할 수 있게 되었다. 2020년에 디지털 사회 보장 카드를 도입했다. 이 카드는 블록체인 기술을 사용하여 사회 보장 혜택을 관리하고 지급하는 시스템이다. 이를 통해 혜택 수령 과정의 투명성과 신뢰성을 높였으며, 부정 수급을 방지하는 데 기여했다. 에스토니아의 블록체인 프로젝트는 주로 하이퍼렛저 패브릭(Hyperledger Fabric) 및 KSI(Keyless Signature Infrastructure)와 같은 기술을 사용하여 구축되었다. 이들 기술은 각각의 용도에 맞게 고도로 맞춤화되어 에스토니아의 공공 서비스 인프라를 지원한다. 에스토니아의 블록체인 프로젝트는 국가 차원에서 디지털전환을 어떻게 성공적으로 수행할 수 있는지 보여주는 모범 사례이다. 이러한 프로젝트들은 에스토니아를 디지털 정부 서비스의 선도적인 국가로 만들었으며, 전 세계 다른 국가들에게도 영감을 제공하고 있다.

에스토니아 외에도 여러 국가들이 블록체인 기술을 국가 운영에 통합하여 다양한 분야에서 혁신을 도모하고 있다. 2016년 스웨덴 토지 등기국(Lantmäteriet)은 부동산 거래의 등기 과정을 디지털화하기 위해 블록체인 기술을 처음으로 도입했다. 이 프로젝트는 부동산 매매 계약의 검증 및 등록 절차를 투명하고 신속하게 처리하며, 모든 관련 당사자(판매자, 구매자, 은행, 중개인 등)가 실시간으로 데이터를 확인할 수 있도록 한다. 이를 통해 부동산 거래 과정의 신뢰성을 높이고, 사기의 위험을 줄이며, 거래 시간을 대폭 단축시키고 있다. 부동산 거래 시간을 몇 개월에서 몇 주, 심지어는 며칠로 단축시킬 수 있었다. 첫 도입 이후, 2020년 이후 상용화를 목표로 현재까지 지속적 개발을 진행하고 있으며 스웨덴 등기국의 블록체인 프로젝트는 부동산 거래의 투명성, 보안성, 효율성을 크게 향상시키기 위한 중요한 시도로 평가받고 있다. 이 프로젝트는 스웨덴뿐만 아니라 전 세계적으로 부동산 거래의 혁신을 이끌어가는 중요한 사례가 되고 있다.

2016년 조지아 국립공공서비스청은 세계 최초로 블록체인을 사용하여 국토 및 부동산 등기 정보를 관리하는 행정서비스를 개시하였다. 이 프로젝트는 비트퓨리 그룹(Bitfury Group)과 협력하여 실행되었으며, 블록체인을 통해 등기 정보의 무결성과 보안을 강화했다. 비트퓨리 그룹은 네덜란드 국적의 기업으로, 블록체인 기술 및 가상자산 관련 솔루션을 제공하는 글로벌 기업이다. 이 회사는 블록체인 인프라, 소프트웨어, 하드웨어, 보안 서비스 등을 포함한 종합적인 블록체인 솔루션을 제공하며, 전 세계 여러 산업에 걸쳐 혁신적인 기술을 도입하고 있다. 조지아 국립공공서비스청이 개발한 시스템은 스마트 컨트랙트를 적용하여 부동산 소유권 이전을 투명하고 효율적으로 처리하며, 부동산 관련 문서의 위변조를 방지하는 데 중요한 역할을 하고 있다. 블록체인 기술이 투명한 정부 운영에 기여하여 투자자 신뢰를 증가시키고 외국인 투자를 유치하는 데 도움을 주었다. 데이터의 무결성과 보안을 유지하면서도 공공 서비스의 효율성을 극대화할 수 있는 성공적 사례이다.

두바이는 2016년에 '두바이 블록체인 전략'을 발표하고, 2020년까지 정부 문서의 50%를 블록체인 플랫폼으로 전환하는 목표를 설정했다. 이 전략은 부동산, 금융, 의료, 교통 등 다양한 분야에서 블록체인 기술을 활용하여 정부 서비스의 효율성과 투명성을 높이는 것을 목표로 한다. 미국 일리노이주는 2018년에 '일리노이 블록체인 이니셔티브'를 시작하여 블록체인 기술을 정부 서비스에 통합하는 파일럿 프로젝트를 진행했다. 이 프로젝트는 출생증명서, 의료 기록, 부동산 거래 등의 데이터 관리에 블록체인 기술을 적용하여 데이터의 무결성과 접근성을 향상시키는 것을 목표로 한다. 영국 토지 등록청(HM Land Registry)은 2018년에 '디지털 거리' 프로젝트의 일환으로 블록체인 기술을 도입했다. 이 프로젝트는 블록체인 기술을 활용하여 부동산 소유권 이전 과정을 디지털화하고, 거래의 투명성과 속도를 높이는 것을 목표로 한다. 싱가포르 통화청(MAS)은 2019년에 '프로젝트 유빈(Ubin)'의 일환으로 블록체인 기술을 금융 및 결제 시스템에 통합하는 실험을 시작했다. 이 프로젝트는 블록체인 기반의 디지털 통화와 결제 시스템을 구축하여 금융 거래의 효율성과 보안을 강화하는 것을 목표로 한다. 이를 통해 싱가포르는 정부와 민간 부문 간의 협력을 통해 블록체인 기술을 실용적으로 적용하는 선도적인 사례를 만들어가고 있다.

대한민국에서도 블록체인 기술을 활용한 다양한 행정서비스가 도입되고 있다. 2021년, 행정안전부는 블록체인 기술을 이용한 디지털 주민등록증 발급 서비스를 시범 운영했다. 블록체인을 통해 주민등록증 발급 및 관리 과정에서의 데이터 위변조를 방지하고, 개인정보의 안전성을 높였다. 이를 통해 주민등록증 발급 과정이 간소화되고, 위변조 위험이 감소되었다. 국토교통부와 한국부동산원이 2021년에 블록체인 기술을 이용한 부동산 거래 플랫폼을 개발했다. 이 시스템은 부동산 거래의 모든 과정을 디지털화하여 투명성과 효율성을 높였다. 블록체인을 통해 거래 기록의 무결성을 보장하고, 거래 과정에서 발생할 수 있는 불법 행위를 방지하는 데 기여했다. 정부는 2020년에 블록체인 기술을 이용한 전자증명서 발급 서비스를 도입했다. 이는 행정안전부의 주도로 진행되었으며, 블록체인을 통해 전자증명서의 발급, 관리, 검증 과정을 안전하게 처리할 수 있게 되었다. 이를 통해 국민들이 다양한 행정 서비스를 비대면으로 안전하게 이용할 수 있도록 했다.

[그림 15] **스마트 전자정부 모바일 신분증**(출처: 행안부 홈페이지)
https://www.mois.go.kr/frt/sub/a06/b04/mobileId/screen.do

모바일 신분증이란?
모바일 신분증은 개인 스마트폰에 안전하게 저장하여 편리하게 사용할 수 있는 신분증으로 기존 신원증명의 패러다임을 180도 바꾸는 혁신적인 서비스가 될 것으로 기대하고 있습니다.

개념 **자기 정보 결정권 강화**	기술 **블록체인 기반 분산 ID**	활용 **온·오프라인 통합**
개인이 스마트폰 안에 자신의 정보를 보유하고 직접 꺼내쓰며, 신원증명을 위해 필요한 정보만 골라서 제공할 수 있습니다.	내 신원정보는 내 스마트폰 안에만 안전하게 보관되며, 블록체인을 통해 신원정보의 진위 여부를 확인할 수 있습니다.	모바일 신분증 하나로 오프라인과 온라인에서 간편하고 안전하게 사용할 수 있습니다.

중앙선거관리위원회는 2018년에 블록체인 기술을 이용한 전자투표 시스템을 시범도입했다. 이 시스템은 투표 과정의 투명성과 보안성을 보장하며, 투표 결과의 위변조를 방지하기 위해 블록체인을 사용했다. 시범 운영 결과, 투표의 신뢰성과 정확성을 크게 향상시켰다. 병무청은 2019년에 블록체인 기술을 도입하여 병역 이행 관리 시스템을 개선해 병역 관련 데이터의 위변조를 방지하고, 병역 이행 과정의 투명성과 효율성을 높였다. 블록체인 기반 시스템을 통해 병역 대상자들의 정보가 안전하게 관리되고, 신속하게 처리

되었다. 보건복지부는 2020년에 블록체인 기술을 이용한 복지서비스 통합 관리 시스템을 도입해 복지 혜택의 중복 수급을 방지하고, 복지 자원의 효율적인 배분을 지원했다. 블록체인을 통해 복지 수급자 정보와 혜택 지급 내역을 안전하게 관리할 수 있게 되었다. 대한민국은 블록체인 기술을 행정서비스에 적극 도입하여 투명성, 보안성, 효율성을 높이는 데 주력하고 있다. 이러한 노력은 국민들이 더 안전하고 편리하게 행정 서비스를 이용할 수 있도록 하며, 정부의 신뢰성을 강화하는 데 기여하고 있다.

[그림 16] **블록체인 기반 온라인 투표 시스템**(출처: 중앙선관위 홈페이지)

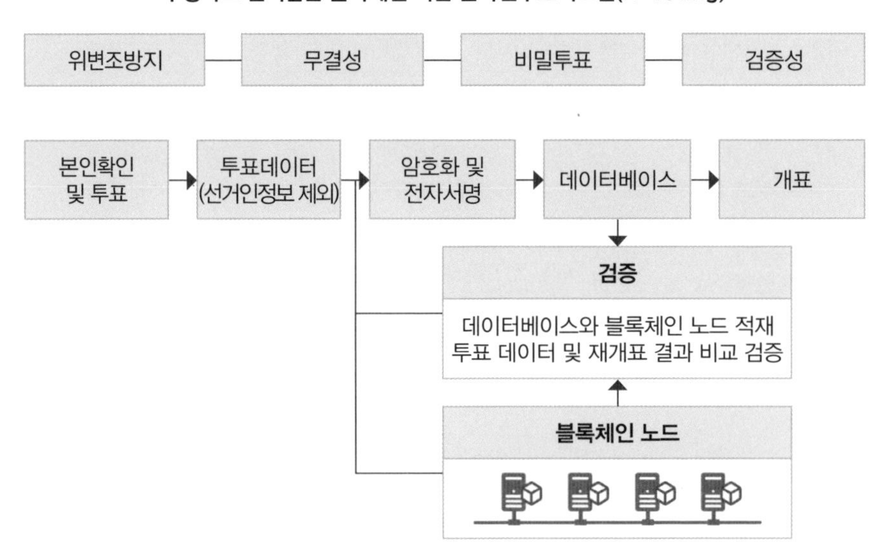

블록체인 기술은 여러 국가의 행정서비스에 성공적으로 도입되어 투명성, 보안성, 효율성 등을 크게 향상시키고 있다. 각국의 프로젝트는 해당 국가의 행정 및 경제적 특성에 맞게 블록체인 기술을 활용하고 있으며, 이를 통해 디지털 혁신을 주도하고 있다.

27 블록체인과 환경 보존

블록체인은 다양한 방식으로 환경 보존에 긍정적인 영향을 미친다. 특히 재생 에너지와 탄소 배출 감축 측면에서 유망한 사례들이 있다. 블록체인 기술은 재생 에너지의 생산, 거래, 소비를 효율적이고 투명하게 만들 수 있다. 블록체인은 개인과 기업이 자신이 생산한 재생 에너지를 직접 수요자와 거래할 수 있는 P2P 에너지 거래 플랫폼을 가능하게 한다. 중개자를 줄이고, 거래의 투명성을 높이며, 소규모 재생 에너지 생산자의 참여를 촉진할 수 있다. 블록체인은 스마트 그리드 기술과 결합되어 에너지의 효율적인 분배와 관리를 도울 수 있으며 스마트 컨트랙트를 통해 에너지 사용과 공급을 자동화하고 최적화할 수 있다. 탄소 배출 감축에서도 블록체인은 중요한 도구로 사용될 수 있다. 탄소 배출권(탄소 크레딧)의 투명하고 신뢰할 수 있는 거래를 가능하게 한다. 블록체인을 사용하여 탄소 크레딧의 발급(예: carbon footprint 토큰증권), 거래, 상환을 관리함으로써 부정행위를 줄이고, 거래 과정을 투명하게 할 수 있다. 탄소 발자국 추적을 통해 제품의 생산, 운송, 소비 전 과정에서 발생하는 탄소 배출량을 측정하고 기록할 수 있다. 이를 통해 기업과 소비자는 효과적인 환경 보존 관리를 위한 정책 결정을 내릴 수 있다.

호주의 파워 렛저(Power Ledger)는 블록체인 기반의 재생 에너지 거래 플랫폼이다. 사용자 간의 직접적인 에너지 거래를 가능하게 하여, 에너지 생산자가 자신이 생산한 에너지를 지역 사회 내에서 판매할 수 있게 한다. 블록체인을 통해 에너지의 출처와 사용을 투명하게 추적할 수 있으며 이를 통해 재생 에너지의 사용을 촉진하고, 에너지의 신뢰성을 보장한다. 전 세계 다양한 지역에서 재생 에너지 거래를 지원하여, 글로벌 에너지 시장의 발전을 돕는다. 파워 렛저는 여러 P2P 에너지 거래 파일럿 프로그램을 진행하여, 사용자 간 에너지 거래의 실현 가능성과 효율성을 입증했다. 태국에서는 대규모 태양광 에너지 거래 프로젝트를 통해 재생 에너지의 지역 내 거래를 활성화하고 있다. 에너지 웹 파운데이션(Energy Web Foundation)은 에너지 부문의 탈탄소화를 목표로 하는 글로벌 비영리 재단이다. EWF는 블록체인 기술을 통해 에너지 시스템을 혁신하려는 다양한 프로젝트를 추진하고 있다. 에너지 부문에 특화된 블록체인 플랫폼인 에너지 웹 체인(Energy Web Chain)을 개발하여, 재생 에너지 인증, 분산형 에너지 자원 관리, P2P 에너지 거래 등을 지원한다. 재생 에너지 인증서를 블록체인에 기록하여, 에너지의 출처와 사용 내역을 투명하게 관리할 수 있다. 이를 통해 기업과 소비자는 재생 에너지의 사용을 용이하게 인증받을 수 있다. EWF는 비트코인 채굴의 탄소 발자국을 줄이기 위해 재생 에너지로 채굴된 비트코인에 대한 인증 시스템을 구축하고 있다. 다양한 기업과 협력하여 저탄소 전력 시장을 조성하고, 재생 에너지의 사용을 장려하고 있다.

[그림 17] **블록체인 탄소 크레딧 거래 시스템**(출처: researchgate Adam Sipthorpe)
https://www.researchgate.net/figure/Schematic-overview-of-carbon-trading-on-a-blockchain-versus-a-centralized-platform_fig2_361827101

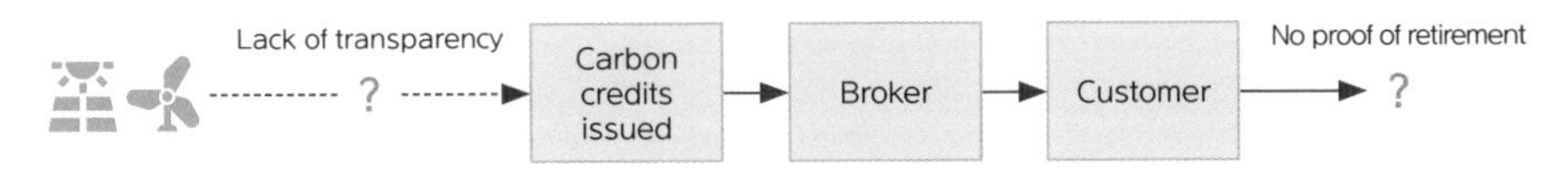

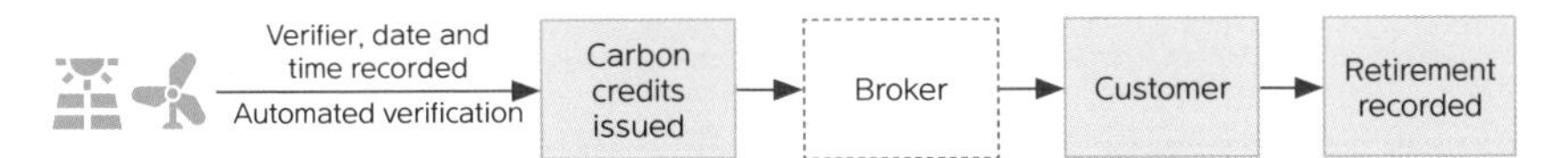

28 블록체인 법률 및 규제

블록체인은 혁신적인 기술이지만, 법률 및 규제 측면에서 다양한 도전 과제와 이슈를 가지고 있다. 각국은 블록체인 및 가상자산의 잠재력을 최대한 활용하면서도, 법적 안정성과 투자자 보호를 위해 규제 프레임워크를 구축하고 있다. 각국의 규제는 블록체인의 혁신을 지원하려는 노력과 동시에 그로 인한 법적 위험을 관리하려는 시도로 특징지어진다.

미국은 블록체인과 가상자산에 대해 다양한 규제를 적용하고 있다. 증권거래위원회(SEC)는 가상자산을 증권으로 간주할 수 있으며, 상품선물거래위원회(CFTC)는 비트코인과 이더리움을 상품으로 분류한다. 2023년 리플(Ripple)은 SEC와의 법적 분쟁에서 XRP가 증권인지 여부에 대한 일부 승소 판정을 받긴 했지만, 여전히 증권성에 관한 논란은 지속되고 있다. 증권으로 판정이 되면, 즉시 자본시장법에 따라 기존 가상자산 거래소에서 상장폐지가 되며 제도권 자본시장으로 편입된다. 핀센(FinCEN)은 자금세탁 방지(AML)와 테러자금 조달 방지(CFT) 규제를 가상자산 거래소에 적용한다. 이 사례는 가상자산 규제의 대표적 사례이다. EU는 가상자산 시장 규제(MiCA)

를 도입하여 가상자산과 블록체인 기술을 규제하려고 한다. 미카(MiCA)는 모든 가상자산 발행자와 서비스 제공자가 준수해야 할 규칙을 제정하였다. 이 법률은 가상자산과 관련된 활동을 규제하기 위해 만들어졌으며, 투명성과 투자자 보호를 강화하는 것을 목표로 한다. 가상자산 거래소, 지갑 서비스 제공자, ICO 발행체 등 모든 가상자산 서비스 제공자는 엄격한 운영 기준을 준수해야 한다. 이들은 당국에 등록하고, 필요한 운영 허가를 받아야 하며, 소비자 보호 및 자금세탁 방지(AML) 규정을 따라야 한다. 투자자가 가상자산에 투자할 때 충분한 정보를 받을 수 있도록 요구하며 고의적인 정보 누락이나 오해의 소지가 있는 광고로부터 투자자를 보호하는 데 목적이 있다. 다양한 유형의 가상자산을 정의하고 각 유형에 적합한 규제를 적용한다. 이는 토큰의 법적 지위를 명확히 하고, 해당 토큰에 적합한 규제를 제공하는 데 중점을 둔다. 가상자산 시장의 투명성과 무결성을 유지하기 위해 미카는 시장 조작 및 내부자 거래를 금지한다. 미카의 주된 목적은 가상자산 시장의 안정성을 보장하고, EU 전역에서 일관된 규제 환경을 제공하여 시장 참여자들의 신뢰를 구축하는 것이다. EU 내에서 가상자산의 합법적인 사용을 촉진하고, 혁신적인 기술 발전을 지원하면서도 투자자 보호를 강화하려고 한다.

블록체인 기술의 규제에는 도전 과제가 있다. 블록체인과 관련된 법률은 아직 초기 단계에 있으며, 법적 명확성이 부족하다. 이는 기업과 투자자들에게 불확실성을 초래한다.

또한 블록체인은 국경을 초월한 기술이므로, 국가별로 상이한 규제가 존재할 경우 일관된 글로벌 적용이 어렵다. 그리고 블록체인의 투명성과 변경 불가능성은 개인 데이터 보호와 충돌할 수 있다. 대표적 개인 프라이버시 보호법인 GDPR과 같은 규제와의 충돌이 대표적이다. 블록체인 기술과 가상자산은 기존 법률 체계에서 명확하게 정의되지 않는 경우가 많다. 명확한 규제 프레임워크를 개발하고, 규제 기관과 기업 간의 협력을 강화하여 법적 명확성을 높여야 한다. 국가별로 상이한 규제가 블록체인 기술의 글로벌 적용을 어렵게 한다. 이를 위해, 국제 협력을 통해 규제 조화를 추진하고, 글로벌 표준을 수립해야 한다. FATF의 가상자산 규제 가이드라인이 좋은 예이다. 블록체인의 투명성과 변경 불가능성은 GDPR과 같은 데이터 보호 규제와 충돌할 수 있다. 프라이버시 강화 기술을 도입하고, 데이터 최소화 원칙을 준수하며, 블록체인 시스템과 GDPR의 요구 사항을 조화시키는 방안을 모색해야 한다.

글로벌 블록체인 규제 사령탑, 미국 증권거래위원회(SEC)와 상품선물위원회(CFTC)

미국 증권거래위원회(SEC, Securities and Exchange Commission)는 1934년에 설립된 연방 정부 기관으로, 미국의 증권 시장을 감독하고 규제하는 역할을 한다. SEC의 주요 임무는 투자자를 보호하고, 공정하고 효율적인 시장을 유지하며, 자본 형성을 촉진하는 것이다. SEC의 주요 역할은 기업이 주식, 채권 등 증권을 발행할 때 관련된 정보를 공개하도록 요구하며 이를 통해 투자자들이 충분한 정보를 바탕으로 투자 결정을 내릴 수 있도록 한다. 증권 시장의 활동을 감시하고, 시장 조작, 사기, 내부자 거래 등을 방지한다. 이를 위해 증권 거래소, 중개인, 투자자문업체 등을 감독한다. SEC는 증권법 위반 행위를 조사하고, 법적 조치를 취한다. 이를 통해 투자자를 보호하고 시장의 무결성을 유지한다. 새로운 규제 정책을 개발하고, 증권 시장의 변화에 대응하여 규제 프레임워크를 업데이트한다. 주요 프로젝트로는 레귤레이션(Regulation) A+ 실시가 있다. 레귤레이션 A+는 소규모 기업이 자본을 조달할 수 있도록 돕는 규제이다. 이 규제는 기업이 공모를 통해 최대 5천만 달러를 모금할 수 있도록 허용하며, 투자자 보호 조치를 포함하고 있다. 또

EDGAR(Electronic Data Gathering, Analysis, and Retrieval system)는 기업이 증권 관련 문서를 전자적으로 제출하고, 투자자가 이를 쉽게 검색할 수 있도록 하는 시스템이다. 이를 통해 정보의 투명성을 높이고, 투자자들이 신속하게 정보를 접근할 수 있도록 한다. Whistleblower Program 실시를 통해 내부고발자가 증권법 위반 행위를 신고할 경우, 금전적 보상을 받을 수 있도록 한다. 이는 내부고발자들이 보다 안전하게 부정행위를 신고할 수 있도록 장려한다. SEC는 2020년 12월에 Ripple Labs와 두 명의 주요 임원인 브래드 갈링하우스(Brad Garlinghouse, CEO)와 크리스 라센(Chris Larsen, 공동 창립자)를 상대로 소송을 제기했다. SEC는 XRP 토큰을 미등록 증권으로 간주하며, Ripple이 이를 통해 13억 달러 이상의 자금을 불법적으로 조달했다고 주장했다. SEC는 XRP가 증권이라고 주장했다. 증권법에 따르면, 증권으로 간주되는 자산은 SEC에 등록되어야 하며, 이를 통해 투자자 보호가 강화된다. Ripple은 XRP가 화폐이자 상품으로서 증권이 아니라고 반박했다. SEC는 Ripple이 XRP를 판매하면서 투자자들에게 Ripple의 성공에 따른 수익을 약속했다고 주장했다. 이는 하위 테스트(Howey Test)에서 정의하는 투자 계약에 해당한다고 보았다. 리플(Ripple)은 이러한 주장을 부인하며, XRP 판매가 투자 계약에 해당하지 않는다고 주장했다. SEC의 소송은 XRP의 가격과 거래에 큰 영향을 미쳤다. 소송 직후 여러 가상자산 거래소는 XRP를 상장 폐지하거나 거래를 중단했다. 2021년과 2022년 동안 이 사건은 여러 차례 법정 공방을 거쳤다. 2023년 7월, 리플은 법원으로부터 중요한 승리를 얻었다. 뉴욕 남부지방법원의 Analisa Torres 판사는 리플의 XRP 판매 중 일부가 증권 거래에 해당하지 않는다고 판결했다. 이 판결은 XRP가 증권이 아니라는 리플의 주장을 부분적으로 인정한 것이다. 판사는 XRP의 기관 판매는 증권 거래에 해당하지만, 개인 투자자에게 판매된 XRP는 증권 거래에 해당하지 않는다고 판결했다. 이는 Ripple에게 중요한 승리로 여겨졌다. 판결 이후 XRP의 가격은 급등했으며, 여러 거래소는 XRP 거래를 재개했다. 이 판결은 가상자산 산업 전체에 중요한 영향을 미쳤으며, 다른 가상자산 프로젝트에 대한 규제의 기준을 제공할 수 있다. SEC는 미국 증권 시장의 투명성과 공정성을 유지하기 위해 중요한 역할을 수행하는 기관이다. 리플(Ripple)과의 소송 사건은 가상자산의 법적 지위와 규제에 대한 중요한 사례로, 향후 가상자산 규제에 대한 방향성을 제시할 수 있다. SEC는 가상자산과 관련된 법적 및 규제 문제를 다루는 선두 기관으로, 투자자 보호와 시장의 무결성을 유지하기 위한 노력을 지속할 것이다.

미국 상품선물거래위원회 CFTC(Commodity Futures Trading Commission)는 미국의 독립적인 연방 기관으로, 주로 선물 거래와 옵션 거래 시장을 감독하고 규제한다. 1974년에 설립된 CFTC의 주요 임무는 공정하고 투명한 시장을 유지하며, 투자자를 보호하고, 시장 조작과 사기 행위를 방지하는 것이다. CFTC는 선물 및 옵션 시장의 거래 활동을 감시하고, 시장의 무결성과 투명성을 유지한다. 이를 통해 투자자들이 공정한 거래 환경에서 거래할 수 있도록 한다. 시장 조작, 사기, 내부자 거래 등 불법 행위를 조사하고, 필요한 경우 법적 조치를 취한다. CFTC는 이러한 불법 행위를 방지하기 위해 강력한 법 집행 권한을 가지고 있다. 투자자 보호를 위한 규제를 시행하고, 공정한 시장 거래를 촉진한다. CFTC는 투자자들이 시장에서 공정한 거래를 경험할 수 있도록 노력한다. 새로운 금융상품과 기술의 도입을 촉진하고, 시장의 경쟁력을 강화한다. CFTC는 블록체인과 같은 혁신 기술의 사용을 포함하여 금융시장의 혁신을 장려한다. CFTC는 비트코인과 이더리움과 같은 가상자산을 상품(commodity)으로 분류하고 있으며, 이들에 대한 선물 거래를 규제한다. CFTC는 가상자산 거래소와 관련 파생상품의 거래를 감독하며, 가상자산 시장의 투명성과 무결성을 보장하려고 한다. 주요 사례를 살펴보면,

CFTC는 2020년에 가상자산 파생상품 거래소인 비트맥스(BitMEX)를 불법 거래와 자금세탁 방지(AML) 규정 위반 혐의로 기소했다. 반면 CFTC는 렛저X(LedgerX)가 비트코인 선물 계약을 제공할 수 있도록 허가했다. 이는 CFTC가 가상자산 파생상품 시장의 규제와 감독에 병행적으로 적극 관여하고 있음을 보여준다. CFTC는 전통적인 선물과 옵션 시장뿐만 아니라 가상자산과 같은 새로운 금융상품과 기술의 규제에도 중요한 역할을 하고 있다. 이를 통해 CFTC는 미국 금융시장의 안정성과 무결성을 유지하고, 투자자를 보호하는 데 기여하고 있다.

블록체인의 미래

블록체인 기술은 지난 10여 년간 빠르게 성장해왔으며, 향후 더욱 광범위하게 채택되고 진화할 것으로 예상된다. 이 기술은 금융, 공급망 관리, 의료, 에너지 등 다양한 산업에서 혁신을 촉진할 핵심으로 기대되고 있다. 블록체인 기술의 글로벌 시장 규모는 2021년 약 36억 달러에서 2030년까지 1634억 달러에 도달할 것으로 예상된다. 이는 연평균 성장률(CAGR) 82.4%에 해당한다. IBM, Microsoft, Oracle, Accenture 등 주요 기술 기업들이 블록체인 솔루션을 개발하고 있으며, 이는 시장 성장의 주요 동력으로 작용할 것이다. 2024년부터 유럽 연합의 MiCA(Markets in Crypto-Assets) 규제 프레임워크가 시행되고 있다. 이는 가상자산 시장의 투명성과 안정성을 높이고, 투자자 보호를 강화할 것이다. 유럽 연합, 미국 SEC, 일본 금융청(FSA), 싱가포르 통화청(MAS) 등 주요 규제 기관들이 블록체인과 가상자산에 대한 명확한 규제를 마련하고 있다.

스마트 컨트랙트는 자동화된 거래를 가능하게 하며 인공지능과 결합되어 더욱 고도화할 것으로 예상된다. 이를 기반으로 한 DeFi는 전통적인 금융시스템을 점진적으로 탈중앙화할 것이다. 2021년 기준 DeFi 시장 규모는 약 150억 달러였으며, 2025년까지 2300억 달러에 이를 것으로 예상된다. 이더리움 2.0, 폴카닷, 카르다노(Cardano) 등이 스마트 컨트랙트와 DeFi의 주요 플랫폼으로 자리잡을 것으로 예측된다. 차세대 블록체인 기술은 확장성과 상호운용성을 향상시키는 데 중점을 두고 있다. 이를 통해 더 많은 블록체인 트랜잭션을 처리하고, 서로 다른 블록체인 생태계 간의 상호작용을 촉진할 것이다. 주요 기술로 Ethereum 2.0의 주요 기능인 샤딩(Sharding)은 블록체인을 여러 조각으로 나누어 동시에 처리함으로써 확장성을 극대화하며 리플(Ripple)의 ILP(Interledger Protocol)는 서로 다른 블록체인 간의 상호운용성을 혁신적으로 확장할 것이다.

블록체인은 금융 거래의 투명성과 효율성을 높여, 금융 포용성을 확대할 수 있다. 2025년까지 전 세계 금융기관의 60% 이상이 블록체인 기술을 도입할 것으로 예상된다. 기존 은행 시스템을 대체하거나 보완해 송금, 결제, 자산 관리 등을 더 안전하고 투명하게 처리할 수 있다. 대표적인 프로젝트로 리플(Ripple)이 있다. 리플은 금융 기관 간의 국제 송금을 빠르고 저렴하게 할 수 있도록 블록체인 기술을 활용하고 있다. 그러나 최근 리플은 미국 증권거래위원회(SEC)와의 법적 분쟁으로 주목받고 있다. SEC는 리플의 XRP 토큰이 미등록 증권이라고 주장하며 소송을 제기했다. 이러한 규제 문제는 블록체인 기술의 발전에 도전 과제가 될 수 있지만, 리플의 기술은 여전히 금융 네트워크의 효율성을 높이고 있다. 2023년 기준 블록체인 금융시장은 약 100억 달러 규모로 성장했으며, 2030년까지 연평균 성장률(CAGR) 25%를 기록할 것으로 예상된다. 주요 플레이어로는 리플, 이더리움, 비트코인 등이 있다. J.P. 모건(Morgan), 골드먼 삭스(Goldman Sachs), 방코 산탄데르(Banco Santander) 등 주요 금융기관들이 블록체인 기반 솔루션을 선도적으로 도입하고 있다.

의료 분야에서는 블록체인을 통해 환자의 의료 기록을 안전하게 관리하고 공유할 수 있다. 이러한 시스템은 환자의 개인정보를 보호하면서도 의료 제공자들이 필요한 정보를 신속하게 접근할 수 있게 한다. 메디레저(MediLedger) 프로젝트는 블록체인을 활용해 약물 공급망을 추적하고, 의약품의 위조를 방지하는 솔루션을 개발 중이다. 이 프로젝트는 미국의 주요 제약회사들과 협력하여 의료 제품의 진위를 검증하고, 공급망의 투명성을 높이고 있다. 의료 분야에서의 블록체인 활용은 특히 코로나19 팬데믹 이후 더욱 주목받고 있다. 블록체인은 의료 기록의 투명성과 보안을 강화하며. 2027년까지 의료 블록체인 시장 규모는 55억 달러에 이를 것으로 예상된다. 메이오 클리닉(Mayo Clinic), 화이자(Pfizer), IBM Watson Health 등 글로벌 의료 서비스 선도 기관들이 블록체인을 활용한 의료 데이터 관리 시스템을 경쟁적으로 개발 중이다. 헬스케어 블록체인 시장은 2023년 기준 약 5억 달러 규모이며, 2030년까지 연평균 성장률 20% 이상을 기록할 것으로 예상된다.

공급망 관리에서는 블록체인이 제품의 생산, 운송, 유통 과정을 추적해 투명성을 제공한다. 이는 제품의 출처를 확인하고, 위조품을 방지하며, 효율성을 극대화하는 데 도움을 준다. 월마트(Walmart)는 IBM과 협력해 IBM 푸드 트러스트(Food Trust)라는 블록체인 기반 식품 공급망 관리 시스템을 도입했다. 이 프로젝트는 식품의 신선도를 보장하고, 식품 안전 문제 발생 시 신속하게 대응할 수 있게 한다. 블록체인은 공급망의 투명성과 추적 가능성을 혁신적으로 향상시킬 것이다. 월마트, IBM과 같은 기업들은 현재 블록체인을 활용하여 공급망 효율성을 극대화하고 있는 중이며 지속적으로 추진할 것으로 예측된다. 이외에도 IBM 푸드 트러스트(Food Trust), 비체인(VeChain) 등의 프로젝트가 블록체인 기반의 공급망 관리 솔루션을 제공하고 있으며 이를 지속적으로 업그레이드할 것이다. 최근 글로벌 공급망의 혼란 속에서도 블록체인 기술은 더욱 중요해지고 있다. 2023년 기준 블록체인 기반 공급망 관리 시장은 약 4억 달러 규모로 성장했으며, 2030년까지 연평균 성장률 16%를 기록할 것으로 예상된다.

에너지 분야에서도 블록체인의 잠재력은 크다. 분산형 에너지 거래 플랫폼을 통해 개인과 기업이 직접 에너지를 거래할 수 있는 환경을 조성할 수 있다. 이는 전력망의 효율성을 높이고, 재생 가능 에너지 사용을 촉진하는 데 도움을 준다. 독일의 이넥트리시티(Enex) 프로젝트는 블록체인 기반 에너지 거래 시스템을 구축해 소비자가 직접 전기를 사고팔 수 있도록 하고 있다. 에너지 시장에서 재생 가능 에너지의 중요성이 커지면서, 블록체인 기술은 에너지 거래의 투명성과 효율성을 높이는 데 큰 역할을 하고 있다. 2023년 기준 에너지 블록체인 시장은 약 3억 달러 규모로 성장했으며, 2030년까지 연평균 성장률 19%를 기록할 것으로 예상된다.

정부와 공공 서비스 분야에서도 블록체인이 활용될 전망이다. 블록체인은 투명하고 신뢰할 수 있는 기록을 제공해 부정부패를 방지하고, 효율성을 높일 수 있다. 에스토니아는 블록체인을 활용해 전자 주민등록, 전자 투표 시스템을 운영 중이며, 이를 통해 정부 서비스의 신뢰성과 효율성을 크게 향상시켰다. 에스토니아의 전자 거버넌스 프로젝트는 전 세계적으로 주목받고 있으며, 블록체인을 통한 디지털 사회 구현의 좋은 사례로 평가받고 있다. 현재 각국 정부는 블록체인 기술 도입을 적극 검토하고 있으며, 2023년 기준으로 전 세계 공공행정 분야에서 블록체인 관련 예산은 약 1억 달러에 달한다. 이는 향후 몇 년간 더욱 증가할 것으로 예상된다.

블록체인의 미래는 기술적 관점에서 볼 때 많은 발전과 혁신이 기대된다. 현재 블록체인 기술은 주로 금융, 의료, 공급망 관리, 에너지, 정부 등 다양한 산업에 적용되고 있으며, 향후 몇 년간 기술적인 측면에서 많은 진보가 있을 것으로 예상된다. 여기에는 성능 향상, 보안 강화, 확장성 개선 등이 포함된다. 블록체인 기술은 초기부터 처리 속도와 성능 면에서 많은 도전을 받았다. 특히 비트코인과 이더리움 같은 초기 블록체인 시스템은 트랜잭션 처리 속도가 느리고 확장성이 제한적이었다. 이를 해결하기 위해 다양한 접근법이 제안되고 있다. 대표적인 예로, 샤딩(Sharding)은 네트워크를 여러 개의 작은 블록체인으로 나눠 병렬로 처리하는 기술로, 이더리움 2.0은 2024년 3월 덴쿤 업그레이드를 통해 프로토 댕크 샤딩을 적용하였고, 추후 완전한 댕크 샤딩으로 전환할 계획이다. 또한, 라이트닝 네트워크(Lightning Network)와 같은 레이어 2 솔루션은 오프체인 트랜잭션을 통해 메인 체인의 부하를 줄여 처리 속도를 크게 향상시킨다. 또한 블록체인의 보안은 항상 중요한 이슈였다. 블록체인은 기본적으로 분산형 구조를 가지고있어 중앙화된 시스템보다 보안성이 높지만, 스마트 컨트랙트의 취약점이나 네트워크 공격 등 여전히 많은 보안 위협이 존재한다. 이를 해결하기 위해 보안 프로토콜과 검증 방법론이 지속적으로 발전하고 있다. 예를 들어, 형식 검증(Formal Verification) 기술을 통해 스마트 컨트랙트의 정확성을 수학적으로 증명하는 방법이 개발되고 있으며, 다중 서명(Multi-signature)과 같은 기술을 통해 트랜잭션 보안을 강화하고 있다. 블록체인 기술의 확장성 문제는 대규모 애플리케이션 적용에 큰 장애물이었다. 이를 해결하기 위해 다양한 확장성 솔루션이 제안되고 있다. 플라즈마(Plasma)와 같은 레이어 2 솔루션은 블록체인 외부에서 트랜잭션을 처리하고, 주요 트랜잭션 정보만 메인 체인에 기록함으로써 확장성을 크게 향상시킨다. 또한, 인터체인(Interchain) 기술은 서로 다른 블록체인 간의 상호 운용성을 높여 다양한 블록체인이 함께 작동할 수 있도록 한다. 스마트 컨트랙트는 블록체인에서 자율적으로 실행되는 프로그램으로, 다양한 응용 분야에서 사용되고 있다. 스마트 컨트랙트의 기능성과 복잡성은 계속해서 발전하고 있으며, 이를 통해 더 복잡하고 정교한 애플리케이션을 개발할 수 있다. 예를 들어, DeFi 프로젝트는 스마트 컨트랙트를 활용해 탈중앙화 금융 서비스를 제공하고 있으며, 이더리움 2.0의 도입으로 스마트 컨트랙트의 성능과 확장성이 더욱 향상될 것으로 예상된다. 현재 대부분의 블록체인은 작업증명(Proof of Work)이나 지분 증명(Proof of Stake) 같은 합의 알고리즘을 사용하고 있다. 하지만 새로운 합의 알고리즘이 개발되어 더 나은 보안과 효율성을 제공할 수 있다. 예를 들어, IOTA는 작업증명이 아닌 탱글(Tangle)이라는 새로운 구조를 사용하여 높은 처리 속도와 확장성을 제공한다. 이러한 새로운 합의 알고리즘은 블록체인의 기술적 발전을 가속화하고 다양한 응용 분야에서의 적용을 가능하게 한다. 블록체인의 기술적 발전은 다양한 산업에서의 활용 가능성을 크게 확대하고 있다. 성능 향상, 보안 강화, 확장성 개선, 스마트 컨트랙트의 발전, 새로운 합의 알고리즘 등 다양한 기술적 진보가 블록체인의 미래를 밝게 하고 있으며, 이를 통해 새로운 기회와 혁신이 창출될 것이다.

블록체인의 미래는 기술적 진화와 함께 다양한 산업에서 혁신을 이끌고 있으며, 각 분야의 프로젝트들이 이를 뒷받침하고 있다. 다만 최근 몇 년간의 시장 상황을 반영하면, 블록체인 기술의 성장은 여전히 강력하지만, 각국 규제와 시장 변동성이 시장 친화적 방향으로 진행 여부가 큰 도전 과제로 남아있다.

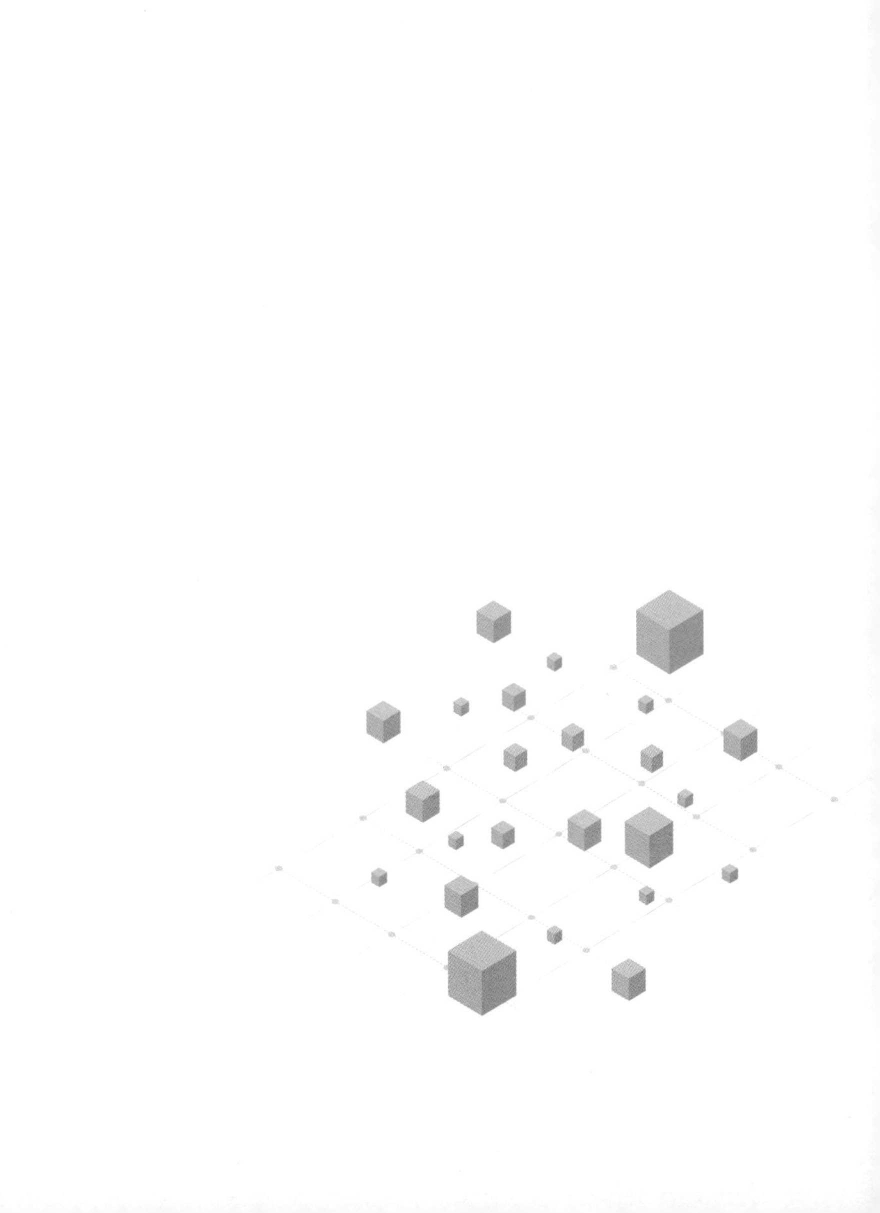

II

블록체인 인사이트

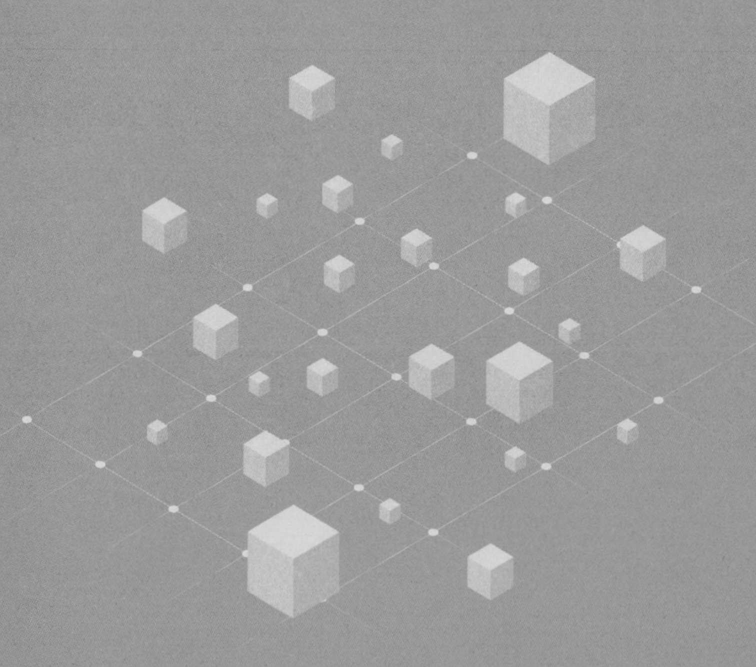

01 블록체인 산업

1) 블록체인 산업과 가상자산

블록체인 산업에 대한 신문 기사나 연구발표 등을 접해보면, 블록체인 산업에 대한 대부분의 관심이 코인, 토큰 및 NFT와 같은 가상자산 투자영역에 몰려있다. 일반 대중들은 블록체인 비즈니스 산업을 가상자산 거래가 전부인 것처럼 착각하고 있다. 그러나 코인과 같은 가상자산은 블록체인 산업을 조성하고 운용하기 위한 핵심 수단일 뿐이다. 블록체인 생태계에 대한 참여자들의 공헌도에 따라 가상자산이 보상으로 주어지며 이 보상을 통해 생태계가 운영되며 발전한다. 과격하게 말하면 가상자산은 블록체인 생태계의 운용 수단에 불과하다. 가상자산 거래 및 소비자 보호에 중점을 둔 국내 블록체인 정책은 근본적인 탈바꿈이 필요하다. 작금의 블록체인 산업 정책 기조를 분석해 보면, 사안의 본질인 블록체인 산업 진흥을 외면한 채 부수적 현상인 가상자산 거래 규제에 초점을 맞추고 있다. 가상자산을 발행하는 블록체인 생태계를 조망한다면 가상자산의 본질과 유통 및 발전을 예단할 수 있으며, 이를 통해 2022년 루나사태와 같은 시장 공황을 예상 및 방지할 수 있다. 근시안적으로 가상자산 거래 규제정책에 집착하기보다는 정작 중요한 가상자산을 채굴(발행)하는 블록체인 생태계에 대한 이해와 분석이 우선이다.

블록체인 생태계란 중앙집권방식이 아닌 민주적 분권주의에 의한 참여자들의 정보 공유와 이들 간의 지배적 합의에 의해 기능하는 유기적 집합체이다. 인류 탄생 이래 현재까지 진행되고 있는 중앙집권적 통치방식을 근본적으로 뒤엎는 혁신적 사고를 바탕으로 한다. 연관하여 보면 블록체인 생태계는 정치, 경제, 산업, 문화, 의료 및 행정 등 다양한 영역에서 기존의 중앙집권적 운용 지배를 혁신하여 지금껏 보지 못했던 민주적 통치와 운용의 묘를 살릴 수 있다. 가상자산을 이해하기 전에 이들을 발행 및 운용하는 블록체인 생태계에 이해가 우선적으로 필요하다.

지금부터 블록체인 생태계의 작동과 운용현황을 실증적으로 살펴보고자 한다. 먼저 블록체인은 참여자 간의 정보공유와 이들 간의 운영상 합의를 기반으로 한다. 공통의 목적을 가진 참여자들이 각자 자산의 역할과 책임을 통해 생태계에 공헌한다. 일반적으로 생태계 참여자들의 수가 많을수록 블록체인의 공헌도가 높으며 특히 손바뀜이 많은 업무를 기반으로 하는 공급망 관리 등에 효과성이 높다. 예를 들면, 기존 공급망 시스템에서는 참여하는 각 기관들이 자신이 처리한 데이터를 분리 저장하게 되어 참여기관 간 정보 공유가 원활하지 못해 상품이나 연관 데이터 및 현금흐름의 정보가 고립되어 있다. 공급망을 타고 흐르는 순차적 업무 연결 시 가장 큰 애로점이 정보의 정확성 여부 및 판단이다. 제공된 정보와 기관이 보유한 기존 정보 간 일치여부, 정보의 오류 발견 및 확인에 상당한 업무 노력이 투입된다. 생산자와 공급자 및 소비자 간 정보의 순차적 연결로 인해, 실시간으로 유기적인 정보 공유가 불가능하다. 이를 해소하기 위해 공급망 사슬 관리(SCM) 같은 정보시스템 체계가 구축되고 있지만 업무의 복잡성, 국경 간의 연결, 화폐제도와 물류관리 괴리, 정보 공유의 미흡으로 인해 물류나 화폐의 흐름 파악이 지연되고 있다. 블록체인 생태계로 공급망 사슬이 개혁된다면, 부품업자, 생산기관, 창고 및 물류업체, 세관 및 해운회사 및 소비자들 간의 실시간 정보 공유 및 확인과 검증이 가능하며 리드타임이 혁신적으로 단축될 수 있다. 인력 및 자원의 절감이 가능하며 기존 공급망 사슬에서 나타난 상품이나 자금의 추적을 위한 참여기관의 개별 시스템 사용의 번거로움을 절감할 수 있다. 산업의 글로벌화로 공급망 사슬이 국제화됨에 따라, 국내 물류뿐만 아니라 해외물류의 비중이 증가하고 있다. 수출입이 활발한 대한민국은 다양한 국가들과의 무역을 통해 원자재를 조달하고 제품을 판매하고 있어 공급망 사슬 혁신이 산업계 및 국가적 과제가 되고 있다. 해외 무역으로 인해 페이퍼워크의 부담이 늘고 있으며, 느린 처리속도로 많은 시간과 비용이 낭비되고 있다. 공급망 구성원이 임의대로 데이터를 위변조할 수 있어 구성원 간 신뢰의 문제 또한 작금의 문제로 대두되고 있다. 블록체인 공급망 사슬체계에서는 참여기관들의 업무정보공유로 인해 손바뀜 업무 과정 및 배송상태 확인 등 상품과 현금의 흐름을 실시간으로 쉽게 확인할 수 있다. 특히 참여기관의 악의에 의한 데이터 위변조나 해킹을 통한 불법거래 시도는 근본적으로 불가능하다.

2019년 PwC 설문조사에서는 미국 제조 산업 분야의 최고경영자의 24%가 공급망 관리에 블록체인 기술 도입을 계획 및 시험하고 있는 것으로 나타났으며 IBM, 오라클, 아마존 등의 기업들이 블록체인 공급망 관리 솔루션을 출시하고 있다. IBM에서는 블록체인 네트워크를 활용한 식품 이력 추적 시스템인 푸드 트러스트(Food Trust)를 서비스화했으며 식품산업에서 농장 공급자, 유통사, 소매점, 소비자에 이르기까지 식품의 생산 및 유통 이력 전반을 추적할 수 있는 블록체인 네트워크로 시스템을 월마트, 네슬레, 맥코믹 등 미국의 대형 식품기업들이 사용하고 있는 중이다. 이외에도 알리바바의 해외직구 플랫폼인 코알라에서는 블록체인 QR을 이용한 블록체인 화물 추적 시스템을 도입하였으며, 테슬라는 CCSC 및 SIPG와 함께 화물 방출 공정의 블록체인 시범 프로젝트를 마쳤으며, 또한 배터리 주요 소재 공급망 추적에 블록체인 기술을 적용하고 있다. 이외에도 영국의 에버렛저(Everledger)에서는 다이아몬드의 세부 정보를 블록체인 네트워크에 업로드하여 다이아몬드의 생산부터 품질에 이르는 공급망 정보를 네트워크 참여자들이 실시간으로 확인할 수 있도록 하였다. 해외 각국에서는 복잡화된 물류 시스템을 일원화하기 위해 블록체인 기술을 도입하고 있다. 국내에서는 삼성SDS에서 넥스렛저(Nexledger)를 이용한 관세청 블록체인 수출통관 물류 서비스를 시범운용하였으며, 현대글로비스는 블로코와 함께 중고차 이력관리 시스템을 개발 중이나 제반원인으로 인해 활발하지는 않다. 해외 기업들의 블록체인 공급망 구축에 비해 국내 기업의 블록체인 공급망 서비스는 미약한 실정이다. 국내 블록체인 기반 공급망 서비스를 확대하기 위해서, 공급망 관련 블록체인 기술에 대한 산업계 이해도가 높아져야 한다. 담당 임직원은 물론 최고 경영진의 포괄적 관심과 지원이 긴요하다. 더불어 블록체인 기반 공급망 사슬 기획 및 구축 전문 인력 확보가 필요하다. 블록체인 비즈니스를 구성하는 참여기관이나 기업에 대한 정부 지원 및 제도적 규제 방안 수립이 필요하다. 블록체인 참여 기업들이 입주할 수 있는 오피스 공간을 무상 또는 저렴하게 임대하고, 블록체인 기업들이 블록체인 비즈니스 모델을 개발하고 테스트하기 위해 필요한 설비 투자 및 네트워크 사용에 대한 바우처 사업과 세제 혜택 등을 제공할 수 있다.

블록체인 산업 생태계 조성에 대한 정부 및 기업과 일반투자자들의 보다 높은 관심과 참여를 기대해 본다.

2) 웹 3.0 시대와 DAO

많은 매체에서 현재 우리는 웹 3.0 시대에 살고 있다고 한다. 하지만 정작 웹 3.0이 무엇인지를 알고 있는 사람들은 거의 없다. 웹 3.0을 알기 위해서는 우선 웹 1.0과 2.0을 알아야 한다. 웹 1.0은 1990년 www의 탄생부터 200년대 초중반 웹 2.0의 탄생 전까지의 시기를 지칭한다. 웹 1.0에서는 생산자들이 HTML 페이지에 업로드한 콘텐츠를 일방적으로 소비할 수 있었다. 예를 들어 당시 유행했던 구글 등의 브라우저에서는 뉴스 등 콘텐츠를 웹상에 업로드 하고, 소비자들은 그것을 일방적으로 읽을 수 있는 구조였다. 이어서 2004년 웹 2.0이 탄생한 이후부터는 생산된 콘텐츠를 소비자가 일방적으로 소비하는 것을 넘어서서, 서비스 제공자와 소비자 간의 양방향 소통이 가능해졌다. 작게는 포털 뉴스의 댓글부터 크게는 위키피디아, 유튜브 등의 소비자들이 직접 콘텐츠를 생산하고 그것을 웹상에 업로드할 수 있으며, 현재 대부분의 웹사이트의 표준이 되었다. 하지만 웹 2.0에서 소비자가 생산한 콘텐츠는 서비스 제공자의 데이터베이스에 저장되며, 서비스 제공자는 그로 인해 창출되는 대부분의 수익을 독점하는 문제가 발생하게 되었다. 이를 극복하기 위해 2020년 제시된 개념이 바로 웹 3.0이다. 웹 3.0은 맞춤형 웹을 뜻하는 시맨틱 웹에서 나아가 탈중앙화에 초점을 두고 있는 개념이다. 웹 3.0에서는 웹상에서 발생하는 데이터 및 그로 인해 발생하는 보상을 기업이 아닌 데이터를 생성한 개인이 온전히 소유할 수 있다. 블록체인을 기반으로 데이터 주권의 투명성을 보장할 수 있다. 웹 3.0에서는 블록체인 기술을 통해 메타버스 운용과 토큰 경제를 지원하여 현실과 가상의 혼합을 추구할 수 있다. 웹 3.0의 주요 구성 요소로는 블록체인 네트워크, IoT센서, 디바이스 AP, 서비스 콘텐츠 및 UI/UX(인터페이스)등이 있다.

[그림 01] **웹 1.0~3.0**(출처: ETRI 웹 3.0의 재부상: 이슈 및 전망 2022)
https://ettrends.etri.re.kr/ettrends/195/0905195008/073-082_%EB%B0%95%EC%A0%95%EB%A0%AC_195%ED%98%B8.pdf

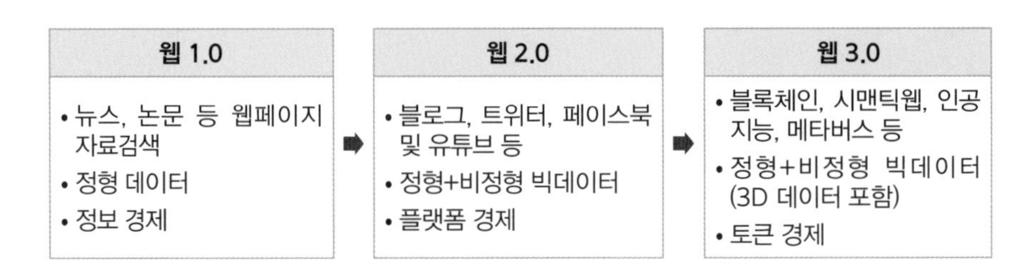

웹 3.0에서도 기존 웹 2.0과 마찬가지로 운영에 있어 인력 및 코스트가 대량으로 소요된다. 이를 극복하고 캐주얼하게 기술을 시민생활 및 경제활동에 적용하려 하는 시도가 진행 중이다. 이의 일환으로 탈중앙화 자율조직인 DAO가 주목받고 있다. DAO란 블록체인으로 구성된 탈중앙화 자율 조직(Decentralized Autonomous Organization)으로, 조직이 블록체인으로 구성되어 조직 내에서 합의된 내용이 스마트 컨트랙트를 통해 자동으로 실행된다. 조직의 정관 또는 내규 등을 스마트 컨트랙트로 구성하고, DAO 구성원들의 합의 즉시 스마트 컨트랙트가 실행되며 활동하게 된다.

DAO의 장점은 우선 민주적 합의를 들 수 있다. 기존 조직 구성은 대체적으로 조직의 장 또는 고위직급의 의사에 따라 의사결정이 이루어지며, 이에 따라 개인 또는 소수의 사람의 의견에 조직의 향방이 결정된다. 이는 빠른 의사결정에 도움을 줄 수 있지만, 동시에 소수의 이익에 의해 조직이 움직이게 될 수 있다. 하지만 DAO에서는 조직 구성원들 모두 의사결정에 참여할 수 있으므로 민주적 의사결정이 가능해진다. 다음으로 빠른 처리속도를 들 수 있다. 조직의 의사결정 이후 결정된 사안에 대한 실행을 위해서는 다양한 단계를 거치게 되며, 이로 인해 실행 프로세스에서 문제가 발생하는 등의 딜레이가 발생할 수 있다. 하지만 DAO는 스마트 컨트랙트 기반으로 모든 프로세스가 실행되기 때문에, 의사가 결정된 이후 자동으로 프로세스가 진행되며, 진행 중인 프로세스에서는 외부의 간섭이 끼어들 수 없기 때문에 훨씬 더 효율적인 운영이 가능해진다. 마지막으로 DAO의 운영에서 발생하는 코인 등의 인센티브가 조직구성원들에게 돌아갈 수 있다는 점이다. 조직 구성원들에게 코인 발행 등을 통한 인센티브를 제공하여 조직이 올바르게 운영될 수 있도록 동기를 부여한다. 이에 반해 DAO의 단점은 책임 소재의 불분명함이 될 수 있다. 모든 조직 구성원들이 참여하는 만큼, 문제 발생 시의 책임소재를 묻기가 불분명해질 수 있다. 또한 DAO 내에서의 의결권이 코인의 보유 수량에 따라 정해지게 될 경우, DAO에서 소유한 토큰의 개수에 따라 행사할 수 있는 권한에 차등이 발생할 수 있으며, 이는 더 많은 토큰을 가진 사람이 모든 것을 결정하게 될 수 있다. 마지막으로 현재 DAO의 규제 이슈가 발생할 수 있다. 현재 DAO의 법적 위치와 DOA 운영 등에 관한 법률이 규정된 바 없으므로, 이는 현재 설립된 DAO의 운영에 있어 추후 수립되는 법률에 따라 제약사항이 발생할 수 있는 위험이 존재한다.

2021년 7월 1일 미국의 와이오밍 주에서는 DAO를 LLC으로 인정하는 법안이 하원을 통과하여, 세계 최초로 DAO가 법인으로 인정받게 되었다. 해당 법안이 통과되기 전, 미국 내에서 DAO는 법적 책임 소재가 불분명하다는 한계를 지니고 있었으며, 그로 인해 DAO의 구성원들이 불합리한 법적 책임을 부담할 수 있는 위험이 존재하고 있었다. 하지만 와이오밍 주에서 LLC로서 법인격을 인정함에 따라, 와이오밍 주 내에서는 구성원들이 법적 보호를 받을 수 있게 되었다.

국내에서는 금융권 외 다양한 기업들에서 횡령 등의 범죄행위로 인해 기업의 수익뿐 아니라 존속까지 위태로워지는 사고가 다수 발생한다. 현재 법인 시스템에서는 이와 같이 기업의 업무처리과정에서 개인 또는 조직의 일탈로 인해 법인의 존속이 위협받는 경우가 발생할 수 있다. DAO는 이와 같은 문제점을 사전에 방지할 수 있어, 추후 기업의 자금 운용 등 내부사고 방지에 적용할 수 있을 것이라 기대된다. 또한 큰 규모의 기업뿐 아니라, DAO의 플랫폼화를 통하여 동아리, 소모임 등 사적 모임 등의 운영에 있어 개개인의 일탈을 방지하고 자동적인 조직 운영이 가능할 것으로 전망된다. 이를 위해 선행되어야 할 것은 DAO의 법적 지위에 대하여 법률적으로 규정되는 것이다. 대한민국 또한 아직 DAO의 법적 책임능력에 대하여 규정된 것이 없다. 이에 대하여 시급히 정의할 필요가 있으며, 이와 함께 DAO의 운영상 문제점에 대한 규제와 진흥에 대한 계획 수립이 필요하다.

3) 블록체인 기술과 상생금융

2022년 국내 은행들은 사상 최대치의 영업실적을 달성하였다. 주로 고금리 대출에 의한 불로소득에 기인한 것으로 정부 및 사회로부터 강한 질책성 지적이 이어지고 있다. 정부도 지난 2023년 2월에 열린 대통령 주재 수석비서관회의에 이어 은행의 고금리로 인한 서민경제의 어려움을 해소하기 위한 대책을 강구하고 있다. 정부와 금융기관 공히 과감한 금융시장 개선 방안을 숙고하고 있다. 예를 들면, 은행권에서 달성한 영업이익의 일정 부분을 마이크로 금융 기금으로 출연하여 저소득층을 위한 서민 금융을 본격적으로 시행하는 것 등이다.

마이크로 금융이란 기존 제도권 금융기관에서 금융서비스를 받을 수 없는 저소득층을 대상으로 담보 없이 소액을 대출해주어 스스로 자립할 수 있는 기반을 만드는 것을 목표로 하는 금융서비스이다. 현재 국내에서도 미소금융이라는 이름으로 마이크로 금융 사업이 진행되고 있다. 정부기관 및 기업들의 출자를 받아 제도권 금융서비스 사용이 어려운 소상공인 및 저소득층에게 창업 및 운영자금을 담보와 보증 없이 대출해주는 소액대출사업이다.

[그래프 01] 5대 시중은행 여수신 시장 점유율

(출처: 해럴드 경제 5대 은행 통장 몰린 돈 75%…인뱅도 못 깬 벽 누가 깨나[머니뭐니] 2023)

https://biz.heraldcorp.com/view.php?ud=20230303000707

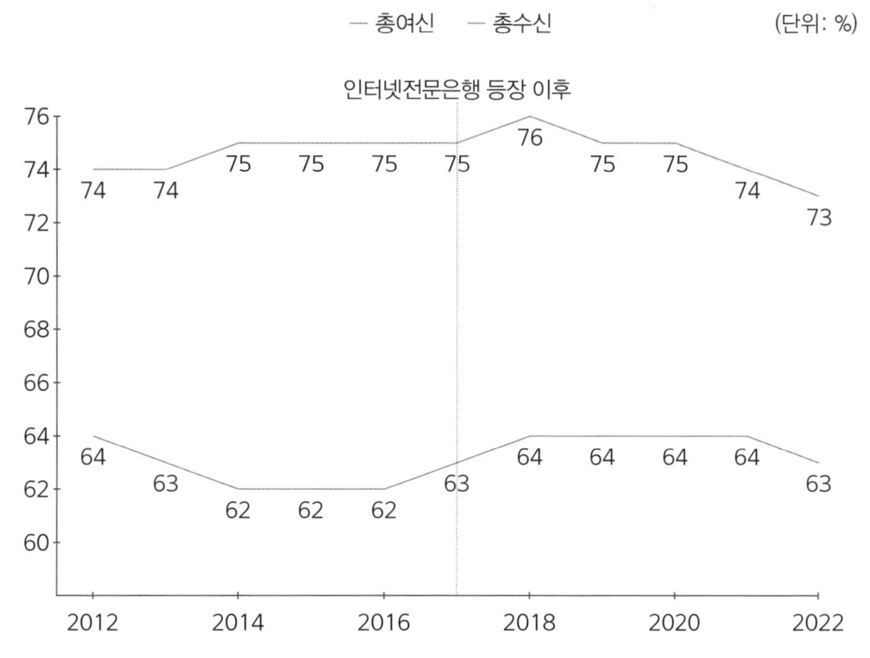

※ 국내은행 총 20곳 중 5대 시중은행 부문별 점유율

※ 금융감독원 금융통계정보시스템 자료

※ 각 연말 기준.(2022년은 9월 말 기준)

하지만 저소득층을 대상으로 하는 사업인 만큼, 대출 상환에 대한 위험과 개인의 도덕적 해이, 높은 신용등급에 따른 대출 거부 등의 문제점이 있으며 이로 인해 전체 금융서비스에 비해 규모가 극히 빈약하여 생색내기용으로 치부하는 의견도 많다.

사회 초년생이나 금융 크레딧이 낮은 금융 취약자를 위한 마이크로 금융에 블록체인 기술을 적용하여 재무활동이나 신용 정보를 신뢰성 높게 관리할 수 있다. 블록체인은 분산 원장 기술로, 개인들의 은행이나 통신, 의료 및 쇼핑 등 다양한 디지털 거래 기록을 신속하고 안전하고 투명하게 기록 및 관리하는 기술이다. 이 기술은 중앙 집중식 데이터베이스와 달리 분산형 데이터베이스로 운영되며, 거래 데이터를 모든 노드에 저장하고 인증하는 방식으로 작동한다. 이와 같은 블록체인 기술의 특성은 거래의 신뢰성과 안전성을 높여 마이크로 금융 서비스를 제공하는 데에 큰 도움이 될 수 있다. 또한 블록체인을 이용하여 지급 결제 시스템을 구축하면, 빠르고 안전한 거래가 가능해져서 마이크로 금융의 확장성과 접근성을 높일 수 있다. 또한 블록체인 DID 기술을 이용하여 금융기관은 저신용자 대출관리를 혁신할 수 있다. DID란 탈중앙화된 개인들의 식별자를 의미하며, 블록체인 네트워크를 이용해 개인의 신원을 비대면으로 인증하는 기술이다. 개인은 DID를 통해 자신의 금융데이터와 더불어 의료, 통신, 쇼핑, 결제, 교육 등의 비금융데이터를 전자지갑을 이용하여 통합 관리할 수 있다. 금융기관에서는 비금융데이터를 활용하여 금융데이터에서는 확인하기 어려운 요소들을 평가하여 대출을 확대 실행할 수 있다.

블록체인을 이용하여 마이크로 금융 전용 플랫폼 구축이 가능하다. 블록체인 기술을 이용하여 고객 데이터를 안전하게 보호하고, 대출 신청자와 대출 기관을 직접 연결한다. 중개 기관을 배제하고 대출 기관과 저신용자 간 직접 거래를 할 수 있도록 하여 거래 비용을 획기적으로 줄일 수 있다. 대출자들이 부담해야 할 대출 수수료나 이자 등의 비용을 줄일 수 있다. 블록체인 기술은 거래 기록을 분산원장에 저장하여 안전하게 보호한다. 이를 활용하여 소액대출을 해주는 금융기관 및 재단법인들이 개별적으로 저신용자들의 신용데이터를 저장할 수 있다. 대출 신청자의 신용 평가 정보를 수집하고 분석하는 것도 가능하다. 금융기관이 저신용자들의 신용정보를 보유하고 평가함에 따라 실제 자립의지가 있는 저소득층을 구분하여 대출을 실행할 수 있다. 블록체인 기술은 마이크로 금융의 공익적 성격을 강화하고 동시에 안전하고 투명한 거래를 실현할 수 있는 대안이다.

금융기관들의 사회적 책임에 대한 촉구가 이어지고 있다. 정부에서 시행 중인 마이크로 금융에 추가하여 금융권 주도의 자생적이고 보완적인 금융 생태계 조성이 필요하다. 제도적 금융권에서 소외되거나 참여가 불가능한 저소득층의 재활의지를 고취하여 그들의 자립을 통한 미래 고객을 확보해 볼 것을 권고한다. 지금껏 대부분의 금융개혁이 공급자 위주로 진행되어 진정 금융소비자들에 대한 고려는 부족했다. 시장개방이나 진입장벽의 철폐 등 주로 금융기관이나 스타트업 중심의 시장 확대 위주로 금융혁신이 진행되었으나 금번 사태를 통해 저소득자 및 재무취약자들에 대한 본격적인 시혜금융이 강구되어야 한다. 이는 금융기관의 ESG 경영과 더불어 상승적 효익을 창출할 것으로 기대된다.

4) 알트코인 시장 활성화 대책

가상자산 시장은 비트코인과 이더리움을 포함한 다양한 알트코인으로 구성된다. 비트코인은 2009년 생성된 최초의 가상자산으로 현재 가상자산 시장에서 기축통화의 역할을 하고 있다. 비트코인은 주로 디지털 금융시스템에서 가치를 전송하는 데 사용되며, 중앙은행이나 정부의 개입 없이 개인 간 직접 거래를 위한 재무적 목적으로 유통된다. 비트코인은 분산화된 P2P(peer-to-peer) 네트워크에서 운영되며, 모든 거래는 블록체인이라는 공개원장에 기록된다. 알트코인은 '비트코인 대안'을 의미하는 'Alternative Coin'의 줄임말로, 비트코인 이외의 모든 가상자산을 포함한다. 알트코인은 비트코인의 기술적 한계를 극복하거나 새로운 블록체인 프로젝트를 지원하기 위해 개발되었다. 대표적으로 이더리움, 리플, 라이트코인 등이 알트코인에 포함되며, 이들은 각자 특별한 기능이나 프로젝트 목표를 가지고 있다. 비트코인과 알트코인 모두 블록체인 기술을 기반으로 하지만, 각 가상자산은 그 특성, 사용처, 전송 속도, 보안 수준, 개발 목적 등에서 차이가 있다. 비트코인은 가상자산의 '원조'로서의 위치를 유지하고 있지만, 많은 알트코인들이 고유한 기능과 목표를 가지고 시장에 진입하면서 가상자산 생태계는 다양한 형태로 진화해 왔다.

해외 주요국들의 가상자산 시장을 살펴보면 2021년 말 글로벌 가상자산 시장규모는 약 4300조 원에 달했으며, 국내 시장 규모도 300조 원을 돌파했다. 일일 거래대금도 10조 원을 돌파하였다. 이 중 비트코인의 시가총액이 전체 시장의 51%였으며, 총 거래량은 30%를 차지했다. 국내 시장의 경우 비트코인의 비율은 약 6%이며, 나머지 94%를 알트코인이 차지했다. 특히 거래량의 1/3은 국내에서만 거래되는 알트코인이 차지했다. 2023년 하반기 가상자산사업자 실태조사에 따르면 국내에 상장된 코인은 비트코인을 포함하여 600개이다. 기관 투자가 금지된 국내 가상자산 시장에서 개인 중심으로 투자가 이루어지고 있다. 투자 연령대는 30대가 가장 높으며, 30대와 40대가 전체 투자자의 58%를 차지하고 있다. 투자금액이 50만 원 미만인 투자자들은 360만 명으로 전체의 약 56%를 차지하고 있으며, 특히 20대의 66%, 30대의 60%가 50만 원 미만의 소액투자자이다. 국내 가상자산 시장 투자자는 30~40대가 주도하고 있다. 소액 투자자가 대부분이며, 다른 연령대에 비해 손실에 대한 부담보다 미래 수익에 대한 기대 심리가 높다.

2024년 현재 글로벌 시장의 경우 비트코인의 비중이 50% 내외이다. 그러나 국내에서는 알트코인의 투자 비중이 압도적으로 높다. 국내 투자자들은 가격변동이 비트코인에 비해 극심하게 높은 알트코인에 열광하고 있다. 알트코인에 관심이 있는 글로벌 투자기관 및 알트코인 프로젝트들이 국내 시장을 주목하고 있다. 해외 주요 알트코인들이 잇달아 국내 거래소에 상장되고 있으며, 상장 후 크게 시세가 오르는 양상을 보이고 있다. 해외 주요 블록체인 프로젝트들인 폴리곤, 아발란체, 솔라나 등이 국내에서 설명회, 해커톤 등의 행사를 가지는 등 해외 알트코인 프로젝트들은 국내 시장 진출을 위해 활발하게 홍보 및 영업을 이어가고 있다. 반면 국내코인들은 국내 공모 금지로 거래소 상장을 위해 막대한 노력과 자본을 해외에 투자하고 있다.

크게 위축되어 있는 국내 ICO에 대한 전향적 재고가 필요하다. 한국 가상자산 시장은 글로벌 알트코인 마켓의 리더이다. 그러나 정작 국내 가상자산 프로젝트들은 2018년 이래 ICO가 불가능하여 해외에서 ICO를 진행하고 국내로 역수입되는 형태를 보이고 있다. 이는 작게는 국부유출에서, 넓게는 국내 가상자산 시장의 주도권을 해외 프로젝트들에게 뺏기는 결과를 야기하고 있다. ICO를 위한 직접비용뿐 아니라 일자리 창출 등의 간접적인 비용까지 감안하면 공모를 위한 막대한 소요자금이 국내가 아니라 해외에서 지출되며, 그 비용은 ICO를 주관한 해외 국가의 자산이 된다. 국내 투자자들의 투자액이 고스란히 해외로 유출되는 것이다. 또한 우수 프로젝트들에 대한 ICO 금지로 조악한 해외 프로젝트들까지 국내 알트코인 시장에서 판매되면서 국내 투자자들의 피해 발생과 더불어 국부자본의 유출이 우려되고 있다.

정부는 국내 블록체인 산업의 진흥을 촉진시킬 수 있는 알트코인 ICO를 조속히 재개해야 한다. 이를 통해 본격적으로 블록체인 산업의 육성에 나서야 한다. ICO 프로젝트의 옥석을 구분할 수 있는 제도적 장치를 우선적으로 구비하여 투자자를 보호해야 한다. 정부 공약인 업권법, 디지털자산 기본법과 자본시장법에 준하는 ICO 가이드라인을 신속히 제정해야 한다. 스캠 프로젝트들로 인한 부작용을 최대한 방지해야 하며 가상자산 프로젝트에 대해 인증이나 허가제도를 도입하여, 공공 차원의 관리 및 감독을 강화해야 한다.

STO 국내 허용을 통한 가상자산 제도권화에 시동을 건 금융당국의 전향적 정책에 동감하며 이에 그치지 말고 지속적으로 시장 개혁이 추진되기를 기대한다. ICO 재개를 통해 현재 해외에서 진행되고 있는 국내 가상자산 프로젝트 공모를 국내로 다시 불러와야 한다. 가상자산 시장의 큰손인 MZ세대의 투자수요를 충족시킬 수 있는 선순환적 가상자산 투자 생태계를 조성해야 한다. 국제적 고금리나 부동산 경기 부진 등에 따른 국내외 경제 디프레션을 극복하기 위한 대안으로써 가상자산 산업 진흥을 적극 고려해야 할 때다.

가상자산 진흥을 위한 제언으로는 우선적으로 가상자산 프로젝트에 대해 옥석을 구분할 수 있는 제도적 장치가 구축되어야 한다. 가상자산 생태계 조성 여부, 홀더 수, 일일 활성 유저(Daily Active User) 수, 거래규모, 코인의 실질적 효능성, 시장 자율성(대주주에 좌우되지 않는 시장의 자율적 규제 여부) 등을 반영한 가상자산 스크리닝(Screening) 도입이 필요하다. 즉각적인 입법이 어렵더라도 가이드라인을 만들고 기본적인 규제 준비를 시작하여야 한다. ICO에 대한 전면적인 허용에 앞서 업권 내에서 거래소가 코인을 선별하여 공모를 지원하는 IEO를 먼저 시행하고, 이후의 시장 변화에 따라 ICO의 재개 여부를 결정하는 방안도 고려해볼 만하다. 개인투자자와 더불어 기관들에게도 가상자산 투자에 대한 문호를 개방해야 한다. 기관투자를 통해 가상자산 발행기관 및 M/M 등에 의해 시장이 조작되는 것을 방지해야 한다. 더불어 기관투자가 개인투자자들에게 일종의 투자 가이드라인이 되는 것을 기대할 수 있다.

5) 핀테크-블록체인 산업은 성장하고 있는가?

2024년 기준으로 보면 글로벌 핀테크(FinTech) 산업은 여러 측면에서 성장하고 있는 것으로 보인다. 다양한 기술과 혁신적인 서비스의 도입으로 인해 금융 분야의 새로운 혁신들이 지속적으로 만들어지고 있다. 다만 고금리와 전쟁, 경제 침체의 장기화 등으로 인한 글로벌 금융시장의 불안은 핀테크 산업 발전의 역동성을 일시적으로 위협하고 있다. 2022년부터 이어진 미국 연방준비제도의 고금리 정책 기조로 인해 얼어붙은 벤처투자 시황을 보여주듯 핀테크 스타트업은 2021년 26,346개에서 2023년 26,393개로 양적으로는 거의 변화를 보이지 않고 있다. 그러나 핀테크는 전통적인 금융 서비스와는 다르게 민첩성과 혁신성을 가지고 있어 경기의 변동에 상대적으로 잘 대응할 수 있는 특징이 있다. 글로벌 금융시장의 불확실성이나 코로나19와 같은 긴급 상황에서는 일시적인 영향을 받을 수 있다. 그러나 금융 기술의 발전과 디지털전환 추세는 오히려 핀테크를 불황에서 벗어나게 하는 요인으로 작용할 수 있으며 글로벌 핀테크 산업은 더욱 높은 수준의 디지털화, 블록체인 도입 및 디지털자산의 발전 등으로 미래에도 지속적 성장이 예상되고 있다. 금융소비자 편의성과 즉시성의 비약적 향상을 기조로 금융서비스를 대중화하고 새로운 서비스 창출을 통해 2021년 기준 370조 원 규모의 시장에서 2030년 약 2000조 원 규모로 성장이 예측된다.

핀테크 스타트업은 은행, 투자, 보험 등 전통 금융기관의 대면적 서비스를 디지털 비현금거래, P2P금융 등 비대면 거래로 혁신해 왔다. 최근에는 금융 사업 간 영역의 경계를 본격적으로 허물며 뱅킹, 송금/결제, 예금, 대출, 보험 등 모든 금융서비스가 하나의 앱으로 통합되는 슈퍼앱 산업으로 진화하고 있다. 또한 하드웨어 연산능력의 진보와 더불어 빅데이터 및 인공지능 기술이 확산되면서 데이터 기반의 투자 예측, 인공지능 자산배분, 정교한 대안 신용평가 등 기존에 없던 새로운 서비스 및 솔루션을 선보이고 있다.

핀테크는 인공지능(AI), 블록체인, 빅데이터, 사물인터넷(IoT) 등과 같은 첨단 기술을 효과적으로 활용하여 금융 서비스를 혁신하고 있다. 최근 모바일 결제, 디지털 지갑, 전자화폐 등을 통한 디지털 결제 서비스가 획기적으로 증가하고 있다. 로보어드바이저와 같은 자동화된 투자 일임 서비스가 확대되며 개인 투자자들의 접근성과 사용이 증가하고 있다. 핀테크 스타트업들은 혁신적인 아이디어와 서비스를 통해 계속 전통적인 금융 기관에 도전하고 있으며 소비자들은 디지털 노마드화되어 이에 적극적으로 화답하고 있다.

핀테크 시장은 혁신적인 상품 개발과 더불어 기술 도입에도 적극 앞서고 있다. 규모와 규제의 경직성으로 운신의 폭이 좁은 전통 금융기관에 비해 태생적 혁신성으로 첨단 기술을 민첩하게 도입하고 있다. 특히 그간 투기 수단으로 주로 인식된 블록체인을 과감하게 도입하여 혁신 금융 서비스를 개발하고 있다. 핀테크와 블록체인은 금융 서비스 분야에서 서로 보완적으로 활용될 수 있는 순치관계의 기술이다. 핀테크는 블록체인을 활용하여 거래의 투명성과 안정성을 획기적으로 제고할 수 있다. 스마트 컨트랙트를 활용하여 계약 조건이 충족되면 자동으로 실행되는 거래를 구현할 수 있으며, 거래의 신뢰성을 획기적으로 향상시킨다. 중간 단계 없이 고객 간 직접적인 거래를 가능케 하며 핀테크 기업이 블록체인을 활용하여 글로벌 송금 서비스를 제공할 때, 거래 내역은 블록체인에 기록되어 실시간으로 확인할 수 있다. 이는 빠른 결제 및 신속한 국제 송금을 가능하게 한다. 또한 블록체인을 사용하여 사용자의 신원을 안전하게 인증하는 금융 서비스를 제공할 수 있다. 블록체인은 분산원장을 사용하기 때문에 사용자의 신원 정보가 안전하게 보호되며, 블록체인에서 제공하는 안전성은 핀테크 서비스의 보안을 원천적으로 강화한다. 블록체인을 활용하여 대출 서비스를 제공할 때, 사용자의 금융 이력은 블록체인에 안전하게 저장되며 이를 통해 블록체인 기반의 정확한 신용평가가 이루어져 대출 심사 과정이 효율적으로 이뤄질 수 있다. 또한 블록체인을 사용하여 자산을 토큰화하여 디지털자산으로 거래할 수 있다. 부동산 자산이 토큰증권으로 표현되어 투자자들이 작은 금액부터 부동산에 투자할 수 있는 상생금융이 구현될 수 있다.

블록체인은 금융 거래 기록을 분산된 블록에 안전하게 저장하여 변경이 어렵도록 하며 이를 적용한 금융 공급망 사슬에서는 제품의 생산, 유통, 판매 등 모든 단계에서의 거래가 투명하게 기록되고 안전하게 유지될 수 있다.

금융 공급망에서 스마트 컨트랙트를 활용하여 거래 프로세스를 효율적으로 실시간 관리할 수 있다. 또한 분산된 데이터베이스를 통해 거래의 속도를 획기적으로 향상시킨다. 또한 글로벌 결제 및 송금 프로세스를 빠르게 처리할 수 있어 금융 효율성을 혁신적으로 개선한다. 탈중앙화된 신원 관리 시스템을 구현할 수 있어 금융 공급망 참여자들 간의 안전한 신원 인증이 가능하다. 이로써 부정확한 정보의 유입을 방지하고 신뢰성 있는 거래가 이루어진다. 여러 참여자 간에 분산된 원장을 공유함으로써 모든 관계자가 거래 기록을 실시간으로 열람할 수 있으며 이는 정보의 대칭성과 투명성을 제공하여 블록체인을 통한 신뢰성 있는 거래를 보장한다. 디지털자산 및 토큰화된 자산은 금융 공급망에서 자금 유동성을 향상시킬 수 있으며 토큰화된 자산은 빠르게 거래가 가능하다. 이는 자금의 효율적인 활용을 도와준다. 이처럼 블록체인은 금융 공급망 사슬에 혁신적인 솔루션을 제공하여 안전성, 신속성, 투명성, 효율성 등 다양한 측면에서 금융 서비스 및 공급망 관리에 긍정적인 영향을 미친다.

핀테크 산업은 일종의 라이센스 사업으로 법적인 승인 없이는 운용이 불가능하다. 2024년 현재 국내 금융 관련 법규는 46개에 달한다. 금융 산업은 소비자 권리 보호와 경제 시스템의 안정성을 유지하는 것이 매우 중요하기 때문이지만, 지나친 규제로 인한 혁신의 저해와 상충이 우려된다. 2019년 혁신적인 금융서비스의 개발과 발전을 지원하기 위해 금융혁신지원 특별법이 제정되었다. 특별법에는 혁신금융서비스 제도, 지정대리인 제도, 위탁테스트 제도 등이 포함되어 금융서비스의 균형과 안정성을 동시에 겨냥한 혁신 금융을 지원하고 있다. 다만 그간 활발했던 혁신금융 지정건수가 2019년 77건에서 2023년 56건으로 급감하고 있어 우려감이 크다. 이는 확대되는 핀테크 시장의 발전 추세에 역행하는 것으로 시급한 개선 대책이 강구되어야 한다. 우리가 보유한 디지털 인프라를 극대화하여 글로벌 핀테크 산업의 선도국으로 자리매김할 수 있는 제도적 지원이 전략적으로 필요한 때이다.

6) 핀테크-블록체인 얼라이언스의 필요성

최근 가상자산을 비롯한 블록체인과 핀테크 산업 시장을 두루 선도할 수 있는 통합적 얼라이언스 설립 필요성이 대두되고 있다. '얼라이언스(Alliance)'란 다양한 조직, 기업, 혹은 개인들이 공동의 목표나 이익을 달성하기 위해 산업간 구분을 떠나 협력하는 범연합체 또는 파트너십을 의미한다. 얼라이언스는 특정한 목적을 위해 구성원 간의 협력과 자원 공유를 중시하며, 이는 협회나 학계 등과 같은 기존의 이익단체들과 몇 가지 주요한 차이점이 있다.

일반적으로 얼라이언스는 협회나 학회에 비해 더 광범위하고 다양한 목적을 가지고 구성되며 종종 특정한 목표 달성을 위해 다양한 분야나 산업의 조직들이 통합적으로 협력한다. 협회나 학계 등의 조직은 주로 특정 분야나 전문성에 초점을 맞추고, 그 분야의 발전과 이익 증진에 집중한다. 얼라이언스는 다양한 산업, 분야, 때로는 경쟁 업체를 포함한 배타적 조직들이 참여한다. 이들의 구성원은 공통의 목적이나 이익을 공유하면서도 서로 다른 배경을 가질 수 있다. 협회나 학계와 같은 조직은 특정 분야나 전문성을 공유하는 구성원들로 이루어져 있으며, 이들 구성원은 비슷한 관심사나 전문 지식을 가진 집단이다. 얼라이언스는 다양한 산업과 분야에 걸친 활동을 통해 더 넓은 범위의 영향력을 발휘할 수 있다. 이들은 정책 옹호, 교육, 표준화, 혁신 촉진 등 다양한 활동을 수행한다. 전통적인 협회나 학계 조직은 해당 분야나 산업 내에서의 교육, 전문성 개발, 연구, 네트워킹에 중점을 둔다. 얼라이언스는 경쟁 업체들조차도 공통의 목표를 위해 협력할 수 있는 플랫폼을 제공한다.

핀테크-블록체인 얼라이언스의 설립 필요성은 이들 산업의 복잡성과 다양성, 그리고 빠른 발전 속도를 고려할 때 명확해진다. 이러한 얼라이언스는 산업계, 소비자, 법률 서비스, 언론 기관 등을 포괄하는 전문적이고 균형 잡힌 의견 조성기관으로서 중요한 역할을 수행할 수 있다. 얼라이언스는 산업계의 다양한 목소리를 하나로 모아 정부와 금융 당국에게 전달함으로써, 특정 산업의 이익 대변 대신 효과적인 통합 정책 옹호와 입법 과정에 영향을 미칠 수 있다. 다양한 이해관계자들의 의견을 수렴하고 조율함으로써, 정책과 규제의 균형을 맞추고, 산업 발전과 소비자 보호 사이에서 균형 잡힌 접근을 제안할 수 있다. 소비자 참여를 통한 소비자의 이익과 보호는 얼라이언스의 주요 관심사 중 하나이다. 얼라이언스는 법률 서비스 제공자들과 협력하여 새로운 기술과 서비스에 적합한 법률 및 규제 프레임워크를 개발할 수 있다. 얼라이언스는 언론과의 협력을 통해 정확하고 공정한 정보를 전달하고, 산업에 대한 대중의 인식을 향상시킬 수 있다. 얼라이언스는 산업계의 다양한 목소리를 조율하고, 공정하고 객관적인 의견을 제시하여 산업 전반의 이익을 대변할 수 있다. 산업의 복잡한 이슈에 대해 전문가들의 의견을 수렴하고, 심층적인 분석과 연구를 통해 신뢰할 수 있는 정보를 제공한다.

얼라이언스의 목적은 핀테크-블록체인 산업의 성장을 지원하고, 혁신을 촉진하며, 관련 산업의 이해관계자들 간의 협력을 강화하는 것이다. 규제 당국과의 대화를 통해 합리적이고 혁신적인 규제 프레임워크 조성을 지원한다. 업계 표준을 개발하고, 베스트 프랙티스를 공유하여 산업의 투명성과 효율성을 높이며 일반 대중과 정책 결정자에게 핀테크와 블록체인의 중요성을 알리고, 교육 프로그램을 통해 인식을 제고한다. 새로운 기술과 모델에 관한 연구를 지원하고, 혁신적인 아이디어를 장려한다. 또한 글로벌 네트워크 구축을 통해 국제적 협력과 지식 교류를 촉진한다.

핀테크-블록체인 얼라이언스 관련 글로벌 사례를 살펴보면 다음과 같다. 미국의 디지털상공회의소(Chamber of Digital Commerce)는 주로 블록체인 및 가상자산 관련 기업, 스타트업, 벤처 자본가들로 구성되어 있다. 개별 기업과 전문가들이 회원으로 가입할 수 있으며, 각 회원들은 다양한 위원회와 작업 그룹(Special Interest Group)에 참여하여 업계의 이슈에 대해 협력하고 논의한다. 특히 미국 의회와 정부 기관들과 긴밀히 협력하여, 디지털자산과 블록체인 기술에 대한 정책과 규제를 형성하는 데 큰 영향력을 미친다. 정책 옹호, 교육 제공, 공공 및 민간 부문과의 협력을 통해 업계의 이익을 대변하기도 한다. 이 조직은 다양한 위원회와 특별 관심 그룹(Special Interest Group)을 포함하고 있으며 각 위원회는 특정 주제(예: 금융, 법률, 기술)에 초점을 맞추고, 해당 분야에서의 정책 개발 및 옹호 활동을 수행한다. 상공회의소는 이사회에 의해 관리되며, 여러 전문가가 자문 역할을 수행한다. 유럽 핀테크 얼라이언스(European Fintech Alliance)는 유럽 연합 내에서 활동하는 핀테크 스타트업 및 기존 금융 기관들로 구성되어 있다. 유럽연합의 정책 결정 과정에 참여하고, 핀테크 산업에 대한 규제와 정책에 영향을 미치려고 노력하며 유럽연합의 금융당국과 협력하여 디지털 금융 서비스의 발전을 촉진한다. 이 얼라이언스는 회원 기업들의 대표들로 구성된 이사회에 의해 운영되며 회원사는 정기적으로 모여 업계 동향에 대해 논의하고, 공동의 이익을 위한 전략을 수립하며 유럽연합의 정책 입안 과정에 적극적으로 참여한다. AFIN(ASEAN Financial Innovation Network)는 아시아 개발은행, 국제금융공사 및 ASEAN 은행 협회의 지원을 받아 설립되었다. 이 조직은 주로 금융 기관, 핀테크 기업, 기술 제공업체 등 다양한 금융 및 기술 관련 기관들이 참여하고 있으며 특히 동남아시아의 금융 포용성 향상을 위해 정부, 규제 기관, 금융 기관들과 협력하고 있다. 이들은 핀테크 산업의 혁신과 성장을 지원하고, 지역 금융시스템의 발전을 목표로 하고 있다. AFIN은 이사회, 운영위원회, 그리고 여러 기술 및 사업 개발 그룹으로 구성된다.

[표 01] **글로벌 핀테크-블록체인 얼라이언스 사례**(출처: 본문 요약)

	디지털상공회의소 (Chamber of Digital Commerce)	European Fintech Alliance	AFIN(ASEAN Financial Innovation Network)
주요 활동 지역	미국	유럽 연합	동남아시아
구성원	블록체인/가상자산 관련 기업 스타트업 벤처 자본가, 전문가	핀테크 스타트업 금융 기관	금융 기관 핀테크 기업 기술 제공업체
주요 활동 및 목적	정책 형성 및 옹호, 교육 제공, 공공 및 민간 부문과 협력, 디지털자산 및 블록체인 기술에 대한 정책 및 규제 형성	EU 정책 결정 참여, 핀테크 산업 규제 및 정책에 영향, 디지털 금융 서비스 발전 촉진	금융 포용성 향상, 핀테크 혁신 및 성장 지원, 지역 금융시스템 발전
운영 구조	다양한 위원회 및 작업 그룹, 이사회 관리, 전문가 자문 역할 수행	이사회 운영, 회원사 정기 모임, 정책 입안 과정 참여	이사회, 운영위원회, 기술 및 사업 개발 그룹

현재 국내에는 핀테크 및 가상자산 시장의 의견 수집, 국가 정책 수립에 대한 조언, 시장 질서 확립, 소비자 보호와 자정 환경 조성 등을 위한 통합적 얼라이언스 대신 개별 영역별로 설립된 각종 협회나 학회가 난립해 있다. 협회, 포럼 및 학회 등은 개별 집단의 이익을 우선으로 반영한다는 선입견이 있고, 또한 타 산업이나 시장과 상충하는 면이 있어 전체적인 핀테크-블록체인 시장을 대변할 수 있는 대표성이 없다. 제반 산업의 통합적 성장을 지원하고, 혁신을 촉진하며, 관련 산업의 이해관계자들 간의 협력을 강화할 수 있는 범 산업적 얼라이언스가 필요하다. 규제 당국과의 대화를 통해 합리적이고 혁신적인 규제 프레임워크 조성을 지원하며 업계 표준을 개발하고, 베스트 프랙티스를 공유하여 산업의 투명성과 효율성을 높일 수 있어야 한다. 소비자는 물론 일반 대중과 정책 결정자에게 핀테크와 블록체인의 중요성을 알리고, 교육 프로그램을 통해 인식을 제고해야 한다. 새로운 기술과 모델에 관한 연구를 지원하고, 혁신적인 아이디어를 장려하며 핀테크-블록체인 산

업 글로벌 네트워크 구축을 통해 국제적 협력과 지식 교류를 촉진해야 한다.

핀테크와 블록체인 기술은 금융 산업의 혁신을 촉진하고 있지만, 이로 인해 금융당국은 전문성 확보, 정책 안정성, 신속한 입법 등에 있어 많은 도전에 직면하고 있다. 이러한 맥락에서 핀테크-블록체인 얼라이언스는 다음과 같은 방법으로 금융당국의 부담을 경감하고 정책 운용을 보완하는 중요한 역할을 할 수 있다. 핀테크-블록체인 얼라이언스는 분야별 전문가들로 구성되어 있어, 금융당국에 필요한 심층적인 기술적 지식과 시장 트렌드에 대한 통찰을 제공할 수 있다. 신기술에 대한 이해를 바탕으로 정책 결정자들에게 자문을 제공하며, 기술 혁신과 규제 간의 균형을 찾는 데 도움을 줄 수 있다. 얼라이언스는 산업의 동향을 파악하고 이를 반영한 안정적이고 예측할 수 있는 규제 환경을 조성하는 데 이바지할 수 있다. 빠르게 변화하는 기술 환경에 적응하기 위해, 얼라이언스는 금융당국이 유연하고 시의적절한 정책을 수립할 수 있도록 지원할 수 있다. 얼라이언스는 최신 기술 발전을 금융당국에 신속하게 전달함으로써, 규제가 기술 발전을 따라잡을 수 있도록 한다. 얼라이언스는 산업의 필요와 금융당국의 요구를 조율하여 신속한 입법 및 정책 조정을 촉진할 수 있다.

핀테크-블록체인 얼라이언스의 설립은 금융당국이 직면한 전문성 확보, 정책 안정성, 신속한 입법 과정의 부담을 경감하는 데 중요한 역할을 한다. 이러한 얼라이언스는 산업의 지속 가능한 성장과 혁신을 지원하며, 규제 당국이 기술 발전에 더욱 효과적으로 대응하도록 도울 수 있다. 급변하는 핀테크와 블록체인 시장에서 얼라이언스의 역할과 필요성은 더욱 중요해지고 있다.

7) 핀테크-블록체인 얼라이언스의 필요성(II)

협회나 학회와 같은 전문 단체들은 특정 산업 분야에서 중요한 역할을 수행하며 여러 가지 긍정적인 공헌을 하지만, 동시에 일련의 한계와 문제점을 가지고 있다. 이러한 단체들은 주로 업계의 이익을 대변하고, 회원들의 권익을 증진하는 것을 목표로 하지만, 때로는 공공성의 훼손이라는 비판을 받기도 한다. 협회나 학회 같은 전문 단체의 특징을 살펴보면, 전문 단체들은 연구, 교육 프로그램, 전문가 네트워킹 이벤트를 제공하여 산업 지식의 확산과 기술 혁신을 촉진한다. 또한 이들은 업계 표준을 마련하고 베스트 프랙티스를 확립하여 산업 전체의 질을 향상하는 데 기여하며, 업계 공동의 이익을 대변하여 정부 정책에 영향을 미치고, 산업에 유리한 법적 및 규제 환경을 조성하려 노력한다. 그러나 이익집단으로서 협회나 학회는 때로는 공공의 이익보다는 회원의 이익을 우선시하여, 이해상충의 문제를 일으킬 수 있다. 예를 들어, 환경 규제를 완화하려는 업계의 압력이 공공의 환경 보호 필요성과 충돌할 수 있으며 산업 발전을 목표로 하다 보면, 때로는 소비자 보호가 뒷전으로 밀리는 경우가 있다. 같은 산업 내에서도 각기 다른 회원사의 이해관계가 충돌할 수 있어 강력한 회원사가 협회의 방향을 좌우하면서, 중소 회원사나 신생 기업들의 이익이 소외되는 경우가 발생할 수 있다. 이는 업계 내에서 불필요한 이권다툼을 유발하고, 결국 산업의 건전한 발전을 저해할 수 있다.

협회나 학회와 같은 전통적인 이익 단체가 겪고 있는 문제점들을 보완하는 방안으로, 기업이나 개인이 개인 회원 자격으로 기구에 참여하는 공공성 높은 얼라이언스 설립을 제안한다. 얼라이언스 설립 시 고려해야 할 원칙들로는 우선 모든 관련 이해관계자가 참여할 수 있도록 개방된 회원 가입 절차를 마련해야 한다. 이는 단체의 다양성과 포괄성을 보장하고, 업계 내 소수

의견도 반영하는 기회를 제공한다. 또한 의사결정 과정과 결과를 모든 회원과 공유하여, 운영의 투명성을 높이고, 이를 통해 조직의 신뢰성을 증진하고 회원들의 참여를 독려할 수 있다. 독립적인 감독 기구를 설치하여 단체의 활동을 감시하고, 공공의 이익을 해치는 행위를 감지할 수 있도록 한다. 이 기구를 통해 단체의 활동이 회원 및 공공의 이익에 부합하는지 주기적으로 평가한다. 모든 회원은 이해충돌을 관리하는 명확한 지침에 동의해야 하며 특정 회원의 이익이 단체의 목표와 충돌하는 것을 방지하고, 모든 활동이 투명하게 이루어지도록 보장한다. 소비자 대표를 이사회나 결정 기구에 포함하여 소비자의 목소리가 정책 결정 과정에 반영될 수 있도록 한다. 다양한 산업의 단체들과의 협력을 통해 광범위한 문제에 대한 해결책을 모색한다. 필요 시 정부 부처나 공공기관과도 전략적 협업체제를 구축해야 한다. 이는 단일 산업 내에서의 파워게임을 완화하고, 더 광범위한 이익을 도모할 기회를 제공한다. 이를 바탕으로 궁극적으로는 이익 단체보다는 기업이나 개인 회원들의 직접적 참여를 기반으로 하여 더 높은 공공성과 효율성을 달성할 수 있도록 해야 한다. 특정 이익집단의 영향력을 줄이고, 전체 산업의 건강한 발전을 촉진할 수 있는 장점이 있기 때문이다. 현재 장기간 부진의 늪에 빠진 국내 블록체인 산업의 조속한 중흥을 위해 핀테크-블록체인 얼라이언스 설립이 시급하다. 핀테크와 블록체인 산업의 성장을 촉진하고 소비자를 포함한 이해관계자 간의 협력을 공정하게 강화하여 모두가 동의할 수 있는 기구 설립이 중요한 때이다.

얼라이언스가 추구해야 할 방향을 제언하자면 다음과 같다. 기존 공급자 중심의 기술개발을 탈피하여, 소비자 중심의 핀테크-블록체인 기술의 개발을 지향한다. 이를 통해 공공복지 및 산업 경쟁력 향상을 촉진하고, 신기술의 상업적 적용을 가속한다. 산업체와 소비자 간 균형된 기술 표준을 마련하고 혁신을 지원하며 국내외 시장에서 한국 기업들의 경쟁력을 향상한다. 정부와의 긴밀한 협력을 통해 최소한의 합리적인 규제 환경을 조성한다. 국제 핀테크 및 블록체인 네트워크와의 연계를 강화한다. 업계 및 일반 대중에게 핀테크와 블록체인 기술의 이해를 돕고, 전문 인력 양성을 위한 교육 프로그램을 개발한다.

핀테크-블록체인 얼라이언스와 같은 조직이 정부 및 금융당국과의 협상에서 효과적인 협업 및 입지를 확보하기 위해 취할 수 있는 전략은 다음과 같다. 금융업은 라이선스 중심 사업 특성상, 정부의 규제와 정책이 사업 운영에 큰 영향을 미치므로, 얼라이언스는 업계 내 다양한 이해관계자의 의견을 통합적으로 조정하고 정리하여 금융위원회나 기타 관련 정부 기관과의 협상에 임할 필요가 있다. 이를 위해 산업계의 의견을 모으고, 소비자 보호 단체와도 협력하여 소비자의 목소리를 대변하는 것이 중요하다. 정부 당국과 협상할 때는 단순히 한 기업이나 이익단체의 이익을 대변하기보다는 산업 전반의 성장과 발전을 위한 공동의 대응 전략을 수립해야 한다. 이 과정에서 법률 자문, 경제 연구 결과, 시장 분석 등을 바탕으로 정책 제안을 준비하고, 이를 통해 정부가 제시하는 규제 방향과 라이센스 정책에 대한 합리적이고 구체적인 대안을 제시할 수 있어야 한다. 정부와의 지속적인 대화와 협력 채널을 구축하여 양측 간의 신뢰를 쌓고, 정기적인 만남을 통해 현재의 이슈와 장기적인 산업 발전 방향에 대해 논의해야 한다.

이 과정에서 얼라이언스는 중립적이고 전문적인 입장에서 산업의 건강한 성장을 도모할 수 있는 정책을 적극적으로 제안할 수 있다. 금융 및 블록체인 기술의 복잡성과 빠른 변화를 고려할 때, 얼라이언스는 해당 분야의 최신 연구 결과와 국내외 사례를 정리하여 정책 결정자들에게 제공함으로써 정보에 기반한 정책 결정을 유도할 수 있다. 전문가 집단으로서의 신뢰성을 바탕으로, 실질적으로 산업에 도움이 되는 정책 변화를 이끌어내는 데 기여해야 한다. 이와 같은 접근 방식은 핀테크-블록체인 얼라이언스가 금융당국과 보다 효과적으로 협상할 수 있는 기반을 마련할 뿐만 아니라, 금융 정책이 혁신을 촉진하고 소비자 보호를 강화하는 방향으로 발전하는 데 획기적으로 기여할 수 있다. 금융위원회와 각 부처 간의 이해관계 조정, 규제샌드박스 제도의 효율적인 확대 및 운영을 위해 핀테크-블록체인 얼라이언스의 역할을 강화하는 방안을 추가적으로 고려하면 다음과 같다. 산업계 경쟁력 강화 및 소비자 보호에 이르기까지 광범위한 이해관계를 반영하는 구조를 마련함으로써 규제 혁신의 속도와 효율성을 증가시킬 수 있다. 특히 금융규제샌드박스와 관련된 부처 간 이견 조정 및 신청 처리의 신속 지원을 위해 핀테크-블록체인 얼라이언스 내에 중립적 민간 협의체를 구성 할 수 있다. 이 협의체는 다양한 부처의 의견을 수렴 및 전달하고 조율하는 역할을 맡아 신속하고 공정한 심사를 지원한다. 각 부처의 이해관계와 특성을 이해하고, 기술적 전문성을 갖춘 인력 풀을 구축한다. 이 인력은 각 신청 사업의 특성을 평가하고, 정책의 합리성을 검토하여 보다 전문적이고 심층적인 심사를 지원한다. 정기적으로 이해관계자 포럼을 개최하여 산업계, 소비자 그룹, 정책 결정자들의 의견을 듣고, 이를 정책 개선에 반영한다. 이 포럼은 샌드박스 신청 과정에서 발생할 수 있는 특혜 시비나 공정성 문제를 미연에 방지하는 역할을 할 수 있다. 샌드박스 신청 과정과 결과를 투명하게 공개하고, 모든 결정 과정에 대한 추적 가능성을 확보한다. 이는 감사나 평가 시 공정하고 객관적인 데이터 제공을 가능하게 하여, 정부 부처의 보신주의적 태도를 감소시키는 데 기여할 수 있다. 얼라이언스는 정부의 규제 개선 작업에 참여하여 규제샌드박스의 목표와 취지가 지속적으로 유지되도록 한다. 이러한 제안들은 규제샌드박스의 본질적인 문제를 해결하고, 신청 기업, 소비자는 물론 산업계 전반의 이익을 보호하는 데 중요한 역할을 할 것이다.

특히, 핀테크-블록체인 얼라이언스가 중심이 되어 이러한 과정을 주도함으로써 산업의 혁신을 가속화하고 소비자의 이익을 보호하는 적절한 대응이 가능하다. 참고로 얼라이언스나 이에 준하는 비영리 기구의 성공적 운용 사례를 소개하면 다음과 같다. 싱가포르 핀테크 협회(Singapore FinTech Association)는 회원 기반의 비영리 조직으로 싱가포르의 핀테크 산업 발전을 통합적으로 지원하고 있다. 핀테크 산업의 성장과 국제 협력을 촉진하고 있으며 특히 정부와의 효과적인 협력, 국제 표준화 기여, 그리고 자국 내 핀테크 스타트업들을 위한 투자 및 교육 기회 확대 방면에서 큰 효과를 발휘하고 있다. 이와 유사하게, 크립토 밸리 협회(Crypto Valley Association)는 스위스에 기반을 둔 비영리 협회로서, 블록체인 기술의 선도적 개발을 지원하고 산업의 규제 및 표준화를 위해 노력하고 있다. 이 비영리 협회는 기술개발뿐만 아니라 교육 프로그램 제공, 이벤트 주최, 정부 협상 및 정책 옹호 활동을 통해 글로벌 블록체인 커뮤니티와의 연계를 강화하고 있다. 이러한 국제적 사례들은 한국 핀테크-블록체인 얼라이언스의 설립과 운영에 있어 중요한 통찰을 제공할 수 있으며 각기 다른 국가의 경험을 통해 얻은 지식과 전략은 국내 산업 특성에 맞게 조정되어 적용될 수 있다.

02 가상자산

1) 범정부 가상자산 TF에 바란다

2022년 8월 금융위원회를 중심으로 범정부 디지털자산 TF가 구성되어 첫 회의가 개최되었다. 가상자산과 법정화폐 간 연결고리 역할을 하며 실물 경제에 지대한 영향을 끼치는 스테이블 코인 규제 관련 토의가 있었다. 스테이블 코인을 첫 안건으로 채택한 이유는 가상자산 안건 중 비교적 규제대상이 명확하고 규제에 대한 선진 사례가 많으며 시장에 대한 파급효과가 덜하다는 점이다. 정부의 주요공약인 ICO 국내 허용과 STO 입법 등 민감한 사안에 대한 토의는 향후 진행되리라 본다. 다만 TF가 변죽만 울리거나 시장 수요 및 이의 시급성을 제대로 반영하지 못한다면 민간과 산업계의 실망감은 심각한 수준일 것으로 예상된다.

사견임을 전제로 TF의 성공적 운영에 대한 당부를 하고자 한다. 2024년 현재 소비자와 산업계의 가장 큰 기대는 가상자산 공모의 국내 허용이다. 디지털자산 TF는 가상자산의 글로벌화를 지향하기 위해 ICO 국내 허용을 우선적으로 토의해야 한다. 2017년 가상자산 광풍으로 인해 국내 ICO가 전면 금지된 이후 7년이 지나는 동안, 해외 ICO로 인한 국부 유출이 심각하며 MZ세대를 비롯한 금융약자들의 소액투자 기회가 상실되었으며, 국내 ICO 시장의 성장 및 성숙이 지체되었다. 타국에 비해 뒤처진 ICO 시장의 성장을 촉진하기 위한 당국의 전향적 조치가 시급하다. 이를 위해 ICO 국내허용에 대한 기본 방향과 핵심 내용들이 TF를 통해 공론화되어야 한다. 민간을 포함한 범정부 TF가 구성되었지만, 그중 금융약자와 블록체인 산업계를 대변할 구성원들이 부족하다. 성공적인 TF 운영을 위해서는 가상자산에 대한 심층적 이해를 갖추고 타 부처와 전 방위적 소통과 정책 조율이 가능한 가상자산 전문가 공무원이 보강되어야 한다. 이번 TF에서도 부처 간 상반된 정책과 충돌로 인해 결론 도출이 지지부진하거나 미봉책을 제시한다면 블록체인 규제 혁신을 기대하던 소비자와 산업계의 실망이 극심할 것이다. 따라서 결론 도출이 불가할 경우를 대비한 상설 컨트롤타워 설치도 필요하다. 그간의 경험으로 보면 극심한 부처 간 이견으로 인해 결정이 무산되거나 타협안 만을 제시하는 경우가 많았기 때문에, 이를 해결하기 위해 정부부처 간 갈등을 조율할 수 있는 별도의 상위기구를 신설하여 이를 해결하기를 권고한다.

또한 ICO 국내허용과 더불어 자본시장 가상자산 도입을 견인할 STO에 대한 입법 여부도 범정부 TF의 시급한 현안이다. STO는 기업이나 개인이 소유한 증권, 부동산이나 예술품 등을 토큰화하여 대중에게 판매하여 자본을 조달하는 방법이다. 유가증권인 실물 주식을 일정요건을 갖춘 후 당국의 허가를 받아 자본시장에 상장하여 필요자금을 조달하는 방식과 흡사하다. 다만 주식 공모는 소비자 보호를 위한 까다로운 정부 당국의 이행 조건을 충족해야 하는 어려움이 있고 일정부분 투자자에게 지분을 양도해야 한다. 반면 ICO나 STO 등의 가상자산 공모는 주식공모와는 달리 별도의 약정이 없는 한 투자자에게 지분을 양도할 필요가 없으며 공모를 위한 당국의 까다로운 규제나 가이드라인이 부재하여 시행이 용이하다. 소비자 보호나 불법 자금 유통 방지를 위해 현재 STO 가상자산 공모는 국내에서 금지되어 있다. 2020년 특금법 시행 이후 아직까지 공모, 매매 및 유통 등에 대한 구체적 가이드라인이 제정되지 않아 시장의 불확실성이 증가하고 있다. STO는 금융기관 업종 혁신 방안이 발표되어 은행 및 증권사를 비롯하여 관련 기관들의 심층적 연구 활동과 업종 간 제휴가 활발하며 특히 기존업무와 유사성이 높은 증권업계가 활발히 준비하고 있다. 더불어 민간 시장의 투자 수요도 늘어나고 있다. STO는 기존 주식시장의 기본 인프라와 제도를 활용하면 비교적 수월히 제도권 편입이 가능하여 TF를 통해 신속히 관련 제도와 법령이 준비되어 시행되기를 기대한다. 다만 소비자 보호를 위해 STO의 제도권 편입을 선호하는 당국과 자율적 시장 활성화를 바라는 산업계의 의견 조율이 되어야 할 것으로 보인다.

가상자산 금융은 라이센스 기반 업종으로 당국의 인허가 여부가 핵심이다. 관련 제도의 시의 적절한 입안 및 운용을 위한 금융당국의 리더십과 전문가 확보가 필요하다. 담당업무의 한시성으로 인한 전문성 한계를 극복하기 위한 개방형 전문 공무원제도가 강화되어야 한다. 가상자산 정책이 선험적으로 기획되어야 하며 관련 업계, 민간 전문가와 공무원 간 활발한 교류와 소통이 이루어져야 한다. 정부부처의 IT담당관이나 정보화기획관 같은 전문분야 고위직이 가상자산 운용분야에도 도입될 필요가 있다. IT나 정보화 영역과 독립적인 디지털 가상자산 담당관제의 신설이 필요하다. 가상자산은 기술뿐 아니라 부처 간 정책이나 업무를 전 방위적으로 혁신하는 융합형 패러다임으로 인정되어야 하며 이를 통해 부처 내 다양한 정책이 기획되며 필요시 타 부처 및 시장과 협업해야 한다. 향후 범정부 TF구성이나 운용 시 가상자산 담당관제 활용을 권고한다.

2) 또 가상자산 대란인가?

2022년 루나·테라 사태의 쇼크가 가시지 않은 상황에 FTX 사태가 다시 발생하면서 가상자산 업계가 벌집처럼 들끓었다. 세계 3대 가상자산 거래소인 FTX가 자체 발행한 FTT토큰의 가격이 급락하여 일주일도 채 되지 않아 30,000원대에서 2,000원대로 주저앉았다. 이마저도 2022년 11월 11일 미국 델라웨어 연방 법원에 FTX가 66조 원에 이르는 기업 채무와 함께 파산보호 신청을 한 관계로 거래소 투자 예치금이나 코인 환전 등에 대한 출금이 전면적으로 묶였다. 기관 및 개인 투자자들의 엄청난 손실이 발생했다. 국내에서도 한 기업이 해외시장 ICO를 통해 FTX에 코인을 상장해 시가 200억 원 정도 규모의 가상자산 투자를 하고 있으며 미확인이지만 약 1만 명 정도의 개인 투자자들도 FTX에서 코인 거래를 했던 것으로 추정된다. 루나·테라 사태는 거래소에 상장된 특정 코인 프로젝트의 부실 및 불법행위에 따른 전형적인 코인런(동시 대량 코인 환전)이다. 코인을 중개하는 거래소의 불법행위로 인해 거래소가 발행한 토큰가격이 급락하고 이에 따라 경영악화가 이어져 거래소 전체의 재정상태가 파산에 이르게 된 경우이다. 파산신청과 동시에 기업의 모든 입출금 거래가 금지되어 FTX 거래소에 상장된 전체 코인의 거래도 자동 중단되었다. 투자자들의 막대한 손실이 발생했다. FTX의 불법행위를 살펴보면, 거래소 자체가 발행한 코인의 불법적 운용이다. 자사 토큰인 FTT토큰을 담보로 달러 대출을 받고 이를 통해 FTT를 다시 매입해 자산 가격을 상승시킨 후 이를 담보로 재차 대출을 받는 코인 시가 조작을 반복적으로 해왔다. SEC 등이 이를 감지하고 경고를 하자, 투자자인 세계 1위 거래소 바이낸스가 보유 중인 1억 2천만 달러 상당의 FTT를 2022년 11월 7일 전면 매각하기에 이르렀다. 이에 따라 시장의 투자자들이 코인런을 일으킨 것이다. 유동성 부족으로 코인런에 대한 대응이 한계에 이른 FTX가 결국 파산 신청을 한 것이다. 일전의 루나·테라 사태와 판박이 사태로 볼 수 있다. 주도적이고 영향력 있는 코인 홀더의 투매상황에 따라 시장 투자자들의 모방적 코인런 사태가 발생한 것이다.

[그래프 02] FTX Valuation Graph

(출처: equentis The FTX Exchange Collapsed But Equities Remain Strong)
https://www.equentis.com/blog/ftx-collapse-equities-stay-strong/

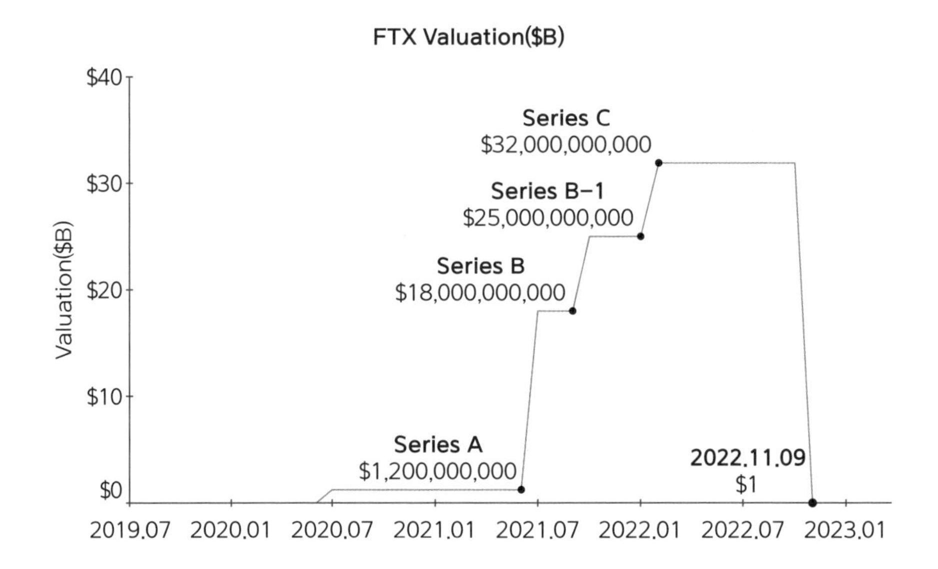

코인런으로 인한 가상자산의 폭락은 이번 사태로 끝나지 않고 반복될 것이다. 앞으로도 가상자산 거래소 불법행위나 부실 경영 또는 프로젝트 등의 부실 운용 등등 기타 원인으로 끊임없이 시장 위협 사태가 발생할 것으로 예상된다. 그간 가상자산의 가격상승에만 관심을 둔 투자자들은 이제 가상자산의 가격 급락을 조심해야 한다. 가상자산의 가격급락이나 코인런에 대처하기 위한 방안은 무엇일까?

코인런이 발생하게 되면, 가상자산에 투자한 일반 대중들이 큰 피해를 입게 된다. 2022년 FTX 사태에서 국내에서도 많은 피해자가 발생했다. FTX의 국가별 트래픽 중 한국이 두 번째로 높은 것으로 밝혀져, 국내 FTX 사용자가 엄청난 숫자일 것으로 보인다. 이러한 사건으로 인해 피해자가 양산되면, 국가에서는 해당 기업뿐 아니라 산업 전반적으로 법률을 통한 규제와 함께 해당 산업의 기업들에 대해 탈법 및 위법 행위에 대한 강도 높은 감사를 실시하게 된다. 이와 같은 규제 및 감사는 산업의 위축과 시장의 불신을 불러일으킨다. 이를 방지하기 위해 가상자산 거래소의 도덕적 책무를 우선적으로 논하고자 한다. 소비자들은 가상자산 및 거래소에 대해 투명한 경영 정보를 접할 수 없지만 일단 거래소를 믿고 거래하는 것이다. FTX 사태와 같이 가상자산 거래소 자체에 대한 불법행위가 발생할 경우, 그 피해는 고스란히 소비자들에게 전가된다. 소비자들을 보호하고, 가상자산 산업에 대한 당국의 규제나 개입을 최소화하기 위해 1차적으로 거래소의 자정 노력을 통해 소비자들이 올바른 투자를 할 수 있는 생태계를 조성해야 한다. 거래소를 포함한 가상자산 업계의 투명한 시장 정보를 손쉽게 접근하고 판단할 수 있어야 한다. 거래소나 프로젝트 재단들의 일방적 정보 제공을 맹목적으로 믿지 말고, 투자자들 자체적인 노력을 통해 추가적 정보 수집에 노력을 기울어야 한다. 소비자 주도로 가상자산 시장 현황 조사를 위한 옴부즈맨 제도의 도입도 검토해볼 만한 시점이다.

3) 크립토 시장의 봄은 언제 올 것인가?

크립토 윈터(Crypto Winter)에서는 가상자산 시장 투자금이 회수되고 거래량이 줄어든다. 2018년 1월부터 가상자산 버블이 빠지면서 크립토 윈터가 처음으로 발생하여 1년간 가상자산 시가총액이 근 80% 이상 하락하였다. 원인으로서는 정부당국의 강력한 규제, 국제정세, 경기침체 및 주요 가상자산 프로젝트 변경이나 철회 등 다양하다. 2021년 중국 정부의 가상자산 단속강화, 채굴 금지 및 금융기관 가상자산 거래 중단과 이어진 각국의 가상화폐 규제 강화 등으로 대장주인 비트코인의 가격이 급락하고 이에 따라 알트코인들의 가격이 덩달아 하락하였다. 이론이 있기도 하지만 그 시점 이후 현재까지 크립토 윈터는 계속되고 있다. 특히 미국 연방준비위원회의 양적 완화 정책, 초인플레이션과 금리인상, 우크라이너·러시아 전쟁, 오프쇼어 공급망 위기 등으로 글로벌 금융시장이 요동치며 이에 따라 가상자산 가치하락과 투자 감소가 이어지고 있다. 기존 자본시장도 주식 가격이 급락하고 금융자산 운용 수익이 급감하고 있다. 기존 금융자산과 가상자산이 연동되어 움직이는 현상을 나타낸다. 2022년 루나와 FTX 사태, 거래소 상장 자산 폐지 등으로 가상자산 시장은 치명타를 얻어맞아 더욱 얼어붙고 있다. 골이 깊으면 봉우리가 높고 겨울이 추우면 무더운 여름이 오듯이 가상자산 겨울은 언젠가는 회복이 되어 활황으로 달려갈 것을 투자자들은 기다리고 있다.

가상자산 시장은 정부의 규제, 경제 펀더멘탈과 국제정세 등에 강한 영향을 받는다. 전통적 경제 생태계의 변화와 궤를 같이하고 있다고 볼 수 있으며 경제나 경기가 회복되면 가상자산 시장도 활성화될 것으로 예측되고 있다. 가상자산이 기존 피아트 자산의 대체재라기보다 보완재의 모습을 보이고 있다. 과연 가상자산 시장이 회복될 것인가에 대한 투자자들의 고민이 깊어가고 있다. 업권법 제정 등 가상자산 친화적 움직임도 있지만 우선 투자자 보호를 위한 규제적 입법이 진행될 것으로 예상되며 글로벌 경기 회복 역시 낙관보다는 우려가 앞선다.

리스크 헤징을 위한 금이나 국채 등 안전자산에 대한 투자 수요가 증가하고 있다. 가상자산이 최근 기관의 투자 포트폴리오에 활발히 포함되고 있다. 그러나 아직 극심한 가격변동으로 인해 본격적 투자운용 수단은 되지 못하고 있다. 가상자산이 최근까지 기관의 투자 포트폴리오에 활발히 포함되고 있다. 그러나 아직 극심한 가격변동으로 인해 본격적 투자운용 수단은 되지 못하고 있다. 화폐의 발행이나 운용 과정이 투명한 가상화폐를 초 인플레이션 시대의 주요 자산 방어 수단으로 생각하는 사람들이 늘어나고 있다.

크립토 윈터에도 수익을 내는 가상자산이 등장하고 있다. 극심한 가격 변동이 있지만 전반적으로 기존 자본시장과 가상자산 시장은 같은 방향으로 움직인다. 가상자산을 별도의 자산으로 취급하는 대신 기존 자본시장의 금융자산들과 연동하여 생각해볼 수 있다. 기존 자본시장의 자산 평가나 투자 분석기법이 비트코인 등의 가상자산 운용에 반영되고 있다. 물론 극심한 가격 등락, 과거 시장 데이터의 부족과 온오프라인 데이터 괴리, 자료 수집 및 신뢰성 부족으로 향후 가치 예측에는 한계가 있지만 투자에 대한 기본 전략 수립에는 도움이 되고 있다.

가상자산을 기존의 경제생태계나 자본시장과 분리하여 생각한다는 것은 무리가 있다. 현재 가상자산의 경제적 투자가치는 어떻게 평가해야 하는가? 투자가치가 저평가되었다면 또는 과대평가되었다면 그 평가 기준은 무엇인가에 대한 투자자들의 이해와 연구가 필요하다. 가상자산 시장의 활황에 대한 단순한 기대보다는 현재 상황에서 가상자산의 정밀한 가치 분석을 해볼 필요가 있다.

가장 쉽게 떠올릴 수 있는 비트코인의 가치 평가방법은 가치저장 수단으로 쓰이는 다른 자산과 여러 가지 지표를 비교한 뒤 상대적인 가치를 역산해내는 방법이다. 2020년 8월 세계적 펀드운용가인 폴 튜더 존스는 가상자산(비트코인)의 가치를 현금, 금 및 주식이나 채권과 같은 금융자산에 비해 상대적으로 평가할 수 있다고 주장한다. 구매력, 신뢰도, 유동성 및 휴대 가능성을 기준으로 각 자산들의 가치총점을 구한 후 이를 시가총액과 대비하여 상태가치를 구했다. 그의 결론에 의하면 비트코인이 종합 점수로 매긴 순위에선 최하위(43점)였지만, 점수를 토대로 추산한 적정 시가총액은 현재 시가총액보다 훨씬 높다는 사실에 주목했다. 예를 들면 비트코인의 총점은 금융자산 총점(71점)의 63%에 이르지만 전체 시가총액은 금융자산의 1/1200이라는 것이다. 존스의 전제와 논리를 활용하면 비트코인을 비롯한 가상자산 시장의 크기는 적정한 가치에 훨씬 못 미치며 향후 성장 가능성이 크다고 볼 수 있다. 현재 상대가치방법과 더불어 가상자산 가치평가는 시장수요공급곡선이나 주식분석에 사용되는 그래프 기법 등이 활용되고 있다. 종목별 분석에 추가하여 시장전반에 대한 추세분석도 중요하며 시장에 대한 투자자들의 불신이나 당국의 강한 규제 및 펀더멘탈의 취약성도 고려되어야 한다. 또한 비트코인이나 이더리움과 같은 대장 가상자산과 타 알트코인들과의 차별적 평가 요소의 반영도 중요하다. 가상자산 시장의 회복에 대한 맹목적인 낙관이나 불신은 금물이며 투자분석에 대한 전문성을 기준으로 시장변동을 냉철하게 예측해야 한다.

4) 반복되는 가상자산 시장 위협 및 대응

2022년 가상자산 시장은 다양한 이슈로 많은 사건 사고들이 발생하였다. 우선 2022년 5월 테라-루나 사건이 발생하였으며 당시 시가총액 5위 내에 속하던 테라 코인이 단기간에 폭락하면서 전 세계적으로 투자자들에게 막대한 피해를 발생시킨 사건이다. 테라와 루나는 자의적으로 상호 연동되어 가격을 조정하는 시스템이었으며 충분히 사전 위험성을 당국이나, 투자자 또는 관련 기관에서 인지할 수 있었다. 다만 공신력 있는 기관에서 제도적으로 또는 선행적으로 이를 규제할 수 있는 신뢰도 높은 관리 체제가 부족하여 투자자들이 충분한 투자 정보를 인지할 수 없음에 기인한다. 이로 인해 루나와 연동되어 1달러의 가격을 유지하던 UST의 가격이 1달러 아래로 하락하는 디페깅 현상이 발생하였으며, 이로 인해 소비자들의 페깅에 대한 신뢰도가 하락하게 되었고, UST에 대한 투자자들의 매도가 이어지게 되면서 연동된 루나의 가격이 동반 하락하였다. 투자자들은 코인의 가격 급락으로 인해 막대한 손해를 입었으며 아직 이를 회복할 수 있는 대응방안이 나오고 있지 않다. 이외에도 국내에서는 가상자산 운영기관들의 불투명한 정보제공과 투자자들의 정보 비대칭성에 기인한 크고 작은 불법행위들이 적발되어 상장 폐지 등이 뒤따랐다. 미국에서는 2022년 말 세계 3위 거래소인 FTX가 파산하는 사건이 벌어졌다. FTX에서는 대부분의 자산을 자체발행 코인인 FTT로 보유하고 있었고, 이에 대한 문제가 제기되면서 주요주주인 바이낸스의 창업주가 FTT를 전량 매각하였다. 이로 인해 FTX에서 대규모 인출이 발생하였고, FTT의 신뢰도가 하락하면서 가격이 폭락하게 되었다. 상당수의 자산을 FTT로 보유하고 있던 FTX와 관계사인 알라메다 리서치는 급격한 자산의 감소로 인해 부채 및 투자금을 상환할 수 없는 상황에 처하게 되었으며, 기업의 의사결정이 제약되나 영업활동은 가능한 챕터 11 파산신청을 하게 되었다. FTX 파산의 여파로 싱가포르의 국부펀드인 테마섹은 투자금 3억 달러가량의 손실을 보았고, 미국의 가상화폐 전문은행인 실버게이트는 약 10조 원 규모의 뱅크런에 직면하는 등 대형투자기관은 물론 개인 투자자들도 막대한 손해를 입었다.

가상자산 시장은 다른 자본시장에 비해 높은 기대수익률로 많은 사람들이 투자하고 있으며, 특히 MZ세대가 선호하는 시장이다. 특히 파이어 운동 등의 조기은퇴 열풍과 노동 수익을 통한 재산 증식이 어려울 것이라 생각하는 청년층의 인식으로 인해 젊은 층이 가상자산 시장에 활발히 투자하고 있다. 많은 사람들이 가상자산에 투자하고 있지만, 시장에 대하여 철저히 공부하고 준비하여 투자를 하는 사람들은 극히 일부분에 지나지 않는다. 기존의 투자자들은 부동산, 주식 등 다양한 시장에 자본을 투자하며, 투자하기 전 많은 조사와 공부를 통해 해당 시장에 대한 이해도를 최대한 높인 후, 객관적인 정보를 바탕으로 투자한다. 하지만 가상자산에 대해서는 객관적 정보 보다는 주관적 판단과 수익률에 근거한 투자를 하는 경향이 상대적으로 강하며, 이는 시장의 왜곡과 투자자의 피해를 불러올 수 있다. 이러한 경향은 아직 태동기에 불과한 가상자산 시장의 성숙도와 함께 가상자산에 대한 정보를 얻기 어렵다는 것이 주요 요인인 것으로 보인다. 소비자들의 피해를 최소화하고, 시장의 변동에 투자자들이 흔들리지 않도록 가상자산 시장에 대한 정보를 우선적으로 관리 및 공개하고, 투자 대상에 대한 가치 판단에 대한 가이드를 제공하는 등의 소비자 보호를 위한 실증적 방안이 필요하다. 이제는 정부가 더 이상 지체하지 말고 신속하게 시장에 개입하여 제도적 규제를 선험적으로 시행하여야 한다. 다만 불법행위 방지와 투자자 피해 방지를 고려한 시장 규제와 더불어 시장 활성화에 대한 동반적 접근이 필요하다. 가상자산 시장은 정부의 정책 동향에 따라 변동이 심하지만, 대부분의 가상자산 투자자들은 이러한 변동성을 예측하기 힘들며, 이에 따라 정부의 정책 동향이 투자자들에게 피해를 주는 경우가 자주 발생한다. 따라서 정부에서는 가상자산 시장에 대한 급격한 정책 변화를 지양하고, 정책 수립 시 기업과 투자자들이 시장 변화에 대해 연착륙할 수 있는 예측 가능한 방안을 중장기적으로 선제적으로 제시하기를 바란다.

5) 금융개혁과 가상자산

2023년 2월 15일 용산 대통령실에서 열린 비상경제민생회의에서 은행 산업의 독과점으로 인한 서민 금융의 문제점이 논의되었다. 은행 산업은 대표적인 라이선스 사업으로, 정부의 허가 없이는 시장 진입이 불가한 산업이다. 1998년 외환위기 직전 국내에는 32개의 은행이 존재했지만, 외환위기 이후 은행 간 합병을 통해 2024년 현재는 한국은행 포함 21개의 은행이 존재하고 있다. 현재 국내 은행산업은 독과점의 형태를 보이고 있으며 이로 인한 폐해가 최근 심각하게 드러나고 있다. 은행 산업이 까다로운 인허가 제도 및 다양한 진입 장벽 설정을 통해 제도적으로 보호받고 있음에도, 시장 과점으로 인한 과도한 수익 창출 및 내부 분배 등으로 금융의 정의와 공공성이 훼손되고 있다는 지적이다.

2022년 말 기준 5대 시중은행의 여수신시장 점유율이 60~70%에 달해 은행 산업의 과점체제가 심각한 수준인 것으로 나타났다. 2023년 이들 5대 금융지주의 예대마진을 통한 이자수익이 약 50조 원에 달하였으며, 임직원들에 대한 성과급 1조, 주주 배당 등으로 5조 원가량을 지급하는 등 독과점 지위를 통해 얻은 수익을 임직원 및 주주에게 우선적으로 분배하였다. 금융 취약계층에 대한 배려나 지원 또는 구제를 통한 금융수익의 사회 환원에는 미흡한 대처를 보였다.

논의에서 드러난 금융 폐해는 주로 은행산업의 독과점 구조로 인한 과도한 예대마진, 은행 수익구조 개선을 위한 일방적 지점 축소 및 이로 인한 금융 소외자 접근성 악화, 인력 감축에 따른 고용 불안 야기 등이다. 과도한 예대 마진으로 인해 서민 대출자들은 막대한 이자를 부담하고 은행들은 이를 통해 역대 최대의 수익을 올렸다. 지점 축소 및 운영시간 단축 등 소비자 요구를 도외시한 정책 시행으로 인해 고령층 등 금융 소외자들이 금융서비스를 원활히 이용할 수 없게 되었으며, 특히 코로나 사태로 인해 단축된 운영시간을 코로나 이전으로 되돌리는 것에 부정적인 반응을 보이는 등 소비자 편익을 등한시한다는 지적이 높다.

은행 산업의 과점체제를 경쟁체제로 전환하여 독과점 구조를 해소하고 자유 경쟁을 통해 이자율을 투명하게 결정하여 금융의 공공성을 회복해야 한다. 예대금리차 공시, 은행업 인허가 확대, 스몰라이선스를 통한 챌린저뱅킹 도입 등 소비자 중심의 금융 생태계를 우선적으로 조성해야 한다. 당국도 은행별 예대금리차 공시, 스몰라이선스 도입과 챌린저 뱅킹 도입 등을 고려하고 있는 것으로 추정되며 추가적으로 핀테크기업, 빅테크, 증권사 및 보험사를 포함한 비은행권 기업들에 대해서도 은행업 진출 기회를 다시 한번 적극 검토할 것으로 보인다. 2020년 데이터 3법과 망 분리 규제 등에 대한 전향적이고 부분적인 금융개혁의 시도가 있었지만 이제 과점 구조를 포함한 은행산업 전반에 대한 근본적 개혁 작업이 필요한 시점이 되었다.

서민의 금융 고통을 야기한 막대한 수익 창출은 과점 은행들만의 귀책이라고 보기는 힘들다. 그간 당국의 지속적 정책금리 인상으로 국내 금융시장이 전반적으로 고금리 기조를 유지하게 되었고 국제적으로도 코로나 사태로 인해 시중에 풀린 막대한 공적자금과 미 연방준비제도의 기준금리 상향 조정 등으로 국내 금리가 동반 상승하게 되었다. 이는 소비자들의 대출 금리에 직접적 영향을 주게 되었으며 국내 은행들의 수익도 급격하게 늘어났다. 그러나 2022년 미국 시중은행들의 이자수익 비중은 50% 내외인데 비해 국내 시중은행들의 이자수익 비중은 90%에 달해 비정상적 수익구조가 드러났다. 뱅크오브아메리카의 경우, 예대차이에 따른 이자수익의 비중은 40%에 불과하였지만 자산투자관리, 글로벌 뱅킹, 글로벌 마켓 진출 수익 등 비이자수익이 60% 이상을 차지하였다. 해외 은행들은 수익 구성이 다각화되어 있는 반면 국내 은행들은 주요 수익이 예대마진으로 구성되어 있다. 특히, 해외 시장의 비중은 10%대에 불과하다. 이와 같은 현황과 고금리 시대가 맞물리면서 시중은행들의 이자수익이 역대 최고치를 경신하게 되었으며, 이러한 기조가 은행의 미흡한 사회 환원 활동과 겹치면서 은행이 고금리 시대의 악역으로 지적받고 있다.

과점에 의한 비상식적 이자수익 의존 구조를 탈피하고 소비자 호혜적인 은행 서비스 제공을 위해 우선 은행 업무 전반에 대한 당국의 과감한 규제 철폐와 혁신적 자율 경쟁 환경을 조성해야 한다. 예대 서비스, 송금 및 자산

관리 등 천편일률적 금융서비스를 은행별로 다각화 및 특화할 수 있는 여건을 조성해야 하며 은행들도 선진 금융시장의 성공사례에 대한 심층학습으로 예대 마진 이외의 다양한 수익원을 발굴하여 자생능력을 강화해야 한다. 당국도 소비자 보호를 위한 수동적 규제에서 은행시장의 과감한 개방을 통해 적극적으로 소비자 이익을 창출하는 지원으로 금융정책을 변환해야 한다. 무리한 시장개입으로 은행시장에 대한 작의적인 수익구조 간섭은 또 다른 관치 금융 논란을 불러일으킬 것이다.

은행 시장 개혁을 위해 시의적이고 다양한 방안이 강구될 수 있다. 이의 일환으로 금융산업의 뜨거운 감자인 가상자산 금융 서비스의 확대를 한번 고려해 보는 것이 어떨까 한다. 당국의 정책변화는 향후 지속적으로 가상자산의 제도권 편입에 대한 후속 정책에 대한 기대감을 높이고 있다. 가상자산 수탁 등 Defi를 필두로 한 가상자산 금융은 은행 수익 창출의 다각화는 물론 소액 투자를 통한 고수익 창출을 희망하는 소비자 요구 충족에 기여가 가능하다. 물론 예금 및 안전한 투자를 위한 소비자 보호가 최우선이 되어야 하지만 원화거래에 비해 비교적 높은 이자율과 수익이 가능한 장점들을 살린다면 은행권의 새로운 수익원이 될 수 있다. 궁극적으로 금융 소비자를 위한 이자율의 인하도 가능하게 된다.

이자율 하락을 통해 은행의 이자수익 비율을 제한하는 대신, 가상자산 금융에 대한 라이선스 제도를 도입하여 은행의 가상자산업 진출을 적극적으로 유도할 수 있다. 이는 은행의 수익 다각화뿐 아니라, 기존 금융시스템을 활용한 신뢰감 있는 혁신 서비스 제공을 가능하게 한다. 단 은행의 가상자산 금융 사업은 유사시 은행 본연의 업무에 영향을 미쳐 소비자 보호 및 안정성에 문제를 야기할 수 있다. 은행이 직접적으로 가상자산 금융사업을 시행하는 대신 수탁이나 스테이킹 등 가상자산 금융을 전담하는 자회사를 설립하여 지주회사 또는 은행 산하에 편입시키는 방법으로 가상자산 사업과 은행을 분리하는 전략이 필요하다. 은산분리법에 의해 15%로 제한되어 되어있는 지분율을 높여 지배 주주가 될 수 있는 길을 열어야 한다. 가상자산거래소와 협업을 통한 가상자산 금융시장 진출도 고려할 수 있다. 실명계좌 발급, 예치된 가상자산 운용과 원화 준비금 확보 및 보안 시스템 구축 등에 관해 업무 분담과 협업을 통한 연착륙으로 신산업을 공동 추진 할 수 있다. 가상자산에 대한 관리 등을 가상자산 거래소가 전담하고, 예치된 가상자산을 기반으로 자금을 운용하고 금융상품을 기획 및 판매하는 역할을 은행이 맡음으로써 사업 다각화 및 새로운 수익원 창출이 가능할 것이다.

6) 국제 간 가상자산 규제와 육성

가상자산은 보안을 위해 암호화 기술을 사용하여 발행이 되고 중앙은행과 독립적으로 작동하는 디지털 가상자산이다. 각국에서는 가상자산을 제도권으로 편입시켜 투자자 보호 및 블록체인 산업을 보다 투명하게 추진하려고 하고 있다. 우선 가상자산 규제에 대해 G7 국가들 사이에서 많은 논의가 진행되고 있다. G7(Group of Seven)은 캐나다, 프랑스, 독일, 이탈리아, 일본, 영국, 미국을 포함한 세계 최고의 산업화된 민주주의 국가들의 연합이다. 2023년 일본 히로시마에서 정상회의가 개최되었다. G7 재무 장관과 중앙은행 총재는 자금 세탁, 테러 자금 조달 및 탈세를 포함하여 가상자산과 관련된 잠재적 위험에 대해 강한 우려를 표명했다.

2019년 G7 워킹그룹은 명목화폐 또는 기타 자산에 고정되어 안정적인 가치를 갖도록 설계된 일종의 가상자산인 스테이블 코인에 대한 보고서를 발표했다. 이 보고서는 소비자 및 투자자 보호, 시장 무결성 및 경쟁과 관련된 위험뿐만 아니라 운영 및 사이버 위험을 포함하여 스테이블 코인과 관련된 여러 가지 위험을 지적했다. 전반적으로 G7 국가는 가상자산 공간에서 혁신과 경쟁을 촉진하면서 이러한 위험을 해결하는 규제 프레임워크를 구축하기 위해 노력하고 있다. 그러나 특정 규정과 가상자산의 사용 및 가치에 미치는 영향에 대해서는 여전히 많은 논쟁과 불확실성이 있다. 특히 소비자 및 투자자 보호, 시장 무결성, 자금 세탁 및 테러 자금 조달 방지와 관련하여 암호 화폐 규제의 필요성을 표명했다.

G7 국가가 미래에 취할 수 있는 몇 가지 가능한 규제는 다음과 같다. 가상자산 거래소 및 서비스 제공업체에 대한 규제 감독을 강화하여 자금 세탁 방지 및 고객 파악 규정을 준수하도록 할 수 있다. 가상자산 거래소 및 기타 서비스 제공업체가 규제 당국에 라이선스를 받거나 등록하도록 요구할 수 있다. 가상자산에 대한 새로운 세금 규정을 도입하여 양도소득세 대상 자산 또는 부가가치세 대상 통화로 취급할 수 있다. 명목 통화 또는 기타 자산에 고정되어 안정적인 가치를 갖도록 설계된 스테이블 코인에 대한 특정 규정을 도입할 수 있다. 국가 법정 통화의 디지털 버전인 중앙은행 디지털 통화(CBDC) 발행을 모색하고 있다. 국가마다 고유한 우선순위와 우려 사항이 있기 때문에 특정 규제 접근 방식이 국가마다 다를 수 있다는 점에 유의하는 것이 중요하다. 또한 관련된 문제의 복잡성과 국제 조정의 필요성으로 인해 규제 변화의 속도가 느려질 수 있다.

가상자산은 기존의 자산과는 다른 특징을 가지고 있어, 새로운 법적 문제들이 제기되고 있다. 국내에서도 2020년 특금법을 통해 가상자산 거래의 특수성을 인정하여, 그 거래에 관한 법령을 별도로 제정했다. 특금법에는 외환거래법, 증권거래법, 금융실명거래 및 비밀보장에 관한 법률 등이 반영되어 가상자산, 거래소 및 사업자를 정의하였다. 이에 따른 상세 가이드라인이 아직 정립되지 않아 시장의 혼선이 있지만 당국의 가상자산 제도화에 대한 행보가 개시되었다. 가상자산은 기존의 자산과는 다른 특징을 가지고 있어서, 새로운 법적 문제들이 제기되고 있다. 가상자산 거래에 대한 거래소, 투자자 및 당국 간 법적 책임의 구분이 모호하다는 점이 그 예이다. 가상자산과 관련된 법적 문제에 대해서는 관련 기관들이 지속적으로 검토하고 대응해 나가야 한다.

가상자산 제도화는 현재 많은 국가에서 진행되고 있다. 가상자산이 제도화되면 일반적으로 국가는 가상자산 거래소를 강하게 규제하고 가상자산 사용에 대한 법적 규제를 마련한다. 이를 통해 가상자산 시장에 대한 투자와 거래가 보다 안전하고 안정적으로 이루어질 수 있다. 가상자산의 제도화는 각국의 법률, 정책 및 경제 상황에 따라 다양하게 진행된다. 일부 국가는 가상자산을 화폐나 자산으로 인정하고 세금을 부과하는 방식으로 제도화를 진행하고 있다. 가상자산 거래소에 대한 라이선스 발급과 관련된 규제를 강화하고 있다. 그러나 가상자산의 제도화는 여전히 논란이 있다. 일부 전문가들은 가상자산의 분산된 특성과 거래의 익명성 때문에 규제가 어렵다는 주장도 있다. 따라서 가상자산의 제도화는 국가와 기업, 개인 간의 협력과 지속적인 논의가 필요하다.

그간 대부분의 국가들은 가상자산 제도화에 대해 소극적 자세를 취해 왔다. 하지만 일부 국가들은 가상자산을 합법적으로 인정하고 규제하거나 일부 산업 분야에서 사용을 허용하는 등의 방식으로 적극적으로 대처하기 시작했다. 일본은 2017년 4월, 가상자산 거래소의 허가제도를 선제적으로 도입하였다. 가상자산 거래소는 FSA(Financial Services Agency)의 허가를 받아야 하며, 보안, 자금세탁 방지, 미성년자 참여 방지 등 다양한 규제 사항을 따라야 한다. 스위스는 가상자산을 합법적으로 인정하고, 세금 체계를 도입하여 가상자산 거래자들의 세금을 적법하게 징수하고 있다. 싱가포르는 가상자산 거래를 규제하기 위해 2019년에 지불 서비스 법(Payment Services Act)를 발표하였다. 이를 통해 가상자산 거래소, 지갑 제공자 등 가상자산 서비스 제공업체들은 싱가포르 정부의 허가를 받아야 한다. 미국은 2014년부터 가상자산에 대한 세금체계를 도입하였으며, 이후 SEC(미국증권거래위원회)를 비롯한 각종 규제기관들이 가상자산 거래에 대한 법적 규제를 시행하고 있다. 현재 가상자산을 수익배분이 가능한 투자수익증권으로 보고 모든 가상자산을 제도권 내로 편입시켜 보다 투명하고 강화된 규제를 적용하려고 하고 있다. 제도권 규제의 강화 아니면 전면 자율화 여부가 결정된다. 이외에도 일부 국가들은 가상자산을 규제와 함께 병행적으로 지원 및 도입하고 있는 상황이다. 엘살바도르는 2021년 6월 비트코인을 법정화폐로 인정하였으며, 이를 통해 가상자산 거래를 활성화시키고자 노력하고 있다.

국내에서도 STO의 가이드라인 발표를 통해 가상자산의 제도권 편입을 전격 선언하였다. 그간의 관망적 자세에서 제도권 유입을 통한 규제 강화와 투명한 시장운영에 적극적으로 다가가고 있다. 그러나 2024년 말이면 본격적으로 토큰증권 발행과 유통이 시작될 것으로 계획되었으나, 여러 가지 이유로 연기가 불가피하다. 규제는 육성과 지원을 위한 첫걸음이라고 여기고 이에 대한 준수와 적절한 대비가 필요하다.

7) 페트로 달러와 가상자산

2023년 3월 중국의 주선으로 사우디아라비아와 이란이 화해했다. 이로 인해 향후 중동 지역은 물론 세계 군사적 및 경제적 질서에 상당한 변화가 있을 것으로 예상된다. 당장 국제무역의 기축통화인 미국 달러화에 대한 불안이 시작되고 있다. 사우디와 이란의 화해가 성공적으로 진행되어 중국이 의도하는 대로 위안화가 석유 결제 화폐로 추가된다면 1974년 미국과 사우디 간 체결된 석유거래에 대한 페트로 달러에 대한 의존도가 크게 줄어들 수 있다. 페트로 달러는 달러를 이용하여 석유 거래를 하는 것을 의미한다. 이는 석유 생산국들이 석유 수출 대금을 달러로 받고, 그 달러를 다시 미국에 투자하거나 미국에서 상품을 수입하는 과정에서 발생한 것이다. 현재 세계의 많은 국가들은 석유 수입을 위해 페트로 달러를 사용하고 있으며 이로 인해 미국의 달러 수요가 계속되어 기축통화의 지위를 굳건히 유지하고 있다. 2022년 8월 기준 국제통화기금의 담보 없는 특별인출권인 SDR 편제 화폐는 미국 달러 43.38%, 유로 29.31%, 위안화 12.28%, 엔화 7.59% 및 영국 파운드 7.44% 등이다. 사우디아라비아와 이란이 석유 생산과 수출에서 협력하면서 페트로 달러에 의존하지 않고 위안화로 석유 거래를 다양화할 가능성이 있다. 이러한 가능성은 미국의 경제적 영향력을 약화시킬 수 있으며 달러화의 위기를 가져올 수 있다. 그러나 당장 사우디와 이란이 미국 달러 대신 중국의 위안화 등을 대체 결제통화로 변경할 가능성은 높지 않다. 현재 사우디와 이란이 화해를 했다고 하지만 그간의 긴장 상태를 해소하고 서로 간의 신뢰를 회복하는 데 시간이 필요하기 때문이다. 정치체제 및 종교 등이 이질적이고 주변 관계국과 국제사회에서의 공동 노력이 필요한 부분도 많다. 위안화가 달러를 완전히 대체하기는 어렵다는 분석이 지배적이다. 자본시장의 규모나 유동성을 고려할 때 달러는 물론 국제통화기금의 SDR 편입 2위 화폐인 유로화도 위안화가 대체하기 어렵다. 달러를 대체하려면 기축통화국에 걸맞은 결제 시스템과 금융시장 개방성이 뒷받침돼야 하는데, 이 역시 국가가 환율에 개입하는 등 투명성이 떨어지는 현 상황에선 갈 길이 멀다는 지적이 많다. 로이터 통신 또한 많은 악재에도 불구하고 달러의 기축통화 유지 가능성은 높다고 예상했다. 하지만 최근에는 석유 생산국들이 달러 이외의 다른 통화로 결제를 시도하려는 추세가 있다. 이는 미국의 대외 정책, 경제 제재 등에 대한 반발이 있기 때문이며 페트로 달러가 더 이상 지배적인 역할을 하지 않을 가능성도 있음을 시사한다. 특히 우크라이나와 러시아 간 전쟁으로 미국이 주도하는 국제금융결제통신망인 SWIFT에서 러시아가 강제 축출되고, 이로 인해 중국이 주도적으로 운용중인 위안화 국제결제시스템인 CIPS가 힘을 받고 있다. 미·중 패권전쟁으로 미국이 자국 우선주의 정책을 강하게 밀어붙여 그간 동맹국이었던 국가들의 불만과 우려의 목소리가 커지고 있다.

사우디와 이란의 화해가 향후 세계 경제에 끼칠 영향은 다양한 변수가 존재하기 때문에 예측하는 것은 상당히 어렵다. 2023년 달러의 위기로 인해 유로나 금 및 비트코인 같은 가상자산에 투자자의 관심이 다시 높아지고 있다. 불안해지는 달러화를 대신할 수 있는 안전자산으로서의 가능성이 대두되고 있다. 2009년 가상자산은 원래 달러의 인위적 조절에 의한 국제 통화질서의 왜곡을 시정하기 위한 의도로 개발되었다. 일천한 역사에도 불구하고 가상자산은 세계 경제질서에 상당한 변화를 일으켰다. 그간 많은 악재에도 불구하고 최근 글로벌 인플레이션의 장기화, 미중 갈등, 우크라이나와 러시아의 장기전쟁 및 사우디발 페트로 달러 위기가 겹치면서 가상자산에 대한 관심이 다시 높아지고 있다. 대장주인 비트코인에 대한 낙관적 전망이 나오고 있다. 그렇다면 과연 가상자산은 이번 기회를 통해 달러에 대한 대체자산으로 자리를 잡을 수 있을까? 달러와 가상자산 간의 차이점을 살펴보면 다음과 같다. 달러는 미국 연방준비은행(Federal Reserve Bank)이 발행하며, 가상자산은 중앙 기관이 아닌 분산된 블록체인 네트워크 시스템에서 발행된다. 달러는 미국 정부와 연방준비은행의 규제를 받으며, 가상자산은 일부 국가에서 강한 규제를 받지만 대부분의 국가에서는 일률적으로 규제가 되지 않는 경우가 많다. 달러는 미국 정부의 보증을 받고 있으며, 안정적인 통화로 인정되나 반면에 가상자산은 가격 변동성이 크고 안정성이 보장되지 않는다. 2022년 5월 JP모건은 비트코인의 가격 안정성이 갈수록 금과 유사한 수준을 보이고 있다고 분석했다. 비트코인을 디지털 방식으로 채굴하는 일이 쉽지 않고 희소성이 크다는 점이 금과 유사한 특성으로 지목됐다. 그러나 1년 후인 2023년은 어땠는가? 복합적으로 예기치 못한 정경 상황까지 영향을 주어 가격이 급락했지만, 현재는 회복 중인 것으로 보인다. 달러는 전통적인 금융시스템을 통해 거래되는 반면에 가상자산은 블록체인 기술을 기반으로 한 분산 거래 시스템을 통해 자율적으로 거래된다. 달러는 세계 각국에서 거래되며, 대부분의 국가에서 사용 가능하다. 반면에 가상자산은 아직 일부 국가에서는 규제를 받고 있으며, 일부 상품이나 서비스에서만 사용 가능하다. 결론적으로, 달러는 아직 안정적이고 광범위하게 사용되는 전통적인 통화이며, 가상자산은 블록체인 기술을 기반으로 하며, 비교적 새로운 분야이며 각각의 장단점을 고려하여 사용 목적에 따라 선택할 필요가 있다.

달러의 미래에 대한 예측은 매우 어려우며, 여러 가지 요인에 의해 결정된다. 미국의 경제 상황, 연방준비은행의 통화 정책, 글로벌 경제의 상황, 국제 정치 및 사회변동 등을 지속적으로 관찰하고 분석하여 달러의 변화에 대비해야 한다. 비트코인의 전망은 매우 불확실한 상황이다. 이는 비트코인이 상당한 변동성을 가지고 있기 때문이며 비트코인에 대한 전망은 일반적으로 긴 시간 동안 가격변동을 예측하기가 어렵다. 지난 기간을 살펴보면 2022년 2월 5400만 원이던 비트코인 가격이 1년 후인 2023년 1월에는 2300만 원으로 급감했으며, 2024년 4월 1억 500만 원까지 상승한 뒤에, 2024년 7월 현재는 8000만 원대에서 거래되고 있다. 최저가보다는 향상하고 있으며 이는 인플레이션 및 경기 변동에 대한 대처 수단으로서의 역할과 함께, 대규모 기업 및 기관투자자들의 채택과 규제 및 법적 인정의 증가에 기인할 수 있다. JP모건은 구체적 예상치는 제시하지 않았지만 기관 투자자들의 투자 참여 확대에 따라 비트코인 시세가 상승세를 찾을 것이라고 전망했다. 미국 SEC나 국내 금융당국은 가상자산을 자본시장법으로 규제가 가능하도록 증권자산 범주에 넣어 엄격히 규제하려고 하고 있다. 우선 제도권으로 규제한 후 점차적으로 활성화 및 지원을 하겠다는 정책을 가지고 있다. 달러의 불투명한 미래와 가상자산의 투자 포트폴리오 편입 가능성에 대한 예상은, 금융적 판단이 아닌 정치, 경제, 문화 및 사회적 요인이 복합적으로 반영된다. 현재 글로벌 경제 생태계가 극심한 변화의 소용돌이 속에 있어 달러와 가상자산은 각기 장단점을 고려하여 사용 목적에 따라 일률적이 아닌 개별적이고 구분적으로 선택할 필요가 있다.

8) 미국의 가상자산 시장 대응 전략

2023년 6월 미국 증권거래위원회(SEC)가 세계 최대 가상자산 거래소들인 바이낸스와 코인베이스를 기소하면서 증권형 가상자산에 대한 문제를 본격적으로 다루기 시작했다. SEC는 증권법과 자본시장법을 위반한 혐의로 이들 거래소를 고발했다. 즉 이들 거래소가 취급하고 있는 대부분의 가상자산이 수익형 증권토큰으로 상기 법의 적용을 받아야 한다는 것이다. SEC가 기소장에서 언급한 증권형 코인은 총 19개로, 국내 주요 거래소에도 상장된 가상자산들을 포함하고 있다. 기소장에 따르면, SEC는 바이낸스의 자체발행 코인인 BNB와 BUSD를 증권으로 분류했다. SEC는 BNB가 투자 계약의 형태로 판매되었으며, 바이낸스 플랫폼의 성공에 대한 투자수익을 기반으로 가상자산 투자자를 유도했다고 주장했다. 투자수익을 목적으로 한 투자자모집은 엄격한 자본시장법의 적용을 받아야 한다는 것이 SEC의 기조이다. 바이낸스가 발행한 다른 코인들도 수익창출을 목적으로 한 증권형 코인으로 분류되었다. 마찬가지로, 코인베이스가 상장한 일부 가상자산들도 SEC의 증권법 위반 혐의를 받았다. SEC는 100페이지가 넘는 기소장에서 개별 코인의 증권성 판단 근거를 상세히 설명하였다. SEC의 조치는 가상자산 시장에 큰 파장을 일으킬 가능성이 있으며, 거래소에서 상장폐지 압력을 받을 수 있는 가상자산들이 다수 있는 것으로 판단된다. 비트코인을 제외한 알트코인 시장이 큰 변동을 겪을 수 있으며, 국내 가상자산 거래소에도 영향을 미칠 것으로 예상된다. '단기적으로는 규제 압력으로 인해 가상자산 시장의 변동성이 증가할 수 있다.

이번 미국 당국의 조치로, 가상자산 거래소를 포함한 가상자산 사업자들은 미국을 벗어나 다른 국가로 눈을 돌릴 것으로 예상된다. 두바이와 홍콩은 가상자산 관련 사업자 등록과 규제 불확실성 해소를 위해 주목해야 할 국가로 언급되고 있다. 또한 이번 조치로 현재 진행 중인 SEC와 리플의 소송 결과가 더욱 주목된다. 소송 결과에 따라 바이낸스 및 코인베이스와 같은 거래소들을 비롯한 가상자산 사업자 전반에 대한 향후 규제 강화에 영향을 줄 수 있다. 또한 2024년 미국 대선과 관련하여 미국 내 정치적 움직임과 가상자산 시장 규제에 대한 연관성을 주시해야 한다. 미국 의회 차원에서의 규제 논의도 등장할 수 있다. 단기적으로는 변동성이 커질 수 있으므로 주의가 필요하지만, 장기적으로 보면 가상자산 시장의 투명성이 증가하고, 규제의 윤곽이 명확해지며, 불확실성이 감소할 것으로 기대된다.

토큰증권 도입을 위한 시장의 움직임과 가상자산에 대한 규제로 인해 STO의 중요성이 높아질 것으로 보인다. 현재 글로벌 시장에서도 토큰증권은 초기단계에 불과하고, 2024년 7월 현재 국내 시장에서는 도입 가이드라인이 발표되었을 뿐 실질적으로 정해진 내용이 없어 지속적인 관심이 필요하다. 또한 미국 SEC의 기소로 인해 비트코인을 제외한 모든 가상자산들이 증권성이 있는 것으로 간주될 경우, 규제를 회피하기 위해 일시적으로 미국 외의 다른 국가로 가상자산이 이동할 수 있다. 그러나 장기적으로 보면 미국의 규제가 선례가 될 수 있다. 주요 국가들의 규제 방향 또한 미국의 선례를 좇아 가상자산을 증권형 토큰으로 규정할 가능성 또한 존재한다. 이에 증권사, 은행 등 금융사, 조각투자 플랫폼 등 토큰증권과 관련이 있는 기업들뿐 아니라 가상자산을 발행한 발행 재단들 또한 기존 가상자산에 대한 증권성 판단과 토큰증권 활성화에 대비해야 한다.

미국에서는 2024년 현재 STO는 주로 기관투자자를 대상으로 한 자본 거래로 제한되어 있다. 그러나 일부 전문가들은 개인 투자자들에게도 STO 시장을 개방하는 것이 중요하다고 주장하고 있다. 개인 투자자들에게 STO에 대한 접근성을 개방하는 것은 다양한 이점을 제공할 수 있다. 이는 투자 기회의 다양성을 확장하고 개인 투자자들이 가상자산 시장에 진입할 수 있는 기회를 제공하며, 자본시장의 경쟁을 촉진하고 혁신을 격려할 수 있다. 또한, 개인 투자자들의 자본시장 참여는 기업들이 자금을 더 유동적으로 조달할 수 있도록 한다. 개인 투자자들을 보호하기 위해서는 우선적으로 금융 당국의 규제 제정이 필요하며, 또한 시장의 투명성과 안정성을 유지하는 파수꾼 역할을 적극적으로 수행해야 한다.

9) 가상자산 시장 패권 경쟁과 향후 전망

중국은 2023년 6월 1일 홍콩 가상자산 시장 개방에 관한 기본 가이드라인을 제시했다. 이에 따르면 코인거래소를 8개 정도 신규 선정할 것으로 예상되며, 가상자산 거래도 개인 투자자에게 개방해 홍콩거류증을 가지고 있으면 누구든지 거래가 가능하게 했다. 단, 홍콩달러 계좌를 가지고 있어야 한다. 그간 한화 13억 원 이상 보유한 개인 자산가나 기관투자에게만 허용되던 거래가 민간 소액 투자자에게로 확대된 것이다. 2017년 이래 중국의 지속적 반 코인정책으로 코인 시장에서 사라진 중국 정부 위상을 회복하려는 것이다. 중국 코인이 세계를 지배하던 시절, 급작스런 중국 정부의 코인 거래와 채굴의 전면 금지 등 반 코인 정책 일변도로 세계 코인 시장 주도권을 미국 시장에 빼앗겼는데 이를 되찾기 위한 일환으로 홍콩 코인 시장을 확대하려는 것이다. 더불어 싱가포르 중심의 아시아 코인 거래시장을 중국으로 이전시키려는 목적도 함께 추구하고 있다.

사실상 글로벌 코인시장 패권 경쟁이 시작된 것으로 볼 수 있다. 홍콩 가상자산 거래소 확대에 따른 패권 경쟁으로 글로벌 코인 시장에 대한 효과는 어떨까? 당분간은 기존 가상자산 거래시장에 대한 확대 효과는 없을 것 같다. 왜냐하면 글로벌 가상자산 업계의 큰손인 중국 내 고액 자산가들은 이미 싱가포르나 미국 거래소 등을 통해 가상자산을 구입해 보유하고 있으며 필요시 거래도 가능하다.

홍콩은 불안한 정치 변수와 중국 정부의 강력한 가상자산 거래 규제라는 치명적 약점이 있지만 아직도 최상의 글로벌 기업 환경을 제공하고 있다. 현재 아시아권 웹3 발전에 대한 논의를 주도하고 있으며 NFT(대체불가토큰) 개발자, 가상자산 거래소, 메타버스 구축 업체 등 범 블록체인 업계가 긍정적으로 주시하는 시장이다. 현재 아시아에서 가상자산 업체들의 현지 진출에 가장 우호적인 태도를 보이는 곳도 홍콩이다. 홍콩은 불안한 정치 변수와 중국의 엄격한 가상자산 거래 규제 정책에도 불구하고 여전히 기업하기 좋은 환경을 조성하고 있으며, 아시아 내에서 웹3 발전에 대한 논의를 주도하고 있다. 또한 2022년 말 가상자산 사업 유치를 위한 중장기 진흥 전략을 발표하기도 했다. 메이저 가상자산 거래소 오케이엑스(OKX)와 비트겟(Bitget)이 현재 홍콩 가상자산 사업 라이선스를 신청한 상태이고 거래소 후오비(Huobi)와 가상자산 데이터 사업체 카이코(Kaiko)가 아시아 지사를 싱가포르에서 홍콩으로 이전할 계획이라고 밝혔다.

2024년 현재 미국은 비트코인을 제외한 모든 코인을 법제화하려는 SEC와 거대 코인거래소 간의 법정 분쟁 등으로 갈팡질팡하고 있다. 유럽도 MICA를 통해, 가상자산 거래액의 상한선 제정 및 KYC 강화 등 주로 투자자 보호 위주의 정책으로 가시적 가상자산 시장의 가시적 확대에는 못 미치고 있다. 특히 2024년 현재 진행 중인 SEC와 리플 간 소송결과에 따라 가상자산 거래소들의 탈 미국화가 발생한다면 가상자산 시장의 패권 경쟁은 급속히 중국에 유리한 입지를 제공할 것이다. 다만 이러한 패권 경쟁 여부를 떠나 향후 미국이나 중국 등 각국 정부는 가상자산 제도권 편입을 위한 규제를 강화할 것으로 예상된다.

규제가 항상 산업계에 부정적 영향을 미치는 것은 아니다. 일반적으로 신생 산업의 초기에는 자유분방한 방임적 산업 활성화가 일어나지만 일정 시점 이후에는 정부의 강력한 규제 및 자정노력의 활성화가 일어난다. 이를 기반으로 시장은 본격적 확대 및 발전단계에 들어선다. 가상자산 시장도 이러한 시장 발전의 순환을 거치며, 강력한 규제 시점이 경과하면 본격적 상승 국면이 도래할 것으로 예상된다. 이는 법정화폐 자산에 비해 가상자산 고유의 공격적 투자 기능 및 자산으로서의 가치실현이 선순환 될 수 있는 신뢰도 높은 생태계가 조성된다는 가정을 전제로 한 것이다.

10) 크립토 윈터의 원인과 해동 전망

'크립토 윈터(Crypto Winter)'는 가상자산 시장에서 장기간 하락 트렌드를 의미한다. 주로 비트코인, 이더리움 등 주요 가상자산 가격이 크게 하락하면서 투자자의 투자 심리와 자금 유입이 감소하는 현상을 뜻한다. 가상자산 가격 급등으로 많은 투자자가 시장에 뛰어들었다가, 급격한 가격 조정으로 대거 시장에서 이탈하게 된다. 가상자산의 극심한 가격 변동과 프로젝트에 대한 당국 우려와 규제로 부실 프로젝트 퇴출이 일어나며 일반 투자자의 주의가 요망된다. 거래소나 플랫폼의 보안 사고나 사기 행위 등이 발생, 투자자의 신뢰성은 더욱 떨어져 시장은 계속 움츠러든다. 크립토 윈터 기간에는 ICO 등 가상자산 공개가 당국 규제로 극히 부진하며 새로운 프로젝트 자금 조달이 어려워진다. 투기성 높은 가상자산보다 금이나 국채와 같은 안전자산으로 투자금이 이동된다. 크립토 윈터에 대처하기 위해서는 여러 가지 전략과 방안이 가능하다.

투자자 입장에서 크립토 윈터는 일시적 현상일 수 있다. 가상자산에 대한 장기적 믿음을 가진 투자자는 시장 상황을 임시적 부진으로 볼 수 있으며, 이 기간 가치 있는 가상자산을 저가로 구매할 수도 있다. 또, 자산을 다양화하는 것이 중요하다. 가상자산 포트폴리오에서 타 가상자산을 대체 보유하거나, 가상자산 이외 다른 안전 자산 클래스로 자산을 확산시키는 것을 고려해 볼 수 있다. 가상자산 시장의 변동성을 이해하고, 가상자산과 블록체인 기술에 대한 지식을 갖추어야 한다. 시장 상황이 변할 때마다 투자 전략을 시의적으로 재평가한다. 크립토 윈터가 시작될 때, 특히 개인의 경우 투자 목표와 리스크 허용 범위를 다시 한번 점검하고 필요한 조치를 취하는 것이 중요하다. 시장의 변동성에 대한 과도한 집착은 스트레스를 증가시킬 수 있다. 일정 시간 간격으로만 포트폴리오를 확인하고, 과도한 뉴스나 소셜 미디어에서의 정보에 의존하지 않는 것도 중요하다.

금융당국의 크립토 윈터 대응 입장을 살펴보면, 가상자산 시장 활성화를 위한 균형적 정책과 규제 철폐를 골든타임 내에 시행해야 한다. 가상자산 시장의 뉴딜 정책을 입안해 가상자산을 자본거래의 매개물로만 보지 말고 블록체인 산업의 촉매제로 동반 인식, 산업혁신의 지렛대로 인지해야 한다. 창의적이고 전망 있는 가상자산 프로젝트를 발굴해 패스트트랙 등을 통해 신속히 지원해야 한다. 이미 공표한 특금법이나 디지털자산기본법을 조속히 제정해 투자자 보호를 위한 제도적 장치를 마련해야 한다.

산업계 크립토 윈터 대응방안을 살펴보면, 대기업이나 중견기업이 선도하는 가상자산 관련 기술이나 수익모형 개발이 필요하다. 우수기술력은 보유하고 있으나 자금력이 취약한 스타트업 대신, 초기 마중물 주입 형태의 연구개발로 선순환적 가상자산 생태계를 구현해 수요와 공급을 조기 확산해야 한다.

마지막으로 거래소의 크립토 윈터 대응방안을 살펴보면, 크립토 윈터 동안 투자자의 관심이 감소하면 거래량이 줄며 수익도 감소하게 된다. 크립토 윈터는 투자자들의 가상자산에 대한 믿음과 신뢰를 시험해 보게 된다. 이러한 시기에는 거래소들이 안정성, 보안, 투명성 등을 확보해 투자자의 믿음을 회복시키는 데 중요한 역할을 해야 한다. 수익 감소로 보안 및 인프라 투자가 감소할 수 있으며 이는 보안 위험을 증가시킬 수 있으므로, 거래소는 특히 보안에 중점을 둬야 한다. 일부 작은 거래소는 경쟁력을 잃거나 파산할 수 있으며 이는 큰 거래소들의 시장 지배력을 더욱 높일 수 있다.

11) 가상자산과 법정화폐의 연결

가상자산 시장의 봄은 언제 올까? 유명 금융 전문 학자와 경제 연구소 등에서 다양한 예측을 쏟아 내지만 워낙 복잡하고 민감한 사안이 엉켜있어 누구도 신뢰할 만한 결론은 아직 내지 못하고 있다.

가상자산 시장과 법정화폐 금융은 다른 점이 있다. 가상자산 시장은 디지털 형태의 자산, 즉 가상자산과 토큰을 거래하는 시장이며 이러한 자산은 블록체인 또는 분산원장 기술을 기반으로 관리된다. 중앙은행이나 정부와 직접적으로 연결되지 않은 독립적인 금융시스템이다. 가상자산 시장은 높은 변동성, 투기적 투자 활동, 기술적 혁신, 신속성, 보안성과 경제성 및 자유로운 시장 참여 등의 특징을 가지고 있다. 반면, 법정화폐 금융은 정부나 중앙은행에서 발행하고 인정한 공식적 화폐 시스템을 의미한다. 이러한 화폐는 특정 국가의 법률에서 인정되며, 국제 금융시스템에서 국가간 합의에 의해 광범위하게 사용된다.

가상자산 시장과 법정화폐 금융은 서로 다른 금융시스템이지만, 일부 교환 및 거래를 통해 상호 연결돼 있다. 가상자산 시장은 금융 혁신과 디지털 자산 거래에 관심이 있는 사람에게 새로운 투자와 금융 기회를 제공하고 있다. 가상자산 시장의 봄은 궁극적으로 각국 정부가 취하는 법정화폐 관계 정책에 따를 것으로 보인다. 특히 시장을 주도하는 미국의 정책과 규제 예측이 중요하다. SEC와 리플 간의 송사 판결을 통해 가상자산 시장에 우호적 분위기가 감지되고 있으며 비트코인을 비롯 핵심 가상자산의 가격이 상승하고 있다.

특히 CBDC(중앙은행 디지털 통화)와 법정화폐(또는 법정통화) 사이의 연결은 융합 금융의 혁신적 모멘텀이 될 것으로 예상된다. CBDC는 국가의 중앙은행에서 발행하는 디지털화폐로, 현재 유통되고 있는 법정화폐를 디지털로 발행하고, 그 가치를 국가가 보증하는 화폐이다.

2024년 현재 각국은 CBDC에 대해 다양한 반응을 보이고 있다. 미국은 2020년 FRB와 MIT의 해밀턴 프로젝트 발표를 시작으로 CBDC에 대한 연구를 활발히 진행 중이다. 그러나 아직 연준에서 CBDC에 대한 발행 계획이 없다고 밝히는 등 부정적 입장도 나타나고 있어 본격 시행에는 시간이 걸릴 것으로 보인다. 다만, 바이든 정부가 2023년 3월 CBDC 연구에 대한 행정명령에 서명하는 등 CBDC에 대한 스탠스가 긍정적으로 변화하고 있는 것은 시장회복에 대한 좋은 징후라고 볼 수 있다.

중국은 2014년부터 CBDC에 대한 연구를 시작, 현재 일반 사용자를 대상으로 디지털 위안화 시범사용을 테스트하고 있다. 중국 정부에서 CBDC를 적극 도입하는 이유는 CBDC 시스템을 통해 중국 내 결제 정보를 정부에서 관리함과 동시에, CBDC를 통한 달러화의 대체를 노리고 있는 것으로 보인다. 중국은 현재 위챗페이, 알리페이 등 민간사업자 중심의 결제 시스템이 구축돼 있다. 이를 통해 엄청난 결제 정보가 민간기업으로 흘러들어가고 있으며, CBDC 시스템을 도입해 이러한 결제 정보를 민간기업이 아니라 정부에서 직접 관리하도록 유도하는 것이다. 또한 CBDC를 통한 타국 중앙은행과의 연동을 통해 미국 주도 금융망이 아닌 중국이 주도하는 글로벌 금융망을 개설할 수 있다.

국내에서는 2020년부터 한국은행의 주도로 CBDC 테스트를 진행하고 있다. 한국은행과 카카오 등이 민관 합동으로 태스크포스를 꾸려 본격 시행을 준비하고 있다. 2023년 5월 CBDC와 금융기관의 연계 테스트를 마치고, 인프라 구축방안 및 제도 정비를 준비하고 있다. 이외에도 많은 국가들이 다양한 목적과 방법으로 CBDC를 준비하고 있다.

12) 비트코인 ETF 승인의 의미

ETF(Exchange-Traded Fund, 상장지수펀드)는 주식처럼 거래소에서 거래되는 투자 펀드이다. ETF는 복수의 주식으로 구성되어 있어, 투자자들이 여러 주식에 투자하되 한 주식처럼 쉽게 매매할 수 있는 장점을 가지고 있어 최근 일반투자자들이 선호하는 투자 옵션이 되고 있다. ETF는 주식, 채권, 원자재 등 다양한 자산을 포함하는 포트폴리오를 기반으로 하며 투자자가 하나의 ETF를 통해 다양한 주식에 대한 투자기회를 얻는다. ETF는 일반 주식처럼 거래소에서 매매되며 ETF의 가격은 시장에서 실시간으로 결정된다. 펀드가 보유한 자산의 가치(NAV, 순자산가치)와 밀접하게 연결된다. ETF는 단일 투자보다 다양성과 위험 분산이 가능하며 개별 주식에 투자하는 것보다 높은 수익 발생과 리스크 저감이 가능하다.

미국 증권거래위원회(SEC)가 2024년 1월 10일 비트코인 상장지수펀드(ETF)의 승인을 발표했다. 이 결정은 가상자산에 기반한 금융상품에 대한 SEC의 접근 방식에서 중요한 변화를 나타낸다. 그간 SEC는 20개 이상의 유사한 신청을 거부했지만, 법원 명령에 따라 입장을 재고한 것이다. SEC의 승인은 비트코인을 담보로 한 단일 비증권 상품에 한해 해당되며 현물이 없는 선물 투자는 제외된다. 다만 이 승인이 다른 암호 자산에 대한 SEC의 법적 지위에 대한 견해를 전체적으로 변경하는 것은 아닌 것으로 보인다. SEC는 계속적으로 특정 투자의 장단점에 대해 중립적인 입장을 유지하며, 발행인과 거래소가 기존 증권법을 준수하는지 확인하는 절차적 준법성에 초점을 맞출 것이다.

이번 결정으로 블랙록, 그레이스케일, ARK, 피델리티 등과 같은 유명한 미국 투자 금융 회사를 포함한 11개의 비트코인 ETF 신청이 승인되었다. 이 ETF들은 시카고 옵션 거래소, 뉴욕 증권 거래소, 나스닥 등 주요 거래소에 상장된다. 발행자 수수료는 0.2%에서 1.5%까지 다양하며, 일부는 한정된 기간 동안 수수료 면제 혜택을 제공할 예정이다. 이번 조치는 가상자산 산업에 대한 중요한 분수령으로 여겨지며, 기관 투자자와 소비자들이 비트코인에 더 쉽게 투자할 수 있도록 하는 길을 열었다.

미국 증권거래위원회(SEC)가 비트코인 ETF(Exchange-Traded Fund, 상장지수펀드)를 승인한 것은 여러 중요한 정책적 의미를 가진다. SEC의 승인은 비트코인과 같은 가상자산이 합법적이고 합리적인 투자 대상임을 인정하는 것을 의미한다. 이는 그간 가상자산 시장에 대한 정부의 태도가 점차 개방적으로 변하고 있음을 나타낸다. ETF는 일반적인 투자자들에게 비교적 쉽고 편리한 방법으로 가상자산 시장에 접근할 수 있는 수단을 제공하며 이는 가상자산 투자를 더 대중화시킬 수 있다. SEC의 승인은 가상자산에 대한 명확한 규제 가이드라인을 제시한다. 이는 투자자들에게 법적인 안정성과 명확성을 제공하며, 투자 결정에 도움을 준다. ETF 승인은 기관 투자자들이 비트코인 시장에 더 쉽게 참여할 수 있게 만들며 기관 투자자들의 참여는 가상자산 시장의 안정성과 성숙도를 높일 수 있다. 가상자산 기반의 금융상품이 전통적인 금융시장과 통합되는 것은 기술과 금융의 결합, 즉 핀테크 분야에서의 혁신을 촉진하는 중요한 신호이다. 또한 ETF 형태로의 투자는 가상자산의 직접 구매와 관련된 일부 리스크(보안 문제, 보관 문제 등)를 감소시킬 수 있는 장점이 있다. 정식으로 승인된 금융상품으로서의 비트코인 ETF는 시장의 투명성과 효율성을 높일 수 있으며, 가격 조작과 같은 불법 행위를 줄이는 데에도 기여한다.

SEC의 결정은 투자자들에게 여러 혜택과 보호를 제공한다. 비트코인 ETF 발행자들은 상품에 대해 완전하고 공정하며 진실된 공시를 제공해야 한다. 이 ETF들은 사기와 조작을 방지하기 위해 상장 규칙이 엄격한 국가 증권 거래소에 상장되고 또한 SEC는 이러한 거래소들이 규정을 준수하고 있는지 면밀히 모니터링할 것이다. SEC가 비트코인이 포함된 ETF를 승인했지만, 이것이 비트코인에 대한 전향적 지지를 의미하는 것은 아니며 비트코인 관련 투자 위험에 대해 투자자들은 지속적 주의를 기울여야 한다.

13) 미국 SEC의 비트코인 현물 ETF 편입 허용의 의미

2024년 1월 미국 증권위원회 SEC의 비트코인 ETF 승인은 가상자산이 주류 금융시장에 한 걸음 더 다가선 중대한 이정표가 될 것이며, 가상자산 시장에 큰 변화를 가져올 것이다. 특히 기관 투자자들에게 가상자산 투자의 문을 열어주며, 비트코인에 대한 수요 증가와 함께 시장의 안정성을 높일 것으로 기대된다. 그간 비트코인은 '디지털 금'으로 비유되고 있지만, 전통 금융시장에 편입되지는 못했다. 이번 승인을 통해 비트코인이 기존 자본시장 포트폴리오에 통합될 수 있게 되었으며, 이는 비트코인이 투자자들에게 더욱 매력적인 자산이 될 수 있음을 의미한다. 또한 가격 안정성과 시장에 대한 신뢰도도 증가할 것으로 예상된다. 이더리움 ETF는 심사요청서인 19 b-4는 승인되었으나, 증권신고서인 S-1 승인을 기다리는 중이다. 이더리움의 ETF 승인은 자산가치의 증대는 물론 이더리움 메인넷을 기반으로 하는 다양한 프로젝트와 애플리케이션에 대한 투자를 촉진할 것이다. 이더리움은 스마트 컨트랙트와 탈중앙화 애플리케이션을 지원하는 핵심 플랫폼으로, ETF의 승인은 이더리움 생태계의 성장을 가속화하고, 투자자들에게 새로운 투자 기회를 제공할 것이다. 이더리움 네트워크를 기반으로 작동하는 DeFi 및 NFT 시장 또한 가속화될 것으로 보인다. 이처럼 비트코인과 이더리움의 ETF 승인은 가상자산 시장의 성장을 가속화하고, 가상자산 시장의 주류화를 이끌어낼 것이다. 가상자산 시장이 전통 금융시장에 편입됨에 따라 기존 금융시장의 다변화를 촉진하며, 전 세계적으로 투자자들의 금융 접근성을 향상시킬 것이고, 이는 글로벌 경제에 중대한 영향을 미칠 것으로 예상된다.

비트코인과 이더리움 ETF 승인을 통해 가상자산 시장에 대한 기관 투자자들의 관심이 높아질 것이다. 비트코인 ETF는 전통적인 금융 포트폴리오에 새로운 자산 클래스를 추가함으로써 시장 다변화와 위험 분산에 도움을 준다. 이는 투자자들에게 다양한 투자 옵션을 제공하며, 특히 시장 변동성이 높은 시기에 안전한 투자 대안을 제공할 수 있다. 규제 측면에서 보면, 비트코인 ETF의 승인은 가상자산에 대한 글로벌 규제 표준을 설정하는 데 중요한 발걸음이 된다. 이는 가상자산 시장에 대한 규제의 투명성을 높이고, 장기적으로 시장의 합법성과 안전성을 강화하는 데 도움이 될 것이다. 마지막으로, 비트코인 ETF는 블록체인 및 가상자산 관련 산업에서 새로운 기술 혁신과 기회를 창출할 수 있다. 금융시장의 참여자들, 규제 기관, 그리고 기술 개발자들에게 새로운 도전과 기회를 제공하며, 전체적인 금융 생태계의 발전에 기여할 것이다.

정부 및 금융 기관은 이러한 변화에 발맞추어 투자자 보호와 시장 안정성을 위한 강화된 규제와 감독을 시급히 도입해야 한다. 이는 가상자산 시장의 투명성과 신뢰성을 높이는 데 중요한 역할을 할 것이다. 규제 기관은 세금, 자금 세탁 방지 및 고객 신원 확인 규정에 대한 표준화된 방식을 개발해야 한다. 글로벌 시장의 복잡성을 고려한 국가 간 협력의 중요성이 더욱 강조될 것이다. 기업의 반응 또한 시장에 큰 변화를 가져올 것이다. 기업들은 가상자산을 결제 수단으로 받아들이거나 새로운 가상자산을 개발하는 등의 움직임을 보일 것으로 전망된다. 이러한 변화는 가상자산의 사용성과 수요를 증가시키며, 비트코인과 이더리움 ETF의 승인 이후로도 더욱 다양한 블록체인 기반 금융상품과 서비스가 개발될 것이다. 더불어 블록체인과 가상자산 기술에 대한 연구 및 개발 투자가 증가할 것으로 예상되며 이를 통해 기술 혁신이 가속화될 것이다. 가상자산은 단순한 투자 수단을 넘어서 글로벌 경제에서 중요한 역할을 할 수 있는 기반이 될 것이며, 비트코인과 이더리움의 ETF의 승인은 단순히 금융시장의 한 부문에만 영향을 미치는 것이 아니라, 글로벌 금융시스템 전반에 광범위한 영향을 미칠 것이다.

14) 가상자산 시장의 봄은 오는가?

2024년 비트코인 가격의 급등과 이더리움 가격의 동반 상승에는 여러 요인이 작용하고 있다. 주요 원인 중 하나는 2024년 4월 완료된 비트코인의 반감기이다. 반감기는 채굴 보상이 절반으로 줄어드는 사건으로, 공급 감소를 통해 가격 상승의 가능성을 높일 수 있다. 또한, 전 세계적인 경제 불확실성도 비트코인 가격 상승에 중요한 역할을 한다. 경제 위기나 금융시장의 불안정성이 예상될 때, 투자자들은 비트코인과 같은 안정적인 자산에 투자하는 경향이 있으며, 가격 상승으로 이어질 수 있다. 비트코인 가격의 상승은 다른 가상자산들에도 영향을 미치며, 비트코인이 가상자산 시장의 대표주자로서 다른 가상화폐들과의 연관성이 높기 때문에 전체 시장의 확대를 가져온다. 비트코인의 한정된 공급량 역시 중요한 요소이다. 비트코인은 알려진 공급량이 제한되어 있으며, 채굴을 통한 새로운 비트코인의 생성에 제한을 두고 있다. 이는 비트코인을 안전한 자산으로 인식하게 하며, 투자자들 사이에서 고수익에 대한 기대를 높인다. 최근 금융 기관들의 가상화폐 투자 입장 변화 역시 주요 요인이다. 주요 금융 업체들이 비트코인에 대한 호감을 나타내고 투자를 진행함에 따라 수요가 급증했다. 이외에도 글로벌 경제 상황의 변화 등이 비트코인 가격 상승에 기여했다.

비트코인의 가격 급등은 이더리움 가격의 동반 상승을 유발하고 있다. 비트코인 가격 상승이 이더리움의 신뢰도를 높이고 가치 상승에 기여했다. 그간 이더리움 네트워크를 이용한 ICO의 증가가 이더리움의 거래량 증가와 가격 상승을 견인했다. 이더리움은 스마트 컨트랙트 기능을 지원하며, 이를 통해 ICO를 손쉽게 진행할 수 있다. 블록체인 기술과 스마트 컨트랙트에 대한 관심 증가로 가격이 폭등했다. 2017년에는 ICO 열풍으로 인해 이더리움의 수요가 급증하며 큰 상승세를 보였지만, 2018년에는 가상자산 시장 전반의 하락 추세로 인해 가격이 크게 떨어졌으며, 많은 ICO 프로젝트들이 실패하면서 가상자산 시장의 신뢰성에 대한 의문도 제기되었다. 2020~2021년에는 코로나19 팬데믹과 디지털자산에 대한 관심 증가로 인해 DeFi와 NFT 분야의 성장으로 이더리움의 가치가 다시 상승했다. 2022년 이후에는 가상자산 시장의 글로벌 변동성에 영향을 받으며 다양한 가격 등락 행태를 보여주었다. 이더리움의 가격은 기술적, 경제적, 사회적 요인들에 의해 영향을 받으며, 가상자산 시장의 특성상 매우 변동성이 높은 자산이다.

비트코인과 이더리움은 가상자산 시장의 주요 리더로서, 이들의 가격 변동은 시장 전체의 심리와 투자 행태에 중요한 영향을 미친다. 이 두 코인의 가격 상승은 일반적으로 투자자들에게 긍정적인 신호로 받아들여지며, 다른 알트코인들에 대한 관심과 투자를 증가시킬 수 있다. 비트코인과 이더리움의 가격 상승은 투자자들 사이에서 '공포 놓침(FOMO)' 심리를 촉발할 수 있으며, 투자자들은 높은 수익을 찾아 다른 알트코인에 투자할 수 있다. 특히, 상대적으로 낮은 가격의 알트코인들은 더 높은 수익 잠재력을 제공할 수 있다. 특정 알트코인들은 기술적 또는 개념적으로 비트코인이나 이더리움과 연관될 수 있으며, 이더리움 기반의 토큰들이나 DeFi 프로젝트들은 이더리움의 성공에 직접적으로 영향을 받을 수 있다. 알트코인 시장은 다양한 토큰과 프로젝트로 구성되어 있으며, 각각 독특한 가치 제안과 사용 사례를 가지고 있다. 따라서 비트코인과 이더리움의 가격 상승은 특정 알트코인에 대한 관심을 증가시킬 수 있지만, 모든 알트코인에 동일하게 적용되는 것은 아니다. 가상자산 시장은 일반적으로 높은 변동성을 보이며, 가격 변동은 다양한 외부 요인에 의해 영향을 받을 수 있다. 따라서 비트코인과 이더리움의 가격 상승이 반드시 알트코인 시장 전반에 긍정적인 영향을 미친다고 단정 지을 수는 없다. 결론적으로, 비트코인과 이더리움의 가격 상승은 알트코인 시장에 긍정적인 영향을 미칠 가능성이 높으나, 각 알트코인의 고유한 특성과 시장 조건을 고려한 개별적인 분석이 필요하다.

가상자산 가격 변동과 관련하여 고려해야 할 중요 요인들은 다양하지만, 이러한 전망을 통해 확실한 예측을 하기란 더욱 어렵다. 가상자산 전문 기관 투자자들조차도 향후 반감기 도래 이후의 비트코인 가격을 최저 30% 하락에서 최고 3억 원 이상으로 예측할 정도로 다양하다. 비트코인과 이더리움 가격 변동의 이력을 분석해 보면 개인별 특성을 떠나서 보편적 흐름을 볼 수 있는 안목을 키울 수 있다. 결론적으로 블록체인 기술의 발전, 규제 환경, 기관 투자자의 참여, 주요 코인의 영향, 그리고 글로벌 정치나 경제 환경 등이 향후 시장 전망에 영향을 미친다. 시장 변동성, 투자 다각화, 정보 검증, 규제 변화에 대한 주의, 그리고 기술적 이해 역시 중요한 고려사항이다. 가상자산 시장은 다양한 요인에 의해 영향을 받는 복잡한 시장이므로, 투자자는 이러한 요인들을 고려하여 신중한 투자 결정을 내려야 한다. 가상자산 가격은 태생적으로 불안정하고 예측하기 어려운 성질을 가지고 있어, 투자 결정을 내리기 전에 신중한 판단과 충분한 정보 수집이 필요하다.

03 ICO & 혁신금융

1) 이제 ICO 허용을 적극적으로 검토할 때다(I)

세계적인 경기 침체 속에 새로운 금융산업 먹거리로 가상자산이 지속적으로 주목받고 있다. 가상자산이란 블록체인을 기반으로 발행되는 디지털자산으로 목적 생태계의 거래 지불수단(payment)이나 운용 효용성(utility)을 높여준다. 비트코인이나 이더리움이 대표적인 지불수단 가상자산이며, 리플 등 대부분의 알트코인들은 참여하는 블록체인 생태계 내의 효용성(utility)을 높여주는 가상자산이다. 가상자산은 가상자산 또는 디지털자산이라고 하며 전자적인 형태로 존재한다. 주로 분산 원장 기술인 블록체인을 기반으로 발행되며 물리적인 형태가 없으며 디지털 코드와 암호화 기술을 사용하여 생성 및 관리된다. 가상자산은 다양한 용도로 사용되며 주요 특징을 요약하면 다음과 같다. 가상자산은 암호화 기술을 사용하여 안전하게 생성하고 관리되며 가상자산의 소유권과 거래 내용을 보호하는 데 큰 도움이 된다. 가상자산은 중앙 단위의 통제 없이 거래를 기록하고 관리할 수 있다. 물리적인 형태가 없이 컴퓨터 코드와 암호화 기술로 표현된다. 대부분의 가상자산은 액면 분할이 가능하며, 작은 단위로 거래할 수 있다. 예를 들어, 비트코인은 최소 단위로 사토시(Satoshi)라고 하는 10^{-8}까지 작은 단위로 분할 매매가 가능하며 이더리움은 10^{-18}까지 분할이 가능하다. 가상자산은 다양한 용도로 사용되며 가장 일반적인 용도는 디지털 결제 수단이다. 더불어 스마트 컨트랙트, 자산 토큰화, 투표 및 투표 시스템, 자산 관리, 게임 내 화폐, 예측 시장, 합의 메커니즘 등 생태계의 효율성(utility) 증진에 사용된다. 그러나 가상자산은 투기적인 특성을 가지고 있어 투자자들이 가격 상승을 기대하며 매매한다. 따라서 투자의 위험이 존재하며, 거래소 상황에 따라 가격 변동성이 높다. 투자자 보호 및 금융시스템의 안정성을 고려하여 다양한 국가와 지역에서 가상자산 시장에 대한 규제를 강화하고 있다.

시장의 불확실성과 규제강화에도 불구하고, 가상자산 시장은 조만간 현재의 크립토 윈터를 벗어나 급속히 성장할 가능성이 높다고 전문가들은 예상한다. 가상자산 시장의 활성화는 지불수단 확장과 더불어 유통되는 산업 생태계의 유용성과 성장을 혁신적으로 유도한다. 비트코인이나 이더리움 또는 리플과 같은 결제수단 코인은 신속성과 높은 보안성 및 저렴한 수수료로 결제나 송금 서비스의 혁신을 이끌 수 있다. 유틸리티 코인은 해당 블록체인 플랫폼에 액세스하고 서비스를 이용하기 위한 수단으로 사용되어 사용자는 코인을 사용하여 신속하고 안전하게 거래 및 서비스를 이용할 수 있다. 웹 3.0 시대의 도래와 함께 이들 유틸리티 코인들의 역할이 크게 증대될 것으로 예상된다. 일부 블록체인 플랫폼에서는 유틸리티 코인의 스마트 컨트랙트 기능을 사용하여 일정 조건 충족 후 자동으로 계약을 실행한다. 또한 거버넌스 시스템을 운영하고 투표 참여도 가능하며 참여 생태계의 프로젝트 추진 방향과 의사결정에 영향을 미칠 수 있다. 분산 스토리지 또는 컴퓨팅 리소스를 제공하는 분산형 클라우드 플랫폼에서는 유틸리티 코인을 사용하여 리소스를 신속하고 저렴하게 구매할 수 있다. 일부 블록체인 프로젝트는 자체 생태계 내에서 상품 및 서비스에 대한 결제 수단으로 유틸리티 코인을 활용한다. 예를 들어, 게임 내 화폐로 사용하거나 디지털자산 거래소 내에서 거래를 위해 사용되며 거래의 신속, 용이 및 안전성을 대폭 향상시킨다. 유틸리티 코인은 분산 신원 관리 시스템과 관련하여 사용되기도 하며 사용자는 유틸리티 코인을 사용하여 신원을 신속하게 확인하고 안전하게 액세스하고 관리할 수 있다. 유틸리티 코인은 블록체인 생태계 내에서 다양한 기능을 수행하며, 해당 프로젝트나 플랫폼의 사용성을 향상시키는 데 기여한다. 유틸리티 코인은 해당 프로젝트나 플랫폼의 목적과 일치하도록 설계되며, 이러한 코인은 특정 생태계 내에서 주요한 역할을 수행하며 궁극적으로 생태계 혁신의 성장 동력이 된다.

그간 각국 정부와 단체는 가상자산을 가치저장 및 거래소 매매 수단으로 주목하며 가격급락에 따른 투자자 보호에 우선적 주의를 기울여왔다. 반면 일반 산업계에서는 ICO를 이용한 자본 조성을 통해 다양한 블록체인 프로젝트를 진행하고 있다. 미국의 경우 SEC를 중심으로 ICO를 엄격하게 규제하고 있다. 토큰 발행 시 발행자, 즉 보호의무자(issuer)에게 다양하고 적절한 규정을 준수하도록 강력히 권고하고 있으며, 투자자를 보호하기 위한 다양한 조치를 취하고 있다. 2017년 이후 ICO 시장은 급속한 성장을 보였으나, 그 후 규제 환경의 압력으로 인해 ICO의 수가 감소하고 대신 STO(증권 토큰 제안) 및 다른 토큰 발행 모델이 다수 등장하고 있다. EU(European Union, 유럽연합)에서의 ICO(Initial Coin Offering) 환경은 국가별로 다르며 제한적으로 일부 규제가 범용으로 적용되고 있다. MiFID II(Markets in Financial Instruments Directive II)는 EU에서 금융 서비스 제공업체 및 금융시장 활동을 규제하는 중요한 법률로써 ICO가 증권으로 간주될 경우, MiFID II 규정을 준수해야 한다. EU는 대다수 국가에서 자금세탁방지(Anti-Money Laundering, AML)

및 테러자금조달방지(Combating the Financing of Terrorism, CFT) 규제를 적용하고 있다. ICO 플랫폼 및 서비스 제공업체는 이러한 규제를 준수해야 하며, KYC(고객 식별) 및 AML/CFT 조치를 시행해야 한다. ICO 플랫폼이 개인 데이터를 수집 및 처리할 때는 EU의 개인정보보호 규정인 GDPR(General Data Protection Regulation)을 엄격하게 준수해야 한다. 싱가포르는 ICO(Initial Coin Offering)와 블록체인 기술을 적극적으로 지원하고 있는 국가 중 하나로, 블록체인 기업과 투자자에게 친환경적인 투자 환경을 제공하고 있다. 싱가포르는 ICO와 관련된 규제를 수립하고 있으며, '싱가포르 디지털 토큰 제도'를 도입하여 ICO와 디지털자산 거래를 구분하여 규제하고 있다. 투자자 보호와 법적 안정성을 강화하는 중이다. 싱가포르 디지털 토큰 제도는 ICO 발행자와 토큰 거래소에 대한 규제를 강화하고 있으며, 토큰 발행자가 KYC(고객 식별) 및 AML(자금세탁방지) 절차를 준수해야 한다. 싱가포르 금융 규제당국인 MAS(Monetary Authority of Singapore)는 블록체인과 디지털자산 기술의 발전을 적극적으로 지원하고 있으며, 블록체인 기업을 위한 완화된 규제 프레임워크를 입안하고 있다. 스위스는 ICO(Initial Coin Offering) 및 블록체인 기술에 대한 긍정적인 투자 환경과 법적 프레임워크를 제공하며, 블록체인 및 디지털자산 산업을 적극 지원하는 국가 중 하나로 알려져 있다. 해외로 부터 다양한 블록체인 및 디지털자산 기업을 적극 유치하고, 블록체인 기술과 관련된 혁신을 촉진하기 위한 다양한 지원 정책과 조치를 취하고 있다. FINMA(스위스 금융시장감독청)를 중심으로 ICO와 관련된 완성도 높은 법적 프레임워크를 정비하고 있으며, 투자자 보호와 법적 안정성을 병행적으로 강화하고 있다. 또한 AG(주식회사), GmbH(한정책임회사), 또는 법인이 아닌 주식회사인 GmbH의 변형인 'GmbH Ltd' 등 다양한 형태의 사업자 지원 및 혜택을 제공하므로, ICO 프로젝트 회사를 설립하기에 최적의 선택지가 되고 있다. 크립토 밸리(Crypto Valley)라는 지역을 중심으로 가상자산 및 블록체인 산업을 집중적으로 지원하고 있으며, 크립토 밸리는 가상자산 및 블록체인 기업들이 집결한 지역으로 혁신적인 프로젝트와 연구가 활발하게 이루어지고 있다. 투자자와 기업 간의 협력을 촉진하고 있으며, ICO 프로젝트를 더 투명하게 만들기 위한 노력을 기울이고 있다.

2) 이제 ICO 허용을 적극적으로 검토할 때다(II)

블록체인 프로젝트는 가상자산을 기반으로 금융은 물론 공공, 의료, 물류, 서비스 및 교육 등 산업계 전반에 걸쳐 생태계 혁신을 주도할 수 있는 미래의 성장동력이다. 블록체인 프로젝트의 활성화를 위해 현재 금지되어 있는 대체 자본시장인 ICO의 전면 허용을 재검토할 때가 되었다. 산업계의 블록체인 혁신을 위한 아무리 좋은 기획과 아이디어가 있어도 이를 구현할 수 있는 프로젝트의 재정적 리소스를 구하지 못하는 경우 무용지물이 된다. 금융 산업과 블록체인 기술에 대한 연계적인 환경을 제공하고, ICO를 고려하는 기업이나 투자자에게 적용될 관련 규정 및 법적 요건을 조속히 구비해야 한다. 다행히 2024년 현재 정부 당국에서 자본시장법, 디지털기본법 및 특금법 등을 강도 높게 준비하고 있어 법적 가이드라인에 대한 결과물을 볼 수 있을 것으로 기대된다. ICO(Initial Coin Offering)는 가상자산 프로젝트가 자금을 조달하기 위해 토큰을 판매하는 과정이며 정부는 ICO에 대한 규제와 감독을 통해 선순환적 생태계 조성에 만전을 기해야 한다. 투자자와 소비자를 보호하기 위한 법률 및 규제를 우선적으로 마련해야 한다. 이러한 규제는 ICO 발행사가 투명하게 정보를 제공하고 투자자의 돈을 안전하게 보호하기 위한 목적으로 시행된다. ICO 투자자를 보호하기 위해 투자자에게 대칭적 정보 제공, 사기 방지, 투자 위험 경고 등 규제 요구사항을 시행하여 불법 ICO 활동으로부터 투자자를 보호해야 한다. 정부는 ICO 참가자들에게

KYC(지식/고객 신원 확인) 및 AML(자금 세탁 방지) 절차를 준수하도록 규제할 수 있으며 이를 통해 돈을 세탁하거나 불법 활동에 참여하는 사람들을 식별하고 방지할 수 있게 해야 한다. ICO 시장에서 공정한 경쟁을 촉진하고 부정한 경쟁 행위나 사기를 방지하기 위해 조치를 취할 수 있다. 또한 ICO에서 발생하는 수익과 자산에 대한 세금 및 회계 규정을 마련하여 세무 당국이 정확한 세금 징수를 보장하고 회계 투명성을 유지할 수 있게 해야 한다. 또한 블록체인 기술의 연구 및 개발을 지원하고, 블록체인과 ICO 산업의 혁신을 촉진하여 혁신적인 프로젝트와 기술 발전을 지원해야 한다. 국제적으로 ICO 규제에 대한 협력을 강화하여 국제적인 표준을 개발하고 다른 국가와 협력하여 국제 ICO 활동을 조율해야 한다. 정부의 역할은 ICO 시장의 안전성과 투명성을 유지하고 투자자와 소비자를 보호하는 데 중요하다. 그러나 이러한 규제와 감독은 혁신을 억제하지 않으면서 금융시스템의 안전성을 유지하려는 균형을 유지해야 한다. ICO 산업은 빠르게 변화하고 성장하기 때문에 정부 규제도 적시에 탄력적으로 조정될 필요가 있다. ICO 산업계는 블록체인 프로젝트가 초기 자금을 조달하는 데 중요한 역할을 한다. 투자자들은 ICO를 통해 토큰을 구매하고 이를 사용하여 프로젝트에 투자하기 때문이다. ICO 산업은 블록체인과 분산 원장 기술을 기반으로 하는 다양한 프로젝트를 창조한다. 새로운 기술과 혁신을 촉진하며, 분산된 애플리케이션과 플랫폼을 개발하는데 기여하며 일반 투자자들에게 가상자산 시장에 진입하고 투자할 기회를 제공해야 한다. 더 많은 사람들이 블록체인 기술과 디지털 자산에 관심을 가지고 참여를 유도해야 한다. ICO 산업은 다양한 국가와 지역의 규제를 준수하는 것이 중요하며 투자자의 보호와 금융 안정성을 유지하려고 노력하며, 불법 활동을 방지해야 한다. 투자자들을 보호하고 위험을 최소화하기 위해 프로젝트의 투명성과 신뢰성을 증진하는 데 노력해야 하며 투자자에게 프로젝트 정보와 토큰 이용 방법에 대한 명확한 정보를 제공하는 것이 중요하다. 궁극적으로 ICO 산업계는 가상자산 생태계의 발전을 촉진해야 하며 이를 통해 새로운 가상자산 및 블록체인 프로젝트가 발전하고 성장하는데 기여해야 한다. ICO 프로젝트를 통해 자신들의 비전과 목표를 투자자와 커뮤니티에게 제시해야 하며 미래에 대한 계획과 목표를 공유하고 지속적인 개발을 촉진해야 한다.

디지털 선진국이자 글로벌 프로젝트의 벤치마커인 한국의 위상으로 볼때, 가상자산 산업은 국가 산업의 신성장 동력으로 다시 한번 대한민국의 위상을 과시할 수 있는 최적의 영역이다. 특히 한때 알트코인 산업의 메카로서 다양한 블록체인 프로젝트의 산실이었던 과거의 위상을 되찾아 블록체인 산업 혁신의 리더로 재도약을 해야 한다. 이를 위해 산학연관이 합심하여 본격적으로 ICO에 대한 재개를 조속히 진행해야 한다. 규제 요건과 법적 프레임워크 제정 등 각국 정부의 그간의 ICO에 대한 정책과 제도를 정밀하게 분석하여 시행착오 없이 국내 시장에 맞는 최선의 방안을 수립해야 한다. 공공, 금융, 물류 및 공급망 등 블록체인 산업혁신 프로젝트의 글로벌 리더 국가의 위상을 되찾기를 기대한다.

3) 금융 샌드박스와 네거티브 규제

금융 샌드박스와 네거티브 규제(Negative Regulation)는 현대 금융 규제 환경의 중요한 개념들이다. 금융 샌드박스(Financial Sandbox)는 금융 서비스 분야의 혁신을 촉진하기 위한 정책 도구로서 신규 금융 기술이나 서비스를 실제 시장 환경에서 시험할 수 있도록 일시적으로 일정 규제를 면제하거나 완화해주는 제도이다. 이를 통해 기업들은 혁신적인 금융 서비스를 개발하고 테스트할 수 있는 환경을 갖게 된다. 금융 샌드박스는 실험적인 아이디어를 실제 시장에 빠르게 도입할 수 있도록 돕고, 동시에 소비자 보호와 시스템 안정성을 유지하는 데 중점을 둔다. 허가받은 기술이나 서비스에 한해서 시장활동이 허용되는 일종의 포지티브 규제(Positive Regulation)로 볼 수 있다.

네거티브 규제(Negative Regulation)는 법규로 금지된 것을 제외하고는 모든 기술이나 서비스를 허용하는 제도이다. 이 원칙을 금융서비스에 도입하면 금융 분야에서 기업이나 개인이 특정 활동을 하기 위해 법규로 금지된 경우가 아니면 사전에 규제 기관의 허가나 승인을 받을 필요가 없다는 것을 의미한다. 네거티브 규제는 시장 참여자들에게 더 많은 자율성과 유연성을 제공하며, 혁신과 경쟁을 촉진하는 데 유리하다. 하지만, 이러한 규제 방식은 적절한 감독과 위험 관리가 수반되지 않으면 시스템의 위험을 증가시킬 수도 있다. 이 두 가지 개념은 현대 금융시스템에서 혁신을 촉진하고 시장의 유동성과 경쟁을 증가시키는 데 중요한 역할을 하면서도, 소비자 보호와 시스템의 안전성을 유지하는 데에도 중요한 역할을 한다.

[표 02] 포지티브 규제와 네거티브 규제

(출처: 머니투데이 포지티브에서 네거티브로, 규제 대전환 선언 의미는)
https://news.mt.co.kr/mtview.php?no=2018110114390583546

금융당국 규제방식 차이

	포지티브(positive)	네거티브(negative)
의미	사업 혹은 영업가능한 행위를 열거하고, 그 외 행위에 대해선 규제	금지하는 행위와 필요한 원칙만 열거하고, 그 외 영업행위에 대해선 허용
적용	현행	자본시장 혁신과제 도입 이후 확대 예정
사후규제	처벌규정에 따라 적용	자율성을 보장하는 만큼 강화 불가피, 업계의 내부통제 등 자율규제 강화 의무 생겨
장점	영위가능한 사업에 대한 명확성	급변하는 시장환경에 대응 가능, 업계의 자율성 보장으로 사업기회 확보
단점	규제 공백에 대한 유연성 부족, 지나친 제한으로 업계 자율성 침해	과다 경쟁 등 무분별한 영업행위 잇따를 가능성 상존

금융 샌드박스는 산업 탄생의 초기에는 초기 도입 및 육성에 대한 기업 지원의 효과가 있으나 장기적 효과는 제한적일 수 있다. 운영의 묘를 살리지 못한다면 소기의 목적 달성이 불가할 수 있다. 예를 들어, 국내의 경우 신청기업을 기존 금융회사나 국내 영업소를 둔 회사로 한정함으로써 신생 업체나 글로벌 기업에는 진입 장벽이 크다. 또한 혁신금융서비스 지정 기간이 상대적으로 짧아 신생 시장의 평가를 받기 어려울 수도 있다. 더불어 지정기간 후 영구적 사업 지속을 위한 법률개정이나 입법이 뒤따라야 한다. 현재 국내의 경우 금융혁신 지정 후 후속 입법이 된 경우는 아직 없다. 효과적이고 지속적인 금융혁신을 위해서는 다양한 주체에 의한 서비스 확대와 모니터링과 후속 지원이 필요하다. 금융산업의 양적확대로 혁신적 기술과 서비스가 폭증하고 있으며 이를 금융 샌드박스로 처리하기에는 특단의 보완대책이 필요하다. 간헐적으로 발표되는 지정 건수는 극히 소규모로 주로 기술이나 서비스 혁신보다는 소비자 보호에 중점을 둔 사업에 편중되고 있다. 심사기간도 신청건수의 적체로 상당히 소요되고 있으며 자금력이 취약한 스타트업의 경우 기업의 생존에 크게 위협을 받고 있다. 지정 발표여부에 기업의 운명을 걸어야 하고 이를 애타게 기다리는 현실이다. 2024년 현재 금융 샌드박스 지정여부에 기업 자체의 생존을 걸지 않는 대기업이나 기존 중견기업의 지정건수가 많아 유망 스타트업이나 서비스의 발굴 및 지원을 목적으로 한 금융혁신법의 취지를 살리지 못하고 있다. 스타트업 육성에는 크게 미흡하다. 독립적인 샌드박스 혁신 심사 전담기관 신설이나 기존 조직의 대폭적인 확대를 통해 심사 인력 보강 및 심사기간의 획기적 단축이 필요하다. 현재 핀테크지원센터, 금융감독원, 관련 부처 및 금융위원회로 분산되어 순차적으로 진행되는 샌드박스 사업 신청절차도 과감한 개혁이 필요하다. 담당 인력에 대해서도 외부 전문인력 채용과 순환보직 면제로 전문성을 높여야 한다.

금융 샌드박스의 한계를 근본적으로 개선하기 위해서는 네거티브 규제 도입을 신중히 고려해야 할 때이다. 네거티브 규제는 금융시장의 자율성과 유연성을 증진시키고, 혁신적인 아이디어가 시장에 더 빠르고 효율적으로 도입될 수 있도록 지원할 수 있다. 다만 네거티브로 지정될 기술이나 사업 선정의 투명성과 객관성이 확보되어야 하고 소비자 보호나 국익 보존에 만전을 기해야 하는 어려움은 있다. 금융 샌드박스와 네거티브 규제를 서로 배타적인 제도로 구분하기 보다는 상호 보완적으로 운영하여 상승효과를 낼 수 있는 금융정책 수립의 개혁이 필요한 때이다.

4) STO(토큰증권공개)와 ICO(코인공개) 재개

2017년 한국 정부는 급작스럽게 ICO 전면금지를 발표했다. ICO는 신규 가상자산 프로젝트에 대한 투자 수단으로 사용되지만, 사기나 부실한 프로젝트의 위험이 높아 투자자를 보호하기가 어렵다. 당시 광풍에 가까울 정도로 전 국민이 ICO에 뛰어들어 건전한 투자와 더불어 옥석을 가릴 수 없는 프로젝트들이 우후죽순처럼 나타났으며, 이로 인해 깃발부대나 다단계 같은 불법적 투자유치 행위가 빈번하여 방치 시 심각한 소비자 피해가 예상되었다. 소비자 피해와 더불어 ICO를 통한 자금 조달의 불투명성과 변동성이 금융시스템에 미칠 수 있는 부정적인 영향도 고려되었다. 그러나 국내 ICO의 전면금지로 우량한 프로젝트들이 자본조달의 기회를 상실하였으며 한국 내 투자자들 역시 국내 시장에서 ICO에 투자할 수 없게 되어, 해외 ICO나 가상자산 시장에 자금을 투자하는 형태로 방향을 전환했다. 이는 국내 자본의 해외 유출을 가속화했다. 또한 국내에서 블록체인 및 가상자산 산업이 성장할 기회가 제한되면서, 이 분야에서의 기술적 진보와 혁신이 느려졌다. 다른 나라들이 블록체인 기술을 채택하고 발전시키는 동안, 한국은 이 분야에서의 글로벌 경쟁력을 잃어버렸다. 단적으로 2019년 이전 세계 1위의 알트코인 시장국이었으나 이제는 존재 자체도 없게 되어 버렸다. 더구나 자본시장으로서의 경쟁성 상실과 더불어 블록체인을 통한 산업혁신 생태계 조성 경쟁력도 약화되었다.

STO에 대한 금융당국의 전향적 자세는 매우 긍정적으로 평가할 만하다. 특히 블록체인 기반의 STO를 제도권으로 유입하는 첫 과제로서 그 성공 여부가 국내는 물론 세계 금융가의 관심이 되고 있다. 2024년 현재 STO 소비자 보호에 대한 다양한 가이드라인이 입법 준비 중이며 이에 연관하여 ICO 재개에 대한 시장과 투자자의 기대감이 오르고 있다. 정부당국도 언제까지 ICO를 전면 금지할 것인가에 대한 진지한 고려가 필요하다.

2024년 현재, 각국의 ICO에 대한 허용과 규제 환경은 다양하다. 스위스는 ICO를 결제, 유틸리티, 자산 토큰 영역으로 분류하여 시행하고 있으며, 불법행위나 소비자 보호를 위하여 자금 세탁, 은행, 증권, 집합 투자법 등을 포함한 규제를 적용한다. 독일, 에스토니아, 리투아니아, 영국, 캐나다, 싱가포르는 ICO를 전면 허용하되 핵심적 사안에 관해서는 엄격한 규제를 가하고 있다. 영국에서는 금융 행위 권한위원회(Financial Conduct Authority)가 ICO 프로젝트의 위험성에 대해 경고할 수 있으며, 토큰의 성격에 따라 증권법을 적용한다. 캐나다에서는 Howei 판단의 네 가지 요소를 고려하여 가상자산의 증권 등록 여부를 판단하며 싱가포르 통화 당국은 '자본 시장 제품'으로 간주되는 가상자산과 ICO에 대한 지침을 적용하여 가상자산과 일반 증권을 구분하고 있다. 미국은 주마다 ICO 규제가 다르며, 연방 차원에서는 ICO에 대해 비 ICO와 유사하게 등록 및 라이선스를 발행한다. 러시아는 ICO는 허용하지만 엄격하게 규제한다. 최근 크렘린은 채굴자 등록, 세금, ICO에 증권법 적용에 관한 명령을 내렸다. 일본과 태국은 두 국가 모두 ICO에 대한 활발한 제도적 지원과 더불어 강력한 규제를 가하고 있다. 일본에서는 구조에 따라 ICO가 결제 서비스법 및 금융상품 거래법에 해당할 수 있다고 경고

하고 있으며 태국은 가상자산과 관련된 금융 기관을 중심으로 규제를 가하고 있다. 호주에서는 ICO는 허용하지만, 기업법에 따라 추가적인 공시 요구사항이 발생할 수 있다. 인도와 요르단에서는 ICO가 허용되지만 매우 강도 높은 규제가 적용되고 있다. 인도의 중앙은행은 은행 시스템에서 가상자산 사용을 전면 금지했다. 필리핀과 홍콩에서도 ICO는 허용되지만 규제가 있으며, 사안에 따라 토큰이 증권으로 간주될 수 있다. 아이슬란드, 그리스, 헝가리, 아일랜드, 이탈리아, 자메이카, 룩셈부르크, 말레이시아, 몰타, 멕시코, 모로코, 네덜란드, 노르웨이, 폴란드, 포르투갈, 루마니아, 사우디아라비아, 슬로바키아, 슬로베니아, 남아프리카 등에서도 ICO에 대한 자체적인 규제나 수용 정책을 수립하고 있다

한국에서 ICO(Initial Coin Offering)를 전면 개방하기 위한 필요 작업 및 과제는 여러 측면에서 고려되어야 한다. 이러한 과제는 정책적, 법적, 기술적, 그리고 시장 관련 측면을 모두 포괄해야 한다. ICO에 대한 명확하고 일관된 규제를 수립하여 기업들이 법적 기준을 이해하고 준수할 수 있도록 해야 한다. 투자자 보호를 위한 법적 장치 마련, 예를 들어 사기 방지, 자본 손실 보호 등의 메커니즘을 구축해야 한다. ICO 및 관련 활동을 감시하고 규제할 수 있는 감독 기관의 역할과 권한을 명확히 설정해야 하며 실시간으로 ICO 시장을 모니터링하고 문제가 발생했을 때 신속하게 대응할 수 있는 시스템을 구축해야 한다. ICO 프로젝트에 사용되는 스마트 컨트랙트는 안전하고, 오류가 없어야 하며, 이를 위한 검증 절차가 필요하다. ICO 프로젝트의 투명성을 보장하기 위해, ICO를 진행하는 기업은 투자자들에게 충분한 정보를 제공해야 하며 이를 평가하기 위한 준 공공기관 성격의 기관을 설립해야 한다. 투자자들이 ICO와 관련된 위험을 이해하고, 정보에 기반해 결정을 내릴 수 있도록 투자 교육 프로그램을 강화해야 하며 일반 대중과 정책 입안자들에게 블록체인 및 ICO의 잠재력과 위험성에 대한 인식을 높여야 한다. 다

른 나라들과의 협력을 통해 ICO에 대한 글로벌 기준과 베스트 프랙티스를 공유하고, 트레블룰 등 국제적으로 호환되는 규제 프레임워크를 개발해야 한다. 다른 국가들에서 ICO를 성공적으로 통합한 사례를 연구하고, 그것들을 한국 상황에 맞게 적용할 방법을 모색해야 한다.

ICO 전면 개방을 위해서는 이러한 다양한 측면에서의 준비와 노력이 필수적이다. 이는 블록체인 기술과 디지털자산의 잠재력을 활용하면서도 시장 안정성과 투자자 보호를 동시에 달성하는 균형 잡힌 접근 방식을 필요로 한다.

04 NFT

1) NFT 글로벌 마켓 현황 및 제도적 동향

NFT는 보유 자산에 대한 디지털 소유 증명서이다 복제 불가능한 토큰이며, 토큰별로 각각 고유한 값을 가진다. 동일한 네트워크상에서 발행한 토큰이라 할지라도 개별 토큰은 서로 다른 가치를 가진다. NFT는 토큰 내부에 자산의 내역에 관한 디지털 컨텐츠의 메타데이터를 저장하고 있으며, 블록체인 네트워크를 기반으로 생성되는 만큼 블록체인의 기술적 특성을 가지고 있다. 제 3자가 토큰을 복제 및 위조할 수 없고, 네트워크상의 블록에 거래내역을 저장하고 확인할 수 있으며, 해당 토큰에 대한 발행 및 소유권 증빙이 가능하다. NFT는 디지털 무형자산뿐만 아니라, 부동산, 증권과 같은 유무형의 실물 자산에 대한 소유권을 블록체인에 저장한다. 이에 따라 소유권의 거래가 용이해지며, 거래내역이 투명하게 감독될 수 있어 소유권 거래의 새로운 수단이 될 수 있다.

글로벌 NFT 시장은 2020년 940만 달러에서 2021년 248억 달러로 폭발적인 성장세를 보였으며, 2022년 350억 달러, 2025년에는 약 800억 달러까지 성장할 것으로 전망된다. NFT 유형은 수집품, 예술품, 게임, 메타버스 등으로 구성되어 있으며, 거래량은 게임 NFT가 약 55%로 가장 높은 비율을 보였다. 거래 대금으로는 수집품 및 미술품 NFT가 약 84%의 점유율을 보였다. 그러나 2022년 크리스티 경매소의 NFT 낙찰가는 작년의 3% 수준에 그치는 등 NFT 시장이 침체되었다. 전문가들은 그 이유로 보안 이슈 및 미국의 금리 인상을 지적하였다. 금리 인상으로 인해 안정자산에 투자하는 성향이 증가하면서, NFT 투자 금액이 이동한 것으로 보인다. 또한 NFT 중 가장 높은 가치를 가진 BAYC(Bored Ape Yacht Club)가 인스타그램을 해킹당하여 사용자들에게 허위 정보를 유포하여 토큰을 탈취당하는 사고가 발생하였고, 국내에서는 메타콩즈의 해킹 및 방만 운영 등의 문제점이 발생하였다. 그럼에도 대기업들은 NFT 시장을 긍정적으로 전망하고 있다. 유튜브, 메타 트위터 등 글로벌 빅테크뿐만 아니라 네이버, 카카오, 위메이드 등 국내 ICT, 빅테크 기업들이 NFT 시장에 진출하고 있다. 이에 더해 삼성전자, 현대자동차, SK 등 국내 주요 대기업들도 NFT 시장에 진출하려는 움직임을 보이고 있다.

한편 세계 각국의 정부에서는 NFT 시장의 확장에 따라 이를 규제 및 지원하기 위한 제도적 방안을 준비 중이다. 우선 2022년 3월 미국의 바이든 대통령이 가상자산에 대한 연구 및 규제에 대한 투자자 보호정책 마련을 준비하는 행정명령에 서명했다고 발표하였으며, 2022년 미 재부부는 가상자산 규제보고서를 발표하였고, 정부윤리청(OGE)은 7월 미국 연방기관의 공직자들은 NFT에 1천 달러 이상 투자 시 반드시 그 내역을 보고할 것을 의무화하였다. 유럽에서는 2022년 3월 EU 회원국 간 가상자산 기업의 사업 확장을 규정한 가상자산 규제안(MICA: Markets in Crypto Assets)을 의결하였으며, 7월에는 NFT가 탈세 및 자금세탁의 수단이 될 수 있음을 우려하며 등록 의무화를 추진했다. 중국은 2022년 1월 정부에서 후원하는 블록체인 네트워크에서 NFT의 발행 및 유통을 지원할 것이라 발표하였다. 2022년 4월 NFT 시장에 대한 사기 위험을 경고하였으며, 그 영향으로 위챗 등 NFT 플랫폼에서 2차 거래를 제한하는 등의 행보를 보였다. 이 여파로 NFT 거래량이 감소하고 있고, 텐센트는 2022년 8월 NFT 사업에서 철수했다.

이러한 국제적 움직임에 따라 한국 정부에서도 NFT에 대한 대응책을 준비하고 있다. 2021년 11월 금융감독원은 NFT는 하나의 유형으로 정의하기 어려운 모호성이 존재하기 때문에, 개별 NFT에 일부 가상자산의 특성이 적용될 수 있으나 일반적 가상자산으로 정의하기는 어렵다고 발표하였다. 그리고 2022년 5월 새로운 정부가 들어서면서 가상자산에 대한 전향적 정책 변화를 발표하였으며, NFT 산업 진흥 대책을 세우겠다고 공약한 바 있다. 문체부에서 2022년 6월 NFT 투자자들을 위해 《대체불가 토큰 거래 시 유의해야 할 저작권 안내서》를 발간하는 등 투자자 보호를 위한 행동에 나서기 시작하였다.

2022년 기준 NFT 시장이 주목받기 시작하면서 개발자, 중개자, 소비자 등 다양한 참여자들이 가상자산 시장에 신규로 유입되었다. 거래의 규모가 확대되고 다양한 서비스들이 출현하고 있다. 시장이 급성장하는 만큼 그에 대한 부작용도 발생하고 있다. NFT 시장에서 우려되는 부작용은 보안, 스캠코인, 저작자-발행자 상이, 그리고 소유권의 법적 대항 등이다. NFT시장이 지속적으로 성장하기 위해서는 이러한 문제점 해결을 위한 정부 차원의 제도적 조치 및 민간 기관의 자정 노력이 뒷받침되어야 한다.

2) NFT와 마켓 인사이트

NFT는 주로 이더리움 네트워크에서 ERC721 프로토콜에 의해 발행되는 대체불가 토큰이다. 토큰별로 고유한 속성과 가치를 지니고 있어 타 토큰과 등가 교환이 불가하다. EOS나 국내의 클레이튼 및 솔라나 같은 타 네트워크에서도 발행되고 있으며 이들은 이더리움보다 빠른 처리속도와 저렴한 수수료로 네트워크를 확장해 나가고 있다. 최초 NFT인 크립토키티가 ERC721을 기반으로 탄생한 첫 NFT이며 교배를 통해 초기 발행된 1만 개의 키티 중 동일한 고양이는 한 마리도 없다.

NFT는 디지털 아트나 음반 등 불법복제나 권리 침해가 빈번한 개인 창작물의 저작권 보호와 투명한 거래 및 이력 관리 등을 위해 활성화되기 시작했다. 주로 불법 복제나 유사품 제조에 취약한 디지털자산을 대상으로 발행되며 NFT는 대상 자산의 희귀성 확보를 위한 발행이 많다. 발행 주체의 사회적 영향력이나 세계관, 구매자의 속성에 따라 가격이 천차만별이다. 특히 가치를 산정하기 어려운 고가 디지털 창작물의 경우, 구매자인 재력가들의 과시욕이나 특정 커뮤니티의 계층적 차별성을 반영한 거품이라는 비난을 받기도 한다.

NFT는 부동산이나 명품 같은 실물자산의 소유권 증명이나 진품인증서, 커뮤니티가 주최하는 이벤트 참가권 등으로 확대 발행되고 있다. 특히 메타버스를 중심으로 한 O2O 플랫폼의 발전으로 디지털자산과 실물자산이 연결된 하이브리드 NFT가 대거 등장하고 있다. 단순한 자산의 희귀성이나 유일성에 근거한 개인적 창작물 보호를 위한 NFT에서 기업의 제품이나 서비스 판매를 활성화하기 위한 마케팅이나 수익원 확보를 위한 NFT로 대체 발행되고 있다. 또한 기업이 보유한 유무형의 자산을 NFT로 증권화(STO)하여 자산의 유동화 확대, 24시간 실시간 거래, 저렴한 거래 수수료 및 다양한 투자 기회를 확대하고 있다. 로블록스 같은 게임업체, 아마존 등의 유통 플랫폼 기업, 스포츠 이벤트사, 광고기획사 및 엔터테인먼트 회사와 JP모건이나 마스터카드 같은 금융기관들이 마케팅 인사이트를 기반으로 고객만족과 수익을 극대화하기 위한 수단으로 NFT 사업(창작, 발행, 유통, 구매, 콜렉팅, 리스팅 등)에 적극 뛰어들고 있다. 향후 부동산 같은 유형 자산의 등기부등본과 연동된 법적 대항력을 가지는 NFT가 등장하면 자산의 NFT화는 더욱 가속화할 것으로 예상된다.

2024년 현재 웹 3.0의 확산에 따라, NFT를 통해 사용자들의 소비활동이 수익창출(P2E)에 연결되고 있다. 로블록스 등은 게임 플랫폼에 참여하여 인앱으로 새로운 게임을 창작한 개발자가 이를 NFT화하여 플랫폼사와 수익을 공유하는 샌드박스 비즈니스를 선보이고 있다. 게임사는 다양한 게임을 지속적으로 고객과 함께 개발할 수 있고 고객도 게임 개발에 참여하여 수익을 배분받아 생태계가 더욱 활성화될 수 있다. 이와 같은 창의적 발상에 의한 NFT가 끊임없이 등장할 것으로 예상된다. 개인들의 NFT 가격 상승만을 목적으로 한 단순한 재무 투자뿐 아니라 기업 홍보, 고객확보 및 소비자 소통 수단 등으로 무한 확산되고 있다.

NFT는 내재가치에 대한 의구성이 높아 일반적 개인 투자자들이 투자목적으로 구입하거나 민팅하기에는 한계가 있다. 또한 소유권과 저작권 분리로 인한 법적 분쟁 발생 여지가 있다. NFT가 부동산 등기와 같은 법적 대항력이 있는가에 대한 제도적 연구 및 준비도 필요하다. 자산에 대한 NFT 민팅도 진품 감정을 거치지 않는 한 복제 가능성을 배제 할 수 없다. 예로써 구찌가방 같은 명품을 모조하여 NFT를 민팅 한다면 이에 대한 소비자 보호는 가능한가에 대한 대책이 강구되어야 한다. NFT 커뮤니티의 폐쇄성에 의한 사회적 괴리감의 가속화도 경계해야 한다. 제반 한계성에도 불문하고 NFT는 일시적 유행에 의한 거품이 아니며 투자성, 마케팅 인사이트, 개인의 경제력 과시적 욕구와 산업적 효과가 어우러져 계속 확산될 것으로 예측된다.

3) NFT 유효성

블록체인의 블록에 기록된 데이터는 분산네트워크(P2P)상에서 공유되며 절대로 위변조나 해킹이 불가능하다. 또한 데이터는 입력 시 네트워크 참여자들의 합의를 통해 검증 후 저장된다. 블록체인은 기존의 데이터베이스 시스템이 염려하는 데이터에 대한 불법적인 입력, 해킹이나 위변조를 원천적으로 차단할 수 있는 기술이다. 일반적으로 블록에 기록할 수 있는 데이터 용량은 최대 1메가바이트 정보로 전체 정보를 기록하기에 부족하며 추가적 정보저장을 위해 기존 데이터베이스와 연동하여 사용된다. 예를 들면 인덱스 데이터는 블록체인에 저장하고 이와 연결된 상세 데이터는 기존 데이터베이스에 저장하는 방식이다. 데이터 처리를 위해 블록체인과 데이터베이스 간 온오프체인 데이터 연결이 필요하며 이 경우 기존 데이터베이스의 오염된 데이터로 인한 해킹이나 위변조에 노출될 가능성이 있다. 또한 블록체인 기술은 다양한 합의 알고리즘을 적용하여 입력 데이터에 대한 검증을 하지만 데이터 자체의 진위 여부 확인과 네트워크 참여자 간 담합 등에 의한 불법행위에 대해서는 취약하다.

디지털자산의 소유권을 블록체인화한 NFT가 주목받고 있다. 가상자산으로서의 가치와 더불어 유일 자산에 소유에 대한 과시욕구와 산업적 활용성으로 인해 발행 및 투자가 급격하게 증가하고 있다. 디지털자산은 무한복제가 가능하여 유일성 부여, 소유권과 판매이력 등의 정보 검증이 가능한 NFT를 통해 이를 방지할 수 있다. 그러나 상기 지적한 블록체인의 유효성 검증에 대한 다양한 문제점들을 전반적으로 해결하지 않은 한, NFT도 유효성의 위험에 노출 될 수 있다. 저작권의 진본여부와 소유권과의 연결에 대한 유효성에 대한 추가 확인이 필요하다. 예를 들면, 저작권이 원천적으로 위조되거나 이에 대한 소유권이 없는 NFT가 불법으로 발행된다면 이를 블록체인으로 방지할 수 없다.

2022년 국내에서 NFT의 유효성 확보를 위한 'NFT 신뢰검증 서비스'가 시범사업화되었다. 한국인터넷진흥원과 조폐공사가 공동으로, NFT거래소들이 발급한 NFT의 특허권 등의 기술 진본성 검증, 저작권 등록 확인 및 검증서를 발급하는 플랫폼 서비스를 시범운영하였다. 블록체인 플랫폼(이더리움, 폴리곤, 하이퍼렛저 등)에서 발행된 대체불가토큰의 유효성과 한국저작권위원회에 등록된 저작물의 저작권 정보를 블록체인 시스템이나 연계 시스템을 통해 검증 및 확인하는 것이다. 먼저 NFT거래소(발행사)에서 저작물을 NFT로 발행 시 신뢰검증을 요청하면, 플랫폼에서 NFT의 발급된 블록체인 정보(컨트랙트 ID, 메타정보 등) 유효성을 검증하고 이어 NFT에 연계된 저작권 여부를 확인한다. 디지털 저작물을 NFT로 생성하는 과정에서 디지털 저작물과의 결합 정보에 오류가 있는 경우 또는 무권리자가 타인의 저작물을 도용하는 경우 등 NFT 등의 진본성과 저작권 이슈 여부를 검증한다. 확인이 되면 신뢰검증내역을 플랫폼에 등록 후 검증결과(검증서 등)를 제공한다. 이를 통해 NFT 부정 거래를 방지할 수 있는 시스템이 구축돼 디지털자산에 대한 소비자들의 신뢰성이 제고되었다. 나아가 NFT 발행 시 빈번하게 제기됐던 저작권 침해 여부를 확인할 수 있다. 조폐공사는 그간 블록체인 기반 모바일 상품권, 모바일 공무원증, 운전면허 등 국가 모바일 신분증 사업과 공공사업을 수행하면서 첨단 위변조 방지 기술을 축적한 조폐공사가 민간기업과 컨소시엄을 구성해서 진행하는 사업이다. 화폐 및 여권 등에서 축적한 위변조 방지 노하우를 디지털 세계로 확장해 디지털 세계에서도 부정거래 방지 및 진품확인을 통해 신뢰사회를 구축하는 파수꾼 역할을 맡게 됐다는 점에서 주목된다. NFT로 인한 사용자보호, 디지털 저작물의 저작권 확인을 통한 저작권 보호 기반 마련, 검증서 발급과 조회를 통한 NFT 유통 신뢰도 향상 등을 통해 디지털자산 선순환 생태계를 견인하는 데 공헌했다.

NFT 생태계의 발전 및 진흥을 위해서는 NFT의 발행과 디지털자산 간의 연관성을 명확히 하는 것이 필요하다. 이를 위해 제도적으로 NFT의 기능과 한계 등을 명확히 정의하여야 한다. 2024년 현재 NFT가 기존 저작권 등의 거래에 대하여 법적으로 명확히 정의된 것이 없다. 이로 인해, NFT를 발행하는 사람과 구매하는 사람 모두 NFT가 무엇인지, NFT가 무엇을 할 수 있는지를 알지 못한다. 그저 잘 팔리니까 발행하고, 유명하니까 구매하는 상황이 발생하고 있다. 이는 필연적으로 시장에서 부작용을 야기하게 된다. 또한 NFT를 통한 새로운 유형의 범죄에도 기존 범죄의 기준을 적용하여 제대로 된 판단이 어려운 경우가 발생한다. 이러한 모호성은 NFT라는 대상 자체에 대한 대중들의 신뢰성을 하락시키게 되며, 결과적으로 NFT 시장 자체가 위축되는 결과를 불러올 수 있다. 따라서 정부 차원에서의 NFT에 대한 명확한 정의가 필요하다. 이를 바탕으로 조폐공사와 같은 신뢰할 수 있는 정부 기관의 NFT 신뢰검증 서비스가 실행된다면, 해외의 사설 기관의 NFT 발행 및 검증에 비해 강한 믿음을 줄 수 있다. 이는 국내 NFT 시장의 진흥뿐 아니라 싱가포르의 ICO와 같이 건전한 해외 발행자들의 한국 진출도 기대할 수 있을 것이라 전망하며, 더 나아가 향후 디지털자산과 더불어 명품제조 및 판매 등 실물 산업계의 관심이 큰 현물 자산에 대한 교환권이나 이용권 등과 같은 대체불가토큰의 유효성 확보가 병행적으로 진행될 것으로 기대된다.

STO

1) STO 전면 허용

STO란 기업이나 개인이 소유한 실물자산과 연계된 증권형 토큰을 발행하여 필요로 하는 자금을 조달하는 제도를 의미한다. 증권형 토큰이란 블록체인의 분산원장 원리를 기반으로 발행된 가상자산으로 투자자의 권리 보호가 가능한 블록체인형 증권이다. 자본시장법에 따른 투자자 보호 규제가 적용되며 실물자산과 연계된 내재 가치가 확보되어 극심한 가치변동에 따른 투자자 손해를 경감할 수 있다. 증권형 토큰은 기본적인 발행요건을 충족하면 문턱높은 증권거래소를 통하지 않고도 자유롭게 증권을 발행, 유통 및 결제를 할 수 있으며 이를 통해 용이하게 기업자금을 조달할 수 있다. 2022년 금융위원회는 STO의 제도권 편입을 위해 토큰의 증권성 판단 등과 같은 핵심적 가이드라인 설정과 도입 일정을 발표하여 조속한 제도화에 시동을 걸었다. 가이드라인 확정발표와 함께 샌드박스를 통한 문제점 파악, 증권형 토큰 거래를 위한 장외거래소 개설 계획 등을 밝혔다. 장외거래는 우선 증권거래

업력이 풍부한 기존 증권사들을 통해 진행할 것을 밝혔다. 그러나 기존에 없던 가상자산 기반의 새로운 자본시장 조성을 위해 현행 자본시장법, 개인정보보호법, 전자금융거래법, 전자증권법 등과 같은 연관된 제도들의 다양한 취지와 목적을 반영한 혁신적 법기반 정비가 필요하다. 2023년 2월 금융위의 STO 가이드라인 발표로 그간 자본시장에서 기업자금 조달의 중심이었던 IPO에 일대 혁신이 일어날 것으로 예상된다. ICO 전면 허용을 통한 가상자산의 본격적 자본시장 편입에 앞서 우선 STO를 전격적으로 허용한 것으로 보인다. 이를 통해 증권형 토큰의 문제점 파악과 추이를 예의 주시할 것으로 예상되며 가상자산 시장의 본격적 개방에 앞선 정부규제와 제도화에 대한 방향을 정립할 것으로 보인다.

STO를 이해하기 위해서는 증권형 토큰에 대한 심층적 이해가 필요하다. 우선 증권형 토큰은 금융당국과 자본시장법의 적용을 받는 제도권 내의 토큰으로 투자자가 보유하는 동안 일정 수익을 배분받는 수익형 증권에 한한다. 부동산이나 음원 저작권과 같은 수익형 자산을 기반으로 발행된 증권형 토큰은 보유기간 동안 자산운용에 따른 일정 수익을 투자자가 배분받을 수 있는 수익형 증권이다. 그러나 비트코인이나 이더리움 또는 알트코인같이 보유기간 동안 수익배분 없이 매각 시 매매차익만 가능한 코인이나 토큰은 증권형 토큰의 대상이 아니며 이를 기반으로 한 STO가 허용되지 않는다. 증권형 토큰을 통해 자산에 대한 '조각투자' 또는 '쪼개기 투자'가 가능하며 이에 따라 자산 유동화가 증대되며 투자자들도 자금에 대한 부담을 경감하여 용이하게 투자할 수 있다. 증권형 토큰은 기존 증권에 비해 발행 및 매매가 용이하며, 저렴한 거래수수료, 신속한 거래, 24시간 상시거래 및 우수한 보안성 등으로 시장이 급격하게 성장할 것으로 전문가들은 예상하고 있다. 그러나 증권형 토큰은 엄격한 자본시장법의 적용을 받게 되어 발행자의 경영변화 보고나 정기적 재무상태 공시, 외부감사 도입 등 기존 증권의 투자자

보호에 대한 규제가 대부분 적용될 것으로 예상된다. STO의 제도권 편입으로 국내 증권사의 참여가 가시화되고 있어 그간 이를 대비해 온 주요 증권사의 행보가 빨라지고 있다. 또한 STO를 위한 대체거래소 설립으로 그간 증권거래를 독점해온 KRX 중심의 증권거래체제에 큰 변화가 일 것으로 예상된다. 금융투자협회에 따르면 증권형은 물론 비증권형 코인도 대체거래소에서 거래가 가능할 예정이며 이에 따라 KRX나 대체거래소 공히 디지털자산 거래사업에 적극 진출할 것이다. 향후 KRX, 대체거래소, 가상자산거래소, 증권사 및 금융기관들은 증권형 토큰이라는 새로운 먹거리를 대상으로 치열한 영업 경쟁을 펼칠 것으로 예측된다. 투자자 입장에서 보면 금번 STO의 제도화는 내재가치가 불분명한 기존의 리스크 높은 가상화폐 중심 시장에서 내재가치가 담보된 증권형 가상자산이라는 새로운 투자 상품이 탄생한 것이다. 이를 바탕으로 가상자산 시장에서의 새로운 투자 바람이 불 것으로 기대된다.

증권형 토큰의 법제화에 따라 그간 논란이 많았던 '조각투자', 일명 쪼개기 투자가 합법화되어 부동산 등 실물자산을 기반으로 한 다양한 형태의 STO가 출현할 것으로 기대된다. 음원수익이나 부동산 임대 등에 따른 수익이 투자자에게 배분되는 증권형 토큰이 조각투자가 가능한 대표적 수익형 토큰이다. 다만 실물에 연계되어 있으나 매각되기 이전까지 수익에 대한 배분 없이 증권의 매각 시에 발생되는 매매차익만 있는 증권형 토큰은 이에 해당되지 않는다.

2023년 허용된 STO는 IPO나 ICO 등과 상이한 점이 많다. 먼저 IPO와의 차이점을 살펴보면, IPO는 자금조성 시 대행기관을 선정해야 하며 주로 증권사가 주관사가 된다. 반면 STO는 블록체인 네크워크 기반의 거래플랫폼에서 대행사 없이 발행자와 투자자 간 블록체인 활용으로 직접적 자금조성이 이루어진다. IPO는 자금조성의 주체를 기업으로 한정하고 있으며 개인은 불가하다. 반면 STO는 기업은 물론 개인도 증권형 토큰을 발행하여 자금을 조성할 수 있다. STO는 기업의 자금조성뿐 아니라 자산의 유동화나 가치 상승등을 위한 다양한 자금활용 방안으로 이용될 수 있으나 IPO는 기업의 자금 조성을 주된 목적으로 한다. 다음으로 STO와 ICO를 대비하여 보면, STO는 자금모집 시 수령액을 법정화폐로 하지만 ICO는 비트코인 또는 이더리움과 같은 가상화폐로 받는다. ICO는 토큰의 유통을 위해 가상자산거래소를 이용하지만 STO는 가상자산거래소 대신 블록체인 플랫폼을 이용한다. STO는 제도권 내에서 금융당국의 규제와 관리감독을 받지만 ICO는 명확한 감독기관이 없이 사안에 따라 부처별로 분산적으로 부과된 규제에 의존하고 있다.

덧붙여, 2024년 7월 현재 ICO는 국내에서 원천적으로 금지되어 있다. 가상자산 프로젝트를 기반으로 한 ICO 또한 기업에게 있어 주요한 자금조달 방안이다. STO가 증권형 토큰을 기반으로 기존의 IPO와 유사한 역할을 한다고 하면, ICO는 가상자산을 매개로 한 일종의 클라우드펀딩으로 볼 수 있다. 클라우드펀딩은 실현되지 않은 상품을 미리 후원하고, 추후 해당 상품이 실현화되면, 그 것을 보상으로 받는다. 이와 유사하게, ICO는 실현되지 않은 가상자산 비즈니스에서 통용될 코인을 미리 투자자에게 판매하고, 투자자는 추후 비즈니스가 구현되면 그곳에서 코인을 사용하거나 매각할 수 있다. 수년 전 자본시장의 혁신으로 우려와 기대를 함께 받았던 클라우드펀딩은 현재 활발하게 운영되고 있으며 시장도 점차 확대되고 있다. 이를 고려하여 조만간 ICO도 당국의 제도적 규제와 함께 허용 재개되어 본격적 시장이 형성되기를 기대해 본다. 이에 더해, ICO에 대한 당국의 무조건적인 금지보다는 미래가치에 대한 투자를 목적으로 한 클라우드펀딩 등과 같은 유사 사례를 병용한 과감한 시장 개입 및 개방이 필요하다. 이를 통해, 현재 해외로 빠져나가고 있는 국내의 ICO 코인 발행자들을 국내시장으로 다시 불러들일 수 있으며, 국내 ICO 시장에 대한 외부의 신뢰도를 향상시킬 수 있다. 국부 유출을 방지하고 글로벌 코인 시장에서의 대한민국의 영향력을 지키기 위해서라도 비증권형 토큰의 ICO도 STO와 함께 전면적 개방을 기대해 본다. 다시 한번 금융당국의 STO를 전면 허용하는 전향적 정책결정을 기점으로 미래 먹거리인 가상자산 산업에 대한 국내 금융 르네상스가 도래하기를 기원한다.

2) STO의 규제 및 정비 가이드라인

2023년 2월 기준 금융위원회는 디지털자산기본법 제정의 일환으로 증권형 토큰 발행을 통한 STO 전면 허용 방안을 공개했다. 증권형 토큰은 주식, 채권, 부동산, 금 및 저작권 등 기업이나 개인이 보유한 유·무형 자산에 대한 소유권을 블록체인의 분산원장을 이용하여 잘게 조각내어 토큰화한 것으로 자산을 소유하는 기간 동안 생성되는 수익을 배분받는 가상자산의 일종이다. 참고로 송금이나 결제 수단 또는 토큰의 안전성을 확보하기 위해서 발행된 유틸리티 코인이나 스테이블 코인 등과 같은 가상자산은 증권형이 아닌 비수익형 증권으로 간주되어 STO의 대상이 아니다.

증권형 토큰은 향후 토큰증권으로 명명되며 발행·유통에 대한 기본적 규율과 체계는 기존 전자증권법과 자본시장법을 병행 적용하는 것으로 정비되었다. 방안 마련에는 금융위원회, 금융감독원, 예탁결제원 및 한국증권거래소가 참여한 것으로 알려졌으며 이는 정부 부처들이 가상자산의 본격적인 제도권 편입을 위해 소비자 보호를 중점적으로 고려한 것이다. 기존 전자증권법이나 자본시장법 적용의 용이성과 안정적인 실물자산 가치를 내재한 토큰증권을 우선 대상으로 하였다.

현재 주식시장은 종이로 된 증권과 전자증권 매매 방식으로 운영되고 있으며 이를 위해 자본시장법과 전자증권법이 제정되었다. 금번 토큰증권이 전자증권으로 간주되어 새로이 전자증권법을 바탕으로 제도권으로 편입되었으며, 토큰증권에 대한 전향적인 수용 및 발행·유통을 위한 가이드라인이 발표되었다. 토큰증권의 등록 및 관리를 위한 발행인과 계좌관리기관 도입, 발행 심사 및 위탁, 거래시장, 투자계약증권 및 수익증권에 대한 장외거래 중개업 신설 등이 발표되었다. 기존 전자증권화가 가능했던 주식, 채권 등의 정형적인 증권뿐 아니라, 수익증권, 투자계약증권 등을 추가로 토큰화할 수 있게 되었다. 기존의 전자증권은 증권사 등의 계좌관리기관을 통해서 발행했으나, 토큰증권은 발행자가 일정 요건을 충족할 경우 계좌관리기관의 도움 없이 스스로 계좌관리기관이 되어 직접 토큰증권을 발행할 수 있도록 개정되었다. 발행인 계좌관리기관 요건을 충족하지 못하더라도 기존 증권 발행과 동일하게 증권사, 은행 등의 계좌관리기관의 도움을 받아 위탁 발행도 가능하다.

토큰증권 수용, 발행인 계좌관리기관 및 디지털증권시장 신설 등 추후 시행될 사업의 각종 인허가 요건은 향후 자본시장법이나 전자증권법의 시행령이나 하위법령 개정 시 이해관계자 의견을 추가로 수렴해 확정할 것으로 보인다. 2023년 7월 법안이 제출되었으나, 후속 작업은 미비하다. 토큰증권을 전자증권법상 증권발행 형태로 수용하며 증권사나 은행 등을 대상으로 직접 토큰증권을 등록·관리하는 계좌관리기관제도를 도입한다. 특히 전자증권법에 발행인 및 계좌관리기관의 설립요건을 신설하고, 이를 충족하는 발행인은 블록체인 분산원장에 자신이 발행하는 증권을 직접 등록할 수 있다. 또한 소액공모확대 등, 공모규제 일부를 완화해 투자자 피해 우려가 적은 증권 발행은 공시 부담 없이 시도할 수 있도록 지원하며 투자계약증권, 수익증권 등에 대한 장외거래중개업을 신설한다.

예탁결제원은 토큰증권 발행 시 외형적으로 증권의 형식을 갖추었는지,

발행 총량이 얼마나 되는지 등에 대한 기본적인 심사를 담당하며 한국거래소는 기존 증권 인프라를 활용해 대형 거래를 안정적으로 지원하며 비정형적 권리의 원활한 상장을 위해 디지털증권 시장을 시범 개설할 예정이다. 또한 다수 발행인 간 다양한 권리가 거래되는 소규모 토큰증권 장외시장이 형성될 수 있도록 다자간 상대매매 플랫폼도 제도화한다.

증권형 토큰은 기존 증권에 비해 글로벌 유통, 신속한 거래, 24시간 매매, 저렴한 수수료와 비용 절감 및 조각거래로 인한 자산 유동화 증대의 장점이 있다. 그러나 자산가치가 실물자산에 연동되어 소비자 보호에는 유리한 면이 있는 반면 대폭적인 가치상승이 제한적이라는 것과 투자 이외에 송금이나 결제 등 유효성 있는 대안적 활용이 불가하다. 또한 실물자산에 대한 직접투자나 소유에 비해 블록체인으로 토큰화된 소유권을 통한 수익성 제고는 투자자의 재량이 반영될 수 없어 가시적 투자 성과를 장담할 수 없으며 장기적 보유에 대한 자산 증식의 유불리도 불명확하다. 아직 자산의 실제 점유와 소유권의 분리로 인한 각종 분쟁이나 불법행위 등에 대한 대비도 아직 명확하지 않다. 그러나 그간 거의 방임상태였던 가상자산의 제도권 편입이 증권형 토큰으로부터 개시되었다는 것은 고무적이며 당분간 활발한 시장 조성이 예상된다.

글로벌 인플레이션 및 고단위 금리인상과 끊이지 않은 시장의 왜곡사태로 크립토 윈터로 지칭되는 가상자산 시장의 부진은 2024년도에도 계속될 것으로 예상된다. 특히 거래소 시장의 유동성은 회복기미가 아직 보이지 않으며 시가총액의 약세도 여전하다. 다만 STO의 전면허용으로 발행인, 계좌관리기관 및 장외거래소 중개인 자격 심사 등을 위한 법무나 기술 컨설팅, 금융기관과 가상자산 거래소간 협업과 기업합병이 활발해질 것이다. 더불어 보안강화, ISMS 인증, 자금세탁방지 및 트래블룰 구비에 대한 크립토 SI 사업의 활성화와 이로 인한 기존 가상자산 시장의 인적 및 물적 인프라 시장 변화도 클 것으로 예상된다.

가이드라인 발표와 함께, STO의 진정한 허용 목적과 수혜자는 과연 누구인가에 대한 정부당국의 명확한 인식과 함께 일관성 있는 정책 추진이 필요하다. 소비자보호, 투자수익증대 아니면 발행인의 원활한 자금조성이나 자산유동성 제고인지 혹은 두 가지 다인지? 두 마리 토끼는 한 번에 잡기가 극히 어렵기 때문에 목적별로 중점화된 장기적인 추진 로드맵이 필요하다. STO 제도권 편입으로 가상자산 시장이 조속한 시간 내에 활성화될 것으로 낙관하는 것은 아직 금물이다. 음원저작권에 대한 조각투자 등 제한적인 토큰증권 시장형성은 샌드박스를 통해 진행이 되고 있으며 가시적인 성과가 나타나고 있다. 그러나 전 방위적 유·무형 자산에 대한 토큰증권 활성화는 기존 주식거래와 비교하여 투자자에 대한 획기적 투자이익이 추가되지 않는 한 당분간 기대에 미치지 못할 것으로 예상된다.

3) 조각투자와 STO

2023년 토큰을 통한 기업자금 조달이 가능한 STO 허용에 따라 투자자들 간에 STO는 물론 이와 유사한 개념의 조각투자에 대한 관심이 높다. 모두 소액 투자자들이 전통적으로 접근하기 어려웠던 부동산, 채권 등 고액의 자산에 투자할 수 있는 기회를 제공하지만, 그 기술적 접근 방식에는 차이가 있다. 조각투자는 투자 가능한 자산을 작은 단위로 나누어, 소액 투자자들이 저렴한 가격으로 투자할 수 있도록 하는 방식이다. 이는 비싼 자산 거래에 대한 진입장벽을 낮추고, 자산 다양성을 높이는 데 도움이 된다. 현재 조각투자는 부동산이나 음원 저작권 또는 한우와 미술품 등 수익창출이 가능한 자산을 대상으로 이루어지고 있으며, 해당 업체의 플랫폼을 통해 거래가 이루어진다. 일반적으로 조각투자를 통해 고가 자산에 대한 거래 진입장벽을 낮출 수 있으며 다양한 종류의 자산에 대한 투자 기회를 확장할 수 있다. 투자자들이 다양한 자산에 대한 투자기회를 얻을 수 있어 포트폴리오의 다양화도 가능하다. 그러나 조각투자는 자산의 신뢰도와 가치평가, 분할 소유권의 법적 보호와 수익보장이 확실치 않고 정보의 비대칭성이나 자본법상의 규제가 불명확해 투자자 보호상 취약점을 가지고 있다. 최근 금융위원회는 조각투자를 투자계약증권으로 간주하여 자본시장법의 준용을 통한 투자자 보호 방안을 발표하였다. 반면 STO는 가상자산 기술인 블록체인을 활용하여 기업이나 개인이 보유한 자산(그림, 와인, 금, 고급시계, 명품, 주식, 채권, 부동산) 등을 토큰화하여 자본을 조달하는 과정이다. STO의 특징을 살펴보면, 국내는 물론 글로벌 투자자들에게 자산의 유동화를 높여 쉽게 판매할 수 있으며, 자산 거래의 투명성과 신뢰성을 높인다. 또한 전통적인 금융시스템의 비용과 복잡성을 줄일 수 있고, 블록체인 기술을 활용하여 자산의 소유권을 쉽게 추적할 수 있다. 금융위원회의 STO 법안 및 실무 가이드라인 제정으로 투자자 보호도 강화되었다. 그러나 토큰의 배타적 소유권과 연결 자산의 법적 대항권 보장 등 상세 가이드라인이 미정으로 남아있다.

조각투자와 STO는 다양한 자산에 대한 투자 기회를 확장하고, 자산의 접근성을 높이는 데 공통된 목표를 가지고 있어, 상호 보완 작용을 할 수 있다. STO는 블록체인 기술을 활용하여 기업이나 개인이 보유한 다양한 보유자산을 디지털 토큰으로 발행하는 과정이며, 조각투자는 자산을 작은 단위로 나누어 소액 투자자들에게 투자 기회를 제공하는 방식이다. 이 두 가지 방식을 결합하면, 전통적인 자산을 블록체인 기반의 토큰으로 발행하고, 이를 소액 투자자들에게 판매함으로써 유동성과 접근성을 높일 수 있다. STO를 통해 발행된 디지털 토큰은 전통적인 증권 금융시장에 녹아들 수 있으며, 블록체인 기반의 STO 플랫폼에서 거래될 수 있다. STO를 통해 발행된 토큰은 조각투자 방식으로 투자자들에게 추가 판매될 수 있으며, 이를 통해 자산의 가치를 분산 및 확대시킬 수 있다.

STO는 이외에도 다양한 이점을 기대할 수 있다. 자산 거래의 투명성과 신뢰성을 높일 수 있다. 블록체인 기술은 거래 기록을 탈중앙화된 방식으로 저장하므로, 데이터 조작이 어렵고, 거래 내역을 확인하는 것이 용이하다. 거래 비용 및 복잡성을 줄일 수 있다. 블록체인 기반의 거래는 전통적인 금융기관의 중개 없이 진행되므로, 거래 비용이 낮아질 수 있다. 자산의 유동성을 증가시킬 수 있어 글로벌 시장 투자자들에게 용이하게 판매 가능하다. 블록체인은 거래 기록을 영구적으로 저장하므로, 디지털 토큰의 소유권 추적이 간편해진다. 이러한 이점을 바탕으로, 조각투자에 STO를 적용하면 더 넓은 범위의 투자자들에게 전통적인 자산에 대한 투자 기회를 제공할 수 있으며, 자산의 유동성과 거래 효율성을 높일 수 있다.

2023년 2월 금융위원회는 가이드라인 발표를 통해 STO를 제도권에 전격 편입시켰다. 이에 따라 금융권에서도 각자 STO 시장에 대한 준비를 본격적으로 진행하고 있다. 가이드라인에서 공개된 대로 STO에 대한 장외시장이 개설되면, 기존 거래되던 증권 외에도 부동산, 음원, 저작권 등 다양한 유·무형 자산이 STO로 발행되어 거래될 수 있다. STO는 금융권과 가상자산관련 기업들뿐만 아니라, 기업 및 개인들에게 새로운 투자 시장 창출과 수익성 향상을 위한 기회가 될 것이다. 2024년 현재 보유하고 있는 자산을 STO화할 수 있는지에 대한 검토와 분석이 다각적으로 진행되고 있다.

4) 토큰증권 판단성 기준과 알트코인의 미래

토큰증권은 자본시장법의 규제를 받는 투자계약형 또는 투자수익 가상자산이다. 반면 비트코인이나 이더리움 또는 ICO를 통해 거래소에 상장된 거래소 코인들은 자본시장법의 규제를 받지 않는 가상자산이다. 미국 SEC와 리플의 소송에서 보듯이 당국은 가능한 자본시장법의 테두리 안으로 가상자산을 끌어들이려 하고 거래소 상장 가상자산 발행기관들은 제도권으로 들어가지 않으려 한다. 그렇다면 제도권 가상자산과 비제도권 가상자산을 어떻게 구분해야 하는가? 이는 향후 국내 STO 시장의 본격 도래에 앞서, 명확히 법제화되어야 할 사안이다. 일반적으로 증권거래 중 투자수익형이나 계약형은 기존 증권거래와 동일시하여 자본시장법의 적용을 받는다. 투자수익성 여부를 판정하는 대표적 기준으로 하위 테스트가 있다. 하위 테스트(Howey Test)란 어떤 증권 거래가 수익형 투자에 해당하는지 여부를 판단하기 위해 사용하는 테스트이다. 만약 투자수익형에 해당하는 경우 증권법의 규제를 받아야 한다. 이 테스트는 1933년 미국 플로리다의 대규모 오렌지 농장인 하위 컴퍼니(Howey Company)가 분양한 토지거래에 대해 미국 정부가 수익형 투자 여부를 판단하기 위해 만든 테스트 기준에서 유래되었다. 하위 컴퍼니는 자신의 농장의 절반을 투자자에게 매각하고 이를 임대받아 오렌지를 경작한 후 수익을 돌려주겠다는 계약을 체결했다. 미국 증권관리위원회는 이것이 투자자에게 일정 수익을 보장한 투자수익형 계약이므로, 미국 증권법에 따라 사전 증권 등록 절차 및 공시 의무 등을 지켜야 한다는 판단을 내렸다. 그러나 하위 컴퍼니로부터 농장의 일부를 매입한 사람들은 직접 오렌지를 재배할 필요가 없이, 자신의 소유한 농장 지분에 대해 하위 컴퍼니에 임대를 주고 그 대가로 임대소득과 오렌지 재배 소득의 일부를 보장 받는 방식이었다고 주장하여 일반적인 투자 수익형 계약이 아니라고 항변하였다. 그러나 미국증권관리위원회는 임대소득과 오렌지 재배수익은 사전 설정된 수익 계약에 의해 분배된 투자수익형 계약이고 하위 컴퍼니가 증권법을 준수하지 않았다고 법원에 제소하였다. 근 10여 년의 송사 끝에 법원은 미국증권위원회의 손을 들어 주었다. 이후로 이 결정은 증권의 투자계약성 여부를 판정하는 기준이 되고 있다. 하위 테스트의 주요한 기준을 살펴보면, 우선 증권형 투자거래가 되기 위해서는 투자자가 현금을 투자해야 한다. 현금에는 수표, 유가증권, 금 및 가상자산 등이 포함된다. 현금 이외에 개인의 노동력 제공이나 투자기여 등은 증권형 투자로 보지 않는다. 다음으로 투자의 대가로 일정한 수익(profit)을 얻을 수 있을 것이라는 기대가 있어야 한다. 그리고 다수의 사람들이 투자한 현금은 피투자자인 공동 기업에 속해야 한다. 공동 기업(common enterprise)은 특정한 목적을 이루기 위해 자산을 모으는 투자자들의 수평적인 집단을 의미하여. 재단법인이나 사단법인 형태가 될 수도 있고, 일반 기업이나 개발팀 등이 될 수도 있다. 마지막으로 투자 수익은 자기 자신의 노력의 대가가 아니라 돈을 모은 발기인이나 다른 제 3자(third party)의 노력의 결과로부터 나와야 한다. 자신의 노력의 결과로 수익을 얻는 경우는 투자로 보지 않는다.

하위 테스트는 가상자산, STO 및 ICO 등 가상자산 거래의 증권성 여부 판정에 적용될 수 있다. 하위 테스트의 4가지 기준을 모두 충족할 경우 해당 가상자산 거래는 투자계약형 증권거래로 볼 수 있고 증권법의 적용 대상이 된다. 그렇지 않을 경우 한 가지라도 충족을 못할 경우 수익보장을 위한 투자계약형으로 볼 수 없으며 증권법의 관리 감독 대상이 되지 않을 수 있다. 투자계약이나 수익성 판단은 가상자산 시장에 지대한 영향을 미친다. 기존 가상자산 거래소에 등록된 코인이 하위 테스트의 기준을 모두 충족할 경우 증권법의 저촉을 받게 되며 거래소에서 상장폐지될 수 있다. 현재 유틸리티 토큰과 비트 등의 결제용 토큰은 투자 수익을 목적으로 하는 증권형 토큰이 아니라는 의견이 우세하다. 비트코인은 처음 만든 주체를 정확하게 알 수 없는데다, 오직 채굴을 통해서만 발행되고 있으며 투자자가 지불한 돈이 공동기업에 있는 것이 아니고 개별 투자자들이 가지고 있다. 또한 비트코인의 분산화된 네트워크에서 가격상승을 통한 수익성 향상을 위해 특별한 활동을 하는 주체가 없다. 페이먼트 같은 결제용 유틸리티 토큰의 경우에도 증권형 토큰에 해당하지 않는다. 결제용 토큰은 실생활에서 상품과 서비스를 구매하고 그 대가로 지불하는 가상자산으로서, 투자 수익을 기대하기보다는 실제 사용을 목적으로 하기 때문에 증권으로 보기 어렵다는 주장이다. 또한 USDT 등 온라인 거래에서 법정화폐에 가치를 고정하여 페깅된 스테이블 코인의 경우에도 투자 수익을 목적으로 하는 것이 아니므로 증권형 토큰으로 보기 어렵다. 반면 이더리움을 포함한 알트코인 대부분은 투자수익형 증권에 해당될 수 있는 위험성이 있다. 그러나 이더리움은 한때 미국 증권거래위원회(SEC)에서 증권형 토큰으로 분류하였으나 이미 오랜 시간 전에 ICO를 진행하였고, 운영 주체가 없이 광범위하게 분산되어 있으며, 이더리움 재단이 존재하지만 이들에 의한 주도적 가격상승은 없었기 때문에 증권형 토큰이 아니라고 정정하였다. 반면 가상자산 ICO는 대부분 하위 테스트 기준을 모두 충족한다. 투자자들이 현금과 비트, 이더와 같은 가상자산으로 투자하여 투자로부터 일정 수익(profit)을 얻으리라는 기대가 있으며 투자된 돈은 ICO를 진행한 재단법인 또는 가상자산 개발팀등의 공동 기업(common enterprise)에게 귀속된다. 코인 투자 수익은 투자자 자신의 노력이 아니라, 코인 개발 회사나 기관투자자 또는 시장조성자(Market maker) 등 제 3자(third party)의 노력에 의한다.

그렇다면 알트코인 시장의 미래는 어떨까? 아직 비트코인을 제외한 알트코인을 증권으로 볼지 여부는 미국 규제당국에서 정확한 결정을 내리지 못하고 있다. 미국 증권거래(SEC)는 대부분의 알트코인을 증권으로 규정해 규제하려는 반면 상품선물거래위원회(CFTC)는 상품으로 봐야 한다고 맞서고 있으며 이는 미국 의회의 강력한 지원을 받고 있다.

가상자산 거래소들은 기존 알트코인의 제도권 편입이 늘어나더라도 이는 가상자산의 급격한 시장 축소보다는 가상자산의 제도화를 통한 선순환 생태계 조성에 대한 반사효과가 더 클것으로 보고 있다. 그러나 정부당국이나 거래소 및 증권사들은 STO 시장의 도입에 따른 가상자산의 제도권 편입 확대를 통한 시장 생태계 조성은 상당한 시간이 소요되며 그 규모도 예상보다는 그리 크지 않을 것으로 보고 있다. 특히 블록체인 기반의 분산원장 환경은 그간 제도권 금융기관들이 경험해 보지 못한 기술적 어려움을 야기하며, 블록체인 네트워크의 노드구성이나 호환성 및 표준화도 향후 해결해야 할 주요 사안들이다. 가상자산 제도화의 목표와 운용에 대한 명확한 방향설정이 필요하며 이를 위해 다양한 영역의 참여자 의견 수렴이 시급하다.

5) 토큰증권과 메인넷

2023년 2월 발표된 금융위의 토큰증권공모(STO) 가이드라인에 따르면, 증권의 발행과 유통은 기본적으로 블록체인 네트워크 및 분산원장을 이용하도록 하고 있다. STO 업무 전체를 블록체인으로 처리하는 강제 조항은 아니지만 가능한 발행만큼은 보안성이 확보된 블록체인 원리를 활용하도록 권고하고 있다. 그러나 아직 분산원장 기술이나 메인넷의 구성에 관한 상세한 기술적 가이드라인이 없다. 분산원장과 메인넷은 토큰증권 시스템의 기술적 근간인만큼, 실질적 생태계 구축에 앞서 사전적으로 면밀한 기술 분석과 제도적 준비가 필요하다. 분산원장을 공유하는 노드의 구성과 합의 방안, 권한 배분, 계좌발행 기관 간 네트워크 호환성이나 유통 시스템과의 원활한 거래 방안 등에 대한 상세한 규정이 수립되어야 한다.

분산원장을 운용하기 위해서는 메인넷 구축이 선행되어야 한다. 메인넷은 블록체인 기술의 핵심이며, 블록체인 프로젝트가 성공하기 위해서는 효율적이고 안전한 메인넷이 필요하다. 메인넷 개발은 시스템의 효율성 확보를 위한 거래 처리속도, 네트워크 참여자의 기록을 보호하고 원활한 서비스를 제공하기 위한 안정성 등을 중점적으로 고려한다. 메인넷은 테스트넷에 대비되며 블록 생성 및 운용을 위한 노드 간 합의, 가상자산 채굴 및 분산원장 운용 등에 관한 기본 원칙과 기술이 실질적으로 구현되는 생태계이다. 또한 새로운 블록이 생성되고 트랜잭션이 실행되며 토큰증권을 발행하고 거래하는 등의 실전 업무를 수행한다. 메인넷은 블록체인 기술의 분산화와 보안성에 있어서 매우 중요하며 메인넷에 참여하는 노드들은 분산화된 네트워크를 형성하고, 블록체인의 안전성과 신뢰성을 유지해야 한다.

테스트넷은 블록체인 기술을 시험하고 테스트하는 용도로 사용되는 임시 네트워크로 트랜잭션 수수료가 없거나 매우 적으며, 실제 자산이 전송되지 않는다. 메인넷 출시 전까지는 테스트넷에서만 테스트를 수행할 수 있기 때문에, 프로젝트가 실제로 작동하는지 확인할 수 없으며 상세한 기술 분석과 예상되는 문제점에 대한 철저한 준비가 필요하다. 메인넷 출시는 사용자들이 실제 자산을 거래하기 시작하며, 프로젝트의 성공이 결정되는 중요한 순간이며 이상 사태가 발생 시 이의 파급효과가 심각할 수 있다는 것을 명심해야 한다. 메인넷은 개발에 소요되는 전문 기술과 인력에 대한 경비 지출이 막대하다. 이로 인해 중소형 프로젝트의 경우, 자체적으로 메인넷을 개발하기보다 기존 메인넷에 참여하여 프로젝트를 수행하는 경우가 많다. 현재 대표적인 블록체인 메인넷으로 비트코인, 이더리움 및 리플 등이 있다.

토큰증권 메인넷은 예탁결제원, 증권거래소 등 정부에서 지정한 관리감독기관의 네트워크가 있으며 증권사 같은 기존 계좌발행기관, 요건을 갖춘 대형 신규 증권 발행기관 및 유통기관의 네트워크 등이 추가로 운영될 것으로 예상된다. 토큰증권 시장이 본격적으로 열리게 되면, 증권의 특성에 따라 다양한 블록체인 메인넷들이 출시될 것이며 이들 간 호환성이 중요한 이슈로 부상할 것이다. 발행 플랫폼, 유통 플랫폼, 전자등록기관 간 메인넷 연동이 원활하지 않다면, 토큰증권 네트워크가 실질적으로 운영되는 데 어려움에 직면하게 된다.

메인넷의 호환성이란, 다른 블록체인 네트워크와 상호작용하기 위해 블록체인 프로토콜이 호환되는 것을 의미하며 블록체인 간에 토큰 및 자산을 이동하거나 스마트 컨트랙트를 실행하는 등의 작업을 가능하게 한다. 블록체인 메인넷 호환성은 블록체인 생태계에서 매우 중요한 요소이다. 이는 블록체인 기술이 계속해서 발전하면서 새로운 블록체인 네트워크가 생겨나고 있기 때문이다. 블록체인 생태계는 매우 다양한 분야에서 조성되고 있으며, 분야별로 서로 다른 블록체인 네트워크를 사용하고 있다. 기존 메인넷의 변경이나 확장 또는 플랫폼 신규개발 시 가장 확장성이 높은 프로토콜에 맞출 수 있는 환경을 기반으로 개발한다면, 향후 프로토콜에서 변동이 있더라도 쉽게 다른 곳으로 적용하거나 확장할 수 있다. 또한 정부당국이 권장하는 컨소시엄 체인 및 발행사의 다양한 블록체인 환경을 탄력적으로 지원할 수 있다.

메인넷 호환성은 블록체인 프로젝트에서 가장 중요한 목표이다. 서로 다른 블록체인 네트워크 간의 상호운용성을 보장하고, 블록체인 기술의 진보와 함께 생태계를 성장시키는 데 중요한 역할을 한다. 블록체인 프로토콜을 설계할 때, 이를 고려하여 다른 블록체인 네트워크와의 상호작용을 가능하게 하도록 구현하며 다양한 프로토콜 및 표준이 개발된다. 참고로 현재 가장 호환성이 높은 메인넷은 이더리움이다. 이더리움 블록체인은 ERC-20 토큰 표준을 따르는 토큰을 사용함으로써 다른 이더리움 기반 토큰과 호환성을 보장한다. 이더리움과 다른 블록체인 네트워크 간의 상호운용성을 위해 폴카닷(Polkadot), 코스모스(Cosmos) 등 다양한 블록체인 프로젝트가 개발되었다. 호환성은 블록체인 생태계의 성장과 발전을 위해 중요한 요소 중 하나이다. 토큰증권 도입 같은 대형 블록체인 프로젝트에서는 블록체인 메인넷 호환성을 우선적으로 고려하고 이를 보장하기 위한 기술 및 표준을 계속해서 개발하고 개선해 나가야 한다.

해외 메인넷과의 호환성도 중요하다. 현행 전자증권 제도하에서 한국에서 미국의 나스닥 상장 주식을 살 수 있듯, 추후 미국, 일본 등에서 발행된 토큰증권을 거래할 수 있어야 한다. 해외 블록체인 시스템과의 호환이 불가하다면 해외 토큰증권 시장과의 연계가 어렵다. 상이한 메인넷에서 국가 간 토큰증권을 연동하기 위해서는 연결 작업이 필요하다. 해외 메인넷이 과연 한국의 토큰증권 시장에 연동하기 위해 추가로 필요 자원을 투입할 것인지는 고려해 보아야 할 것이다. 대한민국 토큰증권 시장의 갈라파고스화를 막기 위한 방안 수립이 필요하다. 해외 메인넷에 대한 심도 높은 분석이 시급하며 미국, 싱가포르 등 글로벌 STO 시행 국가들이 어떤 메인넷을 사용하고 있으며 호환성 문제를 어떻게 대처하고 있는지 살펴보아야 한다. 국가별 토큰증권 발행을 위한 제도 및 기술적 요건은 상이할 수 있지만 메인 네트워크 간 호환성은 토큰증권을 운용하는 모든 국가들의 공통 관심사이다. 글로벌 사례를 잘 검토하고 국제적 공조나 표준화에 대한 노력 등을 분석하여 선행적으로 진행한 국가들의 동일한 시행착오를 답습하지 않아야 한다.

토큰증권 메인넷 개발 및 호환성에 관한 세부지침 마련을 위해 산학연관 및 정부당국 간 폭넓은 의견 수렴이 시급하다. 글로벌 시장에 대한 벤치마킹과 전문가 소통이 병행적으로 필요하다. 초기 생태계 구축에 있어 시한에 쫓겨 정부의 의견이 여과 없이 고수된다면 추후 기업들의 네트워크 참여가 본격화될 시 호환성 미흡으로 인한 시장 정체나 불안 등의 심각한 문제점들이 발생할 수 있다. 토큰증권 메인넷을 본격적으로 구축하기에 앞서, 증권거래소, 전자등록기관, 토큰증권 발행 및 유통을 준비하고 있는 계좌관리 기업들과 정부 당국 간 다자간 협의체 구성 등을 통해 향후 발생할 수 있는 문제점을 빠짐없이 고려하여 시장의 불안유발 요인을 최소화해야 한다.

6) 자산증권화와 STO

자산증권은 다양한 종류의 자산을 기반으로 발행되는 증권화된 금융상품을 의미하며, 주로 대출, 리스, 수익권, 상품재고 등과 같은 유·무형 자산을 기반으로 발행되는 증권화된 상품을 가리킨다. 대표적 자산증권인 ABS(Asset Backed Securities)는 기존의 자산을 패키징하여 증권화하고, 이를 투자자들에게 판매하는 방식으로 운용된다. 부동산, 매출채권, 유가증권, 주택저당채권 및 기타 재산권 등과 같은 기업이나 은행이 보유한 유·무형의 유동화자산을 기초로 하여 발행된다. 금융기관은 소비자 대출, 자동차 대출, 신용카드 채무 등과 같은 다양한 자산을 모아 패키징한 후, 이를 기반으로 ABS를 발행하고, 기존 자산의 현금흐름을 투자자에게 분배한다. ABS의 장점을 살펴보면 첫째, 기존의 자산을 증권화하여 유동성을 높일 수 있다. 이를 통해 자산 소유자는 현금을 확보하고, 투자자는 자산에 기반을 둔 이자나 상환금 등의 수익을 얻을 수 있다. 둘째, ABS는 자산의 다양화를 통해 투자 위험을 분산시킬 수 있다. 이는 투자자에게 포트폴리오 다변화의 기회를 제공한다. 그러나 ABS에도 몇 가지 주의해야 할 점이 있다. 첫째, ABS는 자산에 기반을 둔 상품이기 때문에 기반 자산의 품질과 신용 위험 등을 신중하게 평가해야 한다. 둘째, 금융위기 등의 상황에서는 자산의 감가상각, 상환능력의 저하 등으로 인해 ABS의 가치가 급격하게 하락할 수 있다. 자산증권화는 ABS 이외에도 주택담보증권(MBS) 등의 형태로 이루어질 수 있으며 자산의 종류와 특성에 따라 다양한 유형이 존재한다.

MBS는 주택담보증권(Mortgage-Backed Securities)의 약어로, 주택담보대출을 기반으로 발행되는 증권화된 금융상품을 말한다. MBS는 대출을 한 개인이나 기업으로부터 받은 주택담보대출을 모아 패키징한 후, 이를 다시 투자자에게 판매하는 방식으로 운용된다. 은행이나 금융기관은 주택대출채권을 중개인에게 제공하고, 중개인은 대출을 담보로 받은 주택담보증권을 발행하며, 투자자들에게 대출금의 상환금이나 이자를 분배하는 방식으로 운영된다. MBS는 투자자에게 여러 가지 이점을 제공한다. 첫째, 대출금 상환에 따른 이자 수익을 안정적으로 얻을 수 있다. 둘째, 다수의 주택담보대출을 집합 포트폴리오로 가질 수 있으므로, 개별 담보 대출의 신용 위험을 분산시킬 수 있다. 셋째, 주택시장의 유동성을 높여주고, 부진한 주택 구매를 촉진하는 역할을 할 수 있다. 현재 국내에서는 주택금융공사의 MBS만 발행되고 있지만, 해외에서는 국책기관 외에도 민간기관 등에서도 MBS를 발행할 수 있다.

상기 자산증권 외에, 부실화된 부동산 담보 대출 채권을 저렴한 가격으로 구입하여 이를 증권화시킨 NPL이 있다. NPL(Non-Performing Loan)이란 은행에서 부동산들 담보로 대출해 주었으나 대출 원금 상환이나 이자가 3개월 이상 연체된 무수익 채권을 가리킨다.

미래의 현금흐름을 바탕으로 현재 시점에서 자금을 조달하는 금융기법의 일종으로, 우리나라에서는 부실채권의 원활한 처리를 위해 1998년 자산유동화에 관한 법률을 제정하면서 본격적으로 도입되었다. NPL은 부실채권을 유동화하기 위한 증권으로 담보부 NPL과 무담보부 부실 채권으로 나누어진다. 은행은 자산 건전성을 유지하기 위해 NPL을 자산시장에서 매각하여 손실을 상각한다. NPL을 구입한 자산관리회사(AMC)는 NPL을 할인된 가격에 사들인 다음 추심이나 재매각 등을 통해 수익을 얻는다. 담보로 잡힌 부동산을 경매를 통해 매각하여 배당금을 수취한다.

최근에는 기관이 아닌 개인도 간접투자 방식을 통해 NPL 시장에 뛰어들고 있어 시장 활성화가 감지된다. 금융투자협회 발표에 의하면 2021년 개인투자자의 국내 채권 순 매수액은 4조 6000억 원이었으나, 2022년엔 20조 6000억 원으로 4.5배 증가했고, 2023년엔 37조 6000억 원으로 2022년에 비해 1.8배 증가했다. 그러나 아직 국내에서는 투자자 보호를 위해 NPL에 대한 개인의 직접투자가 금지되고 있다. 현행 대부업법은 NPL 매입 주체를 금융기관과 대부업자, 공공기관 등록 업체 등으로 한정하고 있다. 다만 NPL 담보 물건에 대위변제(채무를 대신 갚는 것)를 실행해 채권을 취득하거나, NPL을 보유한 AMC로부터 채권에 대한 배당금을 받기로 약속하고 물건을 대신 낙찰받는 등 간접적인 방법으로 투자를 하고 있다.

수익률이 높은 NPL은 기관들이 독점하며 개인이 투자할 기회 가능성이 매우 낮다는 점을 개인 투자자들은 명심해야 한다. 또한 담보 물건이 매입가 대비 저가에 낙찰되거나 유찰이 반복되면 투자금 회수가 어려워질 수 있다. NPL 투자 기회가 확대된다 해도 정보의 비대칭이나 투자 전문성이 떨어지는 개인 투자가들을 보호하기 위한 제도적 장치가 필요하다. NPL에 관해 금융기관과 동반 투자기회를 부여한다든지 또는 공신력 있는 자산 감정이나 평가기관의 참여를 의무화하고 집합이 아닌 개별 자산에 대한 NPL 등을 추가하여 소액 투자자들의 투자 기회를 확대하는 방안 등이 필요하다.

기존 시행되고 있는 자산증권에 추가하여 2024년 현재 블록체인 기반의 STO의 법제화를 진행하고 있다. 특히 부동산 등을 중심으로 한 소액 조각 투자 시장이 활성화될 것으로 보인다. 기존 자산증권에 비하여, 개별 자산을 중심으로 한 투자의 명확성, 용이성, 다양성 및 경제성 등이 뛰어난 STO의 장점을 살린다면 자산거래 시장의 자본조달 및 유동화 기회가 확대되어 건전한 투자 생태계로 성장할 것을 기대해 본다.

7) 리플 승소와 향후 가상자산 시장 전망

2023년 7월 14일, 가상자산 XRP 발행사인 리플랩스와 미국 증권거래위원회(SEC) 간 소송에서 미국 뉴욕지방법원은 XRP 판매 행위가 증권법상 유가증권판매가 아니라는 리플의 일부승소 판결을 내렸다. XRP는 송금거래 시

사용자가 5초 미만의 거래 완결성을 제공하면서 거래 비용과 처리시간을 획기적으로 단축할 수 있는 가상자산이다. 기관투자기관 및 거래소를 통해 판매되고 있다. 매우 저렴한 비용으로 송금할 수 있도록 지원함으로써 국제간 송금거래 시 고객과 은행에 큰 편리성과 경제성을 제공한다. 2012년 Chris Larsen과 Jed McCaleb에 의해 설립되었으며 자체 개발한 메인넷으로 XRP 원장을 만들었다. McCaleb은 이후 독립하여 메이저 가상자산인 스텔라 코인을 제작했다. Bank of America, Santander 및 Standard Chartered 등 금융기관과 파트너십을 맺었다. 그러나 리플은 증권법과 은행 비밀 조례등을 준수하지 않아 미국 규제 당국과 법적 문제에 휘말렸고 나중에 미등록 증권으로 분류되었다. 지난 2020년 12월 SEC가 리플랩스에게 가상자산 판매행위가 증권법에 저촉된다는 소송을 제기한 지 약 30개월 만에 판결이 난 것이다.

이 소송은 SEC가 리플코인 (XRP) 판매가 미등록 증권 판매에 해당한다고 주장하여 리플 발행사인 리플랩스와 CEO 및 공동 창업자를 고소한 것으로 시작되었다. SEC는 미국 자본시장법상 증권성 판단 기준이 되고 있는 하위 테스트(Howey Test)를 근거로 리플을 증권으로 분류했으며, 소송은 2년 이상에 걸쳐 진행되었다. 법원은 이번 판결에서 가상자산 거래소를 통해 일반 투자자에게 판매된 리플는 증권법을 위반하지 않았다고 판결했다. 재판부는 리플의 기관투자자와 일반 투자자에 대한 판매 구조가 '타인의 노력으로 인해 발생되는 투자 이익 기대' 요건에 적용되지 않아 증권으로 볼 수 없다고 판단했다. 즉 리플이 기관투자자들에게 서면계약에 따라 판매된 경우는 증권으로 볼 수 있지만, 거래소에서 불특정 다수의 투자자들에게 판매된 경우는 증권으로 볼 수 없어 증권법의 적용을 받지 않는다고 판결하였다. 이번 판결은 리플과 SEC 사이의 장기간에 걸친 소송을 종결시키는 중요한 사건으로, 리플의 판매 대상에 따라 증권법 위반 여부가 판단되었으며, 이는 향후 타 가상자산 시장의 규제와 증권성 판단에 영향을 미칠 수 있는 사례가 되었다. 판결 즉시 코인베이스 등 주요 미국 가상자산 거래소가 리플 재상장을 발표하고 가격이 상승하기도 했다. 판결 전 리플의 가격은 리플의 가격이 610원대였지만, 판결 당일 1,120원대로 80% 이상의 상승세를 보였다.

리플랩스의 최고법률책임자(CLO)인 알데로티는 언론과의 인터뷰에서 이번 판결을 통해 리플이 타인의 노력으로 인해 발생되는 투자 이익을 목적으로 한 약정 거래가 아닌 경우 증권이 아님을 인정받았으므로 향후 해외 송금과 같은 불특정 다수를 대상으로 한 비투자수익형 금융 서비스에 리플을 확대 사용할 수 있기를 기대한다고 언급했다.

이번 판결은 국내외 가상자산 시장에도 간접적인 영향을 미칠 것으로 보인다. 알트코인과 같이 블록체인 프로젝트의 촉매 역할을 하는 다양한 가상자산들이 제 3자 노력에 의한 투자 수익 창출에 적용되지 않는 한 증권으로 제재 받을 가능성이 줄어든 것이다. 현재 미국 증권거래위원회는 증권법 위반 등의 혐의로 리플 외에도 바이낸스, 코인베이스 등 가상자산 관련 기업들을 제소한 상태이다. 이번 리플의 승소가 이어지는 가상자산 기업들과 SEC 사이의 증권법 관련 재판에 상당한 영향을 줄 것으로 보인다.

국내 시장에서도 가상자산의 증권성 여부를 결정할 때, 리플의 이번 판결이 준거가 되어 자본시장법 적용 배제여부가 결정될 것으로 예측된다. 현재 미국에서는 하위 테스트(Howey Test)에 따라 유가증권의 증권성이 평가되며, 투자자가 타인의 노력으로 얻는 이익에 대한 합리적 기대를 가지고 있다면 해당 투자는 증권으로 분류된다. 4개 항으로 구성된 하위 기준을 모두 충족하는 가상자산인 경우 증권으로 간주되고, 이에 따라 각종 자본시장법 규제와 법적 요구사항 준수가 요구된다. 다만 국내 투자계약증권 판단 기준은 '계약상 공동사업으로 발생한 손익을 받는 권리'가 있어야 투자계약증권으로 분류된다. 미국에서는 수익에 대한 기대만으로 증권으로 판단할 수 있지만, 한국의 기준은 수익에 대한 권리까지 명시되어야 증권으로 판단할 수 있어 대상 범위가 더 좁게 규정되어 있다. 미국보다 가상자산의 증권법 적용기준이 느슨하다고 볼 수 있다. 미국과 한국의 증권성 판단 기준이 일견 유사하지만, 차이점이 있어 이번 미국 법원의 판결이 어떠한 방향으로 영향을 미칠 것인지 시장과 당국의 변화를 주시해 보아야 한다. 이번 리플 판결을 국내 가상자산 제도를 재정비하는 계기로 삼아야 한다. 전면 금지되어 있는 ICO를 재검토하여 코인의 증권성 여부를 우선적으로 판단하는 제도적 틀을 시급히 만들어야 한다. 증권성 여부 판단은 궁극적으로 투자자 보호와 자본시장의 안정 유지에 기본이 되기 때문이다. 정부는 2023년 2월 토큰증권 가이드라인을 발표하며 증권성 가상자산의 제도화를 추진하고 있지만, 비증권 가상자산인 코인과 토큰에 대한 법률인 디지털자산법은 상대적으로 제자리 걸음을 하고 있다. 2023년 6월 30일 국회 본회의에서 '가상자산 이용자보호법안'이 통과되었지만, 소비자 보호를 중심으로 발의되어 가상자산 산업의 발전과는 거리가 있다. 일단 소비자 보호에 만전을 기한 후 가상자산 산업 전반에 대한 진흥방안이 순차적으로 강구되어야 한다. 특히 국내는 비트코인이나 이더리움을 제외한 알트코인 거래가 가장 활발한 시장으로 이번 리플과 SEC 간 소송이 당국과 시장 간에 선순환적으로 활용될 수 있기를 기대해 본다.

8) STO와 신탁제도

STO(토큰증권공모) 생태계는 다양한 구성요인으로 이루어져 있다. 이러한 요소들이 함께 상호작용하여 STO 시장의 성장과 발전을 이끌고 있다. 증권토큰을 발행하고 거래할 수 있는 플랫폼, 규제 기관, 자산 소유자, 토큰증권 발행 및 유통자와 보안과 기술적인 요소들을 처리하는 블록체인 전문 서비스 제공자가 있다.

STO 생태계 중 토큰증권 발행자는 기초 자산을 증권 토큰으로 변환하여 투자자들에게 제공하는 자산 위탁(신탁) 기관으로 STO 자산의 신뢰성 높은 관리를 위해 역할과 비중이 커질 것으로 예상된다. 우선적으로 STO의 건전한 생태계 조성을 위해 기초자산의 실물점유에 대한 보증이 확실해야 한다. 예를 들면 보유한 고가 미술품에 대한 STO를 진행한다고 하면 STO 전체 과정을 통해 기초자산인 고가 미술품의 물리적 점유가 확보되어야 한다. 공인된 금융 기관 등에 미술품의 신탁을 통해 기초자산의 물리적 점유를 공시적으로 확보할 수 있다. 신탁이란 주식이나 예금 또는 부동산 등 보유 자산을 은행 등 금융사에 맡겨 관리하는 것을 말한다. 은행 등의 사모펀드 등에 여유자금을 맡겨 수익을 얻는 것도 일종의 신탁이다. STO와 연계해 보면 신탁제도는 투자자 보호는 물론 원활환 토큰 증권 발행을 지원한다. 기초자산을 수탁 받은 신탁기관은 이를 조각화하여 STO를 진행한다. 투자자는 개인이나 신용도가 떨어지는 기업의 기초자산에 대한 단독 STO보다는 신뢰도 높은 신탁기관이 주관하는 STO에 보다 안심하고 투자할 수 있다.

2023년 2월 금융당국은 STO도입 방안을 발표하였다. 이를 위해 사전 작업으로 2022년 10월 금융당국은 신탁업 제도 개선을 위한 '신탁업 혁신 방안'을 발표했다. 그간 신용도가 떨어지는 중소기업이나 개인 또는 업력이 일천한 혁신기업들은 기존 신탁제도를 통한 보유 자산의 유동화를 통한 자금조달이 어려웠다. 현행법이 신탁자산에 대한 투자자 보호를 위해 신탁자산의 종류와 처분 방안을 심층적으로 제한하고 있기 때문이다. 2022년 금융위의 신탁제도 개선안의 골자는 신탁가능재산의 범위확대와 다양한 신탁상품 허용이다. 이 조치에 따라 STO의 기초자산 확보와 다양한 투자상품 출시가 연계적으로 가능하게 되었다. 당국의 신탁제도 개선은 국민 고령화 현상, 다양한 재산 축적 수요 증가 및 기존 자본시장의 유동성 혁신 등을 반영한 것이다. 신탁 가능 재산 범위가 확대되고 다양한 상품 출현이 허용되면 STO와 결합된 신탁재산을 통한 자금조달이 용이해지고 중소기업인의 가업승계 신탁을 제한했던 의결권 제한 규정 등도 없어진다.

금융위의 신탁제도혁신에 따라 먼저 부동산 등 유형 재산 외에 채무 및 담보권이 신탁 가능 재산에 추가되며 보험 청구권의 신탁 재산 추가도 추진될 예정이다. 또한 중소기업의 원활한 자금조달 수요에 대응해 신탁재산 수익증권 발행을 허용하며 특히 비금전 재산 신탁의 수익증권 발행을 전향적으로 허용하기로 했다. 그간 자산유동화가 어려웠던 개인이나 중소기업의 보유자산 유동화 및 자금조달이 훨씬 수월해질 것으로 예상된다. 비금전 재산신탁이란 금전 외의 재산을 신탁하는 것을 의미하며 부동산신탁, 증권신탁, 금전채권신탁, 동산신탁, 무체재산신탁 등이 속한다. 현행 자산유동화법은 유동화 증권 발행 시 법인의 신용도에 제한을 두고 있다. 이에 따라 업력이 짧은 혁신기업이나 중소기업은 부동산, 공장 등 보유자산을 유동화해 자금을 조달하는 데 제한이 있었다. 비금전 재산 신탁을 토대로 수익증권을 발행할 수 있게 됨에 따라 조각 투자의 법적 기반도 마련된다. 현행 조각 투자는 서비스 규제 특례를 통해 제한적으로 허용되고 있다. 가업승계 신탁, 주택 신탁, 후견 신탁 제도도 개선된다. 가업승계 신탁과 관련해서는 중소·중견기업 가업승계 목적으로 설정된 신탁에 편입된 주식에 대해 완전한 의결권 행사가 가능하도록 허용할 방침이다. 현행 자본시장법은 의결권 행사 한도를 15%로 제한하고 있다. 아울러 주택신탁과 관련해선 주택연금에 가입할 수 있게 된다. 후견·장애인 신탁도 활성화하기로 했다. 그간 금융기관을 중심으로 운영되던 신탁금융이 비금융 전문기관도 시행이 가능하게 되었다. 병원, 법무법인 및 특허법인 등 신탁업자가 아닌 기관이 신탁 업무 일부를 맡아 전문화된 신탁 서비스를 협업으로 제공할 수 있게 된다. 또한 신탁기관은 고객 동의를 받아 분야별 전문기관에 업무위탁을 할 수 있게 되며 전문성이 떨어지는 고객을 대신하여 법무법인이나 의료기관을 맞춤식으로 연결할 수 있게 된다. 금융위원회는 신탁제도 개편과 더불어 신탁기관에 대한 관리 감독도 강화할 예정이다. 수탁자 행위 원칙을 강화하고, 신탁보수 책정 등을 합리적으로 규율하며 종합재산신탁 규율, 홍보 규율 등을 정비함으로써 소비자 보호를 강화한다. 금융위원회는 2024년 현재 신탁업 혁신 방안을 반영한 자본시장법 등 법률 개정을 추진 중이다. 상기 신탁제도 개편안이 향후 STO의 본격시행과 맞물려 선순환되어 경쟁적인 새로운 자본 시장이 조성되기를 기대해 본다.

9) 토큰증권 계좌관리기관

토큰증권공모제도인 STO(Security Token Offering) 시행이 가시권이다. 증권사를 중심으로 금융권은 STO 민관 협의체나 컨소시엄을 구성하며 발빠르게 STO를 준비하고 있다. STO가 시행되면 누구든지 증권사에 가지 않더라도 신속하게 수익증권이나 투자증권 등을 토큰으로 발행, 필요한 자금을 모을 수 있게 된다. 토큰증권에 까다로운 자본시장법이 적용된다고 해도 기존 증권시장에 비해 상당히 완화된 규제가 있을 것이라 예상된다. 자본시장법은 국내에서 자본시장을 규제하고 관리하기 위한 법률로, 기업과 투자자 간 관계를 조정하고 투자자 보호 및 시장 안정성을 촉진하기 위한 규정을 포함하고 있다. 증권 발행 및 유통, 공시 의무, 시장 감시와 규제기관 역할, 발행시장 운영규칙 및 주주권 보호 등에 관해 까다로운 규제가 명시돼 있다.

그간 주식 등 유가증권 발행은 중견기업이나 대기업 전유물이었지만 이제는 스타트업이나 개인도 보유한 기초자산을 근거로 토큰증권을 발행할 수 있다. 더구나 STO는 특정 자산을 기초로 하기 때문에 경영권 전반에 대한 투자자의 개입이나 간섭을 걱정할 필요가 없어 기업가에게 훨씬 유리한 자금조달방안이 된다.

STO가 개시되면 토큰증권 발행과 유통에 따른 새로운 금융제도가 탄생하게 된다. 특히 토큰증권을 발행할 발행인계좌관리기관, 유통활성화를 위한 장외거래소가 신설될 예정이다. 금융위원회가 공개한 토큰증권 발행·유통 규율체계에 따라 증권사 연계없이 토큰증권을 발행할 수 있는 발행인 계좌관리기관이 신설된다. 계좌관리기관은 전자증권법 22조에 따라 고객계좌를 개설해 권리자의 성명, 주소, 발행인, 등록 주식의 종류와 종목, 수량, 금액 등 고객계좌부를 작성·관리하는 자를 의미한다.

전자증권법 19조에 따르면 계좌관리기관은 증권사, 신탁운용사, 한국은행, 은행, 보험사 등이 될 수 있다. 발행인계좌관리기관 요건은 다음과 같이 예상해 볼 수 있다. 첫째, 분산원장 업무 요건을 충족해야 한다. 권리자정보 및 거래정보를 시간순으로 기록하고 사후 조작·변경을 방지해야 하며 금융기관 등 발행인과 관련없는 계좌관리기관이 참여해 분산원장을 확인할 수 있어야 한다. 둘째, 법조인, 증권사무 전문 인력, 전산 전문 인력이 각각 2명씩 필요하다. 셋째, 투자계약증권 발행량에 비례한 기금을 적립해야 한다. 넷째, 총량관리 정보를 전자등록기관인 예탁결제원(KSD)에 통보해야 한다. 다섯째, 자기자본·물적 설비·대주주·임원요건 등이 필요한데, 이는 추후 확정될 예정이다.

토큰증권 장외 거래소는 토큰화된 자산, 즉 토큰증권을 중개하고 거래하는 플랫폼이다. 기존 증권거래소와 달리 공개적 거래소가 아닌, 주식 시장과는 별개의 비공개 시장에서 거래가 이루어지는 것을 의미한다. 일부 증권을 제한된 그룹이나 전문 투자자 간에 거래케 함으로써 유동성을 유지하며 유익한 거래를 가능케 한다. 토큰증권 장외 거래소는 이러한 장외거래 방식을 토큰증권에 적용해 디지털자산을 중개하고 거래하는 플랫폼이 된다. STO 시대의 본격 도래에 맞추어 설립될 토큰증권 발행인계좌관리기관이나 장외거래소 등은 일종의 신종 금융기관으로 자리잡을 가능성이 크다. 금융업이라이선스 획득 여부에 따라 성패가 결정된다고 볼 때 신설되는 토큰증권 전담기관에 대한 허가 경쟁이 치열할 것으로 예상된다.

10) STO 발전방향

2024년 현재 STO를 통한 블록체인 제도권화가 시도되고 있다. STO란 블록체인 기술을 자본시장법에 도입해 토큰증권이라고 하는 가상자산을 자본시장법 상으로 합법화하는 것이다. 기존 자본시장과 신규로 등장한 가상자산 시장의 연결이 불가피하게 됐다. ICO 등 가상자산 시장은 향후 디지털자산법에 의해 규율되고, 증권토큰 시장은 기존 자본시장법에 의해 규제된다. 그러나 ICO 시장과 STO 시장은 블록체인을 기본으로 운영된다는 공통점이 있다. 분산원장을 기반으로 하는 가상자산 기술을 기존 자본시장법에 적용하기 위해서는 우선 제도적 정비가 필요하다. 가상자산은 현재 입안 중인 디지털자산법에 따라 디지털자산으로 규제될 예정이고, 이 중 증권성으로 판정되는 가상자산은 자본시장법으로 규율된다. STO제도 정립과 함께 디지털자산법의 연계 제정이 긴요한 상황에 놓였다.

자본시장과 가상자산 시장의 의견수렴 및 해외 선진사례 등을 동시 반영하여 상호 정합적인 입법이 되어야 한다. STO의 본격 실시를 위해서 우선 가상자산인 토큰증권 증권성 심사를 제도화해 엄격한 자본시장법의 적용을 받는 토큰증권의 범위를 명확히 해야 한다. 이를 위해 금융당국은 증권성 판정 사례들을 제시하며 시장 이해를 높이는 중이다. 토큰증권 발행 및 유통을 위한 관련 제도의 신규 제정이나 기존 자본시장법의개선이 시급하다. 특히 자산유동화 부작용이 발생하지 않도록 토큰증권 투자권유준칙 강화 등이 필요하다. 토큰증권과 가상자산을 구분하는 증권성 심사는 기존 자본시장법과 앞으로 입법화될 디지털자산법 규제 관할을 결정하는 중요한 절차다. 현재 자본시장법 규제 역외 대상인 가상자산은 향후 거래소 상장을 위해 엄격한 증권성 심사를 통과해야 한다. 만약 상장된 토큰증권이 증권으로 판정되면 투자자는 물론 상장된 거래소 피해가 막대하기 때문이다. 가상자산거래소 상장 심사 절차에는 증권성 관련 법률의견서 검토 여부, 가상자산 발행 및 유통에 대한 거래소 책임 명시 등이 포함되어야 한다. 더불어 토큰증권 발행 및 유통을 위한 분산원장의 법적 인정이 필요하다. 현행 자본시장법상 전자증권법은 주식, 사채 등이 전자등록계좌부에 기재되는 중앙집중식 등록방식만을 인정하고 있다. 분산원장을 이용한 탈중앙화된 등록방식에 관한 법적 근거가 필요하다. 또한 기존 중앙집중적 증권예탁 방식과 달리 토큰증권의 암호화된 개인키 관리가 주요하다. 개인키를 관리하는 예탁기관 등의 해킹 방지와 고객위탁 자산 관리에 관한 의무를 명확히 하고 이를 당국이 철저히 감독해야 한다.

STO와 더불어 가상자산공개인 ICO 재개와 IEO의 조기실행에 대한 전향적인 검토가 필요하다. 크립토 윈터로 표현되는 가상자산 시장의 장기 침체를 극복해 선순환적인 블록체인 생태계를 구현하기 위한 지렛대가 필요하다. 업권법이 제정되기 전 STO를 통해 투자자 보호와 시장 진화에 대한 최소한의 제도와 준칙이 마련되어야 하기 때문이다. ICO(Initial Coin Offering)는 초기 코인 제공이라는 의미로, 새로운 가상자산 또는 토큰을 발행하고 판매하는 방식으로 기업이나 프로젝트가 자금을 조달하는 데 사용되며, 일종의 클라우드펀딩 기법으로도 볼 수 있다. 2024년 현재 일부 국가를 제외한 해외에서 ICO는 자본시장법상 규제 근거가 없어 규제대상에서 제외되어 있어, 소비자 보호나 발행자 책임 등에 관한 적용 규율 없이 자유롭게 실시되고 있다. ICO는 초기 단계의 기업이나 블록체인 프로젝트에 자금을 조달하는 데 유용한 방법으로 사용된다. ICO에는 높은 투기성과 투자 위험이 따르며, 관련 법규에 대한 불확실성이 존재한다. 그간 일부 ICO는 성공적으로 자금을 조달하고 프로젝트를 발전시켰지만, 그 외에도 불투명한 프로젝트나 사기성 프로젝트가 존재하여 투자자가 손실을 입을 수도 있다. IEO는 이러한 ICO 문제점을 개선한 진보된 가상자금 공모방식이다. IEO는 'Initial Exchange Offering'의 약어로, 초기 거래소 공개를 의미한다. IEO는 가상자산 프로젝트가 거래소 플랫폼을 통해 자체 토큰을 판매하는 공모방식이며 자금을 조달하고 토큰을 보다 널리 유통시키는 방법이다 우선 토큰 발행 거래소를 선택해 투자자들이 직접 토큰을 구매할 수 있다. 거래소는 프로젝트의 기술, 비즈니스 모델, 팀 등을 평가해 상장여부를 결정한다. 일부 거래소는 토큰발행자에게 일정한 양의 토큰을 예치하도록 요구하기도 한다. ICO(Initial Coin Offering)와 유사한 개념이지만, IEO는 거래소의 지원을 받으며 프로젝트의 검토 및 보증 절차를 통해 투자자의 보호를 강화하고, 토큰의 유통성을 높이는 역할을 한다.

2024년 현재 금융규제샌드박스를 통한 조각투자 등 STO 관련 사업들이 시범적으로 운용되고 있다. 이를 통해 소비자보호나 위법성 등에 대한 실증적 결과를 바탕으로 국내 실정에 최적화된 제도가 마련 될 수 있기 때문이다. 패스트트랙을 활성화해 현재 적체되고 있는 금융규제샌드박스 신청을 조기에 해소하고 가능한 다수의 유망한 STO를 발굴해야 한다. 투기성 저가증권 거래 방지를 위한 투자권유준칙 강화, 장외 거래에 대한 중개업자의 투명한 정보제공의무, 자본시장과 가상자산 시장간 적합성을 위한 제도 정립에 대한 실증적 준비가 필요하다. 더불어 STO 기초 자산 평가 및 감정 방안에 대한 심도 있게 검토되어야 하며 시범적으로 허용된 사업에 대한 항구적 규제면제에 대한 입법화도 신속히 이루어져야 한다.

11) STO와 샌드박스 제도

2024년 현재 토큰증권 발행을 통해 신규 자본을 조달할 수 있는 STO에 대해 금융계는 물론 음원이나 부동산 같은 기초자산이 속한 산업계도 큰 관심을 보이고 있다. 음악 저작권이나 상업용 건물등을 기초로 STO를 실시하는 경우, 이는 음반산업이나 부동산 업계의 신규 사업 창출에 큰 기폭제가 될 수 있기때문이다. 국내 STO의 경우 이제 겨우 국회에 입법 발의가 되었으며 법제의 완성에는 상당한 추가 기간이 소요될 것으로 예상된다. STO 시장에 필요한 전자증권법과 자본시장법 개정안이 제출되더라도 시행령이 나오기까지의 제도 완비 시점은 최소 1년 반 후로 점쳐지기 때문이다. 이와 연관하여 금융위원회는 정식 법제화까지 샌드박스 제도를 통해 STO 관련 사업을 조기에 허가하여 스타트업에 대한 지원과 더불어 시장 반응과 소비자 보호에 대한 모니터링을 통해 본격적 제도화를 계획하고 있다.

[표 03] **금융규제샌드박스**(출처: 해럴드 경제 금소법-플랫폼 규제 격차, '샌드박스'로 푼다)
https://mbiz.heraldcorp.com/view.php?ud=20211012000505

구분	주요 내용
정의	혁신금융서비스란 기존과 제공 내용·방식·형태 등과 차별성이 인정되는 금융 서비스
신청요건	혁신서비스 허용 여부가 불명확하거나 기준·요건 등이 법에 없는 경우
규제적용의 특례	인허가·등록·신고, 사업자의 지배구조·업무범위·건전성·영업행위 등 규정 적용하지 않음
유효기간	최대 4년, 2년의 범위 내에서 혁신금융서비스로 지정할 수 있으며, 2년 이내로 1회 연장이 가능
심사 기준	서비스 지역, 혁신성, 소비자 편익 등 9가지 심사 기준을 충족하는지 판단

금융산업은 대표적 규제산업으로 각국에서는 포지티브 규제를 원칙으로

하고 있다. 포지티브(positive) 규제는 법률과 정책에서 허용되는 것들을 나열하고 이외의 것들은 모두 허용하지 않는 규제를 의미한다. 반면 네거티브(negative) 규제는 법률이나 정책으로 금지된 것이 아니면 모두 허용하는 규제다. 규제 강도를 비교하면 포지티브 규제가 네거티브 규제보다 더 강력하다. 포지티브 규제는 "이것만 되고 나머지는 안 된다."인 반면 네거티브 규제는 "이것만 안 되고 나머지는 다 된다."는 방식의 규제이기 때문이다. 포지티브 규제와 네거티브 규제가 특히 주목받는 부분은 STO와 같은 4차 산업혁명 신사업 분야다. 한국은 원칙적으로 금융산업에 관해서는 포지티브 규제 방식을 채택하고 있다. 그러나 2019년 이후 정부는 규제 혁신 정책으로 포괄적 네거티브 규제로의 전환을 추진하고 있다. 포괄적 네거티브 규제란 신제품이나 신기술의 시장 출시를 먼저 허용한 후 필요하면 사후에 규제하는 선허용-후규제 방식이다. 포괄적 네거티브 규제와 함께 규제샌드박스도 도입됐다. 규제샌드박스(sand box)는 어린이가 자유롭게 놀 수 있는 모래 놀이터처럼 신사업이나 기술 등 핵심 선도사업이 보다 자유롭게 성장할 수 있도록 일정 기간 기존 규제를 면제, 유예시켜 주는 제도다.

최근 4차 산업혁명이 본격화되면서 신기술에 기반한 신산업을 얼마나 빠르게 수용하고 육성하느냐에 따라 기업과 국가 경쟁력의 성패가 갈리게 되었다. 이에 정부는 미래에 도래할 신산업 양상을 미리 내다보고 예상되는 규제 이슈를 발굴하여 샌드박스로 조기 인가하는 규제정책을 개혁적으로 추진하고 있다. 그러나 샌드박스를 영위하지 않으면 사업을 시작할 수 없다는 현실감의 확산과 함께 절대적으로 신청 경쟁이 치열하며 갈수록 후발 주자들은 상대적으로 샌드박스 준비 내용이 점점 많아지고 있다. 예를 들면, 특례 분석을 비롯해 점점 많은 신청서가 요구되며 금융기관에 준하는 준법 감시와 차이니즈월, 이해 상충과 겸직 금지를 비롯해 공신력 있는 금융기관과 협업이 요구되고 있다. 2019년부터 혁신 금융 샌드박스 제도가 포지티브 규제에 보완적으로 운영되고 있지만 신청건수에 비해 인가되는 혁신사업 건수가 턱없이 적어, 본래 제도의 목적을 충분히 살리지 못하고 있다.

한시적으로 신사업을 허가하는 샌드박스 제도도 근본적으로 보면 포지티브 규제의 연장으로 볼 수 있다. 왜냐하면 지정받은 사업 이외에 타 사업은 시행이 불가하기 때문이다. 이제 우리나라 금융산업도 네거티브 규제의 도입을 추가적으로 검토해야 한다. 미국의 네거티브 규제 방식은 특정 활동이나 상품에 대해 명시적인 금지나 제한을 두지 않는다. JOBS Act를 통해 클라우드펀딩에 대한 규제를 완화하여 소규모 기업과 스타트업이 일반 대중으로부터 자금을 모집할 수 있는 서비스를 개방하였다. 또한 가상자산 거래를 네거티브 규제로 전환하여 새로운 기술과 상품이 시장에 안정적으로 통합될 수 있도록 하면서도, 소비자 보호와 금융 안정성을 유지하는 균형을 찾기 위한 노력을 하고 있다. 이러한 네거티브 금융규제 성공 사례들은 혁신과 경쟁을 장려하고, 금융시장의 발전을 촉진하는 한편, 필요한 경우 소비자 보호와 시장 안정성을 확보하기 위한 조치들을 포함하고 있다. 그러나 네거티브 제도는 혁신적 아이디어를 기반으로 하는 만큼, 소비자 보호나 국민의 안전이나 국가 경제에 심각한 위해를 가할 수 있는 경우가 있다. 금지사항에 대한 철저한 연구와 대비가 필요하다. 필요하다면 징벌적 손해배상이나 법률적 제재의 명시가 필요하다.

12) 한국 STO(증권형 토큰공모) 기업의 해외 이주 원인과 대책

국내에서 STO 법안이 2023년 7월 국회에 제출되었지만, 여러 이슈들로 인해 법안이 2024년 5월 29일부로 국회에서 폐기되었다. 법안은 차치하고라도 구체적 시행령 제정도 전혀 준비되지 않고 관련 자본시장법이나 전자증권법 등에 대한 보완작업도 준비가 불투명한 점을 감안할 때 정식 STO 시장 개통은 더 지연될 가능성도 배제할 수 없다.

2030년까지 360조 원 규모로 성장이 예상되는 한국 STO 시장을 두고, 현재 많은 STO 기업들이 해외로 빠져 나가고 있다. 언뜻 2019년 국내 ICO의 전면적인 금지로 많은 국내 스타트업들이 싱가포르 등의 해외 거래소에 상장을 할 수 밖에 없어 국부 유출이 심각한 상태에 이르고 있는 현실을 상기하게 한다. 한국 정부가 ICO(Initial Coin Offering, 초기 코인 공개)를 전면 금지한 결정은 큰 파장을 일으켰다. 이 조치는 한국의 블록체인 및 가상자산 산업에 상당한 영향을 끼쳤고, 특히 국부 유출 측면에서 주목할 만한 결과를 초래했다. 국내에서 ICO가 금지되면서, 많은 한국의 블록체인 및 가상자산 관련 기업들이 사업을 계속하기 위해 해외로 이전했으며 이는 막대한 기술, 자본, 인재의 해외 유출을 초래했다. 한국 내 투자자들은 국내 시장에서 ICO에 투자할 수 없게 되어, 해외 ICO나 가상자산 시장에 자금을 투자하는 형태로 방향을 전환했으며 이는 국내 자본의 해외 유출을 가속화했다. 국내에서 블록체인 및 가상자산 산업이 성장할 기회가 제한되면서, 이 분야에서의 기술적 진보와 혁신이 느려졌으며 다른 나라들이 블록체인 기술을 채택하고 발전시키는 동안, 한국은 이 분야에서의 글로벌 경쟁력을 잃어버렸다. 한국 정부의 ICO 전면 금지 결정은 단기적으로는 투자자 보호와 금융 안정성을 목적으로 했지만, 장기적으로는 국부 유출과 같은 부정적인 경제적, 기술적 영향을 끼친 것으로 볼 수 있다. 이러한 상황은 규제와 혁신 사이의 균형을 찾는 것이 얼마나 중요한지를 보여준다.

이번에도 과도한 금융 규제와 STO 시장 개통을 위한 입법의 지체로 많은 K-STO 기업들이 해외로 빠져 나가고 있다. 특히 K-컬처 등 한국 문화산업이 인기가 있는 동남아시아 특히 싱가포르 등지로 STO 상장시장을 옮기려고 한다. 유망 STO 산업이 꽃도 피우기 전에 해외로 옮겨가고 있는 현실이 예사롭지 않다. STO 국내 허용은 기존 증권사 등 증권업계를 위한 것이 아니고 소액 자본 공모시장의 도입과 블록체인 스타트업들의 금융시장 참여 유도를 목표로 하고 있다. 이에 비추어 볼 때, 작금의 국내 스타트업들의 해외 STO 시장 이주 러시는 결코 바람직하지 않다. 이를 대비하기 위한 방안은 있는가? 이를 위해 우선 2024년 현재 금융당국의 과도한 규제와 간섭이 STO 기업들이 보다 자유롭고, 유연한 법적 환경을 찾아 해외로 눈을 돌리게 만들고 있다는 점을 정확히 인지해야 한다. 이는 ICO 사태와 유사하다. 더불어 글로벌 시장에의 접근은 자율성 보장과 함께 보다 더 큰 투자자 기반과 다양한 자본 조달 기회를 제공한다는 기대감도 해외 이주의 원인이 되고 있다. 또한 해외 시장은 종종 국내보다 발전된 블록체인 및 핀테크 생태계를 가지고 있으며, 이는 기술 혁신과 국제 협업의 기회를 증가시켜 STO 스타트업들의 경쟁력을 강화시킬 수 있다는 점도 한몫을 하고 있다.

한국 정부는 STO 및 관련 산업에 대한 규제를 완화하고, 혁신을 장려하는 방향으로 규제 환경을 조정할 필요가 있다. STO 투자에 대한 세제 혜택, 자금 지원, 연구 개발 인센티브 등을 통해 국내 많은 STO 기업들이 한국 내에서 성장하고 확장할 수 있도록 장려해야 한다. 해외 STO 기업들과의 파트너십 및 협력을 통해 기술 교류와 글로벌 시장 진출의 기회를 확대해야 한다. 2017년 1CO 전면금지로 인해 상실한 가상자산 시장의 글로벌 경쟁력을 다시 되찾아 와야 한다.

13) 디지털자산, 토큰증권(ST)과 리얼월드 에셋(RWA)

디지털자산이란 전통적인 물리적 형태의 자산이나 재화를 디지털 형태로 나타낸 것을 의미한다. 대표적인 디지털자산으로 가상자산, 토큰증권, 부동산 및 고가 예술품의 조각화 증권 등이 있으며, 최근에는 다양한 실물자산을 토큰화한 리얼월드 에셋(Real World Asset, RWA) 등이 있다. 디지털자산은 기존의 금융시스템과는 다른 혁신적인 금융 서비스를 제공하며, 블록체인 기술과 스마트 컨트랙트를 활용하여 거래의 투명성과 효율성을 높인다. 이러한 디지털자산은 금융시장을 변화시키고 글로벌 경제에 새로운 가능성을 제공하는 중요한 역할을 한다. 디지털자산 시장은 선진국과 개발도상국을 불문하고, 최근 크게 성장하고 있다. 이에 따른 디지털자산의 발행과 거래에 대한 수요도 크게 증가하고 있으며, 일부 국가에서는 다이렉트 마케팅을 통한 디지털자산거래도 등장하고 있다.

최근에 부상하고 있는 RWA은 물리적 자산 또는 금융 자산 등 실제 세계의 다양한 실물자산을 디지털 토큰화하여 블록체인상에서 거래 및 유통이 가능한 신종 디지털자산이다. 보유하고 있는 동안 자산으로부터 발생하는 수익도 분배받을 수 있다. 디지털 토큰화는 자산의 유동성을 증가시키고, 거래의 투명성과 효율성을 개선할 수 있다. 다양한 부동산, 예술작품, 금융 증권 등이 RWA로 변환될 수 있다. 개별 투자자들이 자산 소유권의 일부를 소수의 자본으로 소유할 수 있다. 예를 들어, 뉴욕의 특정 건물의 소유권을 여러 토큰으로 나누어 판매하고, 이 토큰을 통해 건물에서 발생하는 임대 수익을 분배받을 수 있다. 고가의 미술품을 소수의 투자자가 아닌, 많은 사람이 소유할 수 있도록 토큰화하여 미술품 투자의 진입 장벽을 낮출 수 있다. 기업의 채권이나 주식을 토큰화하여 더 작은 단위로 나누어 판매함으로써, 더 넓은 범위의 투자자들이 접근할 수 있다. 현재 미국에서는 SEC(증권거래위원회)의 규제하에 부동산 및 기타 자산의 토큰화가 활발히 진행되고 있다. 예를 들어, 블록체인을 사용하여 부동산 투자 펀드를 제공하는 여러 스타트업이 활동 중이며 싱가포르는 핀테크 및 블록체인 기술에 대한 규제 환경을 선도적으로 개발하고 있으며, 다양한 RWA 프로젝트가 시행되고 있다. 현재 자국 내 부동산을 토큰화하는 다양한 프로젝트가 진행 중이다. 유럽연합(EU) 내에서도 RWA의 토큰화에 관심이 높으며, 특히 부동산과 고급 소비재의 토큰화가 진행되고 있다. 유럽의 각 국가는 자체적인 규제를 설정하여 자국 내 고유한 RWA 토큰화 정책을 펴고 있다.

[표 04] **RWA의 개념(DAXA RWA(Real-World Assets): 실물자산 토큰화 이해)**
https://kdaxa.org/support/report.php?boardid=data&mode=view&idx=51&sk=GOPAX(%EA%B3%A0%ED%8C%8D%EC%8A%A4)&sw=n&offset=20&category=

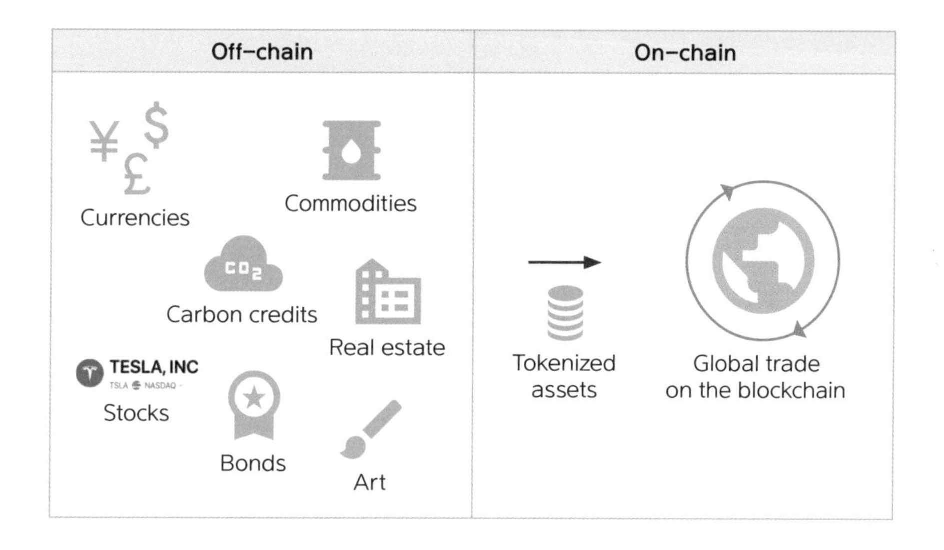

RWA과 일견 거의 유사한 기능을 가진 STO(Security Token Offering)와의 차이점을 살펴보면 다음과 같다. STO는 전통적인 증권을 디지털 형태로 발행하는 것을 의미한다. 반면, RWA는 실제 물리적 또는 금융 자산 자체를 디지털 토큰화하는 것이다. STO는 주로 기존의 금융 증권이 디지털화되는 과정이며, RWA는 더 넓은 범위의 자산을 포함한다. RWA, 즉 실물 자산은 블록체인과 DeFi(탈중앙화 금융) 생태계에서 실제 자산을 디지털화하는 것을 의미하며 이는 다양한 자산이 포함된다. 예를 들면 건물, 땅, 상업용 부동산 등과 같은 실제 부동산 자산, 고가의 예술품, 골동품, 소장 가능한 아이템, 대형 기계나 공장 장비 등의 물리적 자산, 에너지 발전 시설, 교통 인프라, 통신 시설 등의 큰 인프라 프로젝트도 토큰화의 대상이 될 수 있으며 이러한 자산들은 장기적인 수익 모델을 제공한다. STO는 토큰 증권 공개를 의미하며, 전통적인 증권을 디지털 형태로 발행하는 과정이다. 이 토큰들은 회사의 주식, 채권 또는 다른 금융상품을 대표하며, 이는 투자자에게 배당, 이자 지급, 주식 매수권 등의 전통적인 증권이 제공하는 경제적 권리를 부여한다. RWA는 위에서 설명한 것처럼, 실제 물리적 자산을 디지털자산으로 변환하는 것을 의미하며 이러한 자산은 반드시 증권이 아닐 수 있으며, 일반적으로 그 자산 자체의 가치에 기반한 투자 기회를 제공한다. STO는 주로 금융적 가치가 있는 증권을 디지털화하는 반면, RWA는 다양한 실물 자산을 디지털화한다. STO는 엄격한 자본시장 증권 법률 및 규정을 따라야 하며, 일반적으로 강력한 규제 환경하에 있다. RWA의 규제는 자산의 종류와 토큰화의 방식에 따라 다를 수 있으며 아직 표준적 제도가 정착되지 않고 있다. STO는 전통적인 금융 투자와 유사한 이익을 목적으로 하며, 주로 금융적 수익을 추구한다. RWA는 실물 자산에 투자함으로써 자산의 가치 상승을 기대하거나 자산 사용으로부터의 직접적인 이익을 노리는 투자가 가능하다. STO와 RWA는 각각의 목적과 투자자의 요구에 맞게 다르게 활용될 수 있다.

STO가 나타남에 따라 투자계약증권과 수익증권이 제도화되었으며, 이는 금융시장에 새로운 변화를 가져올 것으로 기대된다. 그러나 다양한 이슈들로 인해 법제화가 연기되는 등 실질적으로 토큰증권 제도가 시행되기에는 오랜 시간이 걸릴 것으로 전망된다. STO의 제도화가 지체되는 시기에 RWA는 하나의 대안으로 부상할 수 있을 것이다. 증권성 자산에 국한된 STO와 달리, RWA는 다양한 실물자산을 토큰화하여 거래할 수 있으며, 이는 규제로 제한된 STO에 비해 더 높은 자유도와 적용 자산의 다변화를 통해 STO에 이은 새로운 자산 토큰화 시장이 될 것으로 기대된다.

[표 05] **RWA와 ST 비교**(출처: Xangle 상업용 부동산과 RWA)
https://xangle.io/research/detail/2034

구분	RWA(Real-World-Assets)	ST(Security Tokens)
정의	주식, 채권, 부동산 등의 실물자산을 블록체인상에서 토큰화한 디지털 형태의 자산	주식, 채권 등 기존 전통증권을 블록체인상에서 토큰화한 디지털 형태의 증권
주요 목적	실물 자산의 토큰화를 통한 투명성과 효율성 증대	전통증권의 디지털화를 통한 상품화 및 유동화
블록체인	주로 퍼블릭 블록체인 활용	주로 프라이빗 블록체인 또는 규제된 퍼블릭 블록체인 활용
규제 환경	상대적으로 덜 엄격할 수 있음	증권법 등 기존 금융 규제의 적용을 받아 엄격한 규제 준수 필요
주요 관계사	자산보유자, 오라클, 자산관리자 등	기존 투자자, 증권 발행자, 금융 기관 등
발전 가능성	온체인을 통해 DeFi 등의 연계	새로운 금융상품 개발

출처: Xangle

2장

핀테크 산업의 혁신 패러다임

_길재식

I

핀테크 산업의 이해

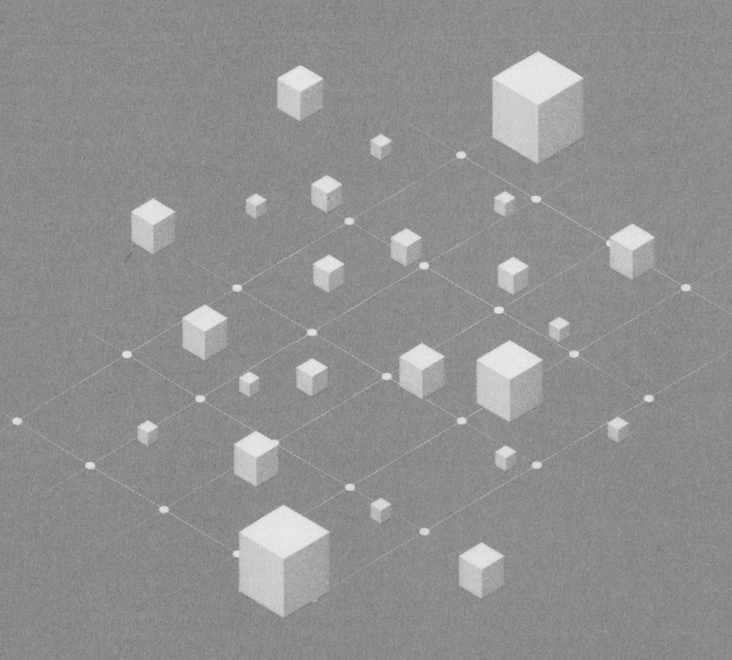

핀테크의 출현과 4.0시대 도래

금융과 IT 기술 결합으로 탄생한 핀테크(FinTech)는 이제 글로벌 금융시장의 체질을 바꾸는 혁신 기술로 자리잡았다. 불과 10년 전만 해도 은행 창구에서 번호표를 뽑고 통장에서 돈을 인출하거나 저금통에 돈을 모으는 비대면(오프라인) 금융이 대세였다. 하지만 이 같은 전통 금융은 사라지고 이제 모든 금융 서비스는 디지털 기반 핀테크 채널로 이뤄지고 있다.

이후 핀테크 기반 유니콘 기업이 대거 등장했다. 핀테크 기업에 돈이 몰리고 이 시장을 과점하기 위한 세계 디지털 전쟁도 격전을 예고하고 있다.

2024년은 금융당국이 2015년 1월 'IT · 금융 융합지원방안'을 발표한 후, 업계와 핀테크 혁신을 위해 공동으로 노력한 지 10년째 되는 해다. 2024년 핀테크는 어떤 환경 변화들이 기다리고 있을까.

시장조사업체인 CB인사이츠(CB Insights)에 따르면 2023년 글로벌 핀테크 투자는 2849건, 305억 달러(추정)로 2021년의 4분의 1, 2022년 대비로도 감소했다. 하지만 올해는 2년 연속의 투자 감소를 털고 투자가 점차 활기를 띨 것이라는 시장기대가 높다. 미국 금리인하 기대와 비상장 벤처기업들의 몸

값 급락으로 벤처캐피털들이 투자를 고려하기 시작했기 때문이다. 상반기까지 작년 투자 혹한기의 여파가 있겠지만, 하반기 이후론 핀테크를 포함한 벤처투자가 재차 기지개를 켤 것으로 보인다.

이러한 인식은 국내도 마찬가지다. 최근 설문조사(벤처캐피털 및 엑셀러레이터 33명)에 따르면 올해 투자 한파가 끝날 것으로 보는 의견이 90%, 이에 따라 66.7%가 작년 대비 올해 벤처투자를 늘리겠다고 답했다. 벤처기업의 '역대급 할인'이 예상되는 데다 대기 자금도 꽤 있는 편이어서, 20% 이상 늘려 공격적 투자를 하겠다는 투자자도 36.4%나 됐다. 따라서 자금조달이 필요한 핀테크 업체로선 금리인하 시점에 맞춰 투자 협상을 본격화할 수 있도록 수익모델 정비와 가격, 투자 옵션 등을 적극 검토할 필요가 있다.

또 핀테크 수익모델에 가장 큰 영향을 주는 규제 환경에는 어떤 변화가 있을까. 지속적인 플랫폼 규제 완화책의 일환으로 연초부터 시작되는 대환대출서비스의 대상 확대(1월 9일)와 보험 비교추천 서비스 제공(1월 19일)이 있다. 대환대출 대상은 기존의 신용대출에서 주택담보대출과 전세대출까지 확대될 예정이다. 특히 주택담보대출은 5대 시중은행 잔액만 530조 원인 엄청난 시장인 데다, 2023년 말 주택담보대출금리가 4.5~4.8%로 전년 대비 0.1~0.5%p 하락해서 그만큼 관심이 높다. 플랫폼을 통한 비대면 대환대출의 편리함에다 금융사·핀테크의 경쟁까지 가세하면 동 주택담보대출 플랫폼 시장규모는 단기간에 급성장할 거란 평가다.

보험 비교추천 서비스는 조건들이 복잡한 보험상품들을 간편하게 비교할 수 있도록 도와준다는 점에서 소비자들의 주목 대상이다. 시장규모도 자동차보험 약 20조 원, 실손보험 13조 원 등 상당 규모여서 업체들 참여 열기도 뜨겁다. 또한 대출이나 예·적금 비교추천 서비스와 달리 표준화된 오픈 API 인프라를 구축, 중소규모 벤처 핀테크 업체들도 환영하는 분위기다. 그만큼 많은 업체의 참여와 경쟁으로 소비자들에 대한 혜택도 커질 거란 게 시장 의

[표 01] **국내 핀테크 정책 제도 변화**(출처: 금융위원회)

구분	내용
오픈뱅킹 및 마이데이터	오픈뱅킹 **시행** • 공동 결제시스템(오픈뱅킹) 구축을 통해 금융결제망 개방
	마이데이터 **서비스** • 데이터 3법(개인정보보호법, 정보통신망법, 신용정보법) 개정
	금융 마이데이터 **시행** • 마이데이터 표준 API 전면 적용(국내에서 금융이 최초)
	개인정보보호법 **개정** • 개인정보 이동권이 전분야로 확산
데이터 기반 혁신 및 업권 확장	온라인투자연계금융업법 **시행** • P2P 금융 제도권화 및 이용자 보호
	데이터 거래소 **출범** • 데이터 거래 중개 플랫폼 구축 및 시범운영
	보험업권 헬스케어 **활성화** • 보험사의 헬스케어 자회사 소유 및 헬스케어 서비스 허용
	제4차 공공데이터 기본계획 • 전면개방 방식 강화로 디지털 플랫폼 실현
샌드박스 생태계 지원	**금융** 규제샌드박스 **시행** • '혁신금융서비스' 지정 시 2년간 서비스 시험
	핀테크 투자 가이드라인 • 네거티브 방식의 핀테크 출자, 투자한도 확대
	금융혁신지원특별법 개정안 • 혁신금융서비스특례 Max 1년 6개월까지 연장 가능
	D-테스트베드 **시행** • 혁신적 핀테크 아이디어 사업성, 실현가능성 검증 지원
보안 및 소비자보호	**전자금융감독규정 개정** • 금융회사 클라우드 활용 범위 확대
	전자금융감독규정 개정 • 이용업무·CSP 대상 평가기준 및 항목 정비 • R&D 망분리규제 완화
	금융소비자보호법 **의무시행** • 청약철회권, 위법계약해지권 등 금융소비자권리 보호 강화
디지털자산 및 STO	디지털자산 **관련 특금법 시행** • 디지털자산 관련 투명한 금융거래 질서 확립
	조각투자 등 신종증권 사업 관련 가이드라인 • 조각투자 상품의 증권성 판단, 증권성 해당 시 처리원칙, 금융규제샌드박스 신청 고려할 사항 등을 제시
	토큰증권 발행·유통 규율체계 정비방안 발표 • 증권여부판단원칙 및 발행·유통 정비

견이다. 폐쇄형 API로 인해 기존 대출 비교추천 서비스가 너무 빅테크 중심이었던 점을 고려하면, 보다 다양한 핀테크 업체들의 기술과 아이디어를 활용할 수 있는 여건이 마련됐다는 점, 또 핀테크 업체와 보험사의 협력·제휴를 더 적극적으로 이끌어낼 수 있다는 점에서 훨씬 긍정적이다.

어려움에 시달리고 있는 온투업(P2P)의 '기관투자자 자금조달 허용'도 가능성 있는 변화로 꼽힌다. 법 개정은 총선 등 여건상 제약이 많은 만큼, 먼저 혁신금융 서비스의 활용을 통해 실효성을 검증해보자는 의견이 나오고 있다. 온투업계는 이에 따라 저축은행 등 관심있는 기관투자자와의 협력 방안 논의, 표준 검증체계에 대한 보고서 준비에 한창이라고 한다. 물론 규제가 강화되는 부문도 있다. 가상자산사업자 의무와 불공정거래 규제를 주 내용으로 하는 가상자산이용자보호법 시행(2024년 7월)과 머지포인트 사태 재발방지를 위한 선불전자지급수단 이용자보호(2024년 9월)이 그것이다.

기술측면에선 다른 산업에서처럼 단연 AI 영향이 최고조에 달할 것이라는 게 공통된 의견이다. 국내외 조사에 따르면, 챗GPT와 같은 첨단 AI의 파급효과가 가장 큰 산업이 금융이며, 특히 챗봇 고객서비스, 재무분석, 리스크관리, 보험업무분석 등의 활용도가 높을 것으로 보인다. 올 한해 핀테크와 AI 기술의 적극적인 융합·협력으로 새로운 수익모델과 신시장을 창출하는 원년이 될 것이다.

1967년, 자동차 탄생에 이는 역사적 사건이 발생한다. 바클리스 은행이 최초로 자동현금인출기(ATM)를 선보인 것이다. 핀테크 2.0의 시작이었고, 이후 온라인뱅킹 탄생 등 금융 업무 중심의 내부혁신으로 발전했다. 핀테크 3.0은 2008년 금융위기에서 촉발했다. 암울한 금융시장에 기술로 무장한 핀테크 스타트업은 놀라운 혁신을 끌어냈다. 고객은 전통 금융기관에 대한 불신의 대가로 기술력과 창의력을 갖춘 핀테크에 눈을 돌리기 시작했다.

[표 02] **핀테크의 역사**(출처: Arner et al.)

구분	특성	주도자	효과
핀테크 1.0 (1866~1967)	아날로그에서 디지털로 (From analogue to digital)	기존 금융회사 (Incumbents)	전신 등 기술 도입 시작, 금융업은 여전히 아날로그 산업으로 인식됨
핀테크 2.0 (1967~2008)	전통적인 디지털 금융 서비스의 개발 (Development of Traditional Digital Financial Services)	기존 금융회사 (Incumbents)	본격적인 디지털화 및 글로벌화 단계
핀테크 3.0 (2008~현재)	디지털 금융 서비스의 민주화 (Democratizing Digital Financial Services)	새로운 스타트업 빅테크 기업	기술기업, 스타트업이 직접 금융서비스 제공

02 핀테크와 포용금융

2020년 핀테크는 코로나 팬데믹 위기를 거치면서 더 크게 성장했다. 금융 분야의 건실한 경제 성장과 금융소비자 포용까지 아우르는 디지털전환을 끌어냈다. 이러한 현상은 디지털 금융기술이 기반으로 자리 잡았기 때문에 가능했다. 지금의 금융시장은 핀테크 3.0에서 핀테크 4.0으로 개화하는 기로에 있다. 핀테크 4.0은 인공지능, 블록체인, 클라우드, 데이터 등 핀테크 3.0의 핵심 기반 기술을 바탕으로 비즈니스 모델을 혁신해 가는 시기를 의미한다.

최근 불안한 시장 환경을 대변하듯 핀테크 투자는 점점 어려워지고 있다. 혹자는 핀테크의 옥석 가르기가 가능해졌다고 평하기도 한다. 그러나 그 이면에는 다른 해석이 가능하다. 정교한 기술력과 창의적 아이디어로 사업 모델을 탄탄하게 할 수 있는 핀테크는 시장에서 경쟁력 있는 유니콘으로 도약할 기회를 잡을 것이다.

최근 핀테크는 ESG 영역으로도 확장하고 있다.

글로벌 회사들이 디지털전환(DT)을 활용한 환경·사회·지배구조(ESG) 경

[그림 01] **미래 금융시장 지형 변화**(출처: 금융연구원)

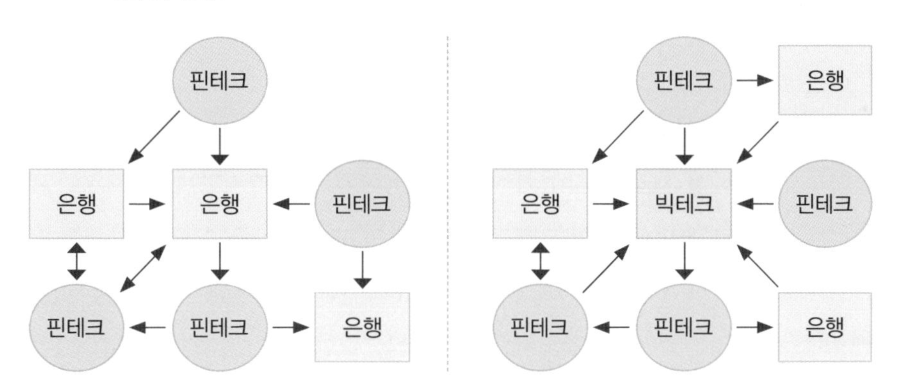

영에 집중하고 있다. 금융권에서도 디지털금융(핀테크)과 ESG의 결합, 이른바 'ESG 핀테크'가 관심을 끌고 있다. 그 가운데에서도 환경(E)의 '그린 핀테크'(Digital Green Finance) 부문이 대표적이다.

ESG 경영을 제대로 하려면 디지털 활용이 필수적이라는 게 전문가들 평가다. 디지털 기반의 빅데이터 구축이 ESG 경영의 선결 조건인 데다 특히 환경산업에 중요한 환경오염 측정 및 평가의 경우 시공간 제약이 없는 디지털 없이는 효율성을 기할 수 없기 때문이다.

이에 따라 금융서비스도 전통적인 아날로그 금융방식보다는 디지털 금융방식, 즉 핀테크가 ESG와의 연결성 내지는 접근성을 높일 수 있을 거란 기대감이 높아 가고 있다.

핀테크는 새로운 수익모델에 도전하는 환경 등 ESG 벤처기업의 자금조달 수단으로도 유용하다. 디지털 기반이어서 인건비, 임대료 등 비용을 절감할 수 있는 데다 다수의 소액 투자자 집합으로 포용금융효과도 기대할 수 있기 때문이다.

그럼 글로벌 시장에선 어떤 ESG 핀테크 상품이 출현하고 있을까. 그린 핀테크 가운데에서도 다음 두 가지를 꼽는다.

첫째, 탄소발자국을 추적해서 친환경 소비를 유도하는 핀테크다. 구체적으로 카드와 앱 활용이다. 카드 대표 사례로는 스웨덴 핀테크 업체 도코노미(Doconomy)가 있다. 2018년부터 'Do Black'이란 카드를 통해 카드 결제 때마다 탄소 배출량을 계산, 이산화탄소 한도가 차면 거래를 차단한다. 카드 소유자는 UN 환경 프로젝트에 기부 또는 참여한다. 프랑스 그린갓(GreenGot)은 나무 카드로 유명하다. 카드를 사용할 때 ESG 투자안을 추천한다.

앱으로는 프랑스의 그린리(Greenly)가 대표적이다. 인공지능 기반으로 탄소 배출량을 계산할 뿐만 아니라 배출량 절감을 위한 방안을 제시한다는 점에서 더 실용적이고 적극적이라 할 수 있다. 팅크(Tink)라는 오픈뱅킹 플랫폼을 통해 유럽 전역의 은행 계좌와 연결돼 있고, 배출량 절감 행동을 하면 보상(Incentive)도 하는 방식이다.

둘째, ESG 기업을 위한 자금조달 수단으로서의 P2P 활용이 활발하다. 대표 핀테크 업체는 영국 클라이밋 인베스트(Climate Invest)로, 개인의 기후 관련 투자 플랫폼이다.

청정에너지, 스마트 모빌리티 등 400개 이상의 친환경 기업이 등록돼 있고 UN의 파리기후협약과 파트너십이 체결돼 있어서 우량한 투자안을 제공 받는 이점도 있다. 또 ISA 계좌와 연동되어 세금 혜택(연간 최대 2만 파운드)도 받는다.

스웨덴 트리네(Trine)는 태양광 프로젝트에 투자하는 P2P 플랫폼업체다. 주로 아프리카 등 개발도상국을 대상으로 하는 임팩트 투자 성격으로, 부의 재분배와 에너지를 통한 빈곤 퇴치란 점에서 환경(E)뿐만 아니라 사회(S)에도 기여하는 구조다. 연평균수익률 약 8%에 연체율도 1.5%로 낮아서 개인투자자들로부터 인기가 좋다.

반면 우리나라는 대형 금융사 탄소 배출량 연계 카드 등이 출시되긴 했지만 ESG 연계 금융서비스는 미미한 편이다. 핀테크 업체로는 태양광, 풍력 등 신재생에너지 프로젝트를 투자자에게 소개, 연결하는 루트에너지가 대표적이다. 지역주민들로부터 자금을 조달해서 재생에너지 발전소를 준공한 후 지역주민 투자자에겐 우대금리를 제공, 지역경제 활성화의 선순환구조를 만들었다는 평가를 받고 있다.

ESG 핀테크는 기업의 ESG 경영이 구체화할수록 디지털 활용은 본격화될 것이고, 그에 따라 ESG 핀테크 수요도 빠르게 증가할 것으로 보인다. 예컨대 ESG 채권을 P2P 방식으로 발행한다든지, 클라우드펀딩을 통한 환경 벤처기업에 대한 지분투자, ESG 리스크를 타깃으로 한 ESG 보험상품 등이 예상된다. 또 MZ세대의 ESG에 대한 높은 관심을 고려, 로보어드바이저로 자투리 돈을 ESG 상품에 운용하는 방안도 기대할 만하다.

새로운 형태의 핀테크 혁신이 이뤄지면서 유관 산업도 4.0 시대로 진입했다.

[표 03] 핀테크 산업영역 구분(출처: 전자신문)

구분	예시	주요 기능
핀테크 사업 영역	1. 지급결제	결제 및 송금
	2. 디지털 뱅킹	인터넷 전문은행(Neobank)
	3. 디지털자산관리	웰스테크 등
	4. 자본시장(매매, 트레이딩 등)	온라인 매매, 인공지능(AI) 트레이딩 등
	5. 렌딩 및 클라우드펀딩	자금조달 및 대출, 클라우드펀딩
	6. 인슈테크	보험 관련 핀테크
	7. 프롭테크	부동산 금융 관련 핀테크
핀테크 인프라	핀테크 인에이블러 (FinTech Enabler)	데이터분석, 인공지능, 블록체인, 보안인증, 레그테크(RegTech), IOT, 생체정보(Biometrics), VR/AR, 로보틱스 등

핀테크 4.0 시대의 혁신은 어떤 관점에서 이루어질 것인가. 금융기관의 핵심 수익원인 대출은 오프라인에서 수년간 혁신을 거듭해 정형화됐다. 하지만 며칠이 걸리던 대출 심사로 고객들은 불만이 많았다. 이에 금융기관은 신용평가모형 등 심사 표준화로 소요 기간을 단축시켰다. 이후 온라인뱅킹을 출시, 프로세스를 효율화했다.

핀테크 3.0은 이를 뛰어넘었다. 대출상품만을 모듈화한 것이다. 고객이 금융기관 채널에 접속하지 않더라도 시공간 제약 없이 대출할 수 있다. 이뿐만이 아니다. 핀테크는 다른 기업의 장점과 기능을 수용했다. 유통·통신이 소유한 고객거래 이력을 접목, 대안신용모델을 구축했다. 대출이 어려운 금융소외계층도 대출 기회가 생겼고, 낮은 신용등급 보유자도 유리한 금리와 한도를 제공받게 된 것이다. 바로 이것이 핀테크 4.0의 강점인 융·복합화 현상이다.

핀테크 3.0과 4.0의 차이를 비교해 보자. 핀테크 3.0이 대면채널의 금융을 디지털로 이전시키는 혁신이라면, 핀테크 4.0은 디지털 위에서 구현되는 비즈니스 대상으로 혁신을 모색한다는 점이다.

즉 디지털에서 집적된 빅데이터를 분석해 고객의 요구에 맞는 상품과 서비스를 발굴하고, 고객에게 실시간 추천하며, 디지털상에서 소통을 원활하게 해야 한다. 기술력과 디지털전환을 전제로 한 고도화된 혁신과 도전이 필요한 것이다.

핀테크는 엄밀히 말하면 서비스라기보다는 기술 영역에 가깝다. 어떤 파괴적 혁신 기술을 가졌는가, 혹은 그 기술 성숙도가 얼마나 높은지가 시장 지배력을 좌우한다. 핀테크 기술을 둘러싼 국가 경쟁구도와 순위를 매긴다면 어느 국가가 가장 앞설까?

03 핀테크와 AI(인공지능)의 상관관계

국가별 성숙도를 판단하기 위해서는 핀테크 기술 영역 척도가 되는 서비스를 기준으로 삼아야 한다.

크게 인공지능(AI), 블록체인, 클라우드 컴퓨팅을 꼽을 수 있다. 이미 핀테크 영역을 둘러싸고 미국과 중국이 '기술 패권' 전쟁을 펼치고 있는 상황이다. 이 중 핀테크 기술 성숙도를 좌우하는 핵심 기술로 AI가 꼽힌다.

사람과 비슷하게 대화하고, 자유자재로 그림을 그리며 프로그램을 코딩하는 챗GPT의 등장은 인공지능(AI)가 가져올 새로운 미래에 대한 가능성을 제시했다.

MS 공동창업자 빌 게이츠, 엔비디아 최고경영자 젠슨 황 등 테크계 리더들 또한 챗GPT와 같은 생성형(Generative) AI에 대해 획기적인 기술 발전이라는 찬사를 아끼지 않았다.

세계 빅테크 기업이 초거대 생성형 AI 서비스인 챗GPT가 출시되면서 세계 화두로 등장했다.

챗GPT로 촉발된 언어모델 기반 서비스 산업화 가능성이 제기되면서 글로벌 기업은 물론 국내 유수 기술기반 기업이 시장에 뛰어들었다.

국내 또한 한국어 기반 초거대 언어모델 개발을 추진 중이며, 다수의 스타트업 또한 다양한 AI서비스를 제공하고 있다.

그렇다면 챗GPT로 대표되는 생성 AI 모델이 사회에 던져준 변화는 무엇일까.

우선 검색시장의 획기적 변화다. 마이크로소프트는 챗GPT를 앞세워 지난 20년간 구글이 독점했던 검색시장에 도전장을 내밀었다. 이제 정보검색 시장은 효율적인 검색에서 생성과 창의가 결합된 검색으로 패러다임이 전환중이다.

또 다양한 산업에서 AI를 접목해 업무 효율성을 극대화하는 작업이 가시화될 것으로 보인다.

[그림 02] **생성형 AI 산업별 영향 및 활용분야**(출처: SERI)

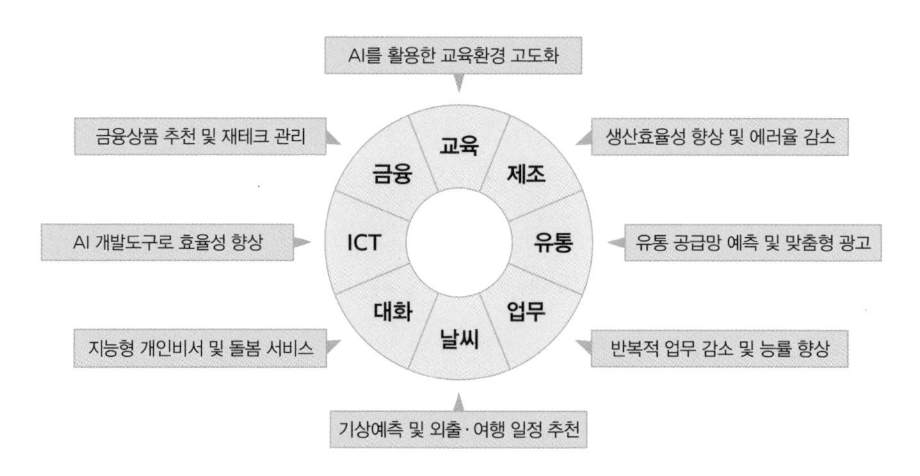

보고서 등을 요약해 주거나 시, 소설, 마케팅 문구 창작 등 다양한 텍스트 서비스와 광고용 이미지 생성에 활용되고 있다. 교육 분야에서도 대화형 AI가 등장, 교사-학생 간 상호작용을 돕거나 금융, 통신 분야에서는 챗봇은 물

론 고객 응대, 상품 추천 등에 활용되고 있다.

의료 분야에서도 생성형 AI를 활용해 신약 후보 물질을 탐색하거나 다양한 질병 시뮬레이션을 통해 원격 의료 도입 가능성을 높이고 있다.

결국 다양한 산업과 서비스에 생성형 AI가 접목되면서 '생성형 AI 플러그인' 생태계가 도래했다. 전문가들은 생성형 AI 출현을 2007년 아이폰 등장과 비교하기도 한다.

가트너에 따르면 지난 3년간 VC들은 생성형 AI 솔루션에 약 17억 달러 이상을 투자하며 생성형 AI 시장 성장을 예고했다. 골드만삭스는 생성형 AI가 10년 후 세계 일자리 3억 개에 영향을 미칠 것으로 예상했고, 글로벌 GDP를 약 7% 증가시킬 것으로 전망했다.

우선 가장 관련이 없는 것처럼 보이는 제조산업에 새로운 혁신 물결을 예고했다. AI는 제조산업에 도입돼 디지털전환을 촉발하고 생산 효율성을 극대화하는 수단으로 자리매김 하고 있다.

제조 현장에서 결함 관리를 위한 산업용 AI 솔루션과 플랫폼 도입이 늘고 있고, 제품 제조 공정 중 결합 탐지에 AI가 투입, 이름을 붙이는 이미지 레이블링 개선으로 획기적인 생산성 향상을 이루고 있다. 맥킨지 보고서에 따르면 2030년까지 AI로 창출되는 경제 가치는 13조 달러에 달할 것으로 예상된다. 이 중 50%가 제조 및 산업 분야에서 나올 것이라는 전망이다.

생산현장에서도 AI가 단순 작업을 대체하고, 스스로 문제를 해결해 생산성을 높이는 데 활용이 가능하다는 것이다. 예를 들어 반도체 설계 시 데이터를 학습한 생성형 AI를 통해 부품을 배치하거나 칩 개발 주기를 획기적으로 단축시키는 것이 가능해진다.

실제 구글은 칩 안에 수백만 개의 반도체 소자와 부품을 효율적으로 배치하는 '평면 배치'에 종전 배치 설계 1만 종을 학습시킨 AI를 적용시켜 사람이 수개월 걸려 하던 작업을 6시간 만에 완료했다.

광고와 마케팅 분야에서도 생성형 AI 도입이 급격히 증가하고 있다. 고객과의 대면 서비스, 물류 최적화 업무는 물론 상당 인력을 필요로 하는 직무에 생성형 AI 적용으로 운영 효율화를 꾀하고 있다.

금융분야를 예로 들면 고객 문의나 응답, 이메일 작성을 대신하는 챗봇AI를 고도화하고, 앞으로는 자산관리 또한 생성형 AI를 통해 PB서비스를 선보이는 시대가 성큼 눈앞으로 왔다. 즉 혁신적인 금융투자 서비스를 창출할 수 있는 가능성이 대두된 셈이다.

해외에서는 금융기업의 생성형 AI를 활용한 고객 응대가 늘고 있다. 모건스텐리는 GPT-4 기반 생성형 AI를 활용, 10만 건이 넘는 연구자료를 딥러닝해 재무관리사 300명을 대상으로 테스트를 진행했다. BBVA는 고객 지출패턴과 금융 데이터 분석 결과를 토대로 개인화 재무상담 서비스를 제공하는 AI 기반 챗봇 'Alicia'를 개발했다.

국내 금융권도 생성형 AI 도입에 분주하다.

[표 04] **국내 금융권 생성형 AI 준비현황**(출처: 전자신문)

KB국민은행	• 'KB-GPT' 데모 웹사이트 개설 • 검색, 채팅, 요약, 문서작성, 코딩 등 내부 직원 업무 효율성 제고에 적용 검토
신한은행	• 생성형 AI의 금융서비스 적용 전담 TF 출범 • 글로벌 기업 외 KT, 네이버, LG 등 다양한 국내기업과 실증
하나은행	• 자체 금융 특화 버티컬 거대언어모델(LLM) 개발 • 하나금융융합기술원 언어모델 전문가의 참여 • 내년 고도화 예정인 하나은행 모바일 AI뱅커 등에 활용
우리은행	• 비정형데이터 자산화해 금융언어모델에 적용 • LG AI연구원과 금융언어모델 실증 위한 컨소시엄 운영함 • 연말에 챗봇 등부터 대고객 서비스 순차적 적용 시작
NH농협은행	• 구글 바드, 챗GPT 등 활용한 금융언어모델 실증 • 올바른 AI 활용 위한 AI 거버넌스 수립 • 생성형 AI 기반 영업점 AI 은행원 서비스 도입 고려

신한은행은 KT, LG AI 연구원, 네이버 등 국내 LLM 기업들과 대출 상품 153개 데이터를 활용한 실증(PoC)을 진행한 바 있다.

국내 기업과의 협력이 실제 사업으로 이어지면 국내 생성형 AI 생태계 발전에도 영향을 미칠 수 있을 것으로 보인다.

농협은행은 디지털 R&D센터 주도로 AI 서비스 개발을 진행 중이다. 디지털 R&D센터는 생성형 AI를 포함한 AI 사고 방지 등을 위한 AI 거버넌스를 수립했다.

하나은행은 하나은행 데이터·제휴본부와 하나금융융합기술원 등이 주도해 금융 분야에 특화된 자체 버티컬 거대언어모델을 개발 중이다.

자체 금융 특화 거대언어모델은 기존 거대언어모델보다 파라미터 수를 10분의 1로 줄여 GPU 비용은 낮추되 금융회사에서 필요한 분야만 집중 학습시키는 버티컬 거대언어모델을 구현한다.

우리은행도 DI추진본부 내 초거대 AI팀을 꾸려 금융 특화 생성형 AI서비스를 대거 준비하고 있다. KB국민은행은 금융AI센터가 주축이 돼 'KB-GPT' 데모 웹사이트를 개설했다. 국민은행은 KB-GPT를 활용한 실증을 통해 직원이 처리하는 단순 업무를 줄이는 등 생성형 AI를 통해 업무 효율성을 높이는 데 주력하고 있다.금융권은 금융 특화 거대언어모델을 통해 특정 목적인 금융 분야에 한해서는 정확한 답을 내놓는 생성형 AI 서비스를 선보이겠다는 포석이다.

특히 금융 업무 절차나 제공 상품이 유사한 만큼 향후 누가 더 양질의 데이터를 입력하고 우수한 질문을 줄 수 있느냐에 따라 서비스 차별화가 이뤄질 것으로 보인다.

과연 챗GTP가 기사를 작성하고 기자를 대체할 수 있을까? 이미 그 실험이 진행 중이다. 생성형 AI의 본질은 인간의 언어를 통해 서비스를 제공하는 것이다. 일부 미디어 기업은 생성형 AI를 보조도구로 활용해 기사를 작성하거나 자동 생성 뉴스에 자본을 투자하고 있다. 가트너는 AI가 콘텐츠의 90%를 만든 블록버스터 영화가 최소 1편은 개봉할 것이라고 전망했다.

기사 창출뿐 아니라 광고제작, 컨텐츠 제작에까지 생성형 AI가 도입될 것이라는 예상이다. 일부 신문은 챗GPT로 보도자료 작성과 취재기사 가공이 가능한지 여부를 가늠하는 다양한 시도를 하고 있다. 현재까지는 기자를 대체할 수 없고 보조 역할을 수행하는 정도에 그칠 것이라는 의견이 지배적이다. 자료 수집과 같이 시간이 많이 소요되는 업무를 담당해 기자의 보조 역할을 수행하는 것이다. 또 대량의 데이터를 기반으로 기사를 자동 작성하고 신속히 정보를 배포하는 2단계 과정까지 진입을 앞두고 있는 형국이다.

생성형 AI가 작성한 기사의 경우 사실검증 절차 부재, 타 언론기사 표절, 학습용 기사 무단 사용 등에 대한 부작용을 수반하고 있다. 미국 IT 매체 씨넷은 인공지능이 작성한 73건의 기사를 검증 절차 없이 발간해 상당수 오류와 표절 발견으로 구설수에 오른 적이 있다.

최근에는 유료 미디어 기사를 무단으로 학습데이터로 활용, 법 위반 여부 또한 발생, 콘텐츠 라이선스 비용을 받는 방안도 발생했다.

AI, 풀어야 할 과제

생성형 AI의 혁신성에도 불구하고 또다른 논란이 제기되고 있다. 바로 학습데이터의 편향성에 따라 산출물 신뢰도가 저하될 가능성이다. 챗GPT의 경우 영어권 데이터의 학습 비중이 높아 한국어 이해 역량이 상대적으로 저조할 수밖에 없다.

이는 결국 정보 진위 확인에 신뢰성이 하락하고, 엉뚱한 문장을 생성하는 소위 '환각 증상'이 나타날 수 있다.

기업들이 이 같은 한계를 극복하기 위해 전방위적인 보완기술 연구를 진행하고 있지만 갈 길은 멀다.

관건은 학습데이터 양과 컴퓨터 인프라 역량에 비례해 산출물의 정확도를 향상시키는 일이다. 하지만 천문학적인 돈이 들어간다. 때문에 중소기업이나 개인 개발자들은 비용 부담을 이유로 경량화된 AI 모델을 개발해 활용하려는 추세가 이어지고 있다.

정보 유출에 대한 대비책도 마련해야 한다.

금융권의 경우 생성형 AI 알고리즘에 주입된 민감한 금융정보가 제 3자에게 유출될 가능성에 주목한다. 일부 해외 금융사의 경우 챗GPT로 인해 고객 정보 등이 외부로 유출될 수 있다는 우려 때문에 챗봇 사용을 제한하고 있는 곳이 늘고 있다. JP모건, 뱅크오브아메리카, 씨티그룹, 골드만 삭스 등이 대표적이다.

저작권 이슈도 풀어야 할 과제다. AI가 생성한 창작물의 저작권은 과연 누구 소유일까?

이미지 플랫폼사인 게티이미지는 AI 이미지 생성기 개발사인 스태빌리티AI에 저작권 침해 소송을 제기했다. 생성형 AI가 자사 이미지, 데이터 약 1200만 개를 허가 없이 무단으로 사용해 이를 재가공했다고 주장했다.

이처럼 콘텐츠에 대한 소유권 및 저작권 대응사례가 등장하면서 이를 규정할 수 있는 제도적 장치가 시급히 마련돼야 한다는 의견이 많다.

초거대 AI는 산업 지형을 바꿀 파괴적 혁신이라는 데에는 변함이 없다. 다만 글로벌 시장에서 한국이 기술과 산업을 주도할 수 있도록 정책 지원이 필요하며, 여러 부정적인 역기능을 해소할 수 있는 제도적 안전장치가 수반되야 한다.

아직 한국은 해외 선도국와 AI기술부문에서 격차가 크다. 때문에 AI 기술개발 우수인력 확보와 양성 교육이 필요하다. 또 생성형 AI 관련 데이터 구축, 컴퓨팅 자원 제공, 윤리 및 신뢰성 확보를 위한 민관 협력이 절실하다. 산학연 협력과 딥테크 창업기업 지원을 강화하는 것도 하나의 대안이 될 수 있다.

[표 05] **AI 기술격차 현황**(출처: 한국수출입은행)

년도	미국		중국		유럽		한국		일본	
	상대 수준	기술격차 (년)	상대 수준	기술격차 (년)	상대 수준	기술격차 (년)	상대 수준	기술격차 (년)	상대 수준	기술격차 (년)
2018	100	0	88.1	1.5	90.1	1.4	81.6	2	86.4	1.8
2019	100	**0**	91.8	**1**	91.8	**1**	87.4	**1.5**	88.2	**1.4**
전년대비	0	0	3.7	-0.5	1.7	-0.4	15.8	-0.5	1.8	-0.4

인공지능 부문에서 한국은 AI 발명규모는 전 세계 4위를 차지하고 있지만 기술 수준은 87.4점으로 미국(100점) 대비 약 1.5년의 기술격차가 난다. 한국이 AI 부문에서 빠르게 다른 국가를 추격하고 있지만 아직까지 명확한 기술격차는 존재한다. 미국은 특허 부문 1위를 유지하고 있다. 중국과 유럽은 특정 분야에서 눈부신 발전을 이루고 있다.

연구역량 부문에서도 미국이 최상급 인재와 투자금 등을 흡수하며 압도적 우위를 점유하고 있다.

2020년 세계경제포럼에서 발표한 '글로벌 인공지능 인덱스'에 따르면 한국 AI 생태계 수준은 54개국 중 종합순위 8위를 기록했다. 총 7개 부문 중 인프라스트럭처와 개발을 제외한 5개 부문에서 인덱스 점수는 중하위권 수준이다.

[표 06] **AI 투자 현황**(출처: 한국경제인연합회)

국가명	구분	주요 내용
미국	**AI 지원**	'19년 정부 투자 2조 원(KDI 2020)
	AI 인프라	개인정보에 대한 적극 활용 가능 • 비식별 정보는 정보 주체 동의없이 사용 가능(사후 동의철회 방식) • '09년 오픈데이터 정책 등 빅데이터 활용을 일찍부터 추진
중국	**AI 지원**	'19년 정부 투자 25조 원(KDI 2020)
	AI 인프라	개인정보에 대한 적극 활용 가능 • 정부 묵인하 광범위한 개인정보 수집·활용 허용 • '15년부터 공공데이터 개방 등 빅데이터 산업 육성
영국	**AI 지원**	'19년 정부 투자 1.6조 원(과기부 2018)
	AI 인프라	우수 인재에 특별비자 발급, 정착 원활하도록 이민 규칙 변경
		개인정보에 대한 실질적 활용 가능(예외 인정 등) • 사전동의 방식, 의료 목적 등 예외 폭넓게 인정 • NHS Digital 설립 등을 통해 의료정보 등 데이터 활용 활성화
일본	**AI 지원**	'20년 정부 투자 1.3조 원(정보통신정책원구원 2020)
	AI 인프라	개인정보에 대한 실질적 활용 가능(예외 인정 등) • '17년 익명가공으로 의료 데이터 외부 제공가능(사후 동의철회 방식) • '16년 기본법 제정해 데이터 활용 정책 본격 시행
한국	**AI 지원**	'21년 정부 관련 예산 2.3조 원(과기정통부 2021)
	AI 인프라	개인정보에 대한 제한적 활용 가능 • 의료법 등 개별법에 별도 동의 필요하거나 활용에 제한

국가별 AI 투자현황 및 핀테크 접목 선결과제

AI 부문은 미국과 중국을 중심으로 대규모 투자가 이뤄지고 있다. 특히 미국은 정부가 인공지능 윤리, 데이터 거버넌스 등 원천 기술을 고도화하는 데 공을 들이고 있다. 반면 중국은 정부가 핵심 인공지능 기술 분야를 선정해 주요 정보기술 기업과 함께 응용 사업에 경쟁력을 확보하는 데 주력하고 있다.

미국은 인공지능 기술 우위를 점하기 위해 반도체와 인공지능 기술 개발 및 생산에 2500억 달러 지원 계획을 담은 '혁신 경쟁법'을 제정한 바 있다. 조 바이든 행정부는 앤드류 무어 구글 클라우드 인공지능 디렉터 등 민간 전문가와 백악관 과학기술 정책실, 국가과학재단 전문가 등 12명으로 구성된 전미 인공지능 리서치 리소스 태스크포스를 발족했다. 미국 AI 기술 우위 선점과 인프라 구축을 위한 전략 개발이 목표다.

이에 따라 미국은 국방 등 공공 분야까지 정부 투자를 강화하고 있고, 구글, 애플, 아마존 등 빅테크 기업 중심으로 글로벌 생태계 조기 선점에 나섰다.

중국도 공공 주도 대규모 투자를 기반으로 미국을 맹추격하고 있다. 중국은 2017년부터 집중적으로 AI를 국가 전략으로 추진하고 있다. '차세대 인공지능 발전계획'을 수립하고 약 160조 원을 투자해 2030년까지 미국을 추월하겠다는 목표를 수립했다. 3단계 전략 목표와 5대 중점과제 중장기 마스터플랜을 제시하고 '차세대 인공지능 오픈 플랫폼'을 담당할 15개 선도기업도 선정했다. 또 지방 정부 중심으로 특구 지정 등 세밀한 육성정책을 짜고 정책금융기관과 빅테크, 벤처캐피털 등이 지분투자를 시행하는 등 상업화에 강점을 갖고 있다.

미국, 중국, 한국에 이어 유럽연합과 영국, 일본도 인공지능 소사이어티를 꿈꾸고 있다.

유럽연합은 디지털 단일시장 전략을 수립했다. 범국가적 생태계를 조성하고 유럽 인공지능 전략을 통해 중장기 인공지능 정책방향을 꾀하고 있다. 이를 위해 디지털 혁신 허브 네트워크를 만들고 유럽전략투자기금과 인공지능 및 블록체인 투자기금을 조성했다.

영국 정부는 향후 10년간 인공지능 분야 연구·혁신 초강대국 달성을 목적으로 첫번째 인공지능 국가전략을 발표한 바 있다.

유럽연합과 더불어 핀테크의 출발국가로 불리는 영국도 인공지능 서비스를 통해 경제와 국민의 삶을 개선한다는 구상이다. 이를 위해 3대 목표를 제시했다. 첫째로 과학과 인공지능 분야 강국으로 리더십 유지, 둘째로 인공지능 기반 경제 전환을 지원하고, 모든 경제 부문과 지역에 그 혜택이 돌아가도록 보장, 셋째로 혁신과 투자를 장려하고 국내외 인공지능 기술 권리 거버넌스 확보다.

특히 우수 인재 양성에 적극 나서고 있다. 인공지능 인재 유치를 위해 특별비자 발급을 늘리고 이민 규칙을 변경하는 등 규제 완화에 적극적이다.

일본은 2019년 '인간 중심의 인공지능 사회 원칙'을 발표했다.

인공지능을 도입해 포용성과 지속가능성이 실현되는 사회로 진입하는 것을 목표로 설정하고 4대 전략목표를 정했다. 첫째로 인공지능 시대 인재 육성과 유입 유도, 둘째로 인공지능 응용분야에서 세계 최고 기술력 확보, 셋째로 지속가능성을 갖춘 사회 실현을 위한 인공지능 기술체계 확립, 넷째로 글로벌 인공지능 연구 네트워크 구축 등을 캐치프레이즈로 내걸었다.

결국 인공지능 기술력 유무에 따라 핀테크 시장에서의 입지는 크게 변화할 것으로 보인다.

전국경제인연합회 '인공지능 분야 현황과 과제' 자료에 따르면 전세계 인공지능 시장규모는 2018년 735억 달러에서 2025년 8985억 달러로 연평균 43% 고성장할 것으로 예상된다.

2016년 알파고 등장 이후 챗GPT가 AI 시장을 뜨겁게 달구고 있다. 챗GPT는 축적된 데이터 패턴과 관계를 학습해서 새로운 합성 텍스트를 추출하는 생성형 AI다. 챗GPT 공개 이후 갑론을박이 전개되고 있다. 그러나 챗GPT는 게임체인저로서 산업 전반에 미치는 파급력이 클 수 있다는 것이 중론이다.

신기술에 의한 혁신 서비스가 등장할 때마다 사용자가 어떤 기준으로 수용할 것인지는 기업의 해묵은 고민이다. 뻔한 답이긴 하지만 사용자 수용성을 높이기 위해선 편리함과 효익, 사용용이성 등을 제공해야 한다.

이미 뜨거운 감자가 돼버린 챗GPT는 소비자 마음을 홀린 듯하다. 놀라운 속도로 가입자가 증가하고 있고, 월 방문자 기록이 과거 특출한 서비스를 압도하고 있다. 더군다나 챗GPT로부터 기회를 엿본 해외 빅테크는 LLM(Large Language Model, 거대언어모델) 기반 유사한 서비스를 앞다퉈 내놓고 있다.

하지만 높은 수용성에도 불구하고 정보보호에 대한 우려의 시선이 높다. 만약 개인정보가 노출되거나 악용된다면 그 파장은 엄청나다. 챗GPT가 이상거래 탐지나 사기예방을 위해 유용할 것이란 기대와 달리 오히려 악용될 소지도 크다. 운영사가 사용자 정책을 통해 막고 있지만, 단적으로 해킹 프로그램이나 피싱 메일을 만드는 방법까지 사용자에게 알려줄 위험도 도사리고 있다.

민감한 정보가 많은 금융은 더욱 신중한 대응이 요구된다. 그 일환으로 데이터 보안과 개인정보보호를 위한 최소한의 안전장치로 법제도에 따라 엄격하게 규제돼야 한다는 목소리도 크다.

이탈리아 및 캐나다에선 챗GPT의 개인정보 수집과 처리에 대해 강한 문제를 제기했다. 동시에 법적 규제를 강화할 추세다. 역설적으로 챗GPT 운영사인 오픈AI의 CEO 샘 알트먼은 미의회 청문회에서 개인정보와 윤리 문제 해결점으로 규제 마련을 피력하기도 했다. 챗GPT 등 생성형 AI의 학습 데이터가 적절하게 관리되지 않을 때 발생할 수 있는 위험을 스스로 자인한 셈이다.

규제로 인해 기술 개발과 활용이 불편해질 수 있다. 규제와 활용은 마치 동전의 양면과 같다. 이 지점에서 합리적 해결방법을 통해 균형을 모색하는 것이 중요하다.

첫 번째 해법은 금융권 자구 노력이다. 강력한 암호화 및 최소한의 정보수집 원칙을 실행하고 개인정보 비식별화 등 보안 기술을 고도화하는 것이다. 차등 프라이버시(Differential Privacy)도 좋은 사례다. 임의로 노이즈를 데이터에 삽입해 개별 데이터에 대한 식별이 어렵도록 설계하는 방식이다.

최근에는 합성 데이터가 대안으로 부상했다. 합성 데이터는 실제 데이터의 통계적 특성을 모방해 인공적으로 만든 가짜 데이터다. 데이터 출처가 없기 때문에 개인정보도 보호할 수 있다. 그러나 합성 데이터도 생성의 기초인 실제 데이터 편향이 반영되기 때문에 완벽하다고 할 수는 없다. 그럼에도 불구하고, 데이터 부족을 해결하고 개인정보의 폐해를 최소화한다는 점에서 눈여겨볼 만하다.

두 번째는 금융당국의 조정이다. 개인정보보호를 위한 규제 기준을 설정하고, 금융사가 이를 준수하도록 관리, 감독하는 것은 필수 조치다. 다만, 금융사가 규제 준수를 위한 세부지침 대응으로 인해 기술 개발과 활용이 뒤쳐져서는 안 된다. 이를 위해 금융당국은 현장과 긴밀히 협업하고 조율해야 한다. 한편, 유연성을 발휘해 규제의 원칙만을 제시하고 세부 가이드라인은 금융사에 맡기는 것도 필요해 보인다.

생성형 AI가 미래 기술의 핵심으로 부상하려면 혁신과 규제, 활용과 정보보호 사이에서 균형점을 찾아야 한다. 이는 고객 편익과 안전함을 추구하는 금융 생태계에선 필연적인 조치다.

한편 정책 당국과 금융권은 미국이나 EU국가의 챗GPT에 대한 규제 동향에 주시할 필요가 있다. 발빠른 출시로 시장 선도와 고착화를 원하는 해외 빅테크 기업 중심으로 국제적 가이드라인이 만들어지는 것은 피해야 한다. 생성형 AI라는 시장의 흐름에 경쟁해야 하는 국내 산업 관점에서도 성장할 수 있는 모멘텀을 만들어야 할 것이다.

특히 챗GPT를 계기로 금융 부문 변화가 주목된다. AI 도입이 급물살을 타고 있다. 금융업계는 챗봇, 로보어드바이저, 업무자동화(RPA), 마켓센싱 등 고객 접점부터 후선 업무까지 AI를 접목해 왔다. 광범위하게 적용될 정도로 금융에 미치는 변화가 크다.

첫째는 자동화다. 금융업계는 데이터 처리 및 거래 모니터링 등 반복·수동적인 작업 자동화로 업무량을 줄이고 있다. 고객 대응도 상당 부분 소모적 프로세스를 제거했다. 상품 판매와 이상 거래 탐지에도 AI 기술을 활용하고 있다. 결과적으로 수익 증가, 비용 절감, 고객 경험 향상으로 이어지고 있다.

둘째는 개인화 서비스 실현이다. 고객은 챗봇·상담봇을 통해 시공간에 구애받지 않고 문의 사항을 해결할 수 있다. 통장과 카드가 없더라도 모바일폰으로 ATM에서 예금을 인출할 수 있다. 공과금 자동인식 및 납부, 외화인식에 이르기까지 AI는 금융생활에 깊숙이 내재되어 있다. 알고리즘에 의해 개인 성향에 맞는 맞춤형 포트폴리오도 가능하다. 결과적으로 고객의 합리적

자산관리 및 소비관리가 강화된다.

셋째는 시장 예측 및 위험관리 향상이다. AI는 수많은 데이터를 실시간 분석함으로써 잠재 위험을 미리 식별하고 예측한다. 이를 통해 금융기관은 통찰력 있는 의사결정과 위험을 완화하기 위한 사전 조치를 할 수 있다.

금융업계는 AI의 광범위한 활용을 위해 지속적으로 투자해 왔다. 그럼에도 챗GPT의 등장은 위기감을 불러일으킨다. 챗봇·상담봇과 비교해 챗GPT의 압도적인 잠재력 때문이다. 만약 챗GPT를 금융에 접목했을 때 어떤 현상이 나타날 것인가.

금융기관이 보유한 엄청난 양의 정형·비정형 금융정보를 챗GPT에 학습한다고 가정하자. 높은 연산 능력과 컴퓨팅 파워로 탁월한 고객 대응력을 보일 것이다. 키워드와 시나리오 중심인 금융기관 챗봇에 비할 바가 아니다.

더 무서운 것은 금융 큐레이터 기능이다. 상품 설명 및 안내에 그치는 것이 아니라 상품 판매로 유도가 이뤄질 것으로 전망된다. 고객을 몇 개로 그룹화해서 상품을 제공하는 것이 현재의 개인화 단계라면 실시간으로 시간·공간·상황에 맞게 맞춤형을 제공하는 초개인화를 예상할 수 있다. 따라서 챗GPT 성능이 도입된 금융 앱은 메인페이지 핵심 공간에 배치될 공산이 크다.

앞에서 언급한 내용은 단순한 예상이지만 국내 금융업계는 대응력을 높여야 한다. 최근 금융업계는 초거대 AI를 기반으로 뱅커(디지털 휴먼) 개발에 집중한다고 한다. 영업, 심사, 상담, 내부통제 등 전반적인 업무 담당이 예상된다. 금융에 관한 고객의 가상 개인비서인 셈이다.

그러나 완전한 구축을 위해서는 자연어 생성, 딥러닝, 딥페이크, 분석 등 고난도 기술이 전제돼야 한다. 기술 로드맵으로 볼 때 아직 갈 길이 멀다. 미래 금융을 선도하기 위한 과감한 투자가 요구되는 대목이다.

정책 당국의 적극적 관심도 요구된다. 정책 당국은 AI의 안전한 사용과 활성화를 위해 AI 가이드라인과 세부지침을 도입했다.

금융 AI는 민감한 정보를 다루기 때문에 정보 보호와 보안이 필수다. 부정확한 정보로 말미암은 결과의 불공정성과 편향성도 해결해야 한다. AI를 통한 금융거래 실수와 손실에 대해서도 책임 귀속을 명확히 해야 한다. 이런 면에서 정책 당국의 모니터링·독려·지원이 중요할 수밖에 없다.

핀테크 4.0시대 주요 화두 가운데 하나는 금융플랫폼이다. 금융플랫폼이란 디지털을 기반으로 다양한 금융상품 및 서비스에 대해 다수 공급자와 수요자가 상호 작용할 수 있도록 작동하는 매개체다. 이러한 금융플랫폼을 두고 금융기관·빅테크·핀테크의 치열한 경쟁이 예상된다. 동시에 빅테크 금융플랫폼 진입도 뜨거운 논쟁으로 이어지고 있다.

디지털화가 가속되는 핀테크 4.0시대 금융구조를 살펴보자. 금융상품 제조와 판매가 분리되고, 유통과 소비 공간의 다변화라는 관점에서 세 가지로 유형화할 수 있다.

첫 번째 유형은 금융플랫폼 탄생이다. 플랫폼은 금융과 비금융 등 다양한 데이터를 결합해서 고객 니즈에 맞는 맞춤형 상품 자문 및 각종 혜택을 제공할 것이다. 즉, 고객은 생애주기에 걸친 금융 문제를 해결하고 금융행동에 대한 주요 의사결정을 하게 된다.

두 번째는 상품제조 전문기업이다. 은행, 카드, 금융투자, 보험 등 금융 노하우와 리스크 관리를 바탕으로 우수한 상품을 개발한다. 자신이 직접 판매할 수 있지만 고객 접점망을 갖춘 금융플랫폼에 상품과 서비스를 제공함으로써 이익을 창출한다.

세 번째는 솔루션 제공 기업이다. 금융서비스, 리스크, 마케팅, 후선지원 등 금융 전 영역에 걸쳐 솔루션을 구축한다. 즉 신용평가, 대출실행, 계좌개설, 주식매매 등 기능 단위로 세분화해서 필요한 공급자에게 제공한다.

금융기관, 빅테크, 핀테크 등 시장의 주요 참여자는 보유 자원과 역량에 따라 이처럼 세 가지 유형의 지향점을 선택할 것이다. 이 지점에서 참여자가 쉽게 포기할 수 없는 유형이 금융플랫폼이다. 금융플랫폼은 상품제조 및 솔루션 제공 기업에 비해 가치사슬의 최상위에 위치한다. 금융소비자와의 접점이자 상호작용 통로를 통한 고객의 록인(Lock-In)이 가능하기 때문이다.

빅테크 등장으로 금융기관은 긴장의 연속이었다. 라이선스와 높은 인지도로 금융 A부터 Z까지 담당해 온 금융기관이 플랫폼을 포기하고 상품 제조에만 집중하는 것은 상상하기 어려운 모습이다. 빅테크를 향해 동일 기능, 동일 규제 등 기울어진 운동장을 역설하는 것도 금융플랫폼 강화에 있다.

카카오, 네이버 등 빅테크는 비금융 플랫폼에서 확보한 대규모 고객 접점을 통해 금융을 녹여 내고 있다.

메신저, 검색 등 비금융 서비스로 축적해 온 강점 때문에 몇 단계 유리한 고지에서 거대 금융플랫폼이 될 공산이 크다. 금융 본원적 업무인 심사 기능 추가 및 상품을 직접 개발하려는 니즈도 매우 강하다.

일각에선 이에 대한 우려의 목소리도 커지고 있다. 지배적 위치로 말미암은 불공정 경쟁 및 금융정보 독과점 현상, 자사 이익 중심의 플랫폼 성향으로 말미암은 금융공공성 저하가 발생할 수 있기 때문이다.

문제는 핀테크다. 핀테크는 결제, 대출, 자산관리 등 특정 영역의 상품과 서비스에 집중해 왔다. 상품 제조 라이선스가 없고, 부족한 자금력으로 말미암아 일부 상품의 중개가 그나마 경쟁력 유지를 위한 필연적 선택이었다. 핀테크는 차별화한 기술력과 창의적 아이디어로 고객과의 접점을 만들어야 하는 당면과제를 안고 있다.

결론적으로 금융플랫폼을 둘러싼 생태계 경쟁은 시장 트렌드가 될 것이다. 참여자의 역량과 강점을 극대화하는 역동적인 금융플랫폼의 탄생을 기대한다. 다만 건전한 생태계는 참여자 간 협력과 역할 분담이 전제돼야 한다. 특히 핀테크는 금융소비자의 정보 비대칭성 해소, 저렴한 금융 비용 제공, 금융으로의 접근성 강화 측면에서 소임을 다해 왔다. 어려워진 금융환경에서도 핀테크의 성장은 금융의 건전한 발전 및 금융소비자의 포용성을 위해 매우 중요하다. 이를 위해 정책 당국의 조정 능력과 합리적 환경 조성은 필수다.

산업이든 기업이든 제대로 된 방향을 설정하고 속도를 조절하는 것이 중요하다. 빠른 속도로 일을 추진해도 방향이 잘못됐다면 도달점은 시장과 괴리가 크다. 특히 기술의 방향을 설정하는 것은 더 신중해야 한다. 사업 모델의 중요한 기반이 되기도 하고 거대한 투자가 수반되기 때문이다.

금융권은 디지털전환을 위해 그동안 다양한 기술을 접목해 왔다. 시장 동향을 고려할 때 인공지능(AI)과 블록체인이 핵심기술로 귀결될 것으로 보인다. 아이러니하게도 AI와 블록체인은 상반된 모습을 보이며 발전해 왔다. AI는 금융 공급자·소비자 모두에게 큰 저항 없이 수용됐다. 반면에 블록체인은 이해관계자 간 의견이 분분할 정도로 저항감이 있다.

AI는 다양한 금융 영역에 도입돼 소비자 금융생활을 바꾸고 있다. 가장 활발한 곳은 신용평가와 대출심사다. 신용평점 산정부터 금리 승인에 이르기까지 금융생활과 밀접하다. 금융 취약 대상을 위해 기존 신용평가의 대안 모델을 만들어 내기도 한다. 리스크 관리도 효과적이다. 소비자가 비정상 금융거래를 하면 자동으로 탐지해 내기도 한다. 더 나가 소비자의 자금세탁까지도 추적한다.

자산관리 영역에서 금융소비자의 AI 기대감은 점점 커지고 있다. 소비자는 AI 알고리즘이 감성적 판단에서 비롯되는 금융사 직원의 오류를 줄일 수 있다고 믿는다. 특히 최근에는 챗GPT 같은 AI가 금융의 광범위한 영역에서 활용될 것이란 기대감이 더 커졌다.

금융에서 소비자가 빠르게 AI에 익숙하게 된 이유는 간단하다. 소비자의 디지털전환에 도움이 됐기 때문이다. 엄밀히 보면 AI는 상품이나 콘텐츠 변화보다 모바일을 통한 금융방식 변화와 연결된다. 쉽게 말해 소비자 금융접근성 제고 및 거래비용 감소로 말미암은 다양한 혜택 제공에 초점을 맞춘다. 결국 AI는 금융기관 및 핀테크의 금융플랫폼 경쟁을 유도했다.

이에 비해 블록체인은 여러 의견이 대립한다. 가상자산 시장에 대한 비판적 이미지에 테라·루나 사태가 겹치면서 부정적 인식이 많은 편이다. 그럼에도 분산원장 및 스마트 컨트랙트로 대변되는 블록체인 기술은 미래 금융의 한 축이 될 것으로 예상된다.

기술로서의 블록체인은 거래 보안성과 투명성을 향상할 수 있다. 블록체인을 이용하면 거래가 블록으로 묶여 네트워크 전체에 공개된다. 이는 정부나 금융기관 등 중앙 관리시스템에 대한 종속성을 줄이고 보안성을 증가시킨다. 또 거래 참여자가 주체가 돼 모든 거래 기록을 저장함에 따라 위·변조가 어렵다. 따라서 거래 기록이 변하지 않기 때문에 거래 신뢰성을 높일 수 있다. 이로 말미암은 재무적 효과도 있다. 거래과정에서 필요하지 않은 중개자를 배제함으로써 거래 비용이 낮아지게 된다.

06 핀테크와 블록체인

AI가 금융방식 변화라면 블록체인은 기존 금융시스템 변화다. 각각의 기술 이점을 잘 조합한다면 금융의 보안과 효율성·신뢰성을 향상시킬 수 있다. 예를 들면 블록체인으로 거래 내역을 안전하게 저장하고 AI로 거래 패턴을 분석하면 더욱 정확하고 빠른 처리가 가능하다. 다만 개인정보보호와 데이터 보안, 기술적 한계 및 거래 안정성도 신중하게 고려돼야 한다.

블록체인이 미래 금융의 기술 잣대라면 다음은 속도다. 두 기술의 진화 속도는 금융정책과도 맞물려 있다. 금융시장은 이벤트를 2개 준비하고 있다. 대출이동서비스 실행과 실물자산에 기반을 둔 증권형토큰(STO)의 법·제도 구성이다. 전자는 알고리즘에 기반을 두고 소비자에게 유리한 금융의사결정을 제공할 것으로 기대된다. 후자는 블록체인에 기반을 둔 투자가 제도권에 수용됨으로써 발전적 금융시스템을 만들어 내는 출발점이 될 것으로 기대된다.

블록체인은 분산원장 기술을 사용해 데이터를 여러 저장소에 기록하고 여러 네트워크 참여자가 이를 공유할 수 있도록 함으로써 정보의 투명성을 제고하고 위변조를 방지해 거래의 신뢰를 높일 수 있는 차세대 기술이다.

분산원장 기술은 한 번에 여러 곳에 금융 거래를 저장할 수 있도록 함으로써 생태계 금융을 뒷받침하고 있다. 점차 크로스체인 기술이 블록체인 상호 운용성을 촉진하고 서로 다른 프로토콜에 구축된 체인이 결제처리 공급망 관리 등 업무와 산업 전반에 혁신을 촉발하고 있는 추세다.

핀테크와 블록체인은 이제 떼려야 뗄 수 없는 악어와 악어새 관계라고 보면 된다.

블록체인은 이미 많은 국가와 산업 분야에서 활발하게 도입되고 응용 범위와 대상은 더욱 확대되고 있는 추세다. 코로나19 여파로 비대면 경제 시대가 도래하면서 이제 블록체인은 핵심 인프라이자 새 수익 성장을 이끄는 기회 플랫폼으로 각광받고 있다.

[표 07] **블록체인 활용분야**(출처: 삼정KPMG)

활용 분야	주요 내용
예술 산업	예술 작품의 출처관리와 작품의 소유권 이전이 발생하는 거래에 있어 블록체인 기술을 활용하여 정보의 정확성과 투명성 제고
음원 및 콘텐츠 사업	블록체인 플랫폼을 통한 음원을 포함한 콘텐츠 산업의 유통·수익 구조 변화 및 저작권 침해 방지에 활용 가능
카 셰어링 (Ride-sharing)	블록체인 네트워크를 통해서 비슷한 행선지로 향하는 사람들을 실시간으로 모집해 이동하고, 디지털 통화를 사용해 대가를 지불
자동차 리스	블록체인을 활용하여 고객, 리스회사, 보험사 간에 정보를 실시간으로 업데이트 하는 스트리밍 자동차 리스서비스 제공 가능
부동산 거래	블록체인을 통한 부동산 거래는 종이 기반의 기록유지 필요성을 감소시켜 거래의 신속성을 높이고 문서의 정확성을 보증
스포츠 매니지먼트	블록체인을 활용하면 스포츠 에이전시를 통하지 않고 분산화된 자금 모집 프로세스를 통해 미래 스포츠 스타에 대한 투자 가능
상품권 및 포인트 제공	블록체인을 통해 저렴한 비용으로 고객의 충성도를 제고시킬 수 있는 맞춤형 상품권 및 포인트 제공 가능

딜로이트 보고서에 따르면 조사 참여자의 73%는 블록체인과 디지털자산

을 도입하지 않을 경우 조직이 경쟁우위를 상실할 것으로 우려했다. 76%는 향후 10년 내 디지털자산이 명목화폐를 대체하는 등, 종이돈의 종말이 임박했다고 전망한다. 블록체인과 디지털자산은 이제 핀테크 기술의 새로운 신경제를 창출하는 수단이자 플랫폼이 됐다는 방증이기도 하다.

블록체인 기술을 실증화하고 채택하는 사례가 급증하고 있다.

크게 3가지 영역으로 나눠어 살펴보자. 첫번째가 블록체인 기반서비스와 BASS 시장이다. 다른 기업이 블록체인 솔루션을 구축할 수 있도록 지원하는 인프라스트럭처 구축 시장이라고 할 수 있다. 코딩 지원이나 호스팅 솔루션을 제공하는 것이 목표다.

두 번째 영역은 공급망, 추적성, 프로방스 영역이다. 공급망이 매우 복잡해짐에 따라 기업들은 공급망 솔루션에 블록체인을 융합해 현대화하려는 움직임을 보인다. 이는 기업이 공급망 전반에 걸쳐 제품을 더 잘 추적하고 정체성을 확인할 수 있도록 '신뢰할 수 있는 단일 진실의 원천'으로 블록체인을 사용해 달성하려는 노력을 하고 있다. AI 부문과 마찬가지로 미국이 가장 앞서있다.

마지막으로 청산과 정산 분야가 있다. 핀테크와 가장 밀접한 분야이기도 하다. 금융 자산을 거래할 때 자본시장에서 채권 지분 또는 기타 금융상품을 거래하는 많은 당사자들은 거래를 완료하고 해결하기 위해 관여를 할 수 밖에 없다. 블록체인을 사용하면 결제비용을 대폭 줄이고 관여를 최소화할 수 있다. 그만큼 거래는 투명해지고, 부정적인 효과가 사라진다.

블록체인 솔루션을 구축하기 위해 사용하는 기술은 30종에 달한다. 가장 선호하는 분산원장 기술은 하이퍼렛저 패브릭(Hyperledger Fabric)이며 이더리움, 쿼럼이 그 뒤를 잇고 있다.

대표적인 핵심기술만 요약해보자. 하이퍼렛저 패브릭은 하이퍼렛저 패브릭 리눅스 파운데이션이 주도하는 오픈소스 프로젝트다. 모듈형 블록체인

[그림 03] **미래 블록체인 네트워크 예상**(출처: IBM)

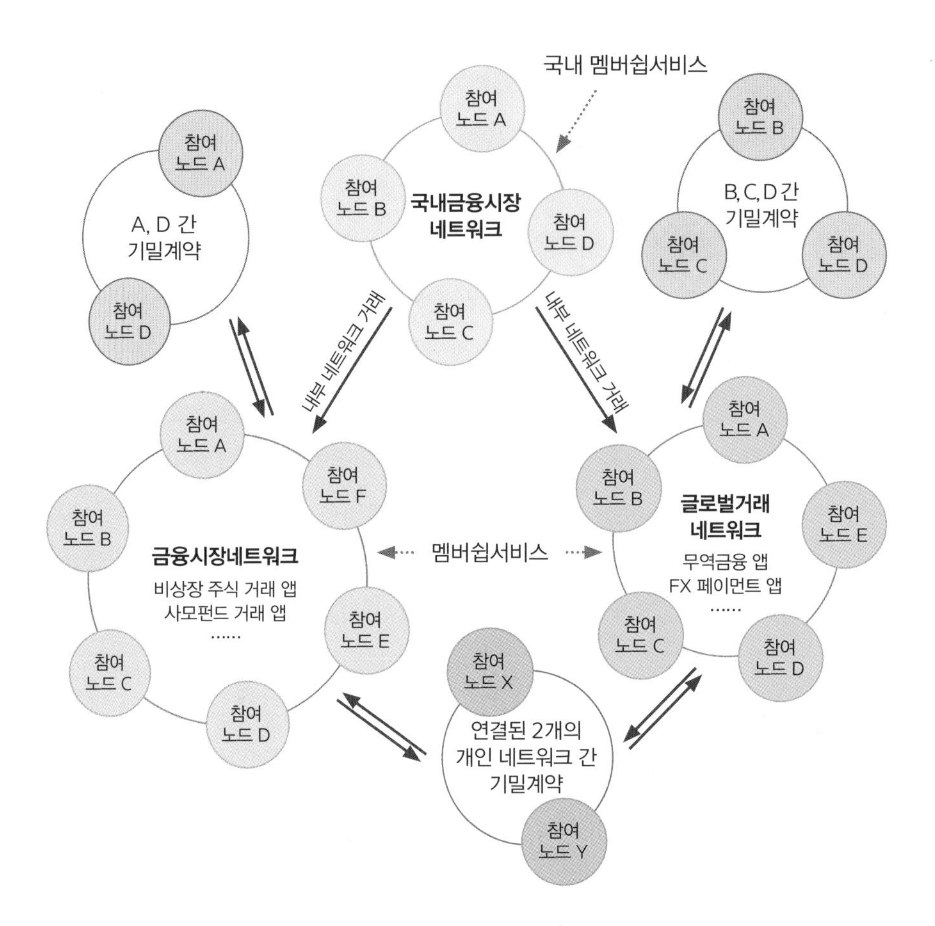

프레임워크이며 엔터프라이즈 블록체인 플랫폼의 표준이다. 권한이 없는 개방형 시스템이 아니라 개인 거래와 기밀 계약을 지원하는 확장 가능하고 안전한 플랫폼으로 알려져 있으며, 거의 모든 산업에 적용이 가능하다.

두 번째가 바로 이더리움이다. 스마트 계약을 구축하고 실행하기 위한 오픈소스 분산 플랫폼이다. 이더리움은 누구나 분산 애플리케이션을 만들 수 있다. 이더리움의 글로벌 분산 네트워크 덕분에 디앱은 중단 시간, 검열 사기, 또는 타사 간섭 가능성이 전혀 없다.

퀴럼은 퍼블릭 이더리움 커뮤니티의 혁신과 기업 니즈를 지원하기 위한 개선 기능을 결합한 오픈소스 블록체인 플랫폼이다. 2017년 JP모건 체이스가 설립했다. 이 플랫폼은 기업 고객에게 이더리움의 허가된 구현을 제공한다. 거래나 계약 개인정보보호, 즉 은행 및 금융 서비스 회사를 위한 애플리케이션 구축과 도구를 지원한다.

마지막으로 코다가 있다. 기업이 서로 엄격한 개인정보보호 속에서 직접 거래할 수 있도록 하는 허가된 프라이빗 블록체인 플랫폼이다. 규제가 심한 업종을 위해 개발된 코다의 고유한 개인정보보호 모델을 통해 기업은 플랫폼에 구축된 애플리케이션을 사용해 고부가가치 거래를 안전하고 원활하게 처리할 수 있다.

블록체인 기술력 유무에 따라 핀테크 산업의 경쟁력은 크게 달라질 것이다. 그 향배는 바로 서플라이 체인 변화와 CBDC 시장 진입에서 판가름 날 것으로 전문가들은 예상한다.

블록체인은 분산형 컴퓨터 네트워크로 중앙집권을 두지 않고 신뢰성 있는 합의에 도달하는 기술이다. 전 세계에 존재하는 PC에 데이터를 둠으로써 파괴할 수 없는 네트워크 창출 기술이라고도 불린다. 미래 핀테크 기술로 이미 금융거래 분야에서 다양한 파일럿 테스트가 이뤄지고, 여러 실증 사업이 추진 중이다.

블록체인의 가능성, 즉 적용 범위가 날로 확대되며 KYC(Know Your Customer)·전력 등 금융거래 이외 분야에서 활용도가 높아지고 있다.

현재 블록체인 거래는 가상자산(화폐) 유통이 많지만 향후 스마트 컨트랙트 분야에서 생태계를 바꿀 차세대 기술로 주목받고 있다. 수년간 실증화 사업을 거쳐 이제 블록체인을 이용한 스마트 컨트랙트 생태계가 목전에 와있다.

[표 08] **블록체인 경쟁력 비교**(출처: 한국인터넷진흥원)

구분	블록체인
미국	중앙은행 디지털 화폐(CBDC) 연구 수준 • 연방준비제도는 현재 관망하고 있음 • 다만, 보스턴 준비은행과 MIT와 공동으로 보스턴 디지털화폐 프로토타입 설계 중
영국	중앙은행 디지털 화폐(CBDC) 연구 수준 • 2021년 4월 영란은행과 재무부는 연구를 위한 테스크포스 발족 • 2022년부터 발행 여부 공식 검토 예정 • 영란은행과 재무부는 CDCD 관련 연구 개발 및 조사 진행 예정
중국	중앙은행 디지털 화폐(CBDC) 연구 수준 • 2017년부터 관련 연구 시작 • 2019년 CBDC 개발 완료 • 2019년부터 시범사업 진행 • 2020년 일반인 대상 공개 테스트 진행
일본	중앙은행 디지털 화폐(CBDC) 연구 수준 • 향후 CBDC와 경쟁가능한 스테이블 코인 규제 검토 • 이외 정부부분에서의 정책 없음 • 70개 대기업 및 금융기업을 중심으로 은행 예금기반 디지털 통화 발행을 통한 활용가능성 실험 예정
한국	중앙은행 디지털 화폐(CBDC) 연구 수준 • 2017년부터 관련 연구 시작 • 2021년 8월 CBDC 발행, 유통, 환수 등 기본기능과 오프라인 결제 등 확장기능 관련 모의 실험 진행 • 2022년 6월 완료 목표

핵심은 분산대장 기술이다. 과거에는 상거래에 필요한 계약 행위 정당성에 대한 담보를 인적 조직으로 구성된 제 3자기관이 담당했다. 이 영역을 블록체인 분산대장 기술로 다수 컴퓨터에 정보를 분산시킴으로써 해결했다. 이 때문에 획기적으로 비용을 절감할 수 있고, 통화를 발행하는 중앙은행, 계약 정당성 보증을 담당하는 정부 법무기관이 필요 없게 됐다.

스마트 컨트랙트를 직역하면 똑똑한 계약이라는 의미다. 스마트는 스마트폰의 스마트와 동의어지만 블록체인 영역에서는 자동화로 이해하는 게 맞다. 스마트 컨트랙트란 계약 자동화를 뜻한다. 스마트 컨트랙트라는 개념은 비트코인보다 훨씬 전인 1990년대 닉 사보(Nick Szabo)라는 암호학자가 최초로 제창했다. 닉 사보는 스마트 컨트랙트를 가장 먼저 도입한 사례로 자동판매기를 꼽는다. 이해하기 쉽게 설명하면, '이용자가 필요한 금액을 투입한다. → 특정 음료 버튼을 누른다.' 이 두 가지 계약 조건이 충족된 경우에만 자동적으로 특정 음료를 이용자에게 제공한다는 계약이 성립된다. 이처럼 계약이란 서면상으로 작성되는 계약만을 지칭하는 게 아니라 거래 행동 전반을 말한다. 물론 다른 외부적인 영향으로 이 계약이 성립되지 않을 가능성도 존재한다. 이 점을 감안해 리스크를 줄이면서 블록체인 장점을 누리기 위해서는 '오픈 플랫폼'을 통한 책임 분산이 중요한 쟁점이 된다.

금융거래 이외의 다양한 영역에 이 같은 블록체인 속성이 적용되고 있고 산업 서플라이 체인을 송두리째 바꾸는 변화가 일어나고 있다.

영국 정부는 EV(Electronic Vehicle) 충전요금 지불, 호주 가정에서 잉여전력의 개인 간 거래, 드론 운행관리 등에 제 3자 기관을 이용하지 않는 스마트 컨트랙트 기술을 차용했다.

특히 가정에서 잉여전력 거래는 과거 높은 비용의 'Aggregator'라 불리는 중개자를 이용한 거래가 주였다. 비용이 매우 높아 이용률이 저조했다. 그러나 블록체인에 의한 P2P 직접 거래로 전환하면서 코스트 절감을 통한 거래 촉진이 빠르게 진행됐다. 핀테크 분야에서 말하는 P2P 대출과 같은 새로운 마켓이 창출된 사례다.

서플라이 체인상 사람, 물건, 돈에 대한 정보를 오픈 블록체인에 집약하면 현존하는 다양한 문제를 해결할 수 있다.

우선 기업 간 거래 데이터를 블록체인에 집약함으로써 쌍방 데이터 정합성을 완결할 수 있다. 부정검출 정밀도를 크게 향상시킬 수 있다. 동시에 추적 가능성도 활용할 수 있게 된다.

또 기업 간 정합성을 갖춘 데이터가 축적되기 때문에 기업 간 견적, 발주, 청구, 납품, 회수 업무별로 발생하는 확인 작업이 사라지게 된다.

블록체인상 거래 네트워크가 자동 구축되면서 이용 가격이 크게 낮아지는 것이다.

[그림 04] **블록체인 기술이 가져올 비즈니스 변화**(출처: IBM)

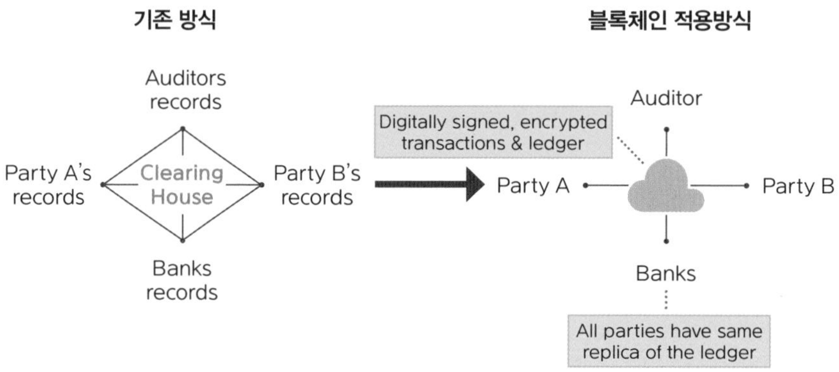

기존 방식
Auditors records
Party A's records
Clearing House
Party B's records
Banks records

블록체인 적용방식
Auditor
Digitally signed, encrypted transactions & ledger
Party A
Party B
Banks
All parties have same replica of the ledger

과거에는 규모가 큰 거래처별로 대응해야 할 관리 필요성이 있었지만 블록체인 기술 응용으로 인해 표준화가 돼 하청기업 코스트 부담도 내려갈 가능성이 있다. 마지막으로 블록체인상 축적된 거래 정보를 기초로 금융기관으로부터 자금조달이 가능해진다. 금융기관 입장에서도 대출 기회를 늘릴 수 있는 효과가 예상된다.

이 같은 변화를 고려하면 서플라이 체인에 대한 적용 가능성은 매우 크다고 할 수 있다.

블록체인은 현재로서는 기술과 운영 측면에서 과제가 남아있다. 그러나 현 산업계에서 문제로 지적되는 단점을 뛰어넘는 기술이라는 점은 변하지 않는 사실이다.

현 시점에서 어떻게 서플라이 체인을 블록체인과 동조해 나갈 것인지, 많은 국가가 물밑 경쟁을 벌이고 있다. 실증 파일럿 테스트도 여러 분야에서 다양하게 일어나고 있다.

미국 월마트 식품 원산지 추적이 대표 사례다. 산지, 가공, 물류, 유통 등 복잡한 단계를 2.3초 이내에 추적해 해결할 수 있는 새로운 추적 경로를 개발했다. 또 스마트 컨트렉트 기술을 활용해 산지, 설비, 보관온도 등 이력을 공유함으로써 소비자 신뢰 향상이라는 결과를 이끌어냈다.

유럽은 중소기업을 위한 무역금융 플랫폼 DTC(Digital Trade Chain)를 상용화해 운영 중이다. 유럽 내 중소기업을 위한 무역금융거래를 지원하기 위한 플랫폼으로 8개 은행이 참여했다. 블록체인 기술을 활용해 모바일을 통한 접근을 용이하게 하고, 트랜잭션에 대한 통합 뷰를 제공한다.

스마트 컨트랙트를 활용한 채널 파이낸싱 업무 혁신도 꾀할 수 있다.

[그림 05] 블록체인을 활용한 스마트 컨트랙트 사례. 자동차리스회사의 스마트 컨트랙트(출처: 유튜브)

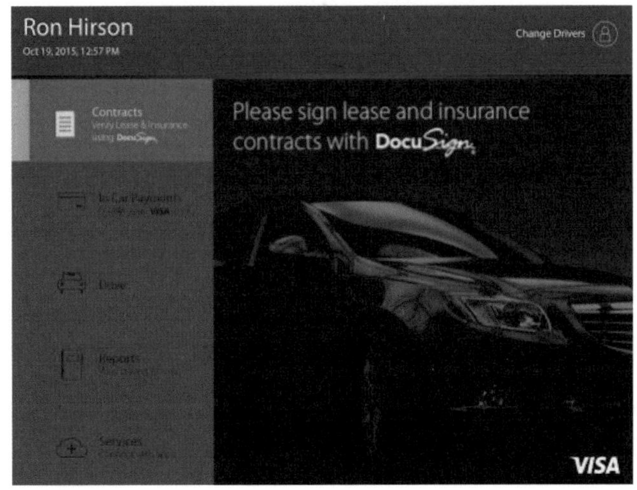

① 자동차 ID를 블록체인에 등록. 차가 '스마트 자산'으로 이용 가능해짐

② 예상 연간주행거리 범위에 기초해 리스 플랜 선택

③ 리스플랜에 전자서명 계약. 리스 계약을 블록체인에 등록

④ 복수 보험회사 오퍼 중에서 자동차보험을 선택

⑤ 자동차보험에 전자 서명해 계약. 보험계약을 블록체인에 등록

⑥ 리스료와 보험료 결제에 사용할 신용카드 등록. 계약 완료

IBM은 IGF(IBM Global Financing) 업무를 통해 연간 2만 5000여 건의 분쟁을 해결하고 있다. 분쟁시간 단축과 분쟁건수를 획기적으로 감소하는 데 스마트 컨트랙트 플랫폼을 활용한다. 실제 분쟁 해결 시간은 40일 이상에서 10일 미만으로 줄이는 효과를 봤다.

블록체인 기술의 무한한 확장은 핀테크 생태계를 촉진하는 상생효과를 발휘한다.

핀테크 1.0이 정보기술(IT)에 의한 금융 효율화 단계였다면, 핀테크 2.0은 종전 전통 금융서비스가 핀테크 기업에 의해 분화되는 단계를 뜻한다. 핀테크 3.0은 은행이 제공하는 서비스를 API로 공개해 핀테크 기업과 상호협력하는 플랫폼 비즈니스 시대를 의미한다. 블록체인 기술이 상용화된 현재는 핀테크 4.0으로, 스마트폰과 클라우드, 블록체인 기술이 융합하면서 비금융기업이 금융서비스를 제공하고 다양한 산업영역의 서플라이 체인이 새롭게 형성되는 시대가 왔다.

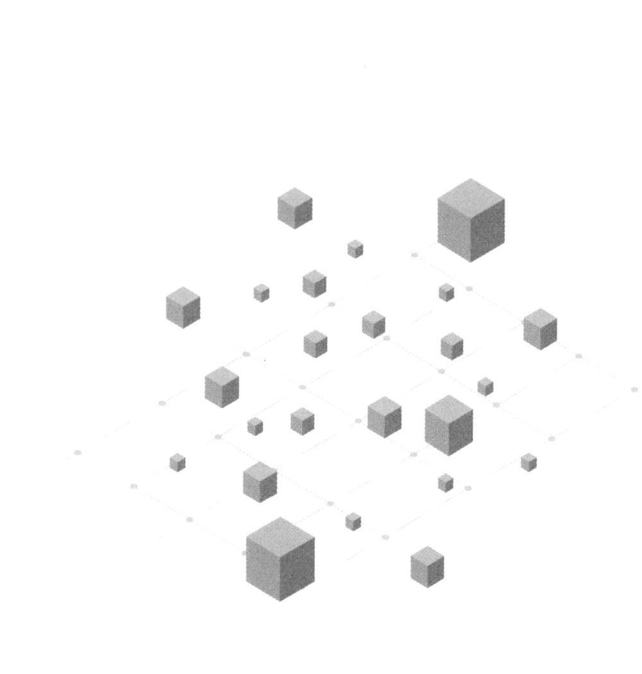

II

핀테크 산업 부문별 산업 현황 및 변화

01 지불결제 혁신 CBDC

서플라이 체인 변화와 함께 CBDC도 새로운 경제 생태계를 구축하는 요인으로 급부상했다.

중앙은행이 발행하는 법화를 디지털화하는 CBDC(Central Bank Digital Currency) 경쟁이 촉발됐다. 선진국은 지급결제시스템 안정성과 효율성을 제고할 수 있는 대안으로 CBDC 상용화에 나섰다. 신흥국과 개발도상국은 금융포용 차원에서 활용을 검토하고 있다.

이제 글로벌 차원에서 거래가 가능한 CBDC에 대한 관심이 커지고 있다. 국경 간 거래 가능 여부가 국제 지급지급결제시스템 효율성 제고의 핵심 이슈로 떠올랐기 때문이다. 전 세계 중앙은행의 86%가 CBDC 관련 연구나 개발, 혹은 실험에 나섰다.

CBDC는 크게 두 가지 방향으로 추진되고 있다. 우선 차세대 거액결제시스템 구축을 위한 분산원장기술 기반 도매용 CBDC 도입이고, 둘째는 현금 없는 사회에 대비한 소매용 시장 상용화다.

CBDC 시장에서 한국은 상당한 경쟁력을 보유하고 있다. 한국은행은

2017년부터 관련 연구를 수행해 왔으며 CBDC 발행과 유통 모의실험을 진행했다.

최근 블록체인 규제가 완화되면서 CDBC는 핀테크 산업의 흥망성쇠를 좌우하는 핵심 키워드로 부상했다.

최근 한국은행은 중앙은행디지털화폐(CBDC) 활용성 테스트 시스템 개발과 관련, 범용(retail) CBDC와 기관용(wholesale) CBDC의 '투 트랙'으로 연구를 진행 중이다.

범용 CBDC 연구와 관련 영지식증명 등 기술의 적용 가능성 여부를 들여다보고 있다.

현재 한은 내부에서는 금융결제국 디지털화폐기술 1팀과 2팀이 CBDC 관련 업무를 진행 중이다.

통상 CBDC는 가계, 기업 등 경제 주체들이 현금과 마찬가지로 일상생활에서 이용할 수 있는 리테일 CBDC와 금융기관이 발행해 기관끼리 자금거래, 최종 결제 등에 활용하는 홀세일 CBDC로 구분 짓는다.

리테일 CBDC의 경우 프라이버시와 개인정보 침해 쟁점이 글로벌 화두로 떠오르고 있다. 블록체인 기술 특성상 CBDC 역시 자금의 흐름이 투명하게 드러나는데, 이는 개인의 전자지갑 주소가 특정되면 정부 또는 기관이 개인의 송금과 결제 이력을 들여다 볼 수 있다는 의미가 된다.

이 때문에 미국에서는 론 드산티스 플로리다 주지사를 비롯해 CBDC 도입 반대 목소리가 나오고 있으며, 인도중앙은행 역시 리테일 CBDC는 익명성을 유지해야 한다는 입장을 고수하고 있다. 최근 영지식증명(Zero-Knowledge Proof) 기술이 프라이버시 문제를 해결할 기술로 주목받고 있는데, 한은 역시 지난 2022년 국내 스타트업 지크립토와 CBDC 거래 시 영지식증명을 이용한 익명성 보장 실험을 진행한 바 있다. 현재 진행 중인 리테일 CBDC 연구 역시 이에 대한 확장으로 해석되고 있다.

앞서 한국은행은 지난 2019년부터 보고서 발간을 통해 CBDC 발행이 중앙은행에 미치는 전반적인 영향과 법적 기술적 이슈를 검토하고, 이듬해 전담 조직을 설치해 2022년까지 모의실험을 통한 기술적 구현 가능성을 점검했다.

규제가 많은 중국도 CBDC 시장에서만큼은 큰 경쟁력을 확보하고 있다. 실제 환경에서 CBDC 시범 운영을 실시한 곳은 중국이 유일하다. 중국은 2020년 4월부터 진행하는 디지털 위안화 시범 사업에 중앙은행과 은행으로 구성되는 2단계 체제로 사업을 확장했다. 즉 은행 참여를 통해 현금을 쉽게 CBDC로 교환하고 은행의 금융중개기능 약화도 억제하는 방식을 채택했다. 제한된 익명성을 보장해 개인정보보호와 자금세탁 등의 부작용을 최소화하고 있다.

미국은 연방준비위원회의 파월 의장이 CBDC를 신속히 도입하는 것보다 제대로 도입하는 것이 중요하다며 관망 자세를 보이고 있다. 미국은 기존 금융 생태계를 중심으로 공공 민간 영역의 연계를 통한 CBDC의 양방향적 확장을 기대하고 있다. 실제 보스턴 연방준비은행이 MIT와 공동으로 CBDC 프로토콜 타입을 설계한 것으로 알려졌다.

영국도 CBDC 발행을 검토 중이다. 중앙은행인 잉글랜드은행과 재무부는 운영 및 기술 모델 개발 사례 평가 등에 관한 연구조사를 시작하기로 했다. 다만 상용화 시점은 2030년으로 더딜 전망이다.

일본은 엔화와 연동되는 스테이블 코인 규제를 확립하려는 움직임을 보이고 있다. 규제 틀을 마련해 스테이블 코인 시장의 안정적 발전을 꾀하려는 의도로 보인다.

스테이블 코인은 가격 변동이 큰 비트코인과 달리 미국 달러화 같은 법정 통화와 연동된다. 블록체인 기술을 사용해 저비용 결제수단으로 주목받고 있지만 투자자 손실 우려와 함께 주요국 중앙은행들이 추진하는 CBDC와 직접적으로 경쟁구도에 있다. 때문에 일본은 민간 부문에서는 대형 금융기관 등이 참여하는 디지털 통화 포럼이 디지털 통화를 시험 발행키로 결의했다. 미쓰비시 은행을 비롯한 3대 대형은행과 미쓰이스미토모신탁, 우체국 은행 등 금융권과 NTT그룹, JR동일본, 미쓰비시 상사 등 70개 이상 기업이 참여해 은행 예금을 기반 자산으로 삼아 디지털 통화를 발행하고 이를 기업 간 송금이나 대규모 결제 등에 적용할 수 있을지를 실험할 예정이다.

CBDC가 국가 단위의 사업이라면, 민간 부문에서는 토큰증권발행(STO)가 급부상했다.

최근 씨티은행은 2030년까지 글로벌 토큰 증권산업이 4~5조 달러(5200~6500조 원) 시장 규모로 급성장할 것이라는 의미있는 보고서를 내놓았다. 현재 토큰 증권 시장규모가 약 30조 원 수준임을 감안하면 연평균 30배 폭발성장이 예상된다.

특히 토큰 증권산업은 4차산업혁명을 이끌 성장 인프라로 꼽힌다. 산업 간 경계를 허무는 빅블러 메기로 작용할 수 있다는 전망이 나오고 있다. 여기서 말하는 토큰이란 디지털자산 산업과 종전 증권산업의 융합을 뜻한다.

또 블록체인기술에 기초한 수평·분권화 플랫폼으로 토큰 산업이 종전인프라를 대체할 것이라는 전망이다. 블록체인기술은 웹 3.0과 GPT 등 인공지능 활용으로 처리속도, 처리용량 문제를 해결하는 대안으로 떠오르고 있다. 종전 인프라의 단점인 수직·중앙 집권화 플랫폼을 뛰어넘어 더 나아가 독과점 이슈를 해소하고 사회적 비용을 대폭 줄일 수 있다는 의견이 지배적이다.

토큰 증권 발행으로 자금을 조달할 수 있다는 점도 매력이다. 세계적인 금리 인상과 유동성 축소로 기업, 펀드 자금난이 심화되고 있다. 만약 보유 자산을 토큰화할 수 있다면 일종의 자산 유동화(ABS)로 새로운 유동성 확보수단이 될 수 있다.

토큰증권(STO) 발행, 새로운 핀테크 서비스로

최근 많은 금융사들이 STO(토큰증권 발행) 컨소시엄을 구성하고, 유관시장에 적극 뛰어들었다. 전 세계 토큰 증권거래소는 63개로 2021년 대비 12배 이상 늘었다. 재미있는 것은 미국에 이어 아시아국가의 시장 진출이 활발하다는 점이다.

홍콩을 제치고 아시아 금융허브로 올라선 싱가포르가 토큰증권 발행에 가장 적극적으로 뛰어들고 있다. 싱가포르 통화청(MAS)은 2017년부터 STO 발행 가이드라인을 제정했다. 규제샌드박스를 통해 증권형 토큰을 발행하고 있다. 증권형 토큰 발행 및 유통 플랫폼뿐 아니라 싱가포르거래소(SGX), DBS 같은 대형 금융사이 유관 시장에 참여하고 있다.

디지털화에 소극적이던 일본도 토큰 증권산업 분야에 주력하고 있다.

2019년 노무라, 다이와 등 6개 증권사가 일본STO협회를 설립했다. 2020년부터 일본 금융청은 증권형 토큰 발행을 허용했다. 채권과 부동산을 기초자산으로 하는 비상장 STO가 대부분을 차지하고 있다. 또 2021년 4월 SBI 증권 회사채 토큰 증권(만기 1년, 표면금리 0.35%)이 등장했다.

홍콩은 세계 최초로 그린본드 토큰 증권(1년 만기, 표면금리 4.05%)을 발행, 화제를 모았다. 홍콩 또한 토큰증권발행을 통해 ESG · 친환경 금융허브로 자리매김하겠다는 밑그림을 그리고 있다.

우리나라도 최근 진입문턱을 대폭 낮추면서 STO 시장에 발을 내딛었다. STO 규제 정비가 가시화되면서 '투자계약증권' 등 기존 발행이 어려웠던 비정형 증권을 연계한 금융상품을 차세대 블루오션으로 낙점했다.

신한투자증권은 STO 생태계 조성을 위해 블록체인 기술 전문기업 람다256와 함께 ST 기술검증(PoC)을 실시했다. 양사는 블록체인 인프라 구축, 디지털 월렛(지갑) 설계, 토큰 발행 · 청약 · 유통 · 기존 금융시스템과의 연동 등 증권형 토큰 관련 기술을 내재화하고 있다.

[표 09] **주요 증권사 STO현황**(출처: 전자신문)

증권사	STO 협의체	파트너사
한국예탁결제원	토큰증권(STO) 협의체	증권사, 조각투자업체 등 22개사
NH투자증권	STO비전그룹	투게더아트, 서울거래비상장 등 8개사
신한투자증권	STO얼라이언스	람다256, 바이셀스탠다드 등
미래에셋증권	-	한국토지신탁, HJ중공업, 카사코리아, 핀고컴퍼니 등
KB증권	-	SK C&C, ADDX
키움증권	-	이랜드넥스트, 이랜드이노플, 테사. 펀블 등 8개사

최근 다양한 분야 기업과 'STO 얼라이언스'도 출범했다. 대출증권을 유동화한 STO 플랫폼 서비스 '에이판다'가 대표적이다. 대형 부동산부터, 발전시설, 항만, 도로 등 다양한 자산을 거래할 수 있게 될 전망이다.

NH투자증권도 토큰증권 생태계 구축을 위한 협의체 'STO비전그룹'을 출범시켰다. 조각투자사업자(투게더아트, 트레져리, 그리너리), 비상장주식중개업자(서울거래비상장), 블록체인기업(블록오디세이, 파라메타), 기초자산 실물평가사(한국기업평가) 등 각 영역별 기업 8개사가 참여했다.

미래에셋증권은 STO 관련 태스크포스(TF)를 출범했고, 한국토지신탁, HJ중공업과 선박금융·부동산 조각투자 협약을 맺기도 했다.

KB증권은 디지털자산 사업을 추진 중이다. 관련 TF를 운영 중이며, 채권자산을 기본으로 하는 토큰증권 발행 및 거래 테스트를 마쳤다.

키움증권도 자사 플랫폼에서 STO를 중개할 수 있도록 MTS를 고도화하는 작업을 진행 중이다.

LG CNS 등 전문 기술력을 보유한 기업이 한국 STO 인프라를 구축하는데 힘을 쏟고 있고 보유한 기술력 또한 세계 톱 수준이어서 시장 경쟁에서 뒤쳐지지 않을 것이라는 전망이다.

특히 우리나라 토큰 증권은 한류 특성이 있는 음악, 예술품과 부동산 등을 대상으로 한 조각 투자 성격이란 점에서 확실한 차별화 포인트를 갖는다는 것도 강점이다.

때문에 민관이 협력해 STO 시장을 키워야 하고. 이를 K-한류처럼 특화해야 한다는 의견이 지배적이다. 이른바 K-토큰증권이다.

가장 시급한 것은 STO 제도 기틀 마련이다. 한국 정부는 하반기 개정안이 국회를 통과하도록 지원해 2024년부터 '한국형 STO' 시대를 열겠다는 계획을 갖고 있다. 금융위원회가 내놓은 증권 여부 판단원칙 및 토큰 증권 발행 유통 규율 방안 가이드라인 발표 후속 조치라고 볼 수 있다. 금융당국은 블록체인 기술을 통한 분산원장 발행을 증권 발행의 한 방법으로 인정하고, '발행인 계좌관리기관'을 신설한다는 내용을 개정 전자증권법에 담기로 했다. 발행인 계좌관리기관은 은행이나 증권사가 아니라도 일정 요건을 갖춘 사업자가 직접 토큰증권을 등록 및 관리할 수 있도록 허용되는 신설되는 라이선스다.

또 토큰증권를 유통하는 '장외거래중개업' 신설에 관한 내용도 자본시장법 개정안에 포함시키기로 했다. 이후 장외거래중개 인가 신설, 소액투자자 매출공시 면제, 디지털증권시장 신설 등을 후속으로 담기로 했다.

법안 개정이 완료되면 STO는 비정형증권의 하나인 투자계약증권 발행으로 취급되며, 한국예탁결제원(KSD)이 증권 발행심사와 총량관리를 맡게 된다. 발행총량을 전자등록기관이 점검·관리하고, 분산원장에 기재된 투자자를 권리자로 추정하는 등 토큰증권에 투자자 재산권 보호 장치를 적용하게 된다.

다만 금융당국은 STO 투자가 수익증권에 비해 도산절연, 비정형성 측면에서 투자 위험이 높다고 평가되는만큼, 개인투자자 투자 한도를 상대적으로 더 낮게 설정할 예정으로 알려졌다.

이처럼 STO의 법적 기틀마련이 선행되야 하는데, 이를 충족시키기 위해서는 국제간 가상자산의 명확한 가이드라인이 병행되야 한다.

STO를 가상자산 시장과 분리해서 볼 수 없기 때문이다.

해외 각국에서는 암호화폐를 제도권으로 편입시켜 투자자 보호 및 블록체인 산업을 보다 투명하게 추진하려 하고 있다. 특히 가상자산 규제에 대해 G7 국가들 사이에서 상당한 논의가 진행되고 있다. G7(Group of Seven)은 캐나다, 프랑스, 독일, 이탈리아, 일본, 영국, 미국을 포함한 세계 최고의 산업화된 민주주의 국가들의 연합이다.

G7 국가가 미래에 취할 수 있는 몇 가지 가능한 가상자산 규제를 우리나라도 따라야 할지, 아니면 별도 특별법 등을 만들어 다른 액션을 취할지가 중요하다.

예를 들어 가상자산거래소 및 기타 서비스 제공업체가 규제 당국에 라이선스를 받거나 등록하도록 요구하거나 가상자산 대한 새로운 세금 규정을 도입, 양도소득세 대상 자산 또는 부가가치세 대상 통화로 취급하게 하는 방법이다. 명목 통화 또는 기타 자산에 고정되어 안정적인 가치를 갖도록 설계된 스테이블 코인에 대한 특정 규정을 도입할 수 있다. 아울러 국가 법정 통화의 디지털 버전인 중앙은행 디지털 통화(CBDC) 발행도 대안이 될 수 있다. 국가마다 고유한 우선순위와 우려 사항이 있기 때문에 특정 규제 접근 방식이 국가마다 다를 수 있다는 점에 유의하는 것이 중요하다. 관련된 문제의 복잡성과 국제 조정의 필요성으로 인해 규제 변화의 속도가 느려질 수 있다.

국내에서도 2020년 특금법을 통해 가상자산 거래의 특수성을 인정, 그 거래에 관한 법령을 별도로 제정했다. 특금법에는 외환거래법, 증권거래법, 금융실명거래 및 비밀보장에 관한 법률 등이 반영되어 가상자산, 거래소 및 사업자를 정의하고 있다. 하지만 이에 따른 상세 가이드라인이 아직 정립되지 않아 시장의 혼선이 상존하고 있다. 금융당국의 가상자산 제도화에 대한 행보가 STO 시장부터 개시된 만큼 새로운 법적 문제에도 대비해야 한다.

그간 대부분의 국가들은 가상자산 제도화에 대해 소극적으로 대응해온 게 사실이다. 하지만 일부 국가들은 가상자산을 합법적으로 인정하고 규제하거나 일부 산업 분야에서 사용을 허용하는 등의 방식으로 적극적으로 대처하기 시작했다. 스위스는 암호화폐를 합법적으로 인정하고, 세금 체계를 도입해 암호화폐 거래자들의 세금을 적법하게 징수하고 있다. 싱가포르는 가상자산 거래를 규제하기 위해 2019년에 지불 서비스 법(Payment Services Act)을 발표하기도 했다. 이를 통해 암호화폐 거래소, 지갑 제공자 등 암호화폐 서비스 제공업체들은 싱가포르 정부 허가를 받아야 한다. 미국은 2014년부터 가상자산 대한 세금체계를 도입했으며, 이후 SEC(미국증권거래위원회)를 비롯한 각종 규제기관들이 가상자산 거래에 대한 법적 규제를 시행하고 있다. 현재 가상자산을 수익배분이 가능한 투자수익증권으로 보고 모든 암호화폐를 제도권 내로 편입시켜 보다 투명하고 강화된 규제를 적용하려고 하고 있다.

국내 또한 STO 전면 허용을 통해 가상자산 제도권 편입을 전격 선언했다. 그간의 관망적 자세에서 제도권 유입을 통한 규제 강화와 투명한 시장운영에 적극 다가가고 있다. 하지만 21대 국회 임기가 종료되고 토큰증권발행(STO) 제도화 관련 법안이 줄줄이 폐기되면서 토큰증권 업계는 고심이 깊어지고 있다. 법 개정 없이는 토큰증권을 사고팔 수 있는 유통시장 개설이 불가능해 사업에 뛰어들기에도 난처한 상황이다.

2023년 7월 윤창현 의원이 대표 발의한 자본시장법 개정안과 전자증권법 개정안은 29일 국회 임기가 종료되면서 자동 폐기됐다. 같은 해 11월 김희곤 의원이 대표 발의한 자본시장법 개정안도 역시 폐기됐다. 모두 토큰 증권 발행·유통 및 비금전재산신탁 수익증권 발행을 가능케 하는 핵심 법안이다.

업계는 22대 국회에선 토큰증권 시장이 개화할 거란 기대감을 품고 있지만 상황은 녹록지 않다. 전자증권법·자본시장법 개정에 앞장섰던 의원들이 국회 입성에 실패하면서 연속성 있는 법안이 나올지 불분명해졌다.

여야가 합의하는 사안으로 재추진 가능성도 있지만 22대 국회 임기가 시작하고 원 구성부터 상임위 구성을 마치면 이르면 오는 10월께에나 재추진 논의가 이뤄질 것으로 보인다.

입법 공백 속에서 혁신금융서비스 지정이나 투자계약증권 발행이 아닌 STO 법제화를 기다렸던 스타트업은 조속한 법 제정을 촉구하고 있다.

기존 안대로 법안 통과가 이뤄지면 주식시장처럼 실시간으로 사고팔 수 있는 유통시장이 생긴다. 현행법 테두리 안에선 특례 지정 없인 토큰 증권을 유통할 시장이 없다.

03 온라인투자연계금융(P2P)과 클라우드펀딩

이제 핀테크 영역에서 새로운 시장을 만들며 급성장하고 있는 영역을 살펴보자.

우선 온라인투자연계금융(P2P)이 있다. P2P는 온라인을 활용한 '간편대출'이다. 연체율·부실률 상승으로 금융 당국의 제도화 과정을 거쳤던 2023년엔 한때 주춤하기도 했지만, 2024년 이후로 다시 가파른 성장세로 나타나고 있다. 누적 대출액 기준 2017년 말 1조 6820억 원이었던 것이, 현재 약 10조 원 이상으로 늘어났다. 제도권에 진입한 P2P업체도 50여 개사에 달한다.

한때 부실 논란에 휩싸이기도 했지만 P2P는 잘만 활용하면 장점이 많은 상품이라 할 수 있다. 온라인 대출이기 때문에 인건비, 임대료 등 비용 절감이 가능하다. 그만큼 투자자(자금공급자)에게 높은 투자수익률, 차입자(자금수요자)에겐 상대적으로 낮은 대출금리를 제공할 수 있는 셈이다.

손안의 스마트폰 플랫폼을 활용하기 때문에 시공간 제약이 없다. 24시간 365일 언제 어디서나 대출과 투자를 할 수 있는 것이 큰 장점이다. 또 정보기술(IT)을 활용한 규모의 경제 효과도 눈여겨볼 포인트다. IT로 수많은 소액 대출을 저비용으로 신속하게 처리할 수 있기 때문이다.

정책 당국 입장에서 P2P가 특히 의미가 있는 건 '포용금융'(Financial Inclusion) 내지 신파일러(Thin filer)에 도움을 줄 수 있단 점일 것이다. 비용 절감분만큼 저금리의 '중금리 대출'을 할 수 있고, 플랫폼에 쌓인 데이터 분석으로 이제껏 접근하지 못한 저신용 계층에 대한 대출도 가능하기 때문이다. 물론 정책 당국은 인터넷은행에 대해 중금리 대출을 유도하고 있다. 하지만 인터넷은행은 누가 뭐라 해도 규제가 엄격한 '은행법에 근거한 은행'이다. 저신용자 대상 대출은 부실 위험 때문에 제약이 있단 얘기다.

이에 따라 포용금융에 관한 한 P2P 잠재력은 상당히 큰 셈이다. 지난 2019년 10월 우리나라 국회가 세계 최초로 온라인투자연계금융법(온투법)을 통과시킨 것도 P2P 포용금융에 대한 기대 때문이라 할 수 있다.

글로벌 리서치업체 리포트앤드데이터(Reports and Data)에 따르면 글로벌 P2P 대출은 급성장세가 이어질 것으로 전망된다. 2018~2026년에 연 26.6% 성장해서 2026년 기준 5673억 달러(약 665조 원)까지 대출이 늘어날 것으로 예상된다. 특히 경제성장이 빠르고 모바일 활용도가 높은 아시아·태평양 지역이 전체에서 40%를 차지할 것으로 전망된다. 우리나라는 세계 최초의 온투법으로 P2P 제도장치를 마련한 데다 포용금융 대상이라 할 수 있는 자영업자 비중도 25% 안팎으로 상당히 높다. 정책 기조 및 활용 여부에 따라 성장세가 글로벌 P2P 시장보다 빠를 수 있는 이유다.

국내에선 어떤 업체들이 대표적인가. 8퍼센트·렌딧·피플펀드를 비롯해 부동산 P2P 대출 1위 업체인 투게더펀딩·어니스트펀드 등이 발빠른 움직임을 보이고 있다.

부동산대출 P2P 비중이 70%로 여전히 높지만, 중·저 신용자에 대한 빅데이터 구축과 대안신용평가모델(CSS 모델) 개발 경쟁에 속도가 붙고 있어 향후 포용금융시장 성장 기대감을 높여 주고 있다.

해외 진출 성공 가능성도 훨씬 커졌다는 평가다. 과거엔 국가마다 신용평가와 본인 확인 시스템이 달라서 애로가 많았지만 이젠 국내외 모두 동질적인 모바일 스마트 플랫폼을 쓰기 때문에 제휴 협력과 시너지효과 창출이 전보다 용이해졌기 때문이다.

물론 P2P도 원금 보장이 되지 않는 데다 비대면에 따른 위험도 적지 않아 상품 구조와 기업 공시 내용을 꼼꼼히 챙겨 봐야 한다는 단점이 있다. 하지만 포용금융에 방아쇠 역할을 할 수 있는 강점이 있고, 플랫폼 시대에 걸맞게 손안의 플랫폼을 통해 자금 수급을 연결하고 있는 만큼 성장성이 상당하다는 게 대다수의 의견이다. 포용금융 역할을 제대로 할 수 있도록 중·저 신용자에 대한 빅데이터 구축, 핀테크 전용 펀드를 활용한 투자 확대 등 인프라 조성을 서두를 필요가 있다.

이와 비슷한 클라우드펀딩 산업도 성장하고 있다. 클라우드펀딩은 온라인을 통해 대중(Crowd)의 자금을 조달(Funding)하는 핀테크 서비스다.

온라인에서 많은 사람의 돈을 모으기 때문에 개인적으론 소액이라도 단시간에 꽤 큰 자금을 모을 수 있는 점이 가장 큰 장점이다. 종류는 크게 회사 주식에 투자하는 증권형, 투자를 받아서 제품을 만드는 후원 기부형, 대출형 등 세 가지로 나뉜다. 다만 우리나라는 대출형에 대해 P2P(온라인투자연계금융) 상품을 별도로 마련하고 있어 증권형과 후원 기부형이 주류를 이룬다.

클라우드펀딩은 일반적으로 하이리스크, 하이리턴 성격의 벤처투자에 가장 적합하다.

전문가들은 우선 투자자 입장에서 십시일반의 소액투자가 가능하기 때문에 투자 부담이 크지 않다는 점을 강점으로 꼽는다. 많은 대중의 관심을 끌 수 있는 제품 또는 그런 제품을 만드는 회사라면 그만큼 자금 조달 규모도 늘릴 수 있기 때문이다.

벤처 혁신제품도 제품이지만, 종종 1000만 관객을 동원할 수 있는 대박 영화나 K-Pop 가수 음반 등이 클라우드펀딩 1순위 상품으로 꼽히는 이유이기도 하다.

또 벤처기업 입장에선 자금 조달은 물론 매출 증대, 홍보까지 이른바 '3종 세트 효과'의 강점이 있다는 평가다.

클라우드펀딩은 말 그대로 수많은 투자자의 참여를 전제로 한다. 다수 투자자는 다수의 잠재 소비자와 홍보대사 확보를 의미하기 때문에 그만큼 벤처기업엔 '천군만마'(千軍萬馬) 효과라 할 수 있다.

많은 벤처기업이 매출 부진에 따른 추가 자금 조달 실패로 도산하는 점을 고려하면 3종 세트 효과는 벤처기업의 성공 확률을 높일 수 있는 수단이 될 수 있단 얘기다.

시장 현황은 어떤가. 우리나라 클라우드펀딩 시장은 현재 증권형보다 후원 기부형 규모가 훨씬 크다. 2012년부터 연 150~200% 급성장해서 현재는 연간 5000억 원 시장 규모를 형성하고 있다. 특히 MZ세대와 여성의 관심이 많은 패션, 뷰티, 테크, 푸드, 문화콘텐츠 등 5대 분야가 주 타깃이다. 시장에선 2025년이면 연 1조 원 규모로의 성장을 기대하고 있다.

증권형은 2016년 자본시장법(117조)에 '온라인 소액투자중개업' 조항이 신설되면서 시작됐다. 2018~2019년 투자 한도를 확대(기업당 연간 모집 한도 15억 원)하면서 한때 2019년에는 연 500억 원까지 시장 규모가 빠르게 늘어났다. 하지만 2000년 이후론 규제 개선보다 투자자 보호가 강조되면서 시장이 위축됐다. 연 200억~300억 원 규모로 줄어들었다. 시장 전체 클라우드펀딩의 대표주자는 시장점유율 60~70%를 차지하고 있는 와디즈가 단연 1위였다. 그 뒤를 텀블벅, 오픈 트레이드, 크라우디 등이 잇고 있다.

글로벌 시장은 어떤가. 글로벌 리서치회사인 마켓 인사이트의 리포트에 따르면 글로벌 클라우드펀딩 시장은 2020~2025년 6년 동안 연평균 16.3% 성장세를 보인다. 2025년에는 285억 달러(약 35조 원) 규모로 전망된다. 클라우드펀딩이 가장 대중화된 국가는 미국, 영국, 중국 등이다. 대표주자는 미국의 퀵스타터와 리퍼블릭, 영국의 크라우드 큐브, 중국의 징둥을 꼽을 수 있다.

업계에선 2018~2019년만 해도 우리나라 증권형 클라우드펀딩이 발행 건수로는 연 250~300개로 세계 톱인 미국과 영국 못지않았기 때문에 제도 개선에 따라선 충분히 '증권형' 붐 성장이 가능하단 얘기가 나온다. 우선 개인투자자의 투자 한도 확대가 필요하다. 한도가 적으면 충분한 투자도 어렵지만 리스크가 큰 벤처에 대해 분산 투자가 어려워서 투자 유인 자체가 줄어들기 때문이다.

업계는 연 2000만원 한도를 2~3배 확대할 경우 시장 확대 효과가 5~6배로 훨씬 클 것으로 보고 있다. 또 명의주주제도(Nominee)도 현재 개별 투자자 관리에서 영국처럼 투자자 집단 관리방식으로 전환하거나 클라우드펀딩업체(온라인 소액투자중개업자)의 발행업체에 대한 공시 의무를 3년 또는 5년 등으로 시효를 한정해 주면 증권형 활성화에 큰 도움이 될 것으로 보인다.

04 새로운 핀테크 물결, 인슈어테크

인슈어테크 산업도 외형 성장을 이루고 있다. 인슈어테크는 한마디로 보험 핀테크다.

핀테크 중 스타트는 다소 늦었지만 글로벌 시장에서 인슈어테크에 대한 관심은 갈수록 커지고 있다. 우선 투자 확대 추세다. 2020년에 이어 2021년에도 중국의 MediTrustHealth(3억 1000만 달러), 인도 Acko(2억 6000만 달러), 홍콩 Bolttech(2억 5000만 달러), 미국 At-Bay(2억 1000만 달러) 등 세계 곳곳에서 굵직한 대형 투자로 예비 유니콘이 만들어지고 있는 모양새다.

운전습관, 헬스케어 연계에 이어 새로운 업무 영역 개척도 활발하다. 업무대행 대리점(MGA, Managing General Agent), 임베디드 보험과 특히 미국의 B2B 기술솔루션 인슈어테크가 대표적이다. 기존 보험사들은 새로운 기술·역량과의 시너지를 위해 이들 기술 인슈어테크(소위 인슈어테크핀)와의 전략적 제휴, 파트너십, CVC 투자에 공을 들이고 있다.

글로벌 시장에선 왜 이렇게 인슈어테크 산업이 급부상하고 있을까?

전문가들은 첫째, 보험업 특성상 산업 간 융합효과 잠재력이 크다는 점을 꼽는다.

보험업은 보험이라는 금융 성격과 보험 대상으로서의 비금융산업 성격을 함께 띤다. 예컨대 생명보험·건강보험은 의료헬스, 손해보험은 자동차·선박 등 다양한 산업과 연결돼 있다. 이에 따라 인슈어테크를 통해 보험의 인터넷·모바일화가 촉진되고, 4차 산업혁명을 통해 산업 간 경계가 허물어지는 융합이 촉진되면 보험업과 보험 대상이 되는 산업 간 융합과 그에 따른 전후방 효과가 엄청날 것으로 예상할 수 있다. 인슈어테크를 통해 다양한 업무 영역과 연결되면서 그 잠재효과가 폭발하고 있다는 평가다.

둘째, 보험업은 특히 '21세기 원유'라고 하는 빅데이터를 적극 활용할 수 있다. 기존 보험은 과거 서류상의 데이터정보에 기초해서 위험을 계산해 동일한 보험료율을 적용했지만 이제는 스마트폰·웨어러블기기를 이용해 보험 가입자의 실시간 데이터를 보험료 산정에 쓸 수 있다. 동일한 무사고 운전이라 해도 운전습관이 계속 안전운전이면 보험료를 깎아 주고, 끼어들기·과속으로 좋지 않으면 보험료를 올려 적용할 수 있다는 얘기다.

셋째, 전자기기를 통한 사물인터넷(IoT) 시대로 접어들고 있는 점도 빼놓을 수 없다. 이미 전자기기를 통해 구축된 운전습관 빅데이터를 분석해서 보험료를 깎아 주고 있지만 조만간 5G의 초연결·초고속통신이 본격화되고 전자기기의 센서기술도 업그레이드되면 극히 다양한 보험상품 출시가 가능할 것으로 예상된다.

우리나라 인슈어테크도 은행보다 늦게 출발하긴 했지만, 작년까지 보험사의 운전습관 연계, 건강연계 상품출시는 물론, 보맵, 디레몬, 토스, 뱅크샐러드 등 핀테크 업체들도 시장에 뛰어들면서 성장 발판을 마련했다. 빅데이터 기반 부동산보험, 공공데이터를 활용한 기술 인슈어테크 등 B2B 사업, 디지털GA에까지 신규영역도 넓혀가고 있다. 하지만 의료법 이슈에 이어 금소법 시행으로 최근 어려움이 커지고 있다. 특히 금소법상 보험상품 비교·추천서비스를 금융상품 '중개' 행위로 해석함에 따라 인슈어테크뿐 아니라, 마이데이터사업도 보험 분야가 약해졌다는 평가다. 물론 소비자 보호는 대단히 중요하다. 그러나 잠재성장률이 1%대로 추락한 우리나라 상황에서 신산업 성장을 만들어내지 못하면 소비자 보호도 그만큼 퇴색될 수 있다.균형 있는 정책과 법규 개정·해석이 절실하다.

한편 인슈어테크는 우리나라 의료산업에도 지각변동을 촉발했다. ICT와 헬스케어가 융합된 디지털 헬스케어 산업이 그것이다.

인슈어테크 또다른 미래 시장, 디지털 치료제

최근 뜨거운 감자로 떠오른 것이 바로 디지털 치료제다.

디지털 치료제는 질병을 예방, 관리하기 위해 제공하는 소프트웨어(SW) 의료기기를 의미한다. 우리는 통상 약이라고 하면 먹는 치료제를 떠올린다. 알약 등 경구용 투약제가 떠오를 것이다. 하지만 최근에는 다양한 SW를 기반으로 치료 범주가 확대됐다.

SW를 활용한 의료기기라고 하면 정확히 무엇을 의미할까?

대표 디지털 치료제로는 치매, 알츠하이머, 뇌졸중, ADHD(주의력 결핍 및 과잉 행동 장애) 분야를 꼽을 수 있다. 이들 질병은 신약 개발이 쉽지 않은 중추신경계 질환에 해당된다.

최근에는 뇌 손상으로 인한 시야장애를 가상현실(VR) 기술로 치료하는 뉴냅비전이 첫 임상연구 승인을 받았고 호흡기 질환 재활을 돕는 디지털 치료제와 노인성 질환인 근감소증 치료 앱 등이 상용화를 앞두고 있다.

수명 연장의 꿈은 모든 사람이 바라는 목표 중 하나인데, 디지털 치료제 시장에 대한 관심이 어느때보다 뜨겁다.

[표 10] **일반의약품과 디지털 치료제, 전자약 특징 비교**

(출처: KIST융합연구정책센터, 삼정KPMG 경제연구원)

구분	일반 의약품 (전통적 치료제)	디지털 치료제	전자약
제품 분류	의약품	소프트웨어 의료기기	하드웨어 의료기기
전달 형태	경구투여, 경피투여, 주사형, 폐흡입형, 점막투여형 등	단독 또는 컴퓨터, 모바일, TV 등 디지털 기기에 탑재된 소프트웨어	전기 신호를 주는 전자장치를 기반으로 한 하드웨어
활용 기술	생화학 기술, 생명공학 기술, 바이오 기술 등	모바일·PC 기반 앱, VR-AR, 게임, AI, 빅데이터 기술 등	전기, 자기장, 초음파 기술 등
독성·부작용	있음	거의 없음	거의 없음
환자 모니터링	• 진료시간 외 환자 모니터링 불가 • 환자 스스로 개인 데이터 수집 및 관리 불가 • 치료에서 환자는 수동적 대상	• 실시간 환자 맞춤 모니터링 가능 • 환자 스스로 개인 데이터 수집, 관리 가능 • 치료과정에서 환자가 적극 참여	• 환자 증상의 실시간 변화를 감지하고 그에 따라 치료 자극을 달리할 수 있어 개인 맞춤형 치료 발전 가능 • 데이터 원격 모니터링 가능
개발기간·비용	*신약 기준* 평균 10~15년 이상, 3조 원	*신약 대비 기간 단축 및 비용 절감* 평균 3.5~5년, 100~200억 원	*신약 대비 기간 단축 및 비용 절감* 평균 3~5년, 100~300억 원
국내 상용화	상용화 단계	없음 (품목 허가 신청 및 확증 임상 진행 단계)	1건: 와이브레인社 '마인드스팀'
공통점	임상적으로 검증된 특정 질환에 대한 근거 기반 치료효과 입증		

디지털 치료제(Digital Therapeutics)라는 용어는 2010년에 처음 등장했다. 이후 2017년 미국 페어 테라퓨틱스가 개발한 약물중독 치료용 모바일 앱이 디지털 치료제 최초로 FDA 허가를 받았다. 이른바 3세대 치료제 등장이라고들 이야기한다. 그렇다면 디지털 치료제를 일반 약과 어떤 차이가 있고 어떻게 분류할까?

소프트웨어 의료기기인가, 질병을 예방·관리·치료하기 위한 목적으로 환자에게 적용되는가, 치료 작용 기전의 임상 근거가 있는가 여부가 판단 기준이 된다.

디지털 치료제는 일반 의약품과 달리 의료기기로 분류한다. 실시간 환자 모니터링이 가능하고 신약 대비 개발비용을 대폭 절감할 수 있는 장점이 있다. 또다른 3세대 치료제인 전자약과 비슷한 면은 있지만 전달형태와 기술 측면에서는 전혀 다른 분야라고 볼 수 있다.

전자약이 하드웨어 의료기기라면 디지털 치료제는 소프트웨어 의료기기라고 구분할 수 있다.

일반 신약은 비임상, 1상~3상의 임상시험을 거쳐 식약처에 허가 신청을 한다. 반면 디지털 치료제는 비임상시험 단계가 없고, 임상시험 역시 임상 1상·2상에 해당하는 탐색 임상과 3상에 해당하는 확증 임상 두단계의 개발단계로 구성된다.

디지털 치료제 주력 분야는 치매, 알츠하이머, 뇌졸중, ADHD(주의력 결핍 및 과잉 행동 장애) 등을 꼽을 수 있다. 기존 제약사가 이 분야에서는 신약 개발에 실패를 거듭하고 있는 상황이다. 때문에 행동 중재(Behavior Intervention)를 통한 치료 효과가 적지 않음이 확인됐다. 모바일 앱 등을 통해 특정 행동을 통제하고 조절해 중추신경 질환 치료를 도모하는 방식이 디지털 치료제의 개발 목적이라고 할 수 있다.

현재 디지털 치료제는 일부 만성질환과 신경정신과 질환에 제한적으로 사용되고 있다. 약물중독, 수면장애, 조현병, ADHD 등에서부터 우울증, 치매 등에 이르기까지 SW로 뇌의 정상적 동작을 저해하는 다양한 질환의 원인을 밝혀내고 이를 치료하는 데 활용될 수 있을 것으로 보인다. 디지털 치료제에 적용되는 기술은 모바일, PC기반 앱, 가상·증강현실, 게임, 빅데이터 등 다양하다.

[표 11] **디지털 치료제 주요 적용분야**(출처: 한국의료기기안전정보원)

<table>
<tr><td rowspan="4">❶ 치료 분야</td><td rowspan="3">개발 분야</td><td>인지행동 치료</td><td>금연·약물중독, 우울증·불면증, 자폐증·치매, ADHD, PTSD 등</td></tr>
<tr><td>중추신경계</td><td>뇌졸중, 뇌손상, 시야장애 등</td></tr>
<tr><td>신경근계</td><td>요통, 근감소증 등</td></tr>
<tr><td>예시</td><td colspan="2">• 우울증 환자를 대상으로 심리교육, 인지행동교정요법을 통해 만성 주요우울장애를 치료하는 디지털 치료제
• PTSD 환자를 대상으로 VR을 이용한 노출 요법을 통해 회피 증상을 치료하는 디지털 치료제
• 슬개대퇴통증 증후군 환자 치료를 위해 운동치료 커리큘럼과 AI 기술이 탑재된 디지털 치료제</td></tr>
<tr><td rowspan="2">❷ 관리 분야</td><td>개발 분야</td><td colspan="2">• 치매, 암, 뇌졸중 등 신약 개발이 쉽지 않은 중증 질환자를 위한 예후관리
• 식이, 영양, 수면, 운동, 복약 등 생활습관 관련 행동 교정을 통해 치료효과를 거둘 수 있는 암, 고혈압, 당뇨, 호흡기질환 등 만성 질환 분야 등</td></tr>
<tr><td>예시</td><td colspan="2">• 고혈압 환자를 대상으로 혈압을 관찰하고 항고혈압 약물 조절을 통해 정상 혈압을 유지 관리하는 디지털 치료제
• 위암 환자를 대상으로 메스꺼움, 통증 모니터링 및 약물 투여량 조절을 통해 약물 부작용을 관리하는 디지털 치료제</td></tr>
<tr><td rowspan="2">❸ 예방 분야</td><td>개발 분야</td><td colspan="2">• 심부전 경력이 있는 환자의 심부전 재발 예방
• 치매 예방
• 당뇨 예방 등</td></tr>
<tr><td>예시</td><td colspan="2">• 경도 인지장애 환자를 대상으로 인지재활 훈련을 통해 치매를 예방하는 디지털 치료제
• 체중 감량 효과를 통해 당뇨병을 예방하는 솔루션을 탑재한 당뇨 예방 디지털 치료제</td></tr>
</table>

VR을 예로 들어보자. VR을 치료에 응용한 VRT는 크게 노출, 주의분산, 훈련의 방법으로 이루어지는 심리치료와 신경 재활, 근골격계 재활 등 재활치료에 유용하다. 최근 VR·AR기술은 청각을 넘어 미각, 후각, 촉각 등 재현성능이 향상되고 있어 치료적 활용이 더욱 커지고 있는 추세다.

디지털 치료제 시장이 부상하자 각국도 발빠르게 움직이고 있다. 글로벌 디지털 헬스케어 시장 규모는 2025년 6570억 달러로, 연평균 24.7%의 성장률을 보일 것으로 전망된다. 이 중 디지털 치료제 시장은 2025년 89억 달러 규모로 연평균 20.5%의 성장률을 보이고 있다. 국내 또한 가파른 성장세를 보이고 있다. 2025년 5288억 원 규모의 시장을 형성할 것으로 전문가들은 내다보고 있다.

디지털 치료제 개발·투자는 미국과 유럽 지역에서 활발하게 이뤄지고 있다. 미국은 FDA인허가 단계에서 소프트웨어 의료기기 빠른 시장 진입을 위해 사전 인증제를 도입했다.

2023년 4월, 미국보험청(CMS)는 처방 디지털 치료제에 새로운 코드를 부여하고 일반 의약품과 유사한 처방·조제 시스템의 권한을 갖게 했다.

독일은 디지털 치료제를 3개월 내 임시 승인할 수 있는 DiGA(디지털건강앱) 패스트트랙 제도를 도입했다. 일본도 혁신의료기기 조건부 승인제도를 실시하고 있다.

한국은 뉴딜 2.0 바이오·디지털 헬스 글로벌 중심 국가 도약을 기치로 내걸로 유관 정부부처가 관련 예산을 편성하며 산업육성 촉진에 나섰다.

최근 민간 시장에서도 디지털 치료제 관련 투자가 잇따르고 있다. 글로벌 PE와 벤처케피탈 중심으로 관련 투자가 확대되고 있다. 페어 테라퓨틱스, 아킬리 인터랙티브 등 일부 해외 기업은 디지털 치료제 개발 초기 단계로 시리즈 D 이상 투자유치에 성공했고, 에임메드, 뉴냅스 등 국내 기업 또한 대부분 시리즈 A, B 투자를 받았다. 해외 디지털 치료제 시장에서는 유관기업의 M&A와 스팩 합병을 통한 상장지원이 증가하고 있다.

반면 한국은 제약사의 투자 증가, 전통바이오 시장에 주목하던 벤처캐피털 관심 확대 정도로 투자 트렌드가 이어지고 있는 형국이다.

정보통신기술(ICT)과 인공지능(AI) 등 디지털 기술 발달로 의료 및 제약 기술과 융합되며 디지털 치료제라는 새로운 분야를 또 하나 만들어냈다. ICT 확장성이 과연 어디까지 전개될지 지켜봐야 한다.

[그림 06] **디지털 치료제 주요 기술**(출처: ETRI, 뉴냅스, 삼정KPMG경제연구원)

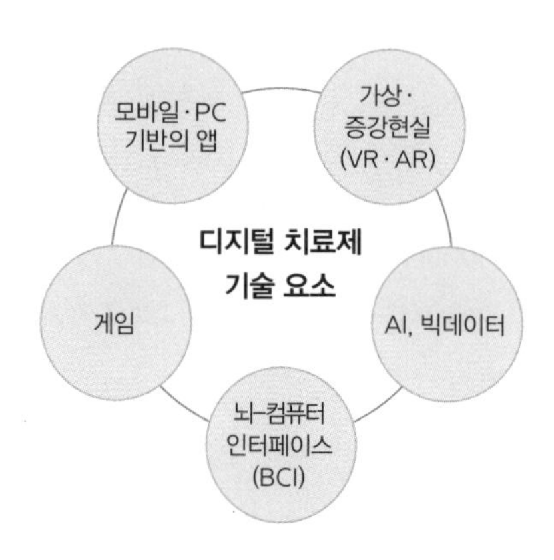

모바일·PC 기반의 앱	• 인지행동치료를 텍스트, 비디오, 애니메이션, 그래픽 등 다양한 콘텐츠와 함께 모바일 및 PC 기반의 앱으로 제공 • VR·AR이나 게임 등의 콘텐츠도 모바일·PC 응용프로그램을 통해 전달되거나 AI가 모바일 앱에 적용될 수 있는 등 앱은 디지털 치료제의 가장 기본적인 형태
게임	• 게임은 환자 맞춤형 치료 경험을 제공하기 위해 적응 알고리즘을 활용하며, 이용자(환자)는 게임 캐릭터를 조종하며 다양한 작업의 운동 과제를 수행해야 함 • 이에 게임을 기반으로 한 디지털 치료제는 치료나 재활 과정에서 환자의 참여를 높일 수 있음
뇌-컴퓨터 인터페이스 (BCI)	• BCI(Brain Computer Interface, 뇌-컴퓨터 인터페이스)는 뇌와 컴퓨터를 연결하여 뇌파를 통해 컴퓨터나 기계를 제어하는 인터페이스 기술을 총칭하며, 뇌 기능 향상이 궁극적인 목표이기 때문에 디지털 치료제가 나아가야 하는 또 다른 기술로 주목 • BCI는 루게릭병, 뇌졸중, 척수 손상, 뇌성마비 등 뇌와 근육 간의 신경이 연결되지 않는 신경계 손상 환자들에게 도움이 될 수 있음
AI, 빅데이터	• AI 및 빅데이터 기술이 적용된 의료기기는 의료용 빅데이터를 학습하고 특정 패턴을 인식하여 질병을 예측·진단하거나 환자에게 적합한 맞춤형 치료법을 제공할 수 있음 • 개인 맞춤형 치료 설계를 위한 불면증 환자의 수면데이터 분석, 우울증 환자의 상태 변화 포착 등에 활용되는 AI 분석 기술이 대표적
가상·증강현실 (VR·AR)	• VR을 치료에 이용한 VRT(Virtual Reality Therapy, VR 치료)는 크게 노출, 주의 분산, 훈련의 방법으로 이루어지는 심리치료와 신경 재활, 근골격계 재활 등 재활치료로 분류 • 최근 VR·AR 기술은 정확도, 반응속도, 해상도 등 영상 재현 성능 발전 • 시·청각을 넘어 후각, 촉각, 미각 등 재현 성능이 향상된다면 치료적 활용성 더욱 커질 것

향후 디지털 치료제는 마이데이터와 결합해 더욱 개인화될 것으로 보인다. 헬스케어 데이터뿐만 아니라 금융 데이터를 포함해 생활 식습관 등과 관련된 마이데이터와 결합함으로써 더욱 정밀한 디지털 치료제를 개발하는 시대가 도래한 것이다.

06 핀테크와 클라우드

코로나19 대유행 속에서 새롭게 부상한 기술이 있다. 기업에게 진가를 발휘한 '클라우드 컴퓨팅'이다. 컴퓨터는 우리 생활에서 없어서는 안 될 도구다. 특히 비대면이 일상화된 우리 사회에 클라우드 컴퓨팅은 자원을 보다 효율적으로 할당하면서 신속하게 업무 대응을 할 수 있도록 돕는 허브로 부상했다. 많은 기업이 '클라우드 퍼스트 전략'을 통해 비즈니스 혁신을 도모하고 있다.

시장조사 업체 IDC에 따르면, 2020년 전 세계 퍼블릭 클라우드 서비스 시장 매출은 3120억 달러를 기록해 전년 대비 24.1% 성장했다. 상위 5개 퍼블릭 클라우드 서비스 기업 아마존 웹 서비스, 마이크로소프트, 세일즈포스트닷컴, 구글, 오라클 등의 매출 합계는 전체 시장의 38%를 점유하고 있다.

전 세계 서비스형 인프라스트럭처(IaaS) 시장에서 미국 아마존이 1위를 차지했고, 뒤를 이어 마이크로소프트, 알리바바, 구글, 화웨이 등이 맹추격 중이다.

코로나19 확산 속에서 큰 성장을 기록한 시장이 바로 IaaS다. 데이터 주권,

워크로드 이동성, 네트워크 지연시간 해결을 위한 기업 수요가 증가했기 때문이다.

클라우드는 핀테크 산업에도 큰 영향을 미친다. 핀테크를 보다 강력하고 유연하게 만드는 소구로 작용하고 있다. 특히 과거 코로나19 확산으로 원격 업무가 급증하면서 클라우드는 사회를 돌아가게 만드는 실타래 기능을 수행했다.

재미있는 조사결과가 있다. 금융솔루션 전문기업 HES 핀테크 사가 발표한 클라우드 활용방안이다. 클라우드가 왜 확대되고 있는지, 활용방안에 대해 설명하고 있다. 클라우드가 가져온 변화가 무엇인지를 잘 알 수 있는 대목이다.

우선 셀프 서비스 애플리케이션 도입 확대다. 코로나19 위기가 계속되고 포스트 코로나 시대에도 원격 셀프 업무 기능은 더욱 확대, 클라우드 컴퓨팅을 좀더 활용하자는 여론이 우세했고 실제 현실화됐다.

둘째, 새로운 보안기능이다. 클라우드 기술을 잘 활용하면 데이터 보호나 보안 취약점을 최소화할 수 있다. 제로 트러스트 검증과 암호화된 데이터는 최근 몇년간 클라우드 보안을 강력하게 만들었다. 핀테크 서비스 제공 기업이 신기술을 도입할 때 보안은 가장 중요한 최소요건이다. 이 문제를 해결할 수 있는 게 바로 클라우드 기술이다.

셋째, 데이터 관리다. 마이데이터 시장과도 맞닿아 있다. 고객 본인 확인 절차부터 계좌 관리, 소비습관 분석 등 빅데이터 습득과 운용이 선결과제가 됐다. 클라우드 기술을 활용하면 대량의 데이터를 안전하게 수집·저장할 수 있고 언제든 접근이 가능해진다.

넷째, 확장성과 유연성이다. 핀테크 기업은 단시일내에 유니콘으로 성장할 수 있는 잠재력이 있다. 때문에 불필요한 장벽을 두거나 필요하지 않는 곳에서 문제가 발생할 경우 회사 파산까지 갈 수 있다. 때문에 효율적인 인프라스트럭처가 필수이며 클라우드 기술은 사내 기술 인프라스트럭처를 절약하면서 상대적으로 쉽게 확장할 수 있는 민첩성을 제공한다.

마지막으로 잠재력이다. 클라우드 핵심은 신속한 변화다. 금융을 예로 들면 클라우드 기술을 활용해 사업자가 새로운 상품을 더욱 신속하게 출시하고 새로운 트렌드, 시장 수요에 맞게 적응할 수 있도록 지원해준다.

그럼 주요 국가의 클라우드 산업 현황은 어떨까? 한국도 클라우드의 전진기지로 불리며 이름값을 하고 있다. 클라우드 앞선 기술력을 보유한 LG CNS, 삼성SDS 등을 필두로 클라우드 규제 완화와 함께 다양한 분야에 클라우드 도입이 한창이다.

한국 정부는 지난 2015년 3월, 클라우드 컴퓨팅 발전 및 이용자 보호에 관한 법률을 제정했다. 같은 해 클라우드 컴퓨팅을 위한 1차 기본계획을 계기로 공공 부문 클라우드 퍼스트 정책을 통해 민간 클라우드 이용이 늘고 있다.

2020년 국내 퍼블릭 클라우드 시장은 전년 대비 25.1% 성장한 1조9548억 원에 달했다. 의미 있는 전망도 나왔다. 클라우드 환경에 도입되는 정보기술(IT) 인프라스트럭처 시장이 향후 5년간 연평균 성장률(CAGR) 15%, 2025년에는 2조 2189억 매출 규모로 커질 것이라는 전망이다.

정부는 포스트 코로나 시대에 발맞춰 클라우드 규제 개선방향을 발표하며 유관 산업에 힘을 실었다. 풀뿌리 규제로 손꼽혔던 망분리 규제도 대거 풀기로 하는 등 클라우드 전 생활영역 확산에 힘을 보태고 있다.

미 연방정부도 새로운 전략인 '클라우드 스마트' 전환을 공식화했다. 미국은 민간 기업이 이미 클라우드 산업에서 뛰어난 경쟁력을 보유하고 있다. 세계 클라우드 시장을 주도하고 있는 미국은 민간 기업이 정부와의 유대관계를 공고히 하며 더욱 체계적이고 효율적인 클라우드 도입 가이드라인을 완성하기도 했다. 맥킨지에 따르면 클라우드 혁명이 시작된 지 약 15년 만에 포춘(Fortune) 500대 기업은 클라우드를 도입해 1조 달러가 넘는 가치 창출에

[그림 07] **클라우드 규제 개선 방향**(출처: 금융위원회)

〈기본방향〉

❶ 디지털 신기술이 금융분야에 확대 적용될 수 있도록 **클라우드 및 망분리 규제**에 대해 **전면 재검토**

❷ 금융전산사고의 가능성에 대비하여 **단계적 제도개선** 추진

(1) 클라우드 규제 개선방안

불명확한 업무중요도 평가기준	➡	**업무 중요도 평가를 위한 구체적 기준 및 절차 마련**
중복·유사한 CSP 평가항목	➡	**중복·유사한 평가항목 정비** (평가항목을 141개에서 **54개**로 축소)
비중요업무도 모든 이용규제 준수 필요	➡	**중요·비중요 업무 간 클라우드 이용절차 차등화**
금융회사 등이 각각 CSP 평가 수행	➡	**금융보안원 대표평가제 도입**
SaaS의 경우 CSP 평가에 애로	➡	**SaaS에 적합한 별도 평가기준 마련**
클라우드 이용 시 제출 서류 간 중복	➡	**"업무위탁 운영기준 보완사항" 등 제출 간소화**
금융당국 사전보고	➡	**금융당국 사후보고**

(2) 망분리 규제 개선방안

획일적·일률적 물리적 망분리 규제	➡	**개발·테스트 분야 망분리 예외**
	➡	**비전자금융업무 및 SaaS에 대한 망분리 예외 추진(규제샌드박스)**
	➡	**(중장기) 단계적 망분리 완화 추진**

성공한 것으로 조사됐다.

중국는 2025년까지 5세대 통신망과 전기차 충전소 등 차세대 인프라스트럭처를 구축하기 위해 민관 합동으로 10조 위안(약 1850조 원)을 투자하겠다는 계획을 발표했다. 외국 기술에 대한 의존도를 줄이는 것이 목표다. 중국 기업의 클라우드 도입 관련 지출 금액은 디지털전환이 가속화하면서 지난해 3분기 기준 72억 달러를 기록했다. 지난해 같은 기간보다 43% 증가한 수치다.

중국 내에도 대표적인 클라우드 빅테크들이 포진해 있다. 알리바바 클라우드는 중국 시장에서 38.3%의 점유율로 1위를 달리고 있다. 연간 매출 성장률 33.3%를 기록할 정도로 호조를 이어가고 있다. 화웨이 클라우드도 17% 내수 시장 점유율로 급성장하고 있고 텐센트, 바이두 등 대형 기업도 10%내외 성장률을 기록하며 글로벌 기업과의 클라우드 전쟁을 준비 중이다.

영국은 2011년 3월, 정부 클라우드 전략을 수립하고 전문 계약 제도인 'G-클라우드 프레임워크'를 2013년 신설한 바 있다. G-클라우드 프레임워크는 영국 조달청과 클라우드 기반 서비스를 제공하는 공급기업 간 협정이다. 영국 정부는 하이브리드나 프라이빗 클라우드보다는 퍼블릭 클라우드를 채택하도록 유도하는 것이 골자다. 일본도 대기업을 포함한 상당수 기업이 클라우드 서비스를 이용하고 있다. 2018년 일본 클라우드 서비스 시장 규모는 1조 9000억 엔으로 2017년 대비 22.7% 증가했다. 특히 프라이빗 클라우드 시장 규모가 약 2조 8000억 엔으로 급성장했다.

07 핀테크와 NFT

블록체인 기반 NFT가 신산업으로 급부상했다. 일각에서는 토큰 이코노미 시대가 열렸다는 표현을 쓰기도 한다.

NFT(Non-Fungible Token)는 대체불가 토큰을 의미한다. 고유한 가치를 나타내는 일종의 디지털 소유권 인증서다.

최근 게임부터 부동산, 예술품 등 희소성 있는 자산을 구매할 때 NFT를 접목하는 사례가 늘고 있다. 희소성 있는 재화의 토큰화가 이뤄지는 것이다. 이로 인해 창작자는 저작권, 구매자는 소유권을 갖게 된다. NFT 구현 방법은 간단하다. 소유자 확인이 가능한 블록체인 기술을 활용해 디지털자산에 고유번호를 부여한다. NFT는 고유식별자(비밀키, 공개키)와 메타데이터(분류코드), 콘텐츠로 구성된다.

그렇다면 NFT는 어떻게 탄생했을까?

그간 저작물 등은 창작자 수익 흐름을 지켜주지 못하는 태생적 문제를 안고 있다. 디지털 소유권 이슈다. 디지털 세계에서 새로운 소유방식을 창출하기 위해 탄생한 것이 바로 NFT다.

PC기반 웹 1.0시대는 생산된 정보와 콘텐츠가 단순 소비됐다. 모바일 웹 기술이 적용된 웹 2.0 시대는 디지털 파일의 무한 복제와 소유권 문제가 발생했다. 이를 해결한 웹 3.0 시대에 NFT는 디지털 저작권과 소유권 증명 플랫폼으로 활용된다. 메타버스와 토큰 이코노미 시대의 개막이기도 하다.

2021년 3분기 기준 3분기 기준 NFT 거래액은 13조 원에 달했다. 전년 동기 대비 370배 급성장했다. 최근 블록체인 스타트업 외에도 개인 작가나 대기업 참여가 활발하다.

NFT는 암호화 토큰이다. 크게 3가지 표준이 있다. ERC-20과 ERC-721, ERC-1155로 구분된다.

[표 12] **NFT 토큰 개요**(출처: 아트투게더)

	토큰예시	현실대응품
ERC-20	동일한 교환 가치 `mapping (address => uint256) _balances;`	5만원 권
ERC-721	각각이 고유한 토큰 `mapping (uint256 => address) private _tokenOwner;`	모네 수련
ERC-1155	한정된 수량의 가치가 동일	한정판 신발

ERC-20은 동일환 교환가치를 지닌다. 비트코인이나 현실세계에서는 5만원권과 비슷하다.

ERC-721은 각각의 고유한 토큰으로 구성된다. 피카소 미술품 등을 예로 들 수 있다.

ERC-1155는 한정된 수량의 가치가 동일한 속성을 지닌다. 한정판 신발 등이 현실 대응품으로 꼽힌다.

최근 NFT는 여러 분야에 활용되고 있다. 게임 분야는 물론 디지털 아트,

디지털 부동산, 심지어 삼성전자나 나이키 등은 자사 제품에 NFT 플랫폼을 연동하는 프로젝트를 준비 중이다. 발행과 유통, 타서비스로 확장이 가능하기 때문이다.

NFT 생애주기를 살펴볼 필요가 있다.

[그림 08] **NFT 생애주기**(출처: NH농협은행)

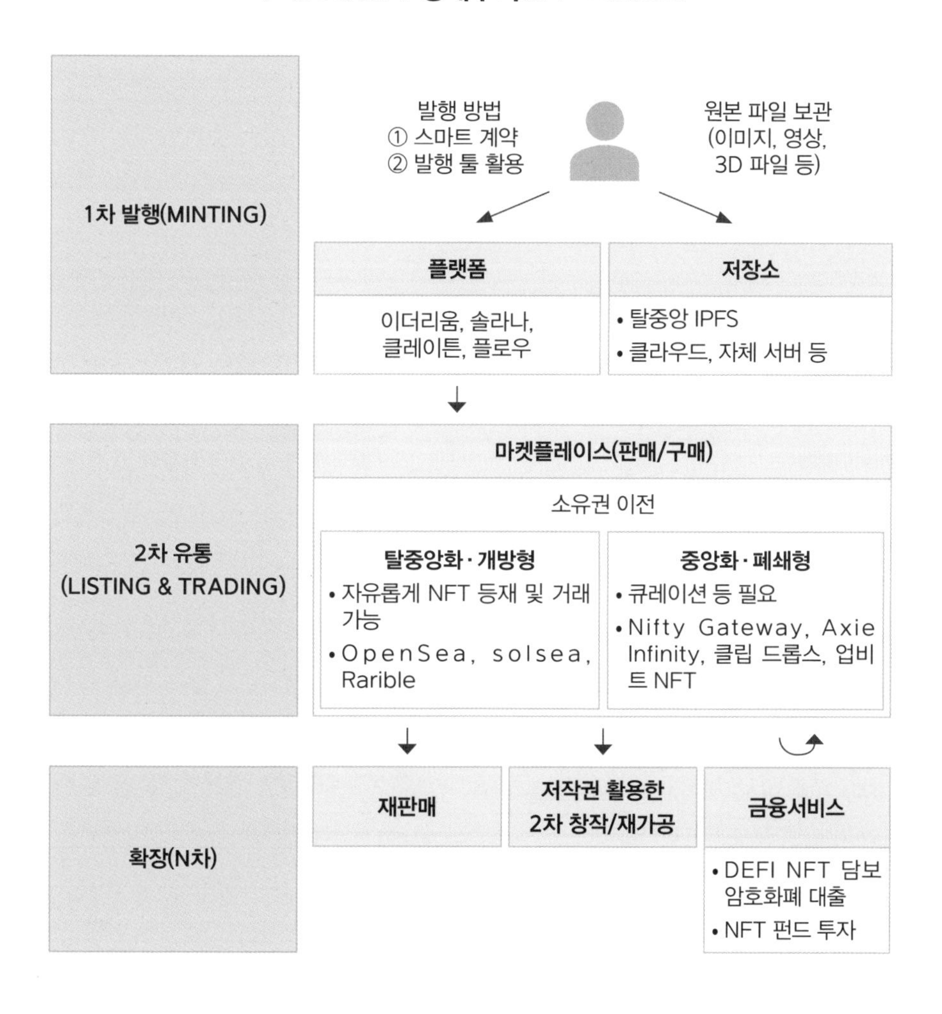

우선 스마트 컨트랙트 등으로 1차 발행(Mintin)이 이뤄지면 마켓플레이스에서 2차 유통이 진행된다. 탈중앙화(개방형), 중앙화(폐쇄형) 모두 가능하다. 탈중앙화 플랫폼에서는 자유롭게 NFT 등재와 거래가 가능해 진다. 반면 중앙화 시스템에서는 별도의 큐레이션이 필요하다. 마지막으로 확장이 진행되는데, 바로 재판매와 재가공이다. 저작권을 활용한 암호화폐 대출이나 NFT 투자펀드 등으로 영역이 확장되는 것이다.

보다 쉽게 적용사례에 대해 알아보자. 최근 유명작가의 작품이 NFT 방식으로 비싸게 낙찰된 사례가 주목받고 있다.

[표 13] **NFT 적용사례**(출처: 각 사 취합)

	Everydays	War Nymph 컬렉션
작가	Beeple(마이크 윈켈만)	Grimeson(엘론머스크 아내)
발행일/가격	2021.03 / 785억 원	2021.03 / 65억 원
상세	• 14년간(2007.5~) 매일 그려서 인터넷에 업로드한 작품 • 생존 작가 중 3번째로 높은 판매 금액(1. 제프 쿤스, 2. 데이비드 호크니)	• 화성을 수호하는 아기 천사 이미지를 비롯한 10점의 작품이 20분 만에 판매 종료

가상 부동산: 디센트럴랜드	실물 부동산의 NFT화
디센트럴랜드 게임 내 땅을 NFT로 판매 • 내가 소유한 땅에서 건물 짓기, 홍보관 운영 등 자유로운 서비스 가능 유사 사례: 어스2, 세컨서울, 샌드박스 등 〈LAND NFT〉 총발행량 90,601개	① ('21.12월) 중소벤처기업부의 '부동산 집합투자 및 수익배분 서비스' 실증 개시 지역: 부산 블록체인 규제자유특구 ② ('21.11월) 한국토지신탁의 가상자산거래소(후오비코리아) 지분 확보(160억 규모, 지분 8%) • NFT를 포함한 디지털자산을 아우르는 '커스터디'서비스 준비

Beeple(마이크 윈켈만)은 14년간 자신의 그림을 인터넷에 업로드한 작품을

NFT로 발행했다. 한 작품은 785억 원에 낙찰됐고 생존 작가 중 3번째로 높은 판매금액을 기록했다.

일론 머스크의 아내인 그림슨(Grimeson)은 화성을 수호하는 아기천사 이미지를 비롯한 10점의 작품을 NFT로 판매했다. 10점의 작품은 20여 분만에 판매가 종료되며 약 65억 원을 벌어들였다.

실물자산을 토큰화해 분할 소유하는 거래 방식이 늘고 있다. 소유권 양수양도를 통한 2차 마켓기능을 구현했고 보유자 대상 실물 작품을 전시 개발하는 마케팅도 증가했다. 국내에서도 미술품 구매 단위는 1000원으로 누구나 참여가능한 플랫폼이 문을 열기도 했다.

가상과 실물부동산에도 NTF가 뜨거운 이슈로 부상했다.

가상부동산 디센트럴랜드가 대표적이다. 게임 내 땅을 NFT로 판매하고, 내가 소유한 땅에서 건물도 짓고, 홍보관 등을 운영할 수도 있다. 어스2, 세컨서울, 샌드박스 등 가상 부동산 NFT 판매 플랫폼이 최근 젊은 층에서 큰 인기를 끌고 있다.

실물 부동산도 NFT화가 가능하다. NFT를 포함한 디지털자산을 아우르는 커스터디 서비스가 본격 상용화를 앞두고 있기 때문이다.

프로그래밍 아트 사례도 있다. 프로그래밍을 통해 랜덤 생성된 토큰을 배분하는 방식이다.

2017년 크립토 펑크는 이더리움 기반으로 약 1만 개의 토큰을 발행했다. NFT의 시초다. 가상 세계에서 인간 외에 좀비(88개), 유인원(24개), 외계인(9개) 등을 만들어 판매, 그 희소성을 인정받아 높은 가격에 사고팔 수 있다.

아티스트 70여 명이 참여한 '해시마스크'(Hashmask)프로젝트는 NFT 보유자에게 NCT(Name Change Token)를 배분하는 활동을 선보인 바 있다. 메타콩즈는 멋쟁이 사자(프로그래밍 교육단체)와 협업해 SNS 프로필 사진 등으로 NFT를 활용할 수 있는 이벤트를 선보여 큰 인기를 끌었다.

게임산업과 NFT도 점차 융합되고 있다. 게임산업은 NFT를 활용한 사업 흥행 가능성이 매우 높은 산업으로 평가받는다. 게임업계는 오랜 기간 가상 세계에서 가상 재화인 게임머니로 경제 생태계를 구축했다. 이용자도 게임 아이템과 게임머니를 다루면서 암호화폐와 비슷한 특성에 익숙해 있다. 게임업계는 NFT를 활용한 플레이투언(P2E)를 차세대 먹거리로 낙점하고 다양한 사업을 추진 중이다. P2E는 게임을 하면서 돈을 벌 수 있다는 새로운 개념의 서비스다.

게임 내에서 통용되는 재화를 NFT로 교환하고 이를 거래소에서 실제 현금화할 수 있도록 만든 시스템이라고 보면 된다.

NFT 시장이 개화하면서 많은 기업들이 NFT 마켓에 주목한다.

가상자산거래소 업비트는 NFT 거래 시스템을 갖춘 플랫폼 '업비트 NFT'를 선보인 바 있다. BTS 소속사 하이브와 손잡고 글로벌 시장에서 NFT 사업을 확장할 계획이다.

코빗 역시 만화·웹툰 전문기업 미스터블루와 협약을 맺고 NFT 판매 사업에 뛰어들었다. 빗썸도 대기업과 협업을 통해 올해 NFT 관련 신사업을 추진할 것으로 알려졌다.

제도권 금융사도 속속 NFT 시장에 발을 담근다.

신한카드는 국내 금융사 최초로 카카오 자회사 '클레이튼' 블록체인 기반으로 NFT 발행 및 조회 기능을 지원하는 'MY NFT'를 선보였다. 출시 4일 만에 1만 5000개의 NFT가 생성되는 등 큰 화제가 됐다.

KB국민은행은 NFT, 가상자산, CBDC 보관을 목적으로 하는 '멀티에셋 디지털 월렛' 시험 개발을 완료했다. 향후 디지털신분증, 스마트키, 전자서류 기능을 연계할 계획이다.

우리은행은 오픈소스 네트워크인 '블록체인 플랫폼'을 구축, 2024년 하반

[표 14] NFT 진출현황(출처: 전자신문)

전통금융사들의 NFT 사업 진출 현황

국내 금융사 사례	신한카드	'클레이튼' 기반 NFT 발행 및 조회 기능 서비스 출시(2022년 1월)
	KB국민은행	NFT 보관 가능한 '멀티에셋 디지털 월렛' 시험 개발 완료(2021년 12월)
	KB국민카드	'리브메이트' 마이데이터 연동 고객 대상 NFT 지급 이벤트 진행(2022년 1월)
	우리은행	NFT 및 스테이블 코인 발행을 위한 블록체인 플랫폼 구축 및 실험 완료(2022년 1월)
해외 금융사 사례	비자카드	약 2억 원 상당 '크립토펑크' NFT 구매(2021년 8월), NFT 보고서 발간 NFT, 간편구매 지원 계획
	골드만삭스	NFT, DeFi 기업 ETF 승인 신청(2021년 7월)
	JP모건	NFT 지급 이벤트 진행(2021년 12월)
	씨티그룹	디지털자산 그룹 신설(2021년 7월)

NFT 프로그래밍 아트 사례

크립토펑크	발행일	2017년 6월
	발행량	1만개
	특징	• 이더리움 기반 • NFT 시초라는 상징성 보유 • 인간 외에도 좀비(88개), 유인원(24개), 외계인(9) 캐릭터로 구성돼 있으며, 희소한 캐릭터일수록 높은 가격이 형성됨
해시마스크	발행일	2021년 12월
	발행량	1만 6384개
	특징	• 아티스트 70여명이 제작 • NFT 보유자 대상으로 NCT(Name Change Token)가 배분됨 • 1830NCT로 NFT의 이름을 변경할 수 있음
메타콩즈	발행일	2021년 12월
	발행량	1만개
	특징	• 클레이튼 기반 • 프로그래밍 교육 단체 '멋쟁이사자처럼'(대표 이두희)과 협업 • SNS 프로필 사진으로 활용 가능 • 메타콩즈 보유자는 트레이딩 카드게임 '실타래'의 카드 구매 우선권을 제공받음

자료: 업계 취합

기에 CBDC 유통 확대 실험에 활용하고, 스테이블 코인인 '우리은행 디지털화폐(WBDC)'와 NFT 발행, '멀티자산지갑' 등 다양한 서비스로 확대해 나갈 계획이다. 해외 글로벌 금융사 움직임도 심상치 않다. 비자카드는 지난해 8월, 크립토펑크 약 2억 원어치를 구매하고 NFT 보고서 발간은 물론 NFT 간편구매 지원 계획을 발표했다.

골드만삭스도 NFT와 DeFi 기업 ETF 승인을 신청했고, 씨티그룹은 디지털자산 그룹을 신설했다.

이 같은 NFT의 확장성은 '토큰 이코노미 생태계'를 형성하는 파이프라인이 될 것으로 보인다.

NFT 뒤를 이어 현물 ETF 승인도 유관 시장에 큰 호재로 작용했다.

비트코인 현물 ETF 승인에 따른 글로벌 투자자의 신규 수요가 크게 증가할 전망이다.

미국 기관투자자 포트폴리오(약 6경 원)의 편입 대상이 되는 만큼, 향후 중장기 최대 호재라 할 만하다. 1%만 편입된다 해도 무려 600조 원 신규 수요가 창출될 수 있기 때문이다. 이 중 2024년 기대되는 신규 수요로는 적게는 500억 달러, 많게는 2000억 달러이고, 대체적으로 1000억 달러(130조 원) 내외라는 게 대다수 의견이다.

다만 그레이스케일의 환매 압력이 얼마나 지속될지는 모니터링이 필요하다. 예단은 어렵지만, 그레이스케일 GBTC펀드의 비트코인 매입가격대가 약 2000~3000만 원이라고 보면, 4000만 원 초중반 가격대까지는 환매 요청이 이어질 가능성이 높다는 판단이다. 또한 GBTC의 수수료는 약 1.5%로 다른 펀드의 수수료(0.2~0.5%)보다 훨씬 높은데, 이 점도 환매 압력이 꽤 오래 지속될 거란 분석을 가능하게 한다. 시장에선 GBTC 보유 비트코인 물량의 약 절반(31만 개, 18~19조 원)이 나올 때까지는 지속될 거란 의견이 많다.

08 디지털 휴먼, 새로운 매트릭스 세상이 온다

요즘 메타버스가 화두다. 메타버스를 정의하면 VR, AR 요소가 강화된 3D 콘텐츠 서비스라고 할 수 있다. 보다 넓은 의미로는 '증강된 현실세계와 상상이 실현된 가상세계, 인터넷과 연결돼 만들어진 모든 디지털 공간의 조합'으로 정의할 수 있다.

초기 인터넷이 텍스트였다면 점차 사진, 동영상이 가미되고 이제는 3D콘텐츠가 융합된 가상세계가 열리고 있다. 그 가상세계를 여는 키가 바로 메타버스다. 비록 가상세계지만 메타버스 안에는 경제 시스템과 세계관, 소셜활동, 상거래 등 다양한 서비스가 존재한다.

가상 공간은 끝없이 확장이 가능하기 때문에 그 내부에서 다양한 거래와 창조, 자산 축적이 이뤄지고 또다른 경제 활성화가 진행된다.

특히 코로나19 창궐로 메타버스 산업은 새로운 미래 서비스로 급부상했다. 실제 코로나19가 한창이던 2020년, 가상 콘서트가 유행한 적이 있다. 존 레전드(John Legend)의 가상 콘서트인 'A Night For Bigger Love'에 등장한 아바타가 큰 존재감을 뽐내기도 했다. 포춘(Fortnite) 주최로 열린 가상 콘서트

[표 15] 글로벌 플랫폼 기업들의 증강현실 생태계 구축 추진현황

(출처: 이준배 외(2021.12))

구분	내용
애플	• 생태계 조성: 외부환경 인식이나 홀로그램 관련 기술보유 스타트업 인수(PrimeSense, Metaio, Emotient, Vrvana, Akonia Holographic 등) 및 관련 응용서비스 개발도구 ARKit을 제공하여 개발자 그룹 형성을 통한 AR 글라스 생태계 구축을 추진 중 • 자체 기술개발: 공간 3D 스캐너인 라이다를 아이폰에 적용. 특히 초광대역 무선통신 기술(UWB)에 기반하는 에어태그 통신칩을 전 디바이스에 장착해 모빌리티, AR까지 포괄하는 HW/SW 연결, 통합 전략을 추진 – 에어태그 칩이 모든 사물에 장착되면 외부세계의 맥락(context) 인식에 진일보하게 되고, AI가 애플이 개발한 프로세서를 통해 이해한 맥락을 기반으로 장기적으로 AR, 모빌리티 관련 다양한 응용서비스 가능
페이스북	• AR 글라스 연구를 위한 아리아 프로젝트, 증상현실 구현의 기반인 외부 콘텍스트 인지를 위해 위치, 대상, 실시간 활동의 세 가지 layer의 정보 stack으로서의 라이브맵(LiveMaps)이라는 개념을 중심으로 기술개발, 인수합병을 병행해 추진 중
마이크로소프트	• AR 디바이스 홀로렌즈 개발 • 매쉬: 미래 클라우드 사업의 장기적 비전으로 AR/MR 클라우드 플랫폼 매쉬(Mesh)를 제시. 매쉬는 AR, VR, MR, 스마트폰, PC 등 다양한 디바이스간, 이용자간 실시간 상호작용, 동기화를 지원하는 클라우드 플랫폼으로, 클라우드 시장의 지배력을 메타버스 세계로 확장하려는 비전
엔비디아	• 가상협업, 디지털 트윈, 실시간 시뮬레이션을 위한 오픈 플랫폼 '옴니버스'를 추진 중

'Astronomical' 공연은 유튜브 영상 조회수 1.8억회, 참석 플레이어 2800만 명을 기록해 수익만 2000만 달러를 거둬들이는 기염을 토했다.

이 같은 메타버스 영향력 확대로 이제 게임과 광고 등 여러 다른 산업분야에서도 메타버스 플랫폼은 성장 가도를 달리고 있다.

시장 조사기관 마그나 글로벌에 따르면 메타버스 기반 광고 시장 규모는 약 1조 달러에 달한다. 이 중 인터넷 광고시장 규모는 7330억 달러로, 73% 비중을 차지할 것으로 전망된다. 인터넷 광고 시장점유율은 1999년 2%에서 2020년 57%까지 기하급수적으로 증가했다. 소셜 광고 시장에서 선두 지위를 확보한 메타 광고 매출은 10년 전 대비 45% 증가했고 글로벌 광고시장 점유율도 14.4% 성장했다. 이미 수많은 기업이 메타버스 플랫폼을 향한 경쟁을 시작했다.거대 플랫폼 기업은 네트워크 효과, 데이터 우위 등에 기반해 메타버스라는 새로운 컴퓨팅 플랫폼을 선점하기 위해 치열한 경쟁을 예고했다.

VR 헤드셋 등 스마트폰을 제외한 메타버스 디바이스 시장이 활성화되면 애플, MS 등 OS를 통한 우위도 위협받을 수 있다. 디바이스에 구애받지 않는 클라우드 게임 활성화 등의 효과가 기대되기 때문이다. 이미 메타버스 오큘러스 디바이스 확산, MS 등 클라우드 게임 출시, 애플의 앱스토어 정책을 둘러싼 갈등, 에필의 애플 제소 등 메타버스를 둘러싼 첨예한 대립과 경쟁이 심화되고 있다.

실제 가상세계를 구현한 메타버스의 놀라운 예시를 살펴보자.

[그림 09] **로블록스 아바타 표정 변화**(출처: 로블록스, 유튜브)

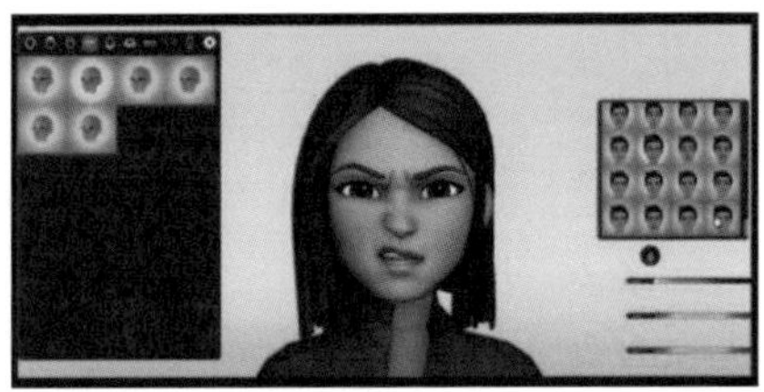

로블록스(Roblox)는 실사 수준에 가까운 아바타를 선보인 바 있다. 3D 기반 의상착용, 감정에 기반한 다양한 표정 변화까지 추구한다. 실시간으로 사용자 비디오를 통해 얼굴을 표현하고 보이스로 립싱크를 구현할 수 있다. 비록 경쟁사인 게임즈, 유니티 등이 구현한 아바타보다는 실사 퀄리티가 떨어지지만 오랜 기간 동안 그 질을 개선하고 유저와 개발자에게 해당 결과를 공유하는 서비스를 제공해 신뢰를 구축했다. 또 메타버스 플랫폼 내에서는 실사 아바타뿐 아니라 해당 유저 개성을 드러내는 애니메이션 기반 아바타도 선보였다. 로블록스 매출 중 68%는 북미에서 벌어들였다. 몰입형 비주얼과 실물환경 구현을 시도하고 13세 이상 유저를 유입한 것이 주효했다.

다음으로 에픽 게임즈(Epic Games)다.

[그림 10] **영화 The Matrix Awakens에서 키아누 리브스 실사와 가상 휴먼(오른쪽) 비교**(출처: 에픽 게임즈, 유튜브)

영화 매트릭스에서 보여준 엔진의 가치, 메타버스 세계 결정판을 보여줬다는 평가를 받고 있다. 영화 내에서 키아누 리브스 모습은 어느 쪽이 실사이고 CG인지 구별이 힘들 정도다. 이 회사의 메타버스 플랫폼 구현 방식 때문이다.

영화 속 건물은 실제 지역 건물을 매우 정교하게 옮겨 놓았고, 지면과 지상의 다양한 물체도 실제 현장에 있는 모습을 디테일하게 묘사했다. 에픽 게임즈가 해당 영상에서 구현한 메타버스 플랫폼 기술 경지가 놀랍다.

[그림 11] **The Matrix Awakens에서 건물 비교(실제 vs 게임)**
(출처: ElAnalistaDeBits, 유튜브)

에픽 게임즈는 메타휴먼 크리에이터 얼리 억세스를 공개했다. 해당 기능을 통해 매우 정교한 실사 베이스의 디지털 휴먼을 선보이는 데 성공했다. 피부 주름이나 눈, 코, 입 세부 형태까지 조절가능한 옵션을 추가했다. 매트릭스 영상에서도 실제와 가상을 구별할 수 없는 디지털 트윈이 출현하는데, 향후 자신이 선호하는 아티스트의 디지털 트윈 기반 메타 휴먼과 커뮤니케이션을 할 수 있는 시대가 올 것으로 보인다. 그럴 경우 나만의 공간에서 아티스트의 콘서트를 관람하고, NFT를 통한 자기 복제도 가능해질 수 있다.

[그림 12] **메타 휴먼 구현 화면**(출처: Unreal Engine, 유튜브)

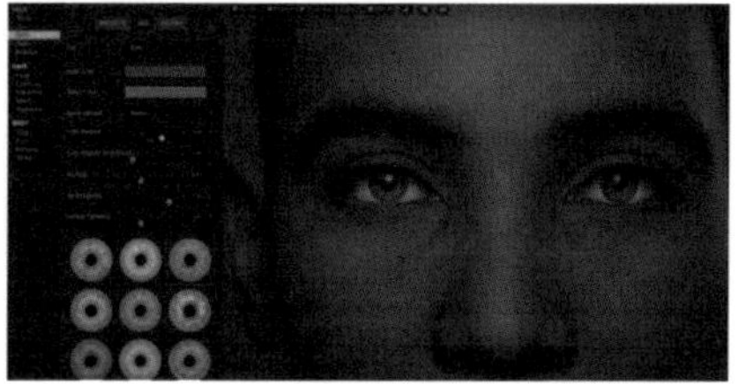

에픽 게임즈에 반격을 가한 기업이 있다. 유니티(Unity)라는 기업이다. '아바타', '반지의 제왕' 등 대작 영화에 적용된 VFX 전문기업 웨타 디지털을 인수한 곳이기도 하다. 2012년에 개봉된 영화 '호빗'에서 구현된 인물인 골룸의 제작 과정을 보면 이 기업의 메타버스 기술이 얼마나 진일보했는지 확인할 수 있다. 표정, 근육, 입술 움직임 등을 포착해 현실적으로 구현했다.

[그림 13] **영화 호빗: 뜻밖의 여정에 적용된 골룸 VFX**(출처: Weta Digital, 유튜브)

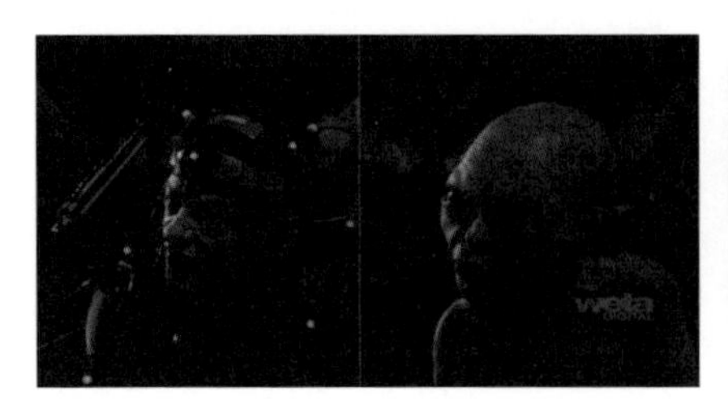

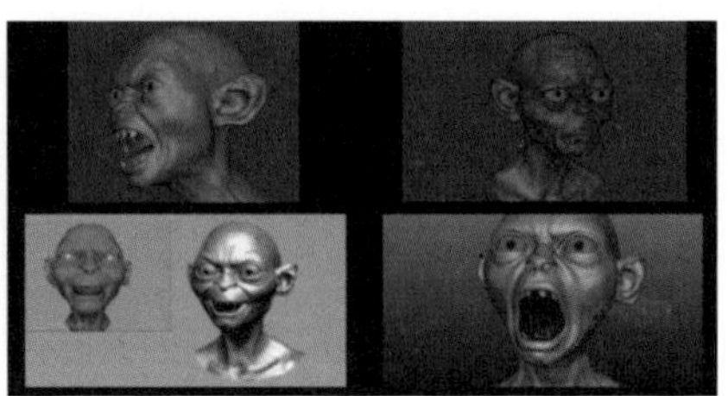

유니티는 이후 디지털 캐릭터 제작 소프트웨어 기업 지바 다이나믹스를 인수한다. 인수와 동시에 발표한 영상에서 디지털 휴먼 엠마를 공개한 바 있다. 실제 인간과 매우 흡사해 또 한 단계 메타버스 수준을 끌어올렸다는 평가다. 유니티가 전문 기업을 연이어 인수한 배경은 에픽 게임즈와 대등하게 경쟁하기 위한 전략이 숨어 있다. 또 기존에 게임과 영화로 분리됐던 콘텐츠 영역을 상호 연결하고 통합하는 과정으로 해석된다. '아바타', '반지의 제왕' 등 대작 영화가 그 모습을 그대로 옮겨 놓은 게임으로 재탄생될 날이 머지않았다는 것이다.

마지막으로 하이퍼리얼이라는 기업도 눈에 띈다. 이 회사가 구현한 디지털 휴먼 알타 B는 다국적 팝 그룹인 'Now United'에서 공개됐다. 머리카락 움직임과 인간과 교감을 나누는 장면을 포함 아티스트와 전혀 이질감이 느껴지지 않는다는 평가를 받았다. 해당 영상은 공개 이후 두달만에 유튜브 조회수 5000만 뷰를 상회했다. 향후 인간 아티스트와 가상 아티스트가 함께 연결돼 공연하고, 디지털 휴면의 모션도 인간의 움직임과 구별할 수 없는 시대가 도래할 전망이다.

[그림 14] **Hyperreal이 구현한 디지털 휴먼: Alta B**(출처: 하이퍼리얼, 유튜브)

이 회사는 디지털 휴먼과 가상제작 기술 고도화를 위해 700만 달러 자금을 조달했다. 이 중 300만 달러를 펄어비스가 투자했다. 이를 통해 펄어비스는 향후 게임, 메타버스 플랫폼 내에서 보다 사실적이고 몰입감 높은 콘텐츠를 선보이겠다고 밝혔다.

최근 메타버스에 대한 관심도가 떨어진 것도 사실이다. 일각에서는 메타버스도 종전 플랫폼 서비스와 동일하게 많은 수의 이용자가 개발자를 유인하고, 참여 개발자 증가는 또다시 더 많은 이용자로 이어지는 플라이휠 효과를 창출해야 한다는 의견이 지배적이다.

메타버스 시장에서 플라이휠 효과를 가장 많이 누릴 수 있는 기업은 빅테크다. 이미 빅테크 간 시장 선점과 플라이휠 효과를 노리기 위한 연대가 시작됐다.

무엇보다 중요한 사실은 이미 OS를 장악한 애플 등 빅테크와 OS를 보유하지 않은 거대 서비스 기업 간 플랫폼 경쟁이 주축을 이루고 있다는 점이다.

클라우드 게임과 같이 디바이스에 구애받지 않는 서비스가 많아지면서 OS 플랫폼 장악 기업의 딜레마는 커지고 있다. 에픽의 애플 제소는 '플랫폼 위의 플랫폼'을 억제하려는 기업과 이를 저지하려는 기업 간 갈등이 원인이다. 캘리포니아 법원은 애플이 별도 지불방법이 가능함을 이용자에게 알리고 외부 링크를 허용하도록 함으로써 써드파티가 애플 커미션을 우회해 결제수익을 얻을 수 있도록 판결했다.

결국 규제환경 변화와 규제당국 압력 증대로 애플 등 OS 플랫폼 앱스토어 정책의 변화가 이뤄지고 있다. 애플 구독 앱이나 소기업 커미션 인하 등 앱스토어 운영규칙이 완화되고 있다는 게 그 방증이다.

빅테크 이외 기업도 메타버스 플라이휠 효과 극대화에 시동을 걸었다. 게임 기업의 무기는 엔진이다. 신세대 이용자가 가상세계에서 어떻게 소셜활동을 하고 창작하는지, 또 디지털 재화기반 경제 운용을 어떻게 하는지 경험을 축적해왔다. 일부 기업은 가상세계 구축에 필요한 공용어를 통해 플랫폼 우위 전략을 펼치고 있다. OS가 없는 순수 서비스 플랫폼 전략이기도 하다. 네이버 라인이 대표적이다.

요약하면 메타버스 신규 진입자 전략 핵심은 플랫폼 사업 이용자에게 상품화, 판매, 기술을 지원하고 일반 이용자에게는 결제나 스토어를 쉽게 이용할 수 있도록 해 소셜활동을 지원하는 것이다. 일종의 커뮤니티를 형성, 운용하는 방식이다.

최근에는 블록체인 기반 메타버스가 대항마로 부상했다. 플랫폼을 거치지 않는 피어투피어(Peer to Peer) 서비스다.

탈중계를 모토로 하는 웹3 운동 일환으로 블록체인 기반 메타버스에서 자산 소유권을 증명하고 중간 수수료 없이 결제 시스템 구축이 가능하다는 장점이 있다. 메타버스 육성은 디바이스, 부품, 네트워크, 클라우드, 디지털 콘텐츠 등 컴퓨팅 스텍(stack) 전반에 걸친 종합 지원 방안이 있어야 한다. 또 시장 경쟁 활성화를 위한 메타버스 규제 정책은 OS 지배 플랫폼이 '자신의 플랫폼위 플랫폼'을 통제하는 것을 억제하는 부분에 초점을 맞춰야 한다.

디바이스, OS 다양화, 여러 플랫폼에 걸친 크로스 플랫폼 서비스 제공 촉진이 필요하다. 실질적인 인앱결제 우회 등 다양한 조치를 강구해 순수 서비스 제공자의 기회 확대를 추구해야 한다.

09 핀테크와 레그테크

핀테크와 금융 규제 강화에 따른 기회 사업으로 부상하는 영역이 있다. 바로 레그테크다. 레그테크란 규제(Regulation)와 기술(Technology)의 합성어로, 기술을 활용해 금융규제 준수 여부를 체크하는 서비스를 의미한다. 클라우드, 인공지능, 블록체인 등 IT기술을 접목해 규제를 관리하기 위한 행동을 뜻하는데, 규제기관의 규제감독을 돕는 섭테크(Sub Tech)와 금융회사 등 피규제기관 규제 준수를 위한 컴프테크(Comptech)로 구분된다.

결국 금융회사와 금융거래 준법감시(Compliance) 기능을 IT · 디지털 기술로 자동화하는 혁신 플랫폼을 통칭한다.

레그테크가 확산일로다. 특히 AI 기술이 접목되면서 금융디지털화에 따른 각종 사고 예방과 보안 관리를 자동화하는 기업이 크게 늘고 있다.

그렇다면 기관과 기업들은 왜 레그테크를 도입할까? 우선 디지털 가속화에 따른 기술 대응이 필요하기 때문인데, 금융 디지털화로 금융 거래가 갈수록 빨라지게 되면 기존 아날로그 형태의 준법감시시스템으론 적시 대응이 어렵다. 자칫 컴플라리언스 리스크가 커질 수 있다는 말이다.

[그림 15] **레그테크 개요**(출처: 금융보안원)

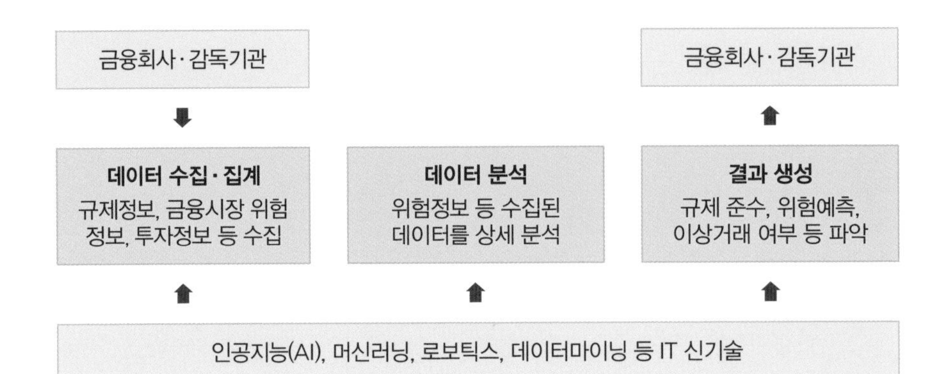

둘째, 비용이 적게 든다. 마이데이터 경쟁 등으로 다양한 맞춤형 금융상품이 쏟아져 나오게 되면 기존 준법감시서비스는 인건비, 시간비용이 천문학적으로 늘어나게 된다. 이를 레그테크 자동화서비스로 해결할 수 있다. 또 금융 소비자주권 강화로 갈수록 중요해지고 있는 소비자보호도 레그테크 관심도를 높이고 있는 요인이다.

2019년 12월 금융위원회는 '금융혁신 가속화를 위한 핀테크 스케일업 전략'을 발표한 바 있다.

이 전략 중 핵심이 레그테크다. 고객 데이터 유출방지, 금융규제 자동인식·분석, 자금세탁방지에 레그테크 적용을 상설화하는 내용이 담겼다.

특히 은행권을 중심으로 인공지능에 기반한 이상거래탐지시스템(FDS)을 고도화해 안전한 금융환경을 구축하는 시도가 잇따르고 있다. 신한은행은 업계최로로 AI기반 이상거래탐지시스템을 도입해 체계화된 이상거래 패턴과 금융보안원 금융거래 블랙리스트를 탑재한 하이브리드 솔루션을 운영 중이다.

지난해에는 은행권 최초로 인공지능을 활용한 이상행동탐지 현금자동입출금기를 도입해 이상행동이 탐지되면 거래 전 추가적인 본인인증을 진행하도록 했다. KB국민은행과 하나은행도 사고패턴을 인공지능에 학습시켜 이

[표 16] **레그테크 특징**(출처: 금융보안원)

구분	특징
양방향성	• 외부와 유기적으로 연결되어 동작해 효율성과 정확성 추구
표준화	• 설계단계부터 시스템을 범용성을 위해 개발 • 법규 변경에 신속한 대응 가능
자동화	• 시스템이 변환된 금융관련 법규 자동 인식·분석 (예. MRR(Machine Readable Regulation))

상거래를 탐지하는 시스템을 개발했고 우리은행은 비대면 거래 분석시스템을 도입해 고객 평소 거래패턴을 빅데이터로 분석, 이상거래로 판단될 경우 거래를 차단하는 시스템을 도입했다.

5대 시중은행이 이 같은 레그테크 도입으로 총 2만 6000여 건의 이상거래 중 하나은행이 1만여 건, 국민은행 5000여 건, 신한은행 3200여 건, 농협은행 2600여 건, 우리은행 1800여 건을 발견해 금융사기 예방 효과를 거뒀다.

이후 금융보안원은 금융보안 규제에 대한 대응역량 강화를 위해 금융보안 레그테크 포털을 구축했다. 금융보안 레그테크서비스는 2018년 11월 약 2개월간 179개 금융사 참여로 시범운영을 거쳐 2019년부터 시행 중이다. 컴플라이언스 관리 자동화는 물론 금융보안 보고서 자동리프팅, 인텔리전스 규제 검색과 알림, 보고서 접수관리 등 다양한 보안영역 업무를 온라인으로 자동화하는 데 성공했다.

2021년에는 모바일웹서비스를 제공, 해외 주요 10개국 금융보안 관련 규제에 대한 정보와 침해사고 예방을 위한 사이버위협 정보 제공을 확대했다.

금융사 레그테크는 오픈뱅킹과 클라우드 활용과도 밀접한 연관이 있다. 금융산업 내 컴플라이언스 기능을 강화하기 위해 레그테크 적용을 위한 유인정책이 필요한 실정이다.

그렇다면 실제 레그테크가 어떤 분야에 적용되는지 알아보자.

금융회사 내부통제 외에 모든 외부 금융거래 규제가 대상이지만 특히 소비자보호, 거래 규모, 반복성 측면에서 중요도가 큰 분야가 있다. 개인정보보호, 자금세탁, 이상거래탐지 등이 대표적이다.

개인정보보호는 데이터 이동이 활발해지면서 고객확인(KYC)을 위한 블록체인 연계 레그테크가 중요해지고 있다. 자금세탁은 은행 없이도 입출금할 수 있는 가상자산과 관련, 이상거래탐지는 금융 디지털·비대면 거래와 관련 각각 레그테크 수요를 빠르게 늘리고 있다는 게 시장 의견이다. 톰슨로이터 조사에 따르면 레그테크 수요는 금융회사 준법 내부통제 모니터링(21%), 개인신원증명(17%), 자금세탁방지(12%) 순으로 나타났다.

글로벌 시장에서도 레그테크 도입이 활발해지고 있다. 특히 영국은 2015년부터 금융행위감독청(FCA)이 설문조사, 간담회 등을 통해 직접 레그테크 활성화에 드라이브를 걸고 있다. 유럽연합(EU) 국가도 2008년 리먼사태 이후 국가별 다양한 금융규제와 자금세탁방지 법안이 통과되면서 레그테크 수요가 급증하고 있다.

금융위기 이후인 2009~2012년 유럽 지역에서는 평균 7분마다 규제가 하나씩 늘어난 것으로 조사됐다. 대표적인 기업으로 은행을 위한 고객확인(KYC) 자동화솔루션을 제공하는 영국의 엔컴파스(Encompass), 사이버보안 레그테크에 특화된 독일의 앨린(Alyne), 가상자산 고객확인과 자금세탁방지 분야에서 유명한 체이널리시스(Chainalysis)를 들 수 있다.

레그테크 시장은 2022~2026년 연평균 20.4% 급성장, 116억 8000만 달러(약 15조 원) 규모에 달할 전망이다. 레그테크 1.0단계인 내부통제 모니터링을 거쳐 현재는 각 금융거래 규제 절차를 디지털 자동화하는 2.0단계에 진입했다. 조만간 빅데이터와 인공지능기술을 활용해 금융 규제에 따른 위험을 예측해서 측정하는 3.0단계로 고도화 될 것으로 보인다.

우리나라는 어떨까? 2018년 한 은행의 미국 지점이 내부통제 미비로 뉴욕

금융감독청으로부터 과태료를 부과받은 사례를 계기로 도입 속도가 빨라지고 있지만 아직 초기 단계에 머물고 있다. 대부분 아직 1.0단계인 내부통제 모니터링 중심이라고 할 수 있다.

[표 17] **레그테크 적용사례**(출처: 삼정KPMG)

기업 명	분야	솔루션
유니타스	자금세탁방지	**UNITAS CRI(Country Risk Index) Service** • 마약, 테러, 제재 등과 관련된 34개 변수를 실시간 반영한 '국가위험지수(Country Risk Index)' 산출
옥타솔루션	자금세탁방지	**업종별 특화 AML·RBA 솔루션 SaaS 서비스** • 보험약관의 자동 알고리즘화 및 보험금 착오지급 자동검출
닉컴퍼니	핀테크 전문 컴플라이언스	**NIC 디지털 컴플라이언스 플랫폼** • 금융회사가 제공하는 모든 서비스를 위험지표화(스코어링)하여 시각화된 모니터링 기능 제공
에임스	보험금 착오지급 점검	**보험금 착오지급 점검업무 자동화 솔루션(Autodit)** • 보험약관의 자동 알고리즘화 및 보험금 착오지급 자동검출

옥타솔루션, 유니타스(Unitas) 등 자금세탁방지 레그테크업체들이 분발하고 있지만 수요 확대에는 제약이 있다는 평가다.

금융 디지털화가 가속화될수록 레그테크의 긍정적 효과가 크다는 건 이미 증명됐다. 금융회사의 규제준수비용과 위반리스크를 줄이고, 금융소비자를 사기와 해킹으로부터 보호하는데 효과가 크다는 것이다. 뿐만 아니라 규제 디지털화를 통한 DB 구축으로 규제가이드 개선 등 효율적인 금융감독에도 도움을 주고 있다.

레그테크의 한 축인 섭테크도 큰 주목을 받고 있다.

디지털금융이 확산하고 다양화하면서 금융 관리·감독을 위한 새로운 수단으로 섭테크 활용이 관심을 끌고 있다. 특히 핀테크 상품 외에 가격 변동성이 크고 전이 속도가 빠른 가상자산도 투자자 보호와 감독 이슈가 불거지면서 더 그 필요성이 커지고 있는 실정이다.

섭테크(Sub Tech)란 감독(Supervison)과 기술(Technology)의 합성어로, 기술을 활용해서 금융을 관리·감독하는 기법을 말한다. 한마디로 금융감독 기능을 정보기술(IT)·디지털기술(DT)로 자동화하는 감독 핀테크로 정의할 수 있다. 현재는 초기여서 감독 업무에 기술을 접목해 감독 효율화를 돕는 보조적 역할이지만 금융 디지털화가 빨라지면 중요성과 역할 범위는 커질 수밖에 없다.

이처럼 섭테크가 부각되고 있는 이유는 뭘까. 전문가들은 디지털화와 가성비를 꼽는다.

디지털화로 금융 거래가 갈수록 빨라지게 되면 기존 아날로그 형태의 금융감독시스템으론 적시 대응이 어렵다. 예컨대 금융 거래 속도가 빨라져서 단위 시간당 거래가 이전보다 10배 이상으로 늘면 아날로그로 관리감독 기법으로는 보안성이 떨어질 수 밖에 없다.

IT·DT를 적극 활용하지 않으면 자칫 늦장 대응으로 감독상 리스크가 발생할 수 있다는 의미다.

마이데이터 경쟁 등으로 다양한 맞춤형·융합형 금융상품이 쏟아져 나오게 되면 기존의 분야별·인별 금융감독보다 자동화한 섭테크서비스가 인건비, 시간비용 등 측면에서 효율적이다. 감독 인력들은 섭테크 분석 결과를 토대로 기계가 대체할 수 없는 고난도 정성적 판단에 집중한다면 전체적인 감독 수준을 한 단계 업그레이드할 수 있다.

섭테크는 기본적으로 정보와 데이터를 기초로 하고 있기 때문에 데이터 수집과 분석이 중요하다.

은행 IT시스템과 고객 대면 챗봇을 통해 모은 데이터를 빅데이터로 만든 다음 인공지능과 블록체인기술을 활용한 데이터 분석으로 각 분야에서 활용하는 구조다. 국제결제은행(BIS)에 따르면 섭테크 분야에는 데이터 수집 단계와 데이터 분석 단계가 있다. 초기 단계인 데이터 수집은 리포트 자동화 및 데이터 오류를 검증하는 데이터 관리와 챗봇 등 가상 비서, 발전 단계인 데이터 분석은 시장감시 및 부정거래 탐지와 미시·거시 건전성 분야로 구분된다.

글로벌 섭테크 활용은 어느 수준까지 왔을까. 금융 선진국인 미국과 영국 섭테크 운용이 모범사례로 꼽힌다. 미국 증권거래위원회(SEC)는 인공지능 머신러닝 기능을 이용해 증권사와 운용사 위법행위 적발률을 높였고, 영국 금융감독청(FCA)은 머신러닝을 이용한 운용사들의 금융상품 불완전판매(mis-selling) 가능성 예측에 도전하고 있다. 아시아 금융허브로 불리는 싱가포르 금융청(MAS)도 섭테크 도입에 적극적이다. 자연언어 처리와 머신러닝을 활용해 자금세탁 및 테러자금 연계거래 감시 기능에 활용하고 있다.

우리나라 감독 당국도 섭테크 데스트를 마치고 본격 상용화에 나섰다. 보험상품 등 불완전판매 검증을 시작으로 최근엔 사모펀드 약관심사, 대부업 감시시스템에 활용하고 있다. 향후 인터넷 불법 금융광고 감시시스템, 보이스피싱 검출 등으로 확대할 계획이다.

다만 섭테크는 데이터 처리 용량이 여전히 제약적이고 데이터 수집 과정에서 개인정보 노출 위험, 섭테크에 대한 해킹 등 사이버 공격 가능성을 배제할 수 없다. 전문인력 양성도 과제인데, 때문에 비슷하지만 다른 레그테크와의 상호협력이 필수다.

레그테크는 한마디로 시장에서의 사전적 규제 준수(Compliance)를 지원하는 기술이다. 따라서 디지털금융시장(핀테크)과 사후적인 금융당국(섭테크)을 연결하는 다리 역할을 할 수 있다. 시장 기능에 의해 법 준수 수요·공급을 다루기 때문에 공공재 성격인 섭테크와의 보완 및 시너지 효과가 클 것으로 보인다.

III

핀테크 산업 발전을 위한 결언

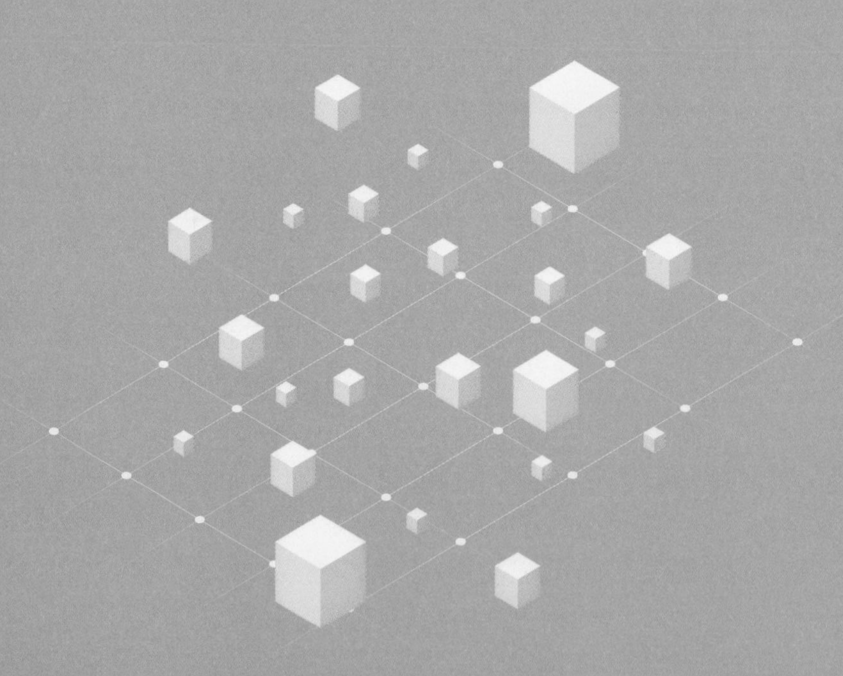

01 핀테크의 과제, 데이터 급증과 관리

일상 금융 현장은 대면 접촉 대신 인공지능(AI), 인터넷, 모바일 등을 활용한 비대면 방식 언택트 금융으로 급속하게 전환되고 있다. 모바일 기기 대중화와 함께 AI, API, 클라우드컴퓨팅, 블록체인, IoT(사물인터넷) 기술 발전도 빠르게 진화하고 있다. 이는 금융시장에서 핀테크와 빅테크 금융 진출 확대를 견인했고, 최근 디지털금융 리더십 선점 경쟁이 벌어지고 있다.

금융시장에 다양한 IT기반 플레이어가 진입하면서 금융서비스는 다양해지고 고객 만족도 역시 높아졌다. 반면 자금 이동성 증대에 따른 금융사 유동성 리스크 확대, 출혈 경쟁에 따른 위험투자 증가 등 금융안정성 우려도 양날의 검처럼 커지고 있다. 새로운 금융환경에 걸맞는 정책 과제를 모색해야 할 때다.

플랫폼 사업자들이 디지털 서비스를 무료로 제공하면서 사용자로부터 개인정보를 제공받는 것이 일반화됐다. 이는 디지털 서비스 판매와 개인정보 판매를 분리해 별도 시장을 만드는 촉매로 작용한다. 그럴 경우 소비자 후생이 늘어날 뿐만 아니라 개인정보 수집도 광범위하게 이뤄진다. 개인정보보호는 차치하더라도 경쟁정책 차원에서 개인정보 시장이 별도로 기능할 필요성이 제기된다.

개인정보보호의 경쟁 제한 가능성도 있다. 때문에 디지털전환 양상을 유심히 분석해야 한다.

금융업의 디지털전환에 따른 새로운 트렌드를 살펴보자. 우선 금융상품과 서비스의 언번들링(Unbundling), 금융서비스의 제·판 분리, 금융 판매채널의 급속한 비대면 채널 이동이 이뤄지고 있다.

디지털전환은 데이터 금융 확산과 직접 연결된다. 고객 관리 고도화가 이루어지고 정보 통합과 디지털 채널 활용으로 맞춤형 서비스가 속속 출현하고 있다. 또 금융정보와 비금융정보, 공공정보와 민간정보, 혹은 특정 그룹과 일반 정보 통합이 촉진돼 새로운 부가가치를 창출한다.

이처럼 데이터 금융 확산 배경에는 정책요인과 디지털 인프라, 경쟁환경의 변화 등이 촉발됐기 때문이다.

디지털금융 핵심은 데이터인데 오픈뱅킹 시행, 데이터 3법 개정, 마이데이터 산업 도입 등이 규제 완화 촉매로 작용했다. 전통 금융 경영 방식도 크게 바뀌고 있다. 디지털전환이 핵심 경영이슈로 등장했다. 특히 종전 은행 전유물인 스크래핑을 통한 거래 방식을 API로 전환하면서 많은 핀테크 사들이 유관시장에 진입했다. 일종의 거래 고속도로가 생긴 것이다.

핀테크, 빅테크 기업이 다양한 형태로 금융서비스를 제공하면서 금융과 비금융간 경계가 모호해지고 있다. 전자상거래 기업이 자체 간편결제 서비스를 시작했고, 기존 상거래에서 축적한 데이터를 바탕으로 신용평가와 소액대출 등 금융서비스로 외연을 넓히고 있다. 중국 알리바바와 미국 아마존이 대표 사례다.

소셜미디어와 메시징 기업도 영향력을 확대하며 부가 금융서비스를 내재화하고 있다. 페이스북과 텐센트가 이 진영에 속한다.

검색엔진기업은 검색결과를 전자상거래 플랫폼에 연계, 소비자 접점과 금

[표 18] 스크래핑과 API 방식 차이(출처: 금융위원회)

	스크래핑 방식	API 방식	API 장점
고객인증	이용자가 인증정보를 업체에 제공	이용자가 필요서비스에 직접 로그인	이용자가 정보 접근성을 가짐
정보처리	인터넷 스크린에 보여지는 정보추출(직접 데이터를 가져오는 것)	필요한 정보를 정보 제공자로부터 수신	정보 통제권, 보안성 강화
표준화	표준화 불가	표준화 가능	신생 업체 진입 용이
정보보안	중요정보(계좌 비밀번호 등)를 업체에 제공	중요정보 대신 허용 권한 증표(토큰) 제공	고객 중요 정보를 제공하지 않아도 됨

융서비스를 확작하는 모습을 보이고 있다. 구글과 바이두, 한국은 네이버 등이 대표적이다.

이들이 선보인 금융서비스는 비슷하다. 하지만 이제부터 차별화 혹은 생존경쟁의 2막이 열릴 태세다.

한국의 경우 지급결제 부문을 중심으로 빅테크 진출이 어느 때보다 활발하다. 코로나19가 촉발한 언택트 금융 지형 변화는 종전 금융사로 하여금 다양한 생존전략을 모색하는 계기로 작용했다. 적과의 동침이다.

주로 금융업에 진출하지 않은 전자상거래 기업 등과 전략적 제휴를 도모하는 형태로 진영을 구축하는 것이다. 결국 다양한 상품을 다양한 방식으로 결합한 대규모 플랫폼간 경쟁 구도로 금융시장이 재편되고 있다.

예를 들어 은행+금융투자+보험, 카드+종합결제지급결제업+유통, 통신+간편결제+전자금융업 등 다양한 형태의 플랫폼 진영이 형성되고 있다.

이종 융합의 벽이 허물어지는 공통점이 있지만 제휴 추진 목적은 같다. 바로 빅데이터 축적이다. 한 기업이 어느 플랫폼 내 가치사슬에서 어떤 위치를 차지하느냐의 문제는 어떤 데이터를 공급할 수 있는가와 직결된다.

온라인과 오프라인 데이터 결합을 통해 소비자 행태를 보다 잘 이해하고 예측할 수 있으며 고객 특성 데이터와 결제 데이터의 결합도 큰 경쟁력을 보유하게 된다. 구글과 마스터카드가 제휴를 맺은 이유도 이러한 데이터 결합 이점을 극대화하기 위한 것이다.

코로나19 이후 또하나의 주요 이슈가 등장했다. 바로 데이터 집중문제다. 세계는 데이터 집중 문제에 대한 논의가 활발하다. 사업자 경쟁력의 원천은 데이터 양과 분석 능력이다. 특히 플랫폼 이용자에 대한 데이터를 매우 낮은 한계 비용으로 수집, 축적할 수 있어야 디지털 금융시장에서 우위를 점할 수 있다. 일각에서는 대규모 데이터가 시장지배력의 원천이 될 수 없다는 반론도 있다. 데이터는 도처에 있고 데이터 수집과 유통비용이 낮다는 주장이다. 또 데이터 가치의 짧은 유효기간으로 한계가 있다는 의견이 상존한다.

이 같은 상반된 의견에도 불구하고 데이터가 대규모 플랫폼 기업에 경쟁우위를 제공하는 통로라는 데에는 이견이 없다.

기계학습 알고리즘에서 더 나은 예측을 통해 얻도록 해주는 능력, 주력 상품 외에 다른 시장에서도 고객 데이터와 기술을 결합해 손쉽게 시장에 진출할 수 있는 기회요인으로 작용한다는 것이다.

이 때문에 데이터를 필수설비로 간주해야 한다는 주장도 제기됐다. 한국 금융시장은 현재까지 은행 중심 산업구조다. 하지만 10년 내로 핀테크기업이 틈새시장을 공략하면서 은행이 보유한 다양한 서비스가 분화될 가능성이 높다. 특히 오픈뱅킹, 마이데이터 산업 도입으로 금융 개방성이 확대되면서 핀테크 영향력은 더욱 커질 가능성이 있다.

세계적으로 금융 디지털화가 급속히 진행되면서 주요국들은 디지털금융시대에 적합한 모범규준을 제정하고 적용에 나섰다. 영국 재무부는 데이터 독점을 방지하고 경쟁과 혁신을 촉진하는 전담기관 설립을 추진했다. 미국 하원에서는 거대 플랫폼을 대상으로 하는 반독점법안 패키지가 초당적으로 발의했다. 핵심은 시장 지배적인 온라인 플랫폼 기업의 잠재적 경쟁자에 대한 인수합병 행위 규제다. 또 지정된 플랫폼 사업자가 현재 운영하고 있는 플랫폼 사업에서 시장지배력을 다른 사업 부문에까지 전이하는 행위를 제한하는게 골자다. 플랫폼 간 데이터 이동이 원활하게 이루어지도록 보장하는 방식으로 규율 체계를 확립하고 있다.

공정경쟁 환경이 갖추어지기 위한 또다른 선결과제는 바로 데이터 공유제다. EU집행위원회는 대형 IT기업의 데이터 공유를 의무화했다. 대형 기업이 경쟁사들과 데이터를 공유해야 한다는 것이다. 개인정보보호원칙을 유지하기 위해 소비자 공의에 기반해 데이터를 공유하는 GDPR, PSD2의 핵심이 바로 데이터 공유제와도 일맥상통한다.

법제와 인프라 정비도 동반해야 한다. 정보 주체 개인정보 통제 능력을 키우고 데이터 보호를 강화하는 한편 정보수집자의 데이터 독점문제도 해결해야 한다. 예를 들어 개인정보 이동권 도입은 개인정보 활용에 대한 새로운 기회를 제공한다. 개인정보주체는 자신에게 유리한 경제적 대가가 지불될 경우 정보수입자로부터 자신의 데이터를 다른 정보수집자로 이동시킴으로써 기존 거대 정보수집자의 데이터 보유 능력을 견제할 수 있다. 또 개인정보 이동권 도입에 따라 신규 정보수집자의 데이터 수집 능력을 강화할 수 있다.

정책 당국의 협력체계 구축도 필요하다. 디지털 부문 개인정보보호, 경쟁정책, 소비자 정책을 통합한 조직 내지는 콘트롤 타워를 만들어야 한다. 영국과 미국은 전담조직을 2019년에 이미 신설했고 일본도 디지털청을 신설했다. 한국은 개인정보보호위원회, 공정거래위원회, 금융위원회 등 정책 당국간 보다 긴밀한 협력체계를 구축하고 데이터 진흥에 필요한 각종 입법 노력을 경주해야 할 때다.

국내 마이데이터는 2021년 데이터 3법 개정으로 금융 분야에 이미 도입됐다. 정보 주체 권리보호에 대한 세계적 흐름에 호응하고, 데이터 경제를 선도하는 초석이었다. 다만 신용정보법에 개인정보 전송요구권을 규정함으로써 반쪽짜리라는 아쉬움이 있었다.

현재 마이데이터 사업자는 금융기관, 핀테크를 포함해 60곳에 이른다. 충분히 넘쳐난다는 일부 비판적 시각도 있다. 동시에 수익성 저하, 비용 증가 우려의 목소리도 높다. 상품 중개나 추천 수수료 등 수익모델이 제한돼 있다는 의견이다.

마이데이터 본질은 고객 본인의 신용정보통합조다. 이에 충실한 사업자는 개인정보를 안전하게 보호하고 관리하는 것이 우선 목표다. 그러나 본질인 고유업무 자체로 수익을 창출하기가 어렵다. 그 대신 마이데이터를 기반으로 금융정보를 수집하고 분석해서 부수 업무나 겸영 업무를 통해 끈기 있게 수익모델을 발굴해야 한다.

마이데이터는 다양한 정보 결합을 통해 가치를 창출하는 새로운 비즈니스다. 따라서 건강, 교육, 교통, 여행, 의료, 부동산 등 개인 생활에서 적극적으로 서비스를 연계해야 한다. 이러한 생태계 구축이 가능하다면 광고 및 구독모델 확보 등 수익 다원화가 가능해진다.

이러한 노력이 수반돼야 하지만 마이데이터에 진출하려는 플레이어는 증가 추세다. 흩어져 있는 금융소비자의 예·적금, 대출, 투자, 카드, 보험정보 등을 기반으로 디지털금융을 하려면 마이데이터 진출이 불가피하기 때문이다. 준비가 한창인 대출 이동 서비스도 기존 대출 고객의 접근성을 높이기 위해 마이데이터 인가를 필요로 한다. 마이데이터가 하나의 잣대가 된 것이다.

이미 오랜 기간 신뢰도와 상당한 고객층을 확보한 금융기관은 마이데이터를 선택적 전략으로 활용할 수 있다.

그 필요성에 대해 핀테크 관점에서 살펴보자. 먼저 생활밀착형 금융플랫폼으로의 도약이다. 마이데이터는 고객이 금융상품과 서비스를 편리하게 비교 선택하고, 비금융 및 생활서비스와의 융합으로 고객을 유인하는 무기다.

[그림 16] **마이데이터 현황**(출처: 금융위원회)

마이데이터 소개

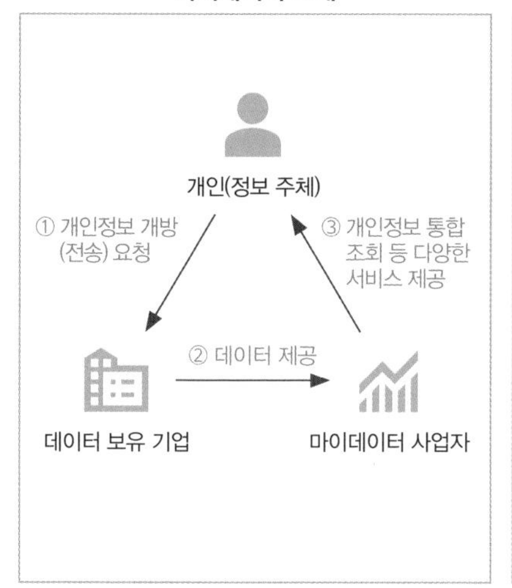

업권별 주요 제공정보

업권	주요 제공정보
은행	예·적금 계좌잔액 및 거래내역, 대출잔액·금리 및 상환정보 등
보험	주계약·특약사항, 보험료납입내역, 약관대출 잔액·금리 등
금투	주식 매입금액·보유수량·평가금액, 펀드 투자원금·잔액 등
여전	카드결제내역, 청구금액, 포인트현황, 현금서비스 및 카드론 내역
전자금융	선불충전금 잔액·결제내역, 주문내역(13개 범주화) 등
통신	통신료 납부·청구내역, 소액결제 이용내역 등
공공	국세·관세·지방세 납세증명, 국민공무원 연금보험료 납부내역 등

둘째, 금융서비스 제공이다. 자산을 통합 관리함으로써 체계적으로 포트폴리오를 구성하고 맞춤형 상품을 추천, 지원할 수 있다. 금융기관이 자사 상품 위주인 것에 비해 핀테크는 객관적으로 고객에게 유리한 상품 제공이 가능하다. 셋째, 고객 접점 강화다. 여러 금융기관에 흩어진 금융 정보를 한 곳에서 조회하고 처리하기 때문에 신규고객의 유입을 증가시키고 충성도도 높일 수 있다. 넷째, 사업 모델이다. 건강, 부동산, 교육 등 비금융 콘텐츠와 연계해 기회 수익을 실현할 수 있다. 분석 역량을 전제로 다양한 데이터를 통해 대안 신용평가 모델을 구축해 금융 취약계층이나 신파일러에게도 적합한 상품을 제공하는 것이 가능하다. 이처럼 마이데이터는 핀테크가 금융을 접하는 중요한 관문 가운데 하나이며, 수익을 일궈 내는 원천이다. 금융당국은 금융의 건전한 생태계 조성을 위해 핀테크의 금융업 진입 촉진을 위한 간담회 개최 등 다양한 노력을 하고 있다.

디지털 경제 시대 새로운 비즈니스 모델 수립과 아이디어 원천은 무엇인가? 모범답안에 근접한 해법은 데이터다. 빠른 속도로 진화하고 있는 인공지능(AI)만 보더라도 데이터 양과 질에 의해 승부가 결정된다. 아무리 좋은 알고리즘이라도 풍성한 데이터가 부족하면 그 빛을 발하기 어렵다.

금융권은 데이터 확보와 활용이 최우선 과제다. 이를 위해 데이터가 부족한 핀테크뿐만 아니라, 자체 데이터 이외에 타 기관 및 타 업권의 데이터를 필요로 하는 금융사는 진작부터 노력을 기울여 왔다.

개인화 성향이 강한 디지털 환경에서 정보생산자인 소비자 의식도 변했다. 이들은 더 이상 수동적 소비자가 아니다. 필요하면 기업에 자신의 정보를 제공하고 활용하도록 동의하는 대신, 높은 가치의 서비스를 요구하고 있다. 금융도 예외가 아니다. 소비자는 딱 맞는 금융서비스를 받기 위해 정보제공 및 활용에 대한 의사를 적극적으로 하고 있다.

[표 19] **마이데이터 규제 체계**(출처: 행정안전부, 금융위원회)

금융 및 공공마이데이터 규제체계 흐름

'18.17	"금융분야 마이데이터 산업 도입방안"
'19.12	"디지털 정부혁신 추진계획 수립" 中 공공부문 마이데이터 활성화 과제 포함
'20.01	"데이터 3법 개정을 통한 마이데이터 사업 근거 마련"
'20.08	"신용정보법" 시행, 中 개인신용정보 전송요구권 개정
'21.12	"공공마이데이터 관련법(전자정부법) 시행 및 본격 서비스 개시"
'22.01	"금융 마이데이터" 1년 유예 끝에 서비스 전면 개시
'22.05	"신용정보법 시행령 개정" 의무 면제 및 규제 합리적 개선
'22.06	공공마이데이터 금융기관 여·수신 업무 적용 개시
'22.10	"금융 마이데이터 통합인증 중계시스템" 신규 인프라 구축 발표
'23.01	"데이터 전송 요구량을 감안한 마이데이터 과금 시행" 발표
'23.03	"개인정보보호법개정안" 中 개인정보 전송요구권, 금융·공공 이외의 '비금융' 마이데이터 도입 근거 마련

이같은 상황에서 금융당국이 추진하는 마이데이터와 가명정보는 데이터 기반 환경에서 중요한 위치를 차지하고 있다. 마이데이터가 정보주체의 권리 보호를 전제로 출발했다면, 가명정보는 정보의 안전한 활용을 강조한다. 두 제도 공히, 정보보호와 정보 활용의 적절한 균형을 통해 금융의 발전적 경쟁과 혁신을 촉진하고 있다.

금융 마이데이터는 중복 가입기준으로 누적 가입자 수가 이미 8000만 명을 넘었다. 수치로만 판단할 때, 고객은 자산소비와 신용관리 측면에서 금융 편의성을 체감하는 것 같다.

가명정보는 개인정보보호법과 신용정보법에 도입된 제도로 개인정보에서 특정 개인을 식별하지 못하도록 정보를 제거하거나 변경해 만든 정보다. 상대적으로 정보 보유가 빈약한 중소 핀테크나 데이터 결합으로 통찰력을 얻고자 하는 기업은 가명정보 활용에 대한 니즈가 크다. 그러나 법률 도입 이후, 데이터 보유기관의 보수성 및 가명처리에 대한 부담 등으로 실질 효과가 크게 나타나지 않았다.

이에 정부는 제도 미비나 규제 불확실성 근본적 개선을 위해 가명정보 활용에 대한 확대방안을 발표했다. 적극적으로 공공데이터를 적용하고, 데이터 가명처리 규정을 신설하기로 했다. 또, 영상이나 음성 등 비정형 데이터의 가명처리 기준을 마련하고, 합성 데이터의 활용 확대 등 제도를 정비할 예정이다. 동시에 가명정보를 결합해 주고 결합 정보의 익명성 보장을 평가하는 데이터전문기관도 계속 확대하고 있다.

데이터의 진정한 가치는 다른 금융 데이터와 연결될 때 드러난다. 예컨대, 마이데이터를 통해 여러 금융기관에 분산된 예금, 대출, 보험, 카드 등 한 곳에 데이터를 모아 효율적으로 자산을 관리할 수 있다. 현재 시행 중인 신용대환대출 서비스도 고객이 대출 기관 및 이력 등에 대해 추가 기입할 필요가 없다. 자동적으로 기존 대출 상세 내역을 표시해 주기 때문이다.

특히 금융데이터가 비금융 데이터와 결합된다면 가치창출 가능성은 더욱 높아진다. 금융자료만으로 개인 신용을 평가하는 것보다, 통신 및 유통 등 다양한 정보와 결합한 신용평가가 더 정확할 수 있다. 대안신용평가모형 및 소상공인을 위한 상권분석, 보험상품 개발 및 보험료 책정 등 데이터의 활용 가치를 높이는 사례는 다양하다.

정부는 관계부처 합동 '국가 마이데이터 혁신 추진전략'을 발표했다. 그동안 금융에만 적용됐던 마이데이터가 보건의료, 에너지, 부동산, 유통, 교육 산업 등 확대 적용될 예정이다. 이처럼 데이터 생태계를 두고 정부의 움직임이 매우 활발해 보인다. 빅데이터 및 인공지능 등 미래 먹거리 산업이 데이터에 달려있기 때문이다. 모쪼록 데이터 기반의 혁신 비즈니스로 고객 편의성 제고와 경제의 신성장 동력이 활성화되길 기대한다.

[그래프 01] **금융 마이데이터 가입자 추이**(자료-금융감독원)

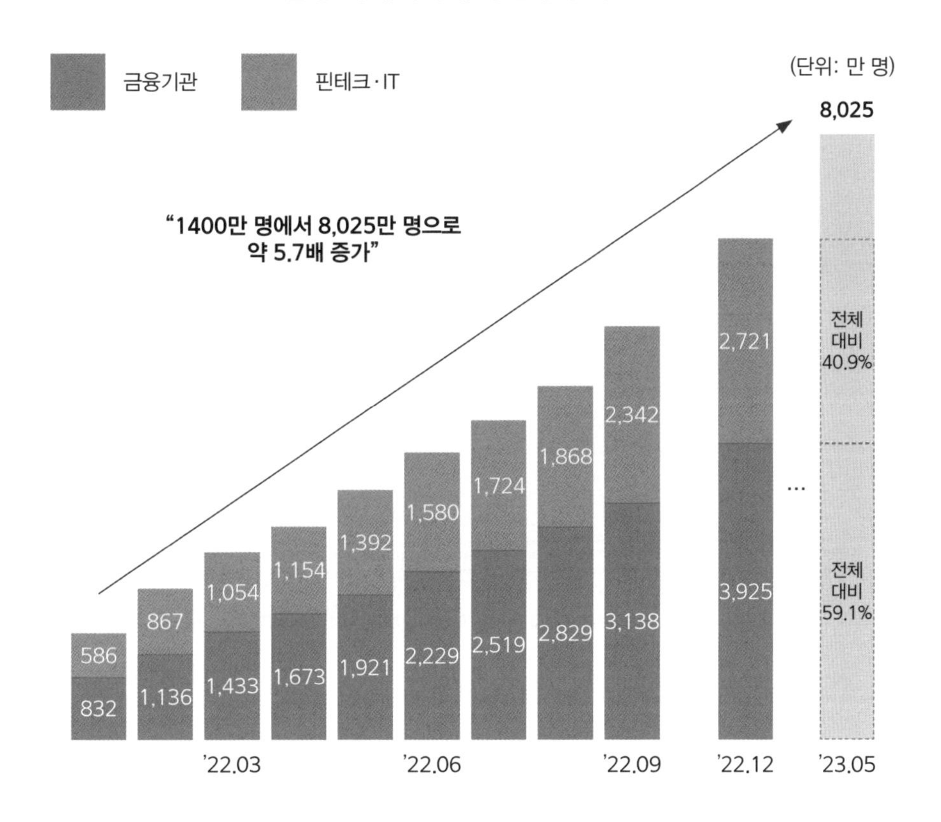

금융 마이데이터, 수익성 과제로

금융 마이데이터에 대한 주된 관심은 수익성이다. 서비스 출시 이후 중복 가입을 포함, 2년 새 가입자 수가 1억 명을 훌쩍 넘어섰지만, 정작 사업자들의 수익성은 여전히 물음표다. 특히, 핀테크 업계는 근본적인 차원에서 수익모델을 재구상해야 한다는 목소리가 높아지고 있다.

이런 가운데 정책 당국은 최근 '마이데이터 2.0'을 발표했다. 골자는 데이터 범위 확대와 영업 활성화, 이용자 편의성 제고 및 정보보호 강화다. 일각에선 데이터 표준화 및 가명정보 활용, 사업자 인센티브 확대 등 추가적인 제도 개선 필요성도 제기하고 있다. 그러나 이번 정책은 마이데이터 활성화를 위한 진일보한 조치라는 것이 전반적인 평가다.

특히 서비스 대상 확대와 정보 제공 범위 확장은 사업자에게 새로운 기회의 장이 될 것으로 기대된다. 14세 이상 청소년과 디지털 취약계층의 이용이 용이해짐에 따라 전국민 맞춤형 서비스 개발이 탄력을 받을 것이다. 상세한 구매정보 제공이 가능해지면서 결제 데이터를 중심으로 금융과 비금융을 아우르는 사업모델도 예상된다.

사실 마이데이터는 대출, 자산관리, 보험 등 다양한 금융 서비스와의 연계를 통해 새로운 사업 기회를 창출할 수 있는 기초 인프라다. 고객이 금융 정보를 직접 입력하지 않아도 정보전송 동의만 하면 모든 금융정보가 확인되기 때문이다. 사업자는 확인된 정보를 이용해 서비스에 바로 접목할 수 있다.

그러나 현실은 녹록지 않다. 고유업무인 본인신용정보 조회관리로는 매출 발생이 어렵다. 부수업무인 금융상품 중개나 데이터 분석 등으로 매출이 발생하고 있으나 이마저도 경쟁이 치열하다. 여기에 서비스 개발을 위한 투자 부담까지 안고 있어, 중소 핀테크 기업은 사업 지속성에 대한 고민이 깊어지고 있다.

이런 어려움을 타개하기 위해서는 무엇보다 혁신적인 모델 발굴이 시급하다. 단순히 금융 정보 제공의 차원을 넘어서, 인공지능(AI)이나 빅데이터 등 신기술을 활용해 고객이 원하는 맞춤형 서비스로 고도화해야 한다. 이는 서비스에 대한 고객 충성도 제고와 체류 시간의 증가로 이어질 것이다. 사업자는 이를 통해 광고유치 및 구독 서비스 개발, 연계상품 판매 등 다각화된 수익모델을 구축할 수 있다.

또 금융 정보에 국한되지 않고 이종 산업 데이터와의 융합을 통해 새로운 부가가치를 창출하는 전략도 유효하다. 의료, 유통, 쇼핑, 공공 등 다양한 영역의 데이터를 결합함으로써 시너지를 극대화할 수 있다. 예를 들어 금융과 의료 정보를 연계한 헬스케어 특화 서비스, 소비 패턴 분석 기반의 맞춤형 쇼핑 추천 등 차별화된 모델을 구상해 볼 만하다.

한편, B2B 부문에서의 사업 기회 모색도 필요하다. 마이데이터 라이선스가 없는 기업을 대상으로 데이터 분석, 리스크 관리, 마케팅 최적화 등 마이데이터 기반의 솔루션을 제공할 수 있을 것이다. 나아가 특정 영역에 특화된 수직 계열화도 시도할 수 있다. 가령, 마이데이터 정보와 솔루션을 제공한 제 3자 기업의 부동산 데이터를 결합해 투자, 대출, 세무 등에 특화된 상품을 만드는 것도 가능하다. 이런 특화형 데이터 플랫폼은 의료, 교육 등 다양한 영역으로 전개될 수 있다.

그러나 이 모든 수익모델의 지향점은 고객 가치 창출이다. 신기술과 창의성을 바탕으로 차별화된 고객 경험을 디자인해야 한다. 물론 정책적 뒷받침도 필수다. 규제 합리화나 지원 인센티브 확대를 통해 사업자들의 적극적인 투자와 도전을 유인할 필요가 있다. 이를 통해 마이데이터 산업이 수익성에 대한 고민을 떨치고 금융 생태계가 한층 업그레이드되어야 한다.

변화하는 핀테크 지급결제, 트렌드 준비해야

한국의 대표적인 핀테크 산업을 꼽으라면 지급결제 시장이다.

국내 지급결제 시장이 심상치 않다. 애플페이 상륙과 더불어 오프라인 결제 시장 강자였던 삼성페이도 변화 조짐이 보인다. 그동안 카드사로부터 징구하지 않았던 결제 수수료를 부과하려는 움직임이다. 수신업무가 없는 카드사로서는 조달금리 상승과 가맹점 수수료 인하 등 업황 악화로 비상이 걸린 모양새다.

최근 10년간 지급결제 시장은 급격한 변화의 연속이었다. 온라인 결제 급성장과 함께 오프라인에서도 모바일 결제가 일상화됐다. 이에 따라 복잡한 절차를 단순화해 비밀번호 또는 생체 인증만으로 결제가 가능한 간편결제가 보편화됐다. 상황이 이렇다 보니 카드사를 비롯한 전통금융사, 빅테크, 핀테크, 유통, 통신, 휴대폰 제조사가 결제시장의 주도권을 두고 격전을 치루는 양상이다.

전자금융거래법 개정으로 다양한 플레이어가 시장에 진입했다.

최근 현금이나 신용카드보다 간편결제를 이용하는 국민들이 많아졌다. 특히 애플페이가 한국에 상용화되면서 MZ세대에게 폭발적인 인기를 끌고 있다.

전통금융사부터 빅테크에 이르기까지 지급결제 시장에서 간편결제 영역

[그림 17] **전자금융 거래법 개편안**(출처: 금융위원회)

〈전자금융업종 현행〉

전자금융업종	최소자본금
전자자금이체업	30억 원
전자화폐업	50억 원
선불전자지급수단업	20억 원
직불전자지급수단업	20억 원
전자지급결제대행업	10억 원
결제대금예치업	10억 원
전자고지결제업	5억 원

(자금이체 가능) (대금결제 가능) (통합)

〈전자금융업종 개편(안)〉

	전자금융업종	최소자본금
(신설)	종합지급결제사업자	200억 원
	자금이체업	20억 원
	대금결제업	10억 원
	결제대행업	5억 원
(신설)	지급지시전달업	3억 원

〈전자금융업종 개편(안) 주요 내용〉

① 전자금융업 규율 체계 기능별 개편: 기존 7개 업종을 3개 업종으로 재편, 종합지급결제업과 지급지시전달업 신설
② 종합지급결제사업자 제도 도입 – 금융위원회 지정제
③ 지급지시전달업(My Payment) 도입
④ 대금결제업자에 대한 후불결제업무 허용
⑤ 오픈뱅킹의 법적 근거 마련
⑥ 빅테크 등에 대한 거래청산업 제도화 – 청산기관을 이용한 내부거래 외부청산
⑦ 이용자 예탁금 보호

으로 소비자를 유입하기 위한 경쟁이 촉발된 것이다.

실제 이용자도 급증하고 있다. 간편결제 시장에 애플페이가 상륙하면서 새로운 결제 대안으로 떠오르고 있다.

간편결제, 좀더 쉽게 말하면 스마트폰 기반 지급결제 시장은 2013년 3월 스마트폰이 도입되면서 전통 금융사 중심으로 모바일 앱카드 형태 결제 수단이 등장한 게 시초다. 공인인증서 의무사용으로 전자상거래 결제 환경에 제한은 있지만 2014년 10월 PG사(전자결제 대행)의 신용카드 정보보관 허용과 다음해 전자금융거래시 공인인증서 의무사용이 폐지되면서 간편결제 서

비스는 새로운 전기를 맞이하게 된다. 2019년 12월, 금융권에 오픈뱅킹이 시행되면서 금융결제망이 개방돼 핀테크 기업들의 금융시장 참여가 급증하면서 간편결제 시장은 더욱 외연을 확대했다.

간편결제 시장에 뛰어든 기업은 생활 밀착형 플랫폼을 지향하며 비금융 서비스까지 줄줄이 연동하며 이용자를 늘리고 있다. 모바일기기 등을 통한 비대면결제 이용규모는 1조 원을 넘어섰다.

애플페이가 국내 서비스를 시작하면서 간편결제 시장은 급격한 변곡점을 맞이했다. 애플페이는 애플이 2014년 공개한 NFC 기반 간편결제 서비스입다. 신용카드를 대체하는 토큰을 애플만 접근 가능한 'eSE(embedded secure element)'에 저장하고, 결제 때 생체인증을 통해 아이폰 내부에 저장된 토큰을 불러 비접촉 방식으로 결제하는 방식이다. 버스에서 결제단말기에 태그하는 방식을 생각하면 된다.

애플페이 도입은 과거로 거슬러 올라간다. 카드사들이 2015년경 애플페이 도입을 추진했지만 수수료 문제와 단말기 투자 주체를 놓고 입장이 갈리면서 무기한 연기된 바 있다.

그 사이 미국을 비롯 중국, 동남아시아 등 애플페이는 NFC 기반 사용자 경험을 쌓아가며 시장 점유율을 높여갔다.

글로벌 시장조사기관 스태티스타(STATISTA)에 따르면 글로벌 애플페이 사용자 수는 2016년 말 6700만 명 수준이었지만, 2017년 말 1억 3700만 명, 2018년 말 2억 9200만 명, 2019년 말 4억 4100만 명, 2020년 말 5억 700만 명으로 매년 두 배 가까운 성장세를 보였다.

태그 방식 NFC가 간편결제 시장의 새로운 수단으로 급부상할 가능성이 제기되었다. 애플, 구글, 은련, NTT도코모 등 미국과 중국, 일본이 모바일 결제 시장에서 근거리무선통신(NFC) 기반 결제 인프라를 대거 확장해 'NFC 진용'을 형성했다.

애플페이는 현재 세계 70여 개국에서 서비스되고 있다. 미국을 비롯한 일본, 싱가포르 등 선진국은 물론 최근에는 요르단과 쿠웨이트에서도 서비스가 시작됐다. 국내총생산(GDP) 기준 10위권 국가 가운데 애플페이가 도입되지 않은 곳은 우리나라가 유일했다.

성장세가 눈길을 끈다. 우리나라 간편결제 1위인 삼성페이도 애플페이 대비 결제금액 기준 3% 수준이다. 애플페이 처리금액은 6조 3000억 달러로 비자카드(10조 달러)에 이은 2위 수준이다. 뒤를 이어 알리페이 6조 달러, 마스터카드 4조 7000억 달러, 구글페이 2조 5000억 달러 순이다.

한국은행에 따르면 국내 간편결제 이용액 중 휴대폰 제조사 비중은 24%에 달한다고 한다. 휴대폰 제조사 중 국내에서 간편결제 서비스를 제공하는 회사는 삼성전자 삼성페이가 유일했다.

최근 MZ세대가 경제 주체로 부상하면서 간편결제 이용은 더욱 늘어나는 추세다. 애플페이 효과가 더욱 커지고 있는 상황이다. MZ세대(1980년대 초~2000년대 초 출생)를 비롯해 알파세대(2010년대 초반부터 2020년대 중반 출생)까지 오프라인 간편결제 시장에 유입될 가능성이 더욱 커지고 있다. 1020세대는 물론 3040세대까지 애플 브랜드 선호도가 갈수록 높아지고 있는 형국이다.

애플페이 국내 서비스가 개방됨에 따라 삼성전자가 압도적 점유율을 수성해온 스마트폰 시장에도 지각변동을 예고했다. 스마트폰 기반 오프라인 간편결제의 편의성을 경험한 국내 이용자가 삼성 갤럭시에서 애플페이가 탑재된 아이폰으로 선택지를 넓히게 될지 여부가 관심사로 떠올랐다.

삼성페이는 2015년 공식 출시 이후 가장 강력한 삼성폰 '록락인' 효과를 지닌 것으로 평가받고 있다. 기존 오프라인 가맹점 카드결제 단말기 대부분에서 호환되는 마그네틱 보안전송(MST) 기술을 채택, 빠른 속도로 보급이 이뤄졌다. 다양한 편의 기능과 함께 교통카드까지 연동되면서 외출 시 지갑 없이 스마트폰만 들고 다니는 이용자가 늘었다.

애플페이 국내 서비스는 기존 아이폰 이용자 편의성 증대와 더불어 삼성폰 이용자가 애플로 이동하게 되는 수요를 직접적으로 이끌어낼 수 있다는 점에서 위협이 될 것이다. 젊은층을 중심으로 애플 기기에 대한 선호도가 높게 나타나고, 강력한 브랜드 충성도를 보이는 상황에서 삼성전자가 경쟁 우위에 있던 차별화 요소의 상실은 뼈아프다는 분석이 주를 이룬다.

국내 스마트폰 시장에서 삼성전자 점유율은 70%에 육박한다. 20% 중반에 머물고 있는 애플 입장에서는 애플페이를 필두로 국내 카드사와 함께 적극적인 마케팅 공세에 나서는 방안이 유력하다.

관건은 결제를 수용하는 결제 단말기 보급이다. 그 변곡점이 될 것이 바로 교통카드 연동과 현대카드 외 다른 카드사가 진영에 들어오는지 여부다.

최근 시장에서는 애플페이가 티머니 필드테스트를 완료하고 새 진영에 다른 카드사들이 합류할 것이라는 전망이 나오고 있다. 애플은 필드테스트에서 티머니 규격(RFID)을 수용하며 애플페이 교통카드 연동을 지원하는 것을 점검한 것으로 알려졌다.

애플페이 교통카드 연동이 시작되면 애플페이 확산에도 속도가 붙을 전망이다. 사용자들이 크게 필요로 하는 대중교통 사용이 시작되면 실사용률과 결제액도 증가할 것으로 보인다. 교통카드 기능을 앞세웠던 삼성페이 고객 쟁탈전도 한층 치열해질 전망이다.

또 애플페이 새 파트너로 신한카드와 KB국민카드, 우리카드(프로세싱 대행 비씨카드) 등이 거론되고 있다. 근거리무선통신(NFC) 결제 확산 기폭제가 될 가능성이 한층 높아졌다.

소비자 입장에선 지불결제 시장에서 다양한 플레이어가 출현하는 게 긍정적이다. 결제 편의성과 다양성이 증가함으로써, 선택 폭이 넓어졌다. 때로는 포인트 등 혜택을 제공받음으로써 전반적으로 비용이 줄어드는 효과를 누리게 됐다.

그러나 시장참여자들은 상황이 녹록지 않다. 특히 간편결제 약진은 카드사에게 커다란 위협으로 작용했다. 빅테크 기업이나 삼성전자, 애플 등 휴대폰 제조사는 이미 보유 중인 고객군을 통해 결제 접점을 공고히 하고 있다. 또한 플랫폼 장점인 규모의 경제를 십분 활용하고, 생활밀착형 등 다양한 부가서비스를 만들어내고 있다.

한국은행이 발표한 통계자료를 보면 이런 시장 현실을 그대로 반영한다. 2020년 4492억 원이던 일평균 간편결제 금액이 2022년엔 7326억 원으로 40%나 가파르게 성장했다. 이 금액 중 네이버나 카카오 등 빅테크가 48%를 차지했고, 삼성페이 등 휴대폰 제조사는 25%를 초과했다. 반면, 카드사의 간편결제는 27%에 불과했다. 앞으로 애플페이가 통계에 추가되면 휴대폰 제조사가 카드사를 초월하는 것은 시간 문제다. 이 같은 간편결제 확장은 바로 디지털 기반 전자금융 서비스가 고도화하면서 종전 전통금융 결제 방식을 송두리째 바꾸는 촉매가 되고 있다.

[표 20] **전자금융 서비스 예시**(출처: 한국은행, KPMG)

금융기업 및 비금융기업의 전자금융 서비스

구분	전자금융 서비스
금융기업	인터넷뱅킹, 모바일뱅킹, 텔레뱅킹, 현금자동입출금기, 전자결제, 신용카드
비금융기업	전자지급결제대행, 전자고지결제, 에스크로(Escrow), 선불전자지급수단, 자금관리서비스(CMS), 직불전자지급수단

이런 추세라면 결제시장에서 굳건하게 자리를 지켜온 카드사도 그 지위가 온전치 않다는 예상이다. 단순히 연회비 수취나 장단기 카드 대출, 대금 결제만 처리하는 중간 유통사로 전락할 수 있다. 자체적으로 만든 앱카드의 고도화나 카드사 연합 오픈페이를 통해 대응하고 있지만, 카드사마다 셈법이

다르기 때문에 별반 효과가 나타나지 않고 있다.

위기의 다른 한 축은 상대적으로 규모가 작은 핀테크다. 이들은 신선한 아이디어와 기술로 결제시장에서 초기 혁신을 이끌어 냈다. 그러나 자원의 한계와 빅테크의 높은 파고 때문에 불과 몇 년 사이 명함도 내밀지 못하는 상황에 처했다.

핀테크 효시나 다름없는 페이팔은 시장을 먼저 읽고 미래를 통찰하며 혁신에 혁신을 거듭해왔다. 이메일 송금, 모바일 충전결제, BNPL(Buy Now Pay Later, 선구매 후지불) 서비스, 암호화폐 결제 등 시장보다 앞서서 소비자의 동기부여를 자극했다. 필요하다면 인수합병과 기술개발로 경쟁자와 맞섰다. 솔루션 기업을 인수해 개발자 친화적 소프트웨어로 온라인 가맹점을 공략했다. 또한 모바일 커뮤니티 기업을 인수해 개인 간 송금 및 이체시장을 선도하고 있다.

이처럼 페이팔의 과감한 도전은 변화의 소용돌이에 있는 국내 기업에 시사하는 바가 크다. 페이팔의 동력은 세 가지로 요약된다. 소비자 중심 서비스 개발, AI 및 블록체인 등 적극적인 신기술 적용, 광범위한 데이터 활용을 위한 과감한 투자다. 이러한 동력은 자산소비관리 등 다양한 서비스를 만들고, 폭넓은 고객층의 충성도를 높이는 요인이 됐다.

결국 지급결제의 진정한 가치는 소비자 생애에 걸친 생활 정보 등 핵심 정보를 다룬다는 점이다. 결제는 상거래가 최종 완성되는 지점에서 소비패턴, 선호도, 생활행태, 창업, 상권 등 무한 정보를 만들어낸다. 이러한 정보가 기업의 다양한 사업모델로 연결되고 수익원천으로 연결된다는 점이다. 따라서 지급결제 시장의 참여자들은 생존을 걸고 더욱 혁신적이며 도전적일 수밖에 없다.

04 이제는 슈퍼앱 전쟁

위에서 언급했듯이 다양한 핀테크 산업 영역이 융합되고, 분화하면서 이를 뒷받쳐줄 '그릇'도 변형되고 있다. 바로 슈퍼 애플리케이션(앱) 등장이다.

우리 삶을 영위하는데 없어서는 안 될 도구를 꼽으라면 스마트폰이 1순위다. 스마트폰 안에는 다양한 애플리케이션(앱)이 존재한다. 금융, 소비, 정보수집, 엔터테인먼트 등 우리의 욕구를 해소할 수 있는 도구로 앱이 활용되고 있다. 그런데 각 영역의 앱이 최근들어 하나의 플랫폼 안으로 통합되고 있다. 바로 슈퍼앱의 등장이다. 대유행처럼 번지고 있다.

결제를 포함한 다양한 생활금융서비스를 탑재해 고객 접점을 늘리려는 기업이 늘고 있다. 즉 하나의 앱에서 모든 소비자 욕구를 해소할 수 있게 하자는 취지다. 슈퍼 앱 모델은 중국에서 시작됐다. 알리페이, 위챗 등이 대표적이다. 특히 핀테크 기업은 고객 생활과 밀접한 각종 이종 서비스를 탑재하며 고객 유입을 늘리고 있다. 예를 들어 금융 앱에 식당예약이나 택시호출, 딜리버리 서비스 등을 융합시켜 의식주와 관련된 모든 활동을 지원하는 형태다.

슈퍼앱에서 고객 니즈를 선제적으로 파악해 생활밀착형 서비스를 굴비 엮

듯이 엮어 제공하고 있다. 풍부한 플랫폼 콘텐츠 구성과 고객과의 유기적인 관계 형성을 지속하기 위한 트렌드라고 볼 수 있다.

미국 페이팔과 영국 레볼루트는 고객이 다른 경쟁 업체 앱으로 이탈하지 않고 자사 앱에 머물러 결제를 포함한 다양한 생활금융 서비스를 이용할 수 있도록 슈퍼앱 고도화에 막대한 투자를 하고 있다.

아메리칸 익스프레스는 Resy(식당예약서비스 기업)를 인수하고, JP모건이 Infatuation(식당리뷰 기업)을 흡수하는 등 글로벌 금융기관까지 다양한 이업종 서비스를 자사 앱에 연계하고 있다.

[표 21] **아시아·태평양 지역 슈퍼앱 사례**(출처: 여신금융연구소)

국가	앱(App)	주요 서비스
중국	위챗	메시지, 소셜네트워킹, 디지털결제, 티켓예매, 차량호출, 음식배달, 게임
	알리페이	디지털결제, 금융서비스, 차량호출, 티켓예매, 음식배달, 기부
인도	페이티엠	디지털결제, 금융서비스, 차량호출, 음악
일본	라인	메시지, 디지털결제, 뉴스, 만화 연재
한국	카카오톡	메시지, 소셜 네트워킹, 게임, 디지털결제, 쇼핑
동남아시아	그랩	차량공유, 음식배달, 디지털결제
	고젝	차량공유, 음식배달, 디지털결제, 생활밀접서비스

사례를 살펴보자. 우선 페이팔은 자사 앱 내 예금계좌와 쇼핑, 요금지불, 리워드, BNPL, 암호화폐 등을 포함한 다양한 서비스를 탑재했다. 디지털 경제에서 이뤄지는 모든 경제활동을 포괄하는 슈퍼앱을 만들었다. 쇼핑, 금융 부문 기능확충을 위해 가격비교·리워드 전문기업 Honey, Curv(암호화폐 수탁기업), Chargehound(환불·분쟁 전문기업) 등 다양한 업체에 대한 인수·합병활동을 전개하고 있다.

영국 Klarna도 결제를 포함한 고객 쇼핑경험을 지원하는 슈퍼앱 고도화를 꾀했다. sofort(독일), BillPay(독일), ShopCo(미국) 등을 인수, 서비스 국가를 점차 확대하고 있다. 연이어 Analyzed(이스라엘), Moneymour(이탈리아), Hero(영국), Toplooks(미국) 등 기업 인수를 통한 종합쇼핑 플랫폼으로 입지를 공고히 하고 있다.

슈퍼앱을 통한 고객 유입을 극대화했다면 가두리 형태처럼 이들 고객을 계속 유지하는 것도 매우 중요하다. 그러기 위한 대안으로 차세대 리워드 전략이 등장했다.

[그림 18] **리워드 프로그램 효과**(출처: MDPI)

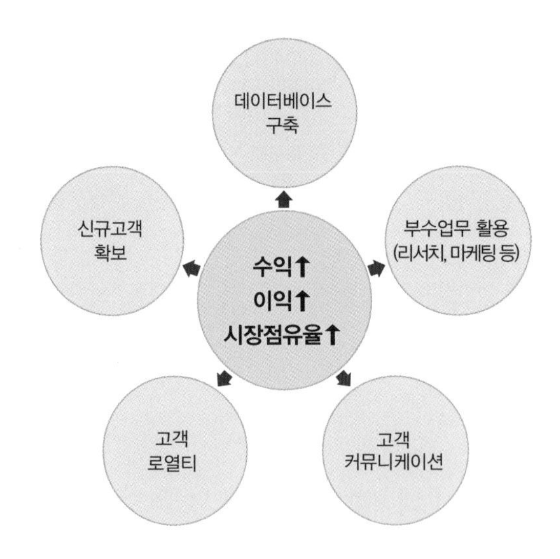

슈퍼앱의 확대로 플랫폼 경쟁이 심화되면서 신규 고객 유치와 기존 고객 이탈 방지에 어려움이 가중되면서 리워드 전략의 중요성이 부각되고 있다.

리서치 기업 MDPI에 따르면 기업은 리워드 프로그램 운영으로 신규고객 확보 및 고객 로열티 제고 효과를 높일 수 있고 이러한 과정에서 축적된 고객 데이터를 부수 업무에 활용해 시장 영향력을 확대하는 데 큰 역할을 하고 있는 것으로 확인됐다.

특히 결제 시장의 디지털전환이 가속화하면서 리워드 부문에서도 디지털 기술을 접목, 고객과의 효과적인 상호작용을 촉진하기 위한 고도화 움직임이 나타나고 있다.

예를 들면, 위치정보 전달을 위한 신호전송 관련 기술인 비콘을 활용, 가맹점을 방문한 고객에게 맞춤형 할인정보나 리워드 혜택을 제공하는 서비스가 이에 해당된다.

최근 미국, 영국 등에서는 결제인프라의 발달, 디지털 기술 진보, 개방형 경쟁을 촉진하는 제도 여건 조성으로 실시간 A2A(계좌간) 결제 서비스가 빠르게 확산되고 있다.

A2A, BNPL 등 다양한 디지털 결제방식이 등장하면서 결제에 따른 프로그램을 운영하는데에도 데이터에 기반한 개인화 역량이 요구되고 있다.

결제 데이터는 고객을 이해하고 맞춤형 서비스를 제공하는데 있어 유용한 자료로 쓰인다. 빅데이터 축적을 통해 고객 구매 의사결정과정에 개입할 수 있다는 것이다. 이 과정에서 고객이 어떤 결정을 내릴 수 있도록 도와주고 행동변화를 이끌어내는데 초개인화 리워드 프로그램이 중요한 역할을 하고 있는 셈이다.

[표 22] **차세대 리워드 전략 예시**(출처: 여신금융연구소)

기관명	사례
HSBC	AI를 활용한 리워드 프로그램의 개인화 추진('18년): 로열티프로그램업체 Maritz Motivation Solutions와의 업무제휴를 통해 고객데이터를 축적 및 분석하여 카드고객의 리워드 활용성 제고 도모
American Express	개인화 구현을 위한 Orchestra 엔진 구축('20년): 디지털 분석기술을 활용하여 카드고객에게 최상의 혜택을 제시해 줄 수 있는 Orchestra 엔진 구축을 통해 고객과의 실시간 상호작용 도모
MasterCard	증강현실 기술 기반의 'Benefits App(가칭)' 출시계획 발표('20년): 카드고객이 리워드 혜택을 충분히 향유할 수 있도록 디지털 기술을 활용한 온·오프라인 융합을 통해 리워드 혜택에 관한 정보 효과적 전달
VISA	아시아·태평양 지역에서의 차세대 리워드 프로그램 운영계획 발표('21년): 고객 선호도와 행동 변화에 실시간 대응하고자 리워드 프로그램 운영에도 디지털전환을 접목

몇 가지 사례를 살펴보자.

아메리칸 익스프레스는개인화를 구현하기 위한 엔진 'Orchesta'를 구축하고 리워드 마케팅을 포함한 카드회원과의 실시간 상호작용 환경을 구축했다. 마스터카드는 증강현실(AR) 기술을 접목, 카드 리워드에 관한 정보를 보다 효과적으로 전달할 수 있는 모바일 앱 'Mastercard Benefits App'을 선보였다. 비자카드도 아시아·태평양 지역에서의 차세대 리워드 프로그램운영을 위해 로열티기술업체 Ascenda와 전략적 제휴를 체결한 바 있다.

슈퍼앱의 등장은 국가별 또는 금융서비스 분야별 디지털 접근성 확대를 통한 금융격차 해소 및 금융포용성 증대에도 순기능으로 작용하고 있다.

전자 결제 인프라가 미비한 개발도상국의 경우 디지털 인프라 구축을 통해 금융접근성 개선뿐만 아니라 경제발전 도모 및 보조금 집행의 효율성과 투명성 제고에 활용하고 있다. 이른바 언뱅크드 유입 효과다. 언뱅크드는 금융계좌를 보유하지 않아 금융서비스 이용경험이 없는 집단을 지칭하며, 언

[그림 19] **포용적 디지털경제 생태계 정의 및 과제**

(출처: GPFI·Better Than Cash Alliance)

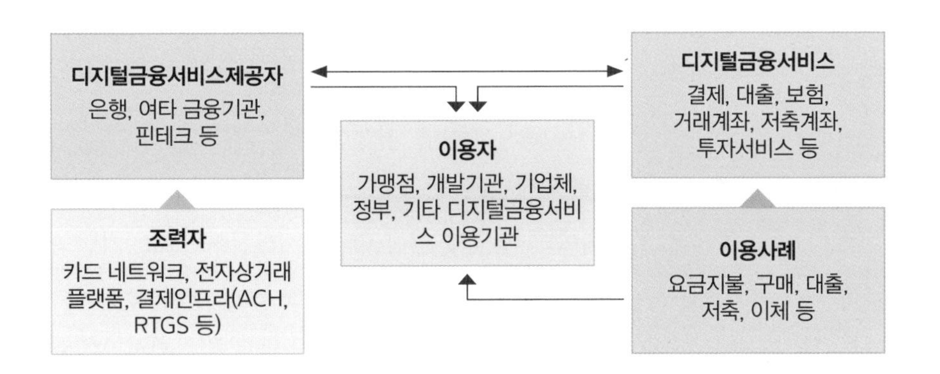

포용적 디지털결제 생태계 구축을 위한 4가지 과제

1) 다양한 이해관계자 간 조율	2) 서비스혁신-시장보호-시스템 완전성 간 균형
• 시스템 간 상호운용성 확보 • 정부부처 간 긴밀한 협조	• 이를 위한 규제샌드박스 활용
3) 생태계 내 신뢰 구축	**4) 적합한 규제체계 마련**
• 책임감 있는 거래와 투명한 거래를 위한 참여자 간 신뢰	• 디지털 환경 변화에 대응하기 위한 유연한 규제체계

뱅크드와 종종 함께 언급되는 언더뱅크드는 상대적으로 금융서비스 이용이 제한적인 집단을 지칭한다.

일례로, 케냐의 M-Pesa(모바일 결제서비스) 이용 확산으로 2007년 80%에 이르는 현금결제 비중이 2017년에는 전체 시장의 80%가 전자결제로 전환되는 효과를 누렸다.

디지털금융의 확산은 2025년까지 신흥국의 국내총생산(GDP)을 6% 가량 개선시킬 수 있으며 9500만 개의 신규 일자리 창출에 기여할 것으로 예상된다.

개발도상국들은 범국가적 차원의 디지털결제인프라를 구축, 이를 기반으로 한 언뱅크드 그룹의 금융접근성 향상을 도모하고 있다.

과거 코로나19의 확산에 따라 지원금·보조금 지급 및 이용에 있어 디지털 전환이 가속화되는 계기로 작용하며 G2P(government-to-person) 결제 부문의 공정성 및 투명성 개선을 촉진하는 효과를 누렸다. 콜롬비아 정부는 코로나19로 피해를 입은 취약계층을 신속하게 지원하고기 위해 디지털 인프라를 활용한 '연대지원금(Ingreso Solidario)' 정책을 시행한 바 있다. 2500만여 가구에 긴급재난지원금을 신속히 지급할 수 있었다.

결제·대출 부문에서 빅데이터 활용 및 인공지능(AI)·머신러닝(ML) 기반의 잠재적 고객(씬파일러 등) 선별을 통해 금융서비스를 고도화 한 것이다.

디지털 중심의 뉴노멀(new normal) 시대가 도래하면서 글로벌 결제시장에도 디지털전환에 따른 주목할 만한 주요한 트렌드 변화가 관측되고 있다.

온라인쇼핑·구독경제 등 비대면 경제 활성화로 인해 일상 소비생활과 소매·유통 산업 지형에도 많은 변화가 생긴 것이다.

온라인·디지털 중심의 소비패턴 변화와 디지털상거래가 급속히 성장하면서 소매·유통업체를 중심으로 결제 부문을 사업경쟁력 제고의 중요한 일부분으로 여기는 인식이 확산되고 있다.

스타벅스의 사이렌 오더, 아마존의 저스트 워크 아웃, 우버의 인스턴트 페이 등 혁신 결제 서비스 도입 노력이 글로벌 기업 중심으로 증가하고 있다.

결국 슈퍼앱 모델의 부상으로 이 같은 새로운 디지털 고도화가 이뤄지고 있다고 해도 과언이 아니다.

05 기업이 명심해야 할 핀테크 산업의 또다른 모습

금융권 최고 관심사는 '디지털금융'이다. 마이데이터를 비롯 인공지능, 클라우드, 간편결제 등 디지털로 모든 금융을 입히는 작업이 한창이다. 금융서비스를 얼마나 전자화하느냐가 이제 기업 생존으로 직결되는 시대가 왔다. 또 그 이면에는 데이터와 개인정보를 얼마나 보호할 수 있느냐도 주요 과제로 부상했다.

새로운 전자금융서비스가 속속 등장하고 있지만 디지털금융 관련 법률은 상당히 복잡하게 얽혀있다. 기업 입장에서 유관 법을 어떻게 적용하고 어떻게 활용해야 할지 막막한 경우가 많다.

우선 간편결제와 송금 서비스 분야는 '전자금융거래법'이 있다. 최근 마이데이터 산업이 부상 중이다. 대규모 데이터를 가공하고 처리하는 서비스를 담은 법이 소위 데이터 3법이다. 개인정보보호법, 정보통신망법, 신용정보법이다.

클라우드, 블록체인 기반 분산원장 기술 등 금융사 정보처리시스템을 관할하는 법은 전자금융거래법 하위 고시인 '전자금융감독규정'과 신용정보법

[표 23] **데이터3법 정리**(출처: 금융위, 행안부)

개인정보보호법	정보통신망법	신용정보법
• 개인정보 중 가명정보는 통계작성, 연구 등 목적으로 사용 가능 • 기업 간 정보를 보안시설을 갖춘 전문기관을 통해 결합하고, 전문기관 승인 거쳐 반출 허용	• 정보통신망법상 개인정보보호 사항을 개인정보보호법으로 이관해 규제하고 감독 주체를 방송통신위원회에서 개인정보보호위원회로 변경	• 가명 정보의 안전한 이용 위해 보안 장치 의무화, 부정한 목적으로 이용시 징벌적 과징금 부과 • 정보 활용 동의서 등급제, 프로파일링, 대응권 등 새로운 개인정보 자기결정권 도입

[그래프 02] **데이터산업 시장 전망**

(단위: 억 원, 2021~2026년은 추정치)

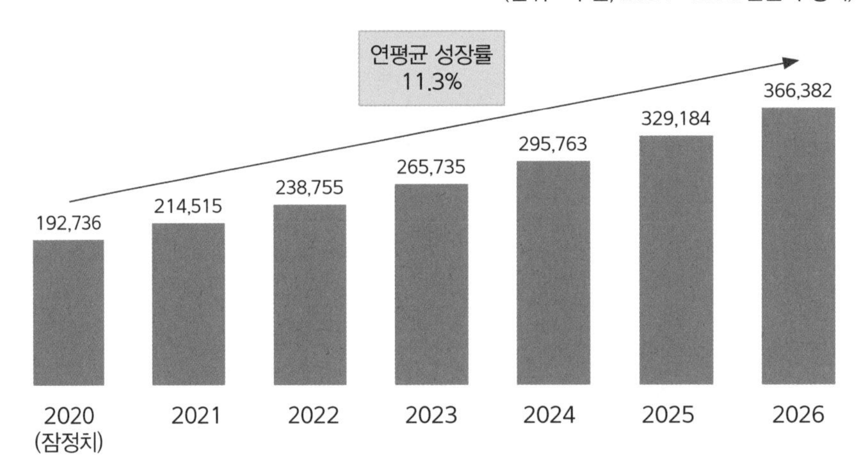

[그래프 03] **향후 5년 내 데이터산업의 데이터직무 인력 부족률**

(단위: %)

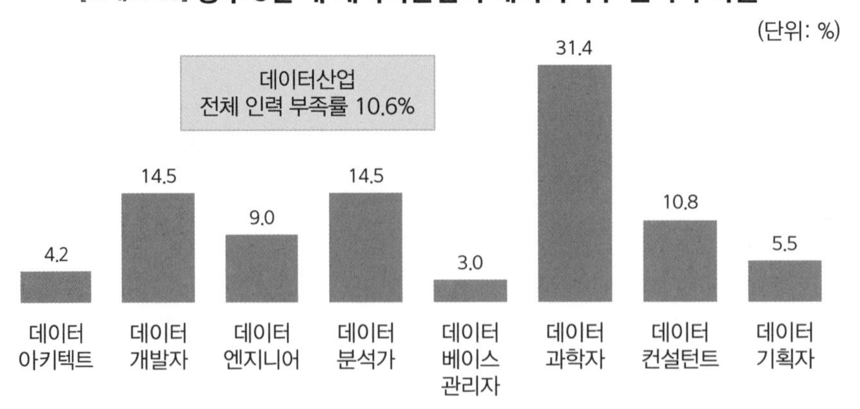

[그래프 04] 데이터산업 활성화 정책 수요

(단위: %, 복수응답)

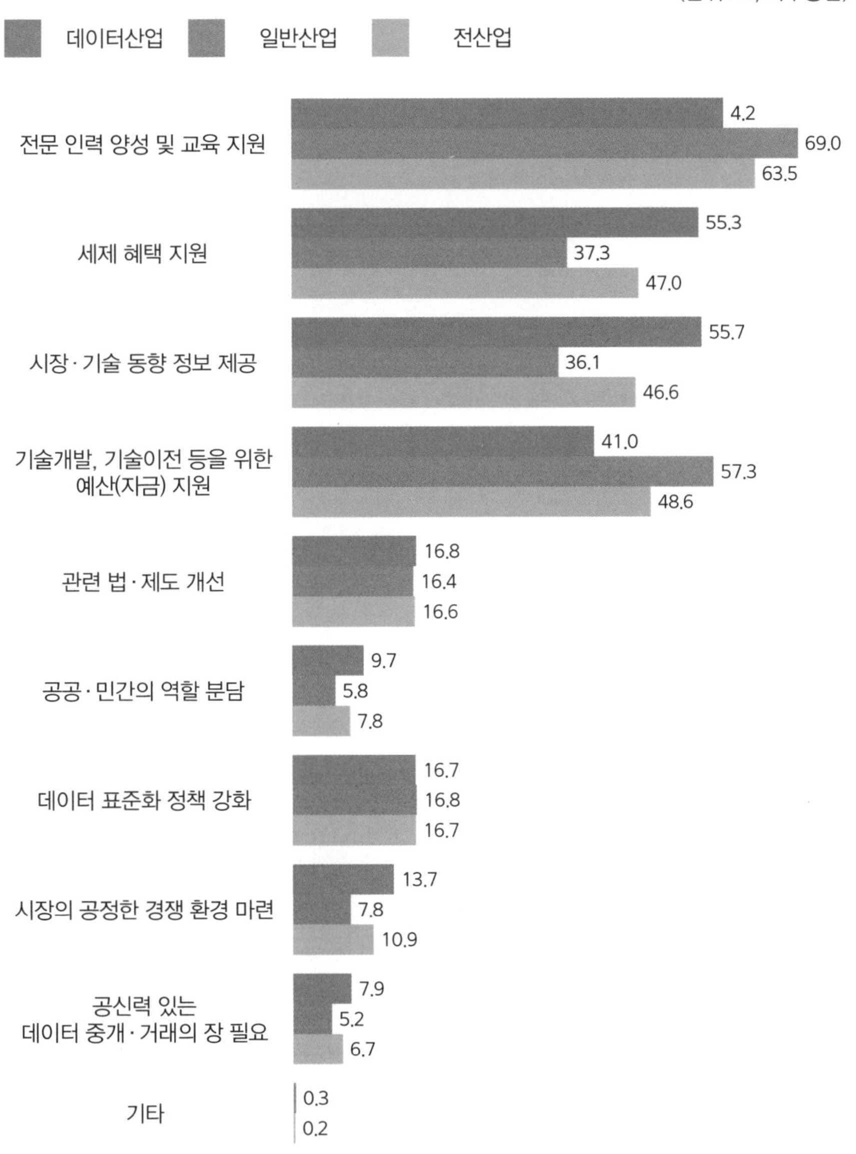

하위고시인 '신용정보업감독규정'을 준용하고 있다.

그 외에도 전자문서나 전자서명 활용이 필수적인데 이 부문은 전자문서법, 전자서명법을 적용받고 있다. 가상자산 관련 법은 특정 금융거래정보의 보호 및 이용 등에 관한 법률, '특금법'이 있다. 혁신금융서비스에 대해 일정 기간 규제 적용 예외를 해주는 '금융혁신지원 특별법'도 주요 디지털금융 법률이라고 할 수 있다.

결론적으로 디지털금융 분야가 다양하지만 데이터3법과 전자금융거래법이 핵심이라고 할 수 있다.

금융사가 디지털금융 서비스 도입을 위해 유관 법률 검토는 필수다. 이 때 유의해야 할 점이 있다.

금융 관련 법률은 업권별로 구성하는 구조를 취하고 있다. 예를 들어 은행업은 은행법, 보험업은 보험업법, 신용카드업은 여신전문금융업법, 금융투자업은 자본시장법에 속한다.

따라서 디지털금융서비스를 도입하기 위해 법률검토를 할 시 유관 법률과 함께 전자금융거래법과 데이터3법을 확인해 허가, 등록, 신고 등의 절차가 필요한지 두 가지 채널로 확인을 해야 한다.

법률 검토를 마친후에는 꼭 기업이 속해 있는 업권 전체를 규율하는 법이 있는지 확인하고, 법이 있다면 그 법에서 정한게 무엇인지를 인지해야 한다는 것이다.

2020년 데이터 3법이 개정되면서 개인정보보호법, 신용정보법 등 데이터 2법으로 변경됐다. 간혹 정보통신망법에 있던 규제들이 사라진 것으로 오인되는 경우가 있는데, 아니다. 규정한 위치가 개인정보보호법으로 이동한 것뿐이다. 따라서 법을 검토할 때 기존에는 개인정보보호법, 정보통신망법, 신용정보법 3개 법을 찾아서 확인해야 했던 것이 이제 2개의 법만을 찾아보면 된다는 의미다.

금융권 개인정보 처리와 관련된 법률은 신용정보법, 개인정보보호법, 금융실명법 일부 규정이 존재한다. 개인정보와 관련된 규정은 아니지만 디지털금융 서비스 제공 시 반드시 연결되는 영리목적의 광고성 정보 규정은 여전이 정보통신망법에 남아 있다. 따라서 정보통신망법 일부 규정도 여전히 검토가 필요하다. 그렇다면 어떤 법위 상위법일까. 금융실명법이나 금융지주회사법 등 개별 금융법에 있는 개인정보 관련 규정이 신용정보법보다 우선한다. 신용정보법은 개인정보보호법에 우선해 적용된다. 그렇다면 가장 먼저 업무상 다루고 있는 데이터가 개인정보인지, 신용정보인지를 확인해야 하는데 그 여부에 따라 유관 적용법이 달라지게 된다.

개인정보보호법이 개인정보에 관한 일반법이기 때문에 개인정보인지 여부를 반드시 확인해야 한다. 판단 결과 개인신용정보에 해당할 경우 신용정보법과 개인정보보호법을 모두 검토해야 하며, 개인정보지만 개인신용정보가 아닐 경우 신용정보법은 검토 대상이 아니다. 따라서 개인정보와 개인신용정보의 차이를 명확히 해야 한다.

그렇다면 개인정보는 무엇일까? 개인정보보호법에서는 개인정보를 이렇게 정의한다.

"해당 정보만으로는 특정 개인을 알아볼 수 없더라도 다른 정보와 쉽게 결합해 알아볼 수 있는 정보. 이 경우 쉽게 결합할 수 있는지 여부는 다른 정보의 입수 가능성 등 개인을 알아보는데 소요되는 시간, 비용, 기술 등을 합리적으로 고려하여야 한다."

예를 들자면 성명, 주민등록번호, 영상 등을 통해 개인을 알아볼 수 있는 정보가 해당될 것이다.

혹자는 개인정보가 가명정보 아니냐는 질문을 한다. 가명정보를 개인정보에서 제외할 경우 개인정보보호법 적용 대상 자체에 해당되지 않게 된다. 즉 규제할 수 있는 방법이 없게 되는 셈이다. 따라서 개인정보보호법에서는 가

[표 24] **개인정보보호법 요약**(출처: 금융위, 행안부)

개인정보보호법 개정안, 개인정보처리방침 관련 내용

정보통신서비스 사업자 특례 조항 삭제	개인정보 처리방침 평가 및 개선권고
• 모든 개인정보처리자에 대해 동일 행위·동일 규제 적용 위해 기존 특례 규정 삭제 • 모든 개인정보처리자에 대한 일반 규정으로 정비	• 개인정보보호위원회가 개인정보 처리방침에 관해 일부 사항을 평가하고, 평가 결과 개선이 필요하다고 인정하는 경우 권고

기획·설계	**❶ 개인정보보호 중심 설계 원칙에 따른 서비스 기획** • 아동·청소년이 이용할 것으로 예상되는 서비스의 경우, 적절한 방법으로 연령 확인 • 높은 수준의 개인정보보호 기본값 설정 • 현금, 아이템 등을 지급하는 대가로 개인정보를 입력하도록 하는 서비스 설계 자제
수집	**❷ 만 14세 미만 아동의 개인정보 수집 동의 시 법정대리인 동의** • 만 14세 미만 아동 개인정보 수집·이용 등 동의 시 법정대리인 동의 및 동의 확인 • 수집한 법정대리인 정보는 동의 확인 후 파기(법정대리인 동의를 입증할 수 있는 최소한의 정보는 회원 탈퇴 시 까지 보유 가능)
이용·제공	**❸ 수집한 아동·청소년의 개인정보는 안전하게 이용하고 보관** • 수집한 개인정보는 법령에 따라 이용·제공, 안전하게 보관 • 행태정보를 수집하여 맞춤형 광고에 활용하고자 하는 경우 사전에 명확하게 안내하고 동의를 받아야 함 • 개인이 식별되지 않는 경우라도 이용자가 아동임을 알고 있는 경우에는 맞춤형 광고 제공 목적으로 행태정보 수집·활용 자제
보관·파기	**❹ 명확하고 알기 쉽게 개인정보 관련 사항 안내·고지** • 알기 쉽고 이해하기 쉬운 언어, 그림, 영상 등을 활용한 개인정보 관련 사항 고지 • 개인정보 권리 및 행사 방법 등도 구체적으로 안내
권리보장	**❺ 개인정보 정정·삭제권 등 권리 행사 적극적 지원** • 아동·청소년이 개인정보 열람, 정정·삭제 등 개인정보 권리 행사를 하고자 하는 경우 적극적 지원

명정보를 개인정보의 하나로 포함시킨 뒤 가명정보에 대해서는 주요 규정 적용을 제외하는 방식을 취하고 있다.

개인정보에 대한 재미있는 법원 판결을 몇 가지 소개한다.

경찰공무원 C씨가 피해자 휴대전화번호 뒷자리 4자를 제 3자에게 알려준 것이 업무상 알게 된 개인정보를 권한 없이 다른 사람이 이용하도록 제공한 행위에 해당하는지 여부가 문제가 된 사안이 있다. 법원은 이를 개인정보라고 판단했다.

휴대전화번호 뒷자리만으로도 그 전화번호 사용자가 누구인지를 식별할 수 있는 경우가 있고 설령 휴대전화번호 뒷자리만으로는 식별할 수 없더라도 관련성이 있는 다른정보(생일, 기념일, 집 전화번호, 가족 전화번호, 기존 통화내역 등)와 쉽게 결합해 그 전화번호 사용자가 누구인지를 알아볼 수도 있다고 판단한 것이다.

또다른 사례도 살펴보자. 혈액검체정보가 개인정보에 해당하는지 여부다.

병원직원이 채혈된 혈액 검체를 검체용기에 부착된 라벨스티커 상단 부분인 '환자이름, 등록번호, 성별, 나이, 병동' 부분만을 제거하고 나머지 '검체번호, 채혈시간, 검사항목, 검사결과 수치, 바코드' 부분은 그대로 남긴 채 타인에게 전달했을 때 개인정보를 누설한 것인지의 법리 해석이다. 법원은 개인정보가 아니라고 판단했다. 해당 정보가 담고 있는 내용, 정보를 주고받는 사람들의 관계, 정보를 받는 사람의 이용 목적 및 방법, 그 정보와 다른 정보를 결합하기 위해 필요한 노력과 비용의 정도, 정보의 결합을 통해 상대방이 얻는 이익의 내용 등을 합리적으로 고려해야 한다는 전제를 달았다. 그 결과 환자의 구체적인 인적사항 확인은 특정한 프로그램에 접속해야만 확인이 가능하고 진단키트 개발 업체는 환자를 특정할 필요성이 없다는 점 등을 고려해 반출된 정보가 다른 정보와 쉽게 결합해 특정 개인을 알아볼 수 없는 정보에 해당한다고 판결했다.

그렇다면 개인신용정보는 무엇일까? 신용정보법상 개인신용정보란 기업 및 법인에 관한 정보를 제외한 살아있는 개인에 관한 신용정보를 의미한다. 여기서 신용정보란 식별정보, 거래정보, 신용도판단정보, 능력정보, 기타 신용판단 시 필요정보를 뜻한다.

따라서 개인에 관한 식별정보, 개인에 관한 거래정보, 개인에 관한 신용도판단정보, 개인에 관한 능력정보, 기타 정보가 개인신용정보에 해당된다. 이 중 식별정보의 경우 다른 정보와 같이 있는 경우에만 개인신용정보이고, 식별정보만 있는 경우에는 개인정보에만 해당된다.

결론은 디지털금융서비스 도입 기업은 고객 정보를 활용하는 서비스를 상용화할때 가장 먼저 서비스에 이용하는 정보가 개인정보인지, 개인신용정보인지에 대한 분석이 필요하다.

전자금융거래법은 법률 및 시행령, 고시인 전자금융감독규정, 감독규정 시행세칙으로 구성된다. 이 법이 상당히 어렵고 특이하다. 우선 전자금융거래법은 너무 방대한 내용을 담고 있을 뿐 아니라 상당히 두서 없는 구조로 만들어져 있다. 다른 법령과 달리 감독규정 내용이 방대하고 감독규정에서 갑자기 새롭게 등장하는 요소가 많다.

전자금융거래란 금융사가 전자적 장치를 통해 금융상품, 서비스를 제공하고 이용자가 금융사 종사자와 직접 대면하거나 의사소통을 하지 않고 자동화된 방식으로 이를 이용하는 거래를 의미한다. 전자금융업 등록요건은 최소 자본금 요건, 인적·물적 요건, 재무 건전성 기준, 사업계획의 타당성 등이 있다.

최소자본금 요건은 30억 원인데 창업 초기 기업에게는 상당히 부담스런 금액이다. 한국에서 핀테크 스타트업 출현이 활발하지 않은 이유가 라이선스 최소 자본금 요건이 너무 크기 때문이라는 지적이 있다. 재무건전성 요건은 등록 회사의 부채비율이 200% 이내여야 한다.

[표 25] **테크 산업 관련 주요 쟁점**(출처: 핀테크 산업협회, 코스콤)

금융소비자보호	전자금융거래	망분리
쟁점사항 • 관련법: 금융소비자 보호법 • 일부 보험상품 판매 및 추천 서비스 중단 • 현행법상 보험 및 투자 중개업 등록 불가	• 관련법: 전자금융거래법 • 신용카드·간편결제 등 '동일기능 동일규제' 압박 • 종합지급결제업 도입 시 자본금 200억 원 이상 요건 부담	• 관련법: 전자금융거래법 • 금융회사 업무 범위·성격과 무관하게 획일적·일률적 망분리 시행 • 오픈소스 사용 제한으로 개발자 어려움 지속
개선방안 • 등록 없이도 맞춤형 비교 추천서비스 가능하도록 규제 완화	• '동일기능 동일규제' 압박에 대해 '동일라이선스 동일규제'로 접근 • '스몰 라이선스' 도입해 시장 진입 쉽게 만들어야	• 망분리 예외 설정(개발·테스트 분야, 비전자금융업무 및 클라우드(SaaS)) • 망분리 대상 업무 축소, 금융회사에 망 분리 선택권을 부여

[그래프 05] **여의도와 런던의 핀테크 산업 규모 비교**

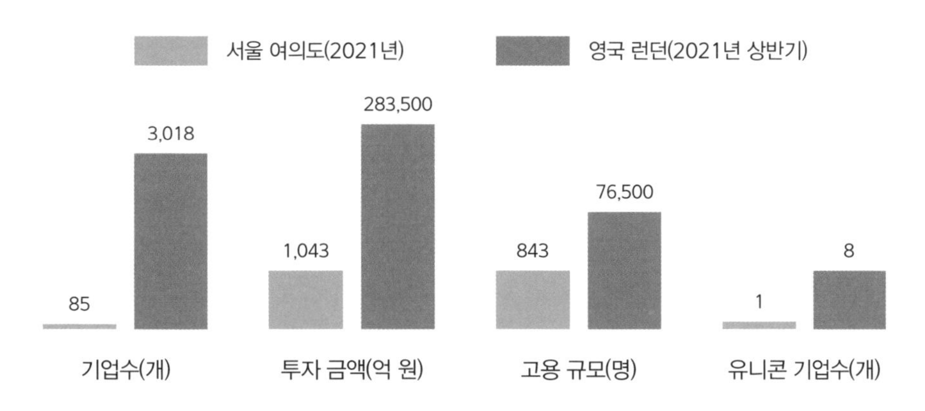

그럼 주요 전자금융업에는 어떤 것이 있을까?

우선 선불전자지급수단업이다. 최근 앱이나 웹을 통해 서비스를 제공하는 기업은 대부분 자체 포인트를 발행해 고객이 이를 이용할 수 있도록 하고 있다. 이 같은 포인트가 아래 요건에 해당하면 전자금융거래법상 선불전자지급수단이 된다.

이전 가능한 금전적 가치가 전자적 방법으로 저장되어 발행된 증표 또는 그 증표에 관한 정보에 해당할 것, 발행인 외의 제 3자로부터 재화 또는 용역을 구입하고 그 대가를 지급하는 데 사용될 것, 구입할 수 있는 재화 또는 용역의 범위가 2개 업종 이상일 것 등이다. 다만 종이 쿠폰은 제외된다.

두 번째로 전자지급결제대행업이 있다. 흔히 전자결제대행(PG)사라고 부른다. 쇼핑몰에서 물건을 구입하고 결제를 진행할 시 쇼핑몰을 대신해 결제 절차를 수행하는 곳을 의미한다. 토스페이먼트, KG이니시스, NHN한국사이버결제 등이 대표적인 곳이다. 간편결제도 포함된다. 이렇 듯 디지털금융과 관련된 법이 상당히 방대하고 여러 개가 있는 것을 알 수 있다. 특히 개인정보를 어떻게 활용, 가공하고, 보안을 강화해야 할지는 기업 생존과 직결되기도 한다.

서비스를 영위하는 기업들은 개인정보 동의서를 준비하고 개인정보 처리방침과 작성을 게시해야 한다. 영리목적의 광고성 정보전송을 하기 위해서는 정기적인 수신동의 여부를 반드시 거쳐야 한다. 아울러 서비스 회원과 회사간 권리와 의무 관계를 명확하게 하기 위해 웹사이트 이용약관도 준비해야 한다. 그 외에도 위탁문서의 작성, 수탁업체에 대한 관리·감독규정 마련, 장기 미이용자의 개인정보 처리 방법, 유효기간 만료 통지, 이용내역 통지, 보험 가입 또는 준비금 적립을 해야 한다.

산업계는 데이터3법 시행뿐 아니라 데이터 사업이 증가하면서 호황기를 맞았다. 성장기를 맞은 산업 육성을 위해 여러 개로 얽힌 디지털금융법을 명확히 하고 인력양성, 기술개발 등 다양한 지원책이 동반돼야 한다.

법적인 정확한 이해와 함께 핀테크 산업 부상에 따른 사이버 위협에도 대응할 수 있어야 한다.

06 핀테크와 사이버 위협

언택트, 디지털 채널이 부상하면서 사이버 위협이 갈수록 치밀해지고 있다. 더욱 정교하고 빈번해진 사회 기반 시설 해킹으로 주요 각국이 비상사태를 선포했다.

글로벌 육가공업체 JBS는 사이버공격으로 생산을 중단했고, 미국 송유관 업체는 랜섬웨어 공격에 56억 원을 해커에게 상납하며 굴복하는 일이 벌어졌다.

특히 랜섬웨어 공격은 테러 수준의 공격 활성화 양상을 띠고 있다. 시스템 복구와 협박을 통한 몸값 지불, 정교한 해킹 공격으로 사이버 위협 수준이 더욱 높아지고 있다.

특히 금융권을 노리는 랜섬디도스 공격이 급증세다. 러시아 해킹조직 팬시베어를 사칭한 협박 메일이 국내 모 은행에 발송됐다. 2억 5000만 원을 비트코인으로 주지 않으면 대규모 디도스 공격으로 시스템을 모두 마비시키겠다고 공언한 사례다. 인질(Ransom)과 디도스(DDos)의 합성어 랜섬디도스 공격 방식이 금융권 생태계를 위협하고 있다.

사이버 위협은 갈수록 진화 중이다. 랜섬 디도스 공격 방식을 뛰어넘는

'Triple Extortion(삼중협박) 방식까지 등장했다.

파일 암호화를 통해 시스템을 마비시키고 파일 복구 몸값을 요구한다. 미지급 시 정보공개 협박을 단행한다. 이후 디도스 공격까지 가세해 웹사이트 운영을 중단하게 만드는 수법이다.

피해사례도 속출하고 있다. 국내 한 대형 가전사는 삼중협박을 통해 테스트제품 관련 파일과 직원 컴퓨터 이름 등이 유출됐다. 반도체 기업 한 곳도 가격 협상 메일과 내부 전략 회의 내용이 유출됐고, 자동차 회사는 소비자 포털이 마비되는 등 엄청난 피해를 입었다.

크리덴셜 스터핑 공격도 진화를 거듭하며 언텍트 시대 대표 사이버 위협 기술로 부각되고 있다. 유출된 정보를 활용한다. 쉽게 말해 탈취한 계정정보 이용을 통한 계정 도용 시도다. 여러 사이트에서 동일한 계정정보를 사용하는 이용자를 대상으로 사전에 획득한 자격증명(Credential)을 무작위로 대입하는 계정 탈취 공격이다.

쉽게 말해 동일한 아이디와 패스워드를 사용하고 있는 다른 서비스 공격으로 확장하는 방법이다. 내부자료나 개인정보 유출, 금전적 피해를 유발한다. 연예인 스마트폰을 해킹해 금전 요구를 하거나 사진, 동영상 등을 유출하는 사례가 대표적이다.

2019년에는 스타벅스가 크리덴셜 스터핑 공격을 받아 일부 고객이 충전금이 탈취되는 사건이 세간을 떠들썩하게 한 적도 있다. 핀테크 대표기업 토스가 공격을 당하기도 했다. 멀티 팩터 인증 필요성이 제기된다.

또 하나의 신종 사이버 위협 기술로 오픈소스 취약점 공격이 등장한다. 오픈소스 SW 보안 취약점으로 인한 사고가 증가하고 있다.

미국 신용평가기관 아파치스트럿프는 원격코드 실행 취약점 공격을 받아 약 1억 4000만 건의 개인정보 유출 피해를 입었다. 보안취약점 공격 외에 오픈소스의 무분별한 사용으로 인해 라이선스 위반 사례도 급증하고 있다. 지

[표 26] **신종 사이버위협 현황**(출처: ADT캡스)

크리덴셜 스터핑	• 다른 계정에서 사용하지 않는 비밀번호 사용 • 생체인증, 문자인증 등 복합 인증 적용 • 로그인 실패시 로그인 차단 시스템 적용 • 의심스러운 메일 및 URL 열람 금지
공급망 공격	• SW 개발시 시큐어코딩 필수 적용 • 중앙관리 소프트웨어 무결성 검증 절차 마련 • 서버-클라이언트 상호 인증 절차 수립
오픈소스	• OPEN SOURCE 자산화·목록화 • 라이선스 준수를 위한 소스코드 감사 • 오픈소스 개발 보안 가이드라인 마련

적재산권(IP) 인식부족과 오픈소스 보안취약점 관리 방치, 전문 인력 부족 등으로 오픈소스 사이버위협에 대한 보다 강화된 대책 마련이 시급하다.

위에 열거된 신종 사이버 위협 기술은 공통점이 있다. 디지털화, 공격자 친화적인 환경으로 진화했다는 것이다. 코로나19로 인한 원격근무 등 기업문화가 변화하면서 공격범위가 대폭 확대됐다.

[표 27] **원격근무 확대에 따른 금융보안 위협**(출처: 우리은행)

원격근무	• 백신 프로그램 설치, 안전한 운영체제 사용 등 외부 단말기 보안관리 철저 • 최소한의 IP 및 Port로만 연결 허용, 미인가 IP 접속 차단 등 내부망 접근통제 • 원격접속 시 2-Factor 인증 적용 등 • 전용회선과 동등한 보안 수준을 갖춘 가상사설망(VPN) 구축 등

랜섬웨어와 랜섬디도스 공격 방식도 보다 정교하고 치밀해졌다. 보안전문가들은 원격근무가 대중화하면서 외부단말기 보안관리를 보다 철저하게 해야 한다고 조언한다. 백신 프로그램 설치는 물론 최소한의 IP 및 포트로만

연결을 허용하고 미인가 IP는 접속을 차단해야 한다. 전용회선과 동등한 보안 수준을 갖춘 가상사설망(VPN) 구축도 필수다.

또 하나의 특징은 현재 발생하고 있는 사이버위협이 기존 보안체계를 우회해 발생한다는 것이다. 크리덴셜스터핑, 공급망, 오픈소스 등 신종 사이버테러 기술은 상대적으로 보안에 취약한 영역을 이용한다는 공통점이 있다. 크리덴셜 스터핑 피해를 막기 위해서는 다른 계정에서 사용하지 않는 비밀번호를 사용하거나 생체인증, 문자인증 등 복합인증을 활용해야 한다.

또 로그인 실패 시 로그인 차단시스템을 적용하고 의심스러운 메일과 URL 열람은 금지하는 것이 최선의 방법이다. 공급망 공격도 늘고 있다. SW 개발 시 시큐어코딩을 필수로 적용하고 중앙관리 소프트웨어 무결성 검증 절차를 마련해야 한다. 또 서버-클라이언트 간 상호인증 절차를 마련한다면 공격을 무력화할 수 있다. 앞서 말한 오픈소스도 라이선스 준수를 위한 소스코드 감사체계를 마련하고 오픈소스 개발 보안 가이드라인을 수립하는 방안이 필요하다.

해커들은 보상 수단으로 비트코인 등 가상화폐를 요구하는 경우가 많다. 익명성이 보장되기 때문이다. 이 같은 이유로 가상화폐와 다크웹을 기반으로 진화하는 사이버위협이 기승을 부리고 있다. 유출된 개인정보뿐만 아니라 랜섬웨어 등 악성코드와 해킹 툴, 기업 취약점이 거래돼 2차 피해가 발생한다. 최근 악성 도메인과 온라인 스캠 및 피싱, 데이터 수집형 멀웨어, 재택근무 취약성을 파고드는 사이버 테러가 자행되고 있다.

사이버 범죄자들은 기업, 정부, 학교에서 사용하는 시스템과 네트워크, 애플리케이션 취약성을 악용한다. 온라인에 의존하는 사람들이 대폭 증가하다 보니 코로나 이전에 도입된 보안조치로는 이 같은 진화된 사이버 테러를 막을 수 없는 상황이다.

사이버 팬데믹이 현실세계까지 위협하면서 새로운 보안전략을 수립해야 한다는 목소리가 나온다. 국가 기반시설 공격으로 사회 혼란이 가중되고 금융서비스 취약점으로 신종 자산 탈취까지 벌어지고 있어 대책 마련이 시급하다. 보안 전문가들은 가장 빠른 대안으로 클라우드 환경을 구축하고 이에 맞는 통제시스템을 구축하는 게 선결과제라고 주장한다. 또 사이버보험 시장 활성화가 전제돼야 한다. 국내의 경우 사이버보험 시장은 걸음마 단계에 머물러 있다.

보험 상품 다양화를 위한 사이버 위험 평가모델 및 사이버보험 요율 산정 데이터 집적이 절대적으로 필요하다. 그러기 위해서는 안전한 데이터 공유가 실행될 수 있는 제도적 방안이 마련돼야 한다.

아울러 기업의 사이버 침해 사고 시 과징금, 과태료 등 기업 제재가 발생하게 된다. 해당 기업이 사이버보험 가입을 했다면 제재를 경감시켜주는 당근과 채찍도 필요하다.

진화하고 있는 사이버 위협을 막을 수 있는 방법은 간단하다. 이른바 3-팩터(FACTOR) 대응 체계를 구축하면 된다.

[표 28] **신종 사이버위협 근절 방안**(출처: 금융보안원)

정보보호 문화정착	• 사이버 보안위협 대응 훈련 실시 • 찾아가는 저옵보호 교육 서비스 실시 • 사이버리스크, 이사회 정기 보고 • 직급·업무별 맞춤형 교육 과정
新 기술 적용	• 클라우드와 연계, 대규모 DDos 방어 • SOAR 기반, 차세대 능동적 보안체계 구축 • AI 접목, 비대면 全 로그 분석체계 구축 • Black Swan 선제적 대응을 위한 공모
선제적 보안체계	• 비즈니스 Risk 기반, 글로벌 표준 보안체계 수립 • 국내 외 공인 개인정보보호 인증 획득 • Privacy Design by Default • 비즈니스 프로세스 리스크 검증 의무

첫째, 정보보호 문화 정착이다. 사이버 보안위협 대응 훈련을 실시하고 찾아가는 정보보호 교육 서비스를 도입해야 한다. 아울러 사이버 리스크 등의 사안을 이사회에 정기보고하는 시스템을 갖추고 직급별, 업무별 맞품형 교육 과정을 신설해 운영하는 방안이 필요하다.

둘째, 신기술 적용이다. 특히 클라우드를 연계해 대규모 디도스 등을 방어하고 SORA기반 차세대 능동형 보안체계를 구축해야 한다. AI를 접목, 비대면 전 로그분석 체계 도입도 필요하다.

셋째, 선제적 보안체계 마련이다. 글로벌 표준 보안체계를 수립 운용하고 국내외 공인 개인정보보로 인증을 획득하는 노력을 해야 할 것이다.

3-팩터와 병행해야 하는 과제도 있다. 우선 최고정보보호책임자(CISO) 소명의식이 필요하다. 단기 성과에 연연하지 않고 장기적인 정보보호 경영전략을 추진해야 한다. 보안 리스크의 적극적 관리가 조직 성패를 좌우한다는 소명의식을 갖춰야 한다.

디지털 시대, 우리는 스마트폰 하나로 금융거래에서 쇼핑까지 다양한 활동을 수행한다. 디지털 시대를 이끈 혁신은 생활의 편리함을 극대화했지만, 개인정보보호에 대한 우려의 목소리도 커졌다.

특히 디지털 환경에서 개인 및 정보주체의 표현 방식인 디지털 아이덴티티의 관리와 보호는 매우 중요한 이슈다. 디지털 아이덴티티는 사용자의 신원증명 정보와 인증 정보로 구성된다. 신원증명 정보에는 이름과 이메일, 전화번호 등이 포함되고, 비밀번호나 토큰, 생체인식 등은 인증 정보에 해당된다. 만약 신원이 도용되거나 데이터가 유출될 경우에는 상상하기도 싫은 막대한 위험을 야기할 수 있다.

이러한 위험을 최소화하기 위해 안전한 인증 방식과 정보보호 기술이 절대적으로 필요하다. 다중요소인증(Multi-Factor Authentication)은 가장 흔하게 사용되는 방법 중 하나다. 비밀번호 입력 이외에 지문이나 안면 인식 등 생체인식을 이용하거나 기기를 통한 다양한 추가 인증 절차를 요구한다.

인공지능(AI) 및 블록체인 기술도 개인정보보호에 중요한 역할을 한다. AI는 이상거래 탐지나 사용자 행동의 실시간 분석을 통해 위협을 사전에 감지하고 대응한다. 블록체인은 데이터를 분산 저장함으로써 중앙 집중화된 저장소의 취약점을 해결한다. 동시에 사용자는 자신의 데이터에 대한 권한을 직접 통제함으로써 위험을 최소화할 수 있다.

그러나 역설적으로 두 기술은 보안을 위협하는 양면성을 지니고 있다. 블록체인 기술이 안전하다고 하지만, 스마트 계약의 알고리즘 오류나 취약점을 이용해 공격당한 사례가 증가하고 있다. 미래 기술로 인식되는 생성형 AI도 해킹도구로 이용될 수 있고 민감한 정보의 노출과 결과물의 오남용 및 왜곡현상이 발생하고 있다.

이러한 위험을 보완하기 위한 대응책 중 하나로 암호학에 기반한 제로지식증명(Zero-knowledge Proof, ZKP)이 있다. 이는 정보에 대한 증명을 제공하지만, 해당 정보 자체는 노출하지 않는 기술이다. 예를 들면, 사용자가 금융거래를 위해 자산이나 신용을 검증받는다고 하자. 이때 신용 점수나 금전 보유 정보는 실제 노출되지 않고, 거래 능력을 증명함으로써 프라이버시를 효과적으로 보장할 수 있다.

또 다른 대응책으로 합성 데이터의 생성을 들 수 있다. 이는 실제 데이터를 기반으로 파생되거나 알고리즘을 통해 인위적으로 생성된 데이터다. 실제 데이터의 특성과 구조를 모방하지만 개별적인 중요 정보가 드러나지 않는다.

한편, 팬데믹 이후 제로트러스트(Zero-Trust)가 디지털 보안의 핵심개념으로 부상했다. 제로트러스트란 기존에 신뢰하던 부분들을 더 이상 신뢰하지 않고 항상 검증한다는 의미다. 기존 보안 모델은 외부망과 내부망을 방화벽으로 구분해 내부망은 안전하다는 암묵적 신뢰를 전제로 한다. 이에 반해 제로트러스트는 내부망도 안전하기 않기 때문에 철저하고 지속적인 검증이 필요하다. 모든 사용자나 장치가 네트워크에 접근할 때마다 그들의 신원을 검증하고 실시간으로 엄격한 권한을 부여하는 것이다. 최소한의 권한 부여로 피해를 최소화하는 최선의 모델인 셈이다.

최근 국내는 개인정보보호법 개정으로 모든 산업에 마이데이터가 추진될 예정이다. 그 어떤 시기보다 정보보호에 대한 정책 당국, 소비자, 기업 등을 망라한 사회적 공감대가 필요하다. 디지털 보안의 변화에 빠르게 대응하는 정책, 기업의 적극적인 참여, 그리고 소비자의 인식 개선이 함께 이뤄져야 디지털 사회의 정보보호가 강화될 것이다.

핀테크 정보비대칭성 해결을 위한 제언

핀테크의 발달로 전통 금융사가 아닌 다양한 기업이 새로운 금융시장 생태계에 일조하는 데 긍정적인 부분만 있는것은 아니다. 핀테크 발달로 유동성 과잉이 대두될 수 있기 때문이다.

정보통신 기술 발전으로 개발도상국에서 더 많은 사람들이 더 편리하게 금융서비스를 이용할 수 있게 됐다. 포용금융은 국제기구와 연구자들에 의해 핀테크의 대표적인 기능에만 초점을 맞추다 보니 긍정적이고 혁신적인 그 무엇으로만 평가되기도 했다. 그러나 핀테크 기반 디지털 금융기술 발전으로 기업들이 수익 극대화를 추구하는 과정에서 개인정보를 활용하는 과열 마케팅, 규제 사각지대 활용과 같은 부정적인 면도 존재한다. 특히 대출 서비스 확대는 금융 유동성 과잉문제를 야기해 금융시스템에 부정적인 영향을 미칠 가능성이 증가했다.

이로 인해 중소 금융사 수익성 악화를 초래하기도 했다. 금융산업은 본질적으로 차입자와 금융사 간 정보 비대칭성 문제로 인해 거래비용이 존재할 수밖에 없다. 새롭게 등장한 ICT기반 핀테크 사들은 데이터 처리비용 절감과 빅데이터, 모바일 네트워크, 클라우드 등 신기술을 금융업에 적용해 기존 금융사의 강력한 경쟁자로 등장했다. 하지만 2010년 후반 빅테크 플랫폼의 금융시장 진출이 가속화되면서 금융사들의 전반적인 수익성 악화로 금융시스템 리스크 문제도 동시에 상존하게 됐다. 이러한 전통 금융사의 수익성 악화는 유동성 과잉이라는 금융 환경 변화뿐 아니라 고객 영업기반이 약화된 중소금융사에게는 생존과 직결되는 문제로 부상했다. 일각에서는 기울어진 운동장 논란도 제기가 된 바 있다. 결국 많은 중소금융사들은 갈등과 대립 관계보다는 빅테크 플랫폼과의 협력관계를 공고히 하고 수익을 공유하는 비즈니스 전략을 수립하게 된다.

이러한 협력관계가 결과적으로는 빅테크 플랫폼의 금융업에 대한 지배력을 급속히 강화하는 요인으로 작용했고 최근 전자금융법 개정 등 핀테크 사업 리스크를 보다 강하게 관리하려는 정책도 등장하고 있다.

경제전문가들은 이 같은 핀테크 시장에서 국내 금융산업을 보다 성장시키기 위해서는 3가지 대안을 제시한다. 우선 금산분리 완화다.

금산분리는 한마디로 '금융의 대기업 사금고화'를 막겠다는 취지의 법이다. 물론 대기업 부실로 은행시스템 붕괴와 IMF 위기를 겪은 우리로서 취지는 십분 공감한다. 하지만 지금은 불투명한 아날로그 시대가 아니라 마음만 먹으면 실시간으로 투명하게 들여다볼 수 있는 디지털 시대다. 필요하면 지분 한도와 관계사 거래 제한 등 규제장치도 얼마든지 작동할 수 있다. 문제는 금산분리로 여파로 금융이 다른 산업과 융합하기 어렵다는 점이다. 핀테크는 산업·비즈니스모델·기술 융합이 핵심이고, 여기엔 금융 역할이 대단히 중요하다. 왜냐하면 기본적으로 실물경제와 금융은 동전의 양면일 뿐만 아니라 금융데이터 가운데 특히 결제데이터는 모든 산업, 모든 기업제품의 소비자 행동을 분석할 수 있는 정보를 갖고 있기 때문이다.

따라서 금융플랫폼을 통해 금융과 여타 산업 융합을 촉진할 경우 금융의 양적·질적 성장 잠재력은 물론 여타 산업의 경쟁력도 제고할 수 있다는 게 전문가들의 평가다.

둘째, 혁신 지속 가능성을 담보하기 위해 대형 금융사·빅테크와 함께 벤처 성격인 핀테크 육성이 필요하다. 지난해부터 세계적인 금리상승과 금융 긴축으로 벤처투자가 얼어붙고 있다.

핀테크 투자 활성화에 세심한 관심을 기울일 필요가 있다. 시장 실패 또는 취약 영역이라 할 수 있는 초기투자 펀드를 만들거나 자금 수요가 많은 예비 유니콘들의 성장단계별 지원 프로그램이 절실하다. 예컨대 투자와 함께 기술인력 지원을 위한 벤처 스톡옵션이나 병역특례제도 활용 등 적극적 검토가 필요하다.

마지막으로 디지털자산 등 신산업 분야에서 투자자 보호와 신산업 육성의 두 가지 측면에서 균형 있는 정책을 수립해야 한다. 테라, 루나 등 가상화폐 사태로 투자자 보호가 워낙 중요해진 데다 가상자산의 펀더멘털에 대한 부정적 시각이 확대되고 있다. 하지만 가상자산의 진화 과정에서 NFT라는 펀더멘털이 있고, 희소 가치가 있는 새로운 디지털자산이 출현한 데다 유럽(MICA법 제정)에 이어 미국도 '가상자산 관련 행정명령' 등 디지털자산 제도 정비를 서두르고 있다. 우리나라도 미래 먹거리로서의 디지털자산 신산업에 대한 선제적 육성정책을 적극 고려해야 할 때다.

MEMO